配套教材为《河南省"十四五"普通高等教育规划教材》

房屋建筑学课程设计指南
（含建筑施工图）
（第 2 版）

U0241664

主　编　陈晓霞　吴双双　安巧霞

副主编　申志灵　荣海利　张艺霞

参　编　冯　超　许蓝月　康金华

中国建材工业出版社

北　京

图书在版编目（CIP）数据

房屋建筑学课程设计指南：含建筑施工图／陈晓霞，吴双双，安巧霞主编. — 2版. – 北京：中国建材工业出版社，2023.11（2024.10重印）
　　ISBN 978-7-5160-3674-7

　　Ⅰ. ①房… Ⅱ. ①陈… ②吴… ③安… Ⅲ. ①房屋建筑学－课程设计－高等学校－教学参考资料 Ⅳ. ①TU22

　　中国国家版本馆 CIP 数据核字（2023）第 003157 号

内 容 提 要

　　土木工程专业、工程管理专业是实践性很强的工科专业，其实践性环节包括课程设计、实验实习、毕业设计等。课程设计的质量直接影响学生毕业设计的质量。通过课程设计，学生可将专业知识、规范图集与工程实际有机地结合起来，学以致用。

　　本书根据最新的建筑结构规范及相关技术标准编写而成。全书介绍了与房屋建筑学课程设计相关的建筑设计基本知识、建筑结构基本知识、建筑制图知识及常见建筑工程（住宅楼、办公楼、宿舍楼、旅馆和教学楼）单体设计，并配有成套的建筑施工图图纸供读者参考。

　　本书通俗易懂、内容实用，可供土木工程专业、工程管理专业及相关专业高等院校师生学习参考，也可作为建筑工程设计人员、施工人员及施工管理人员的参考用书。

房屋建筑学课程设计指南（含建筑施工图）（第 2 版）
FANGWU JIANZHUXUE KECHENG SHEJI ZHINAN (HAN JIANZHU SHIGONGTU) (DI-ER BAN)
主　编　陈晓霞　吴双双　安巧霞
副主编　申志灵　荣海利　张艺霞
参　编　冯　超　许蓝月　康金华

出版发行　中国建材工业出版社
地　　址：北京市西城区白纸坊东街 2 号院 6 号楼
邮　　编：100054
经　　销：全国各地新华书店
印　　刷：北京雁林吉兆印刷有限公司
开　　本：787mm×1092mm　　1/16
印　　张：25
字　　数：490 千字
版　　次：2023 年 11 月第 2 版
印　　次：2024 年 10 月第 2 次
定　　价：**69.00 元**

第 2 版前言

为适应我国经济的发展和国家标准规范的更新，编者根据现行的设计规范、有关政策法规与技术标准编写了《房屋建筑学课程设计指南（含建筑施工图）（第2版）》。

本书分为上、下两篇，共12章。上篇为建筑结构基本知识，包括概述、建筑制图的一般规定、建筑详图的规定、建筑设计基本知识、建筑结构基本知识、建筑文件编制深度和建筑节能设计；下篇为建筑单体设计，包括住宅楼设计、办公楼设计、宿舍楼设计、普通旅馆设计和教学楼设计等。附录中包括课程设计任务书、课程设计考核办法、常用标准及规范目录。其中，附录1为房屋建筑学课程设计任务书，要求学生每人一题，独立完成一套建筑施工图。根据学生在课程设计时遇到的问题，本次修订在第1版第4章建筑设计基本知识的基础上增加了楼梯设计和屋面设计两节内容。

本书分工如下：安阳工学院陈晓霞编写第1章，第4章4.5、4.6，第5章，第7章，第10章10.3中的设计实例2、附录1~附录3；安阳工学院冯超编写第2章；安阳工学院申志灵编写第3章3.1、3.2和第12章12.1、12.2；河南科技职业大学康金华编写第3章3.3、3.4、3.5和第11章；哈尔滨理工大学吴双双编写第4章4.1~4.4和第9章；安阳工学院张艺霞编写第6章和第8章8.1、8.2；河南安建建筑设计有限公司荣海利编写第8章8.3和第12章12.3；安阳工学院许蓝月编写第10章10.1、10.2、10.3中的设计实例1。本书由陈晓霞、吴双双、安巧霞统稿。

本书在编写过程中参阅了大量的建筑结构标准规范及国内外同行的研究成果，并得到了业内有关人士的大力支持，在此表示衷心的感谢。

由于编者水平及编写时间有限，疏漏之处在所难免，敬请读者批评指正。

编委会

2023 年 6 月

目　　录

上篇　建筑结构基本知识

下篇　建筑单体设计

上篇 建筑结构基本知识

1 概　　述

1.1　建筑工程设计阶段

建筑工程施工图设计一般由设计单位完成，而设计单位要获得某项建设工程的设计权，除了需要本身具有与该项工程等级相匹配的设计资质外，还需要通过投标来得到设计资格。当接受建设方委托，签订相关设计合同后，设计单位需要经过设计阶段，并在有关部门的监督下，来完成该项建筑工程的设计任务。设计阶段一般分为方案设计阶段、初步设计阶段和施工图设计阶段三个阶段。一些小型和技术简单的工程项目，可只有方案设计阶段和施工图设计阶段两个阶段；一些技术复杂的工程项目，还需在初步设计和施工图设计阶段中间增加技术设计阶段。

1.1.1　方案设计阶段

方案设计即提出设计方案，是根据设计任务书的要求和收集到的必要基础资料，结合基地环境，综合考虑技术经济条件和建筑艺术的要求，对建筑总体布置、空间组合进行可能与合理的安排，提出两个或多个方案供建设单位选择的过程。

1. 熟悉设计任务书

设计任务书是上级主管部门批准的供设计单位进行设计的依据性文件，一般包括以下内容：拟建项目类型、用途、规模及一般说明；建设基地大小、形状、地形，周边原有建筑、道路、城市规划要求、地形图；供水、供电、供暖、空调等设备方面要求，并附有水源、电源等工程管网的接用许可文件；建设项目组成、单项工程的房间组成、面积分配和使用用途、要求；建设项目投资及单方造价、土建设备及室外工程的投资分配；设计期限及项目建设进度计划、安排要求等。

2. 收集设计基础资料

(1) 气象资料，包含所在地区的气温、日照、降雨量、积雪深度、风向、风速及土壤冻结深度等。

(2) 地质资料，包括地形、水文、标高、土壤种类及承载力、地下水位及地震烈度等。

(3) 设备管线资料，包括基地地下的给排水、供热、燃气、电缆等管线布置及基地地上的架空供电线路等。

(4) 国家和所在地区有关本建设项目的标准规范及定额指标。

(5) 已建成的同类型建筑资料。

3. 实地调查

实地调查包括建设单位的使用要求，建设地段的现场勘察，当地建筑材料及构配件的供应情况和施工技术条件，当地生活习惯、民俗、文化传统以及建筑风格等。

4. 注意事项

（1）建筑平面应根据建筑的使用性质、功能、工艺等要求合理布局，并具有一定的灵活性。

（2）根据使用功能，建筑的使用空间应充分利用日照、采光、通风和景观等自然条件。对有私密性要求的房间，应防止视线干扰。

（3）建筑平面设计应考虑干湿分离、动静分离。

（4）楼（电）梯间、厨房、厕所、卫生间、盥洗室和浴室等宜布置在北向。

（5）楼梯的数量、位置、梯段净宽和楼梯间形式应满足使用方便和安全疏散的要求。

1.1.2　初步设计阶段

初步设计文件，应满足编制施工图设计文件的需要，应满足初步设计审批的需要。初步设计阶段是根据任务书要求及已有资料数据，综合分析建设项目功能、技术、经济、美观、绿色等多方面因素，提出最优设计方案的阶段。初步设计内容一般包含设计总说明、设计图纸、主要设备材料表和工程概算书。

1. 设计总说明

设计总说明主要包含设计指导思想和设计意图、方案特点；建设项目概况；设计主要依据；建筑材料和装修做法；主要技术经济指标以及结构设备等说明。

2. 设计图纸

（1）建筑总平面图，表示建筑用地范围、已有建筑和拟建建筑的位置示意、拟建建筑层数、周围道路和绿化、建筑交通布置、技术经济指标。

（2）建筑平面图，表示建筑平面布置情况，含使用部分位置、尺寸，交通部分位置、数量和尺寸，执行建筑防火通风采光要求的设计。

（3）建筑立面图，表示建筑高度布置情况，含建筑总高、层高、门窗高、装修做法，以及与平面图的一致性。

（4）建筑剖面图，表示建筑剖切内部构造，含墙体门窗、梁板布置、建筑内部尺寸等。

（5）工程概算书，包含建筑物投资估算、主要材料用量及单位消耗量。

（6）大型建筑在必要时还可增加透视图、鸟瞰图或制作模型。

3. 主要设备材料表

注明主要电气设备的名称、型号、规格、单位、数量，列出给排水设备及主要材料及器材的名称、性能参数、计数单位、数量、备注，列出暖通主要设备的名称、性能参数、数量等，列出热能动力主要设备名称、性能参数、单位和数量等，对锅炉设备应注明锅炉效率。

4. 工程概算书

建设项目设计概算是初步设计文件的重要组成部份。概算文件应单独成册。设计概算文件由封面、签署页（扉页）、目录、编制说明、建设项目总概算表、工程建设其他费用表、单项工程综合概算表、单位工程概算书等内容组成。建设项目总概算表由工程费用、工程建设其他费用、预备费及应列入项目概算总投资中的相关费用组成。

1.1.3　施工图设计阶段

施工图设计文件，应满足设备材料采购、非标准设备制作和施工的需要。施工图设计阶段是根据批准的初步设计，绘制出正确、完整和详尽的建筑、安装图纸，及建设项目部分工程的详图、零部件结构明细表、验收标准、方法、施工图预算等的阶段。

根据《建筑工程设计文件编制深度规定》（2016 年版），在施工图设计阶段，建筑专业设计文件应包括图纸目录、设计说明、设计图纸、计算书。

1. 图纸目录

先列绘制图纸，后列选用的标准图或重复利用图。

2. 设计说明

（1）依据性文件名称和文号，如批文、本专业设计所执行的主要法规和所采用的主要标准（包括标准名称、编号、年号和版本号）及设计合同等。

（2）项目概况

内容一般应包括建筑名称、建设地点、建设单位、建筑面积、建筑基底面积、项目设计规模等级、设计使用年限、建筑层数和建筑高度、建筑防火分类和耐火等级、人防工程类别和防护等级、人防建筑面积、屋面防水等级、地下室防水等级、主要结构类型、抗震设防烈度等，以及能反映建筑规模的主要技术经济指标，如住宅的套型和套数（包括套型总建筑面积等）、旅馆的客房间数和床位数、医院的床位数、车库的停车泊位数等。

（3）设计标高：工程的相对标高与总图绝对标高的关系。

（4）用料说明和室内外装修

① 墙体、墙身防潮层、地下室防水、屋面、外墙面、勒脚、散水、台阶、坡道、油漆、涂料等处的材料和做法，墙体、保温等主要材料的性能要求，可用文字说明或部分文字说明，部分直接在图上引注或加注索引号，其中应包括节能材料的说明。

② 室内装修部分除用文字说明以外亦可用表格形式表达（表 1-1），在表上填写相应的做法或代号；较复杂或较高级的民用建筑应另行委托室内装修设计；凡属二次装修的部分，可不列装修做法表和进行室内施工图设计，但对原建筑设计、结构和设备设计有较大改动时，应征得原设计单位和设计人员的同意。

表 1-1　室内装修做法表

部位 名称	楼、地面	踢脚板	墙裙	内墙面	顶棚	备注
门厅						
走廊						

注：表列项目可增减。

（5）对采用新技术、新材料和新工艺的做法说明及对特殊建筑造型和必要的建筑构造的说明。

（6）门窗表（表 1-2）及门窗性能（防火、隔声、防护、抗风压、保温、隔热、气密性、水密性等）、窗框材质和颜色、玻璃品种和规格、五金件等的设计要求。

表 1-2　门窗表

类别	设计编号	洞口尺寸（mm）		樘数	采用标准图集及编号		备注
		宽	高		图集代号	编号	
门							
窗							

（7）幕墙工程（玻璃、金属、石材等）及特殊屋面工程（金属、玻璃、膜结构等）的特点、节能、抗风压、气密性、水密性、防水、防火、防护、隔声的设计要求、饰面材质、涂层等主要的技术要求，并明确与专项设计的工作及责任界面。

（8）电梯（自动扶梯、自动步道）选择及性能说明（功能、额定载重量、额定速度、停站数、提升高度等）。

（9）建筑设计防火设计说明，包括总体消防、建筑单体的防火分区、安全疏散、疏散人数和宽度计算、防火构造、消防救援窗设置等。

（10）无障碍设计说明，包括基地总体上、建筑单体内的各种无障碍设施要求等。

（11）建筑节能设计说明

① 设计依据。

② 项目所在地的气候分区、建筑分类及围护结构的热工性能限值。

③ 建筑的节能设计概况、围护结构的屋面（包括天窗）、外墙（非透光幕墙）、外窗（透光幕墙）、架空或外挑楼板、分户墙和户间楼板（居住建筑）等构造组成和节能技术措施，明确外门、外窗和建筑幕墙的气密性等级。

④ 建筑体形系数计算（按不同气候分区城市的要求）、窗墙面积比（包括屋顶透光部分面积）计算和围护结构热工性能计算，确定设计值。

（12）根据工程需要采取的安全防范和防盗要求及具体措施，隔声减振减噪、防污染、防射线等的要求和措施。

（13）需要专业公司进行深化设计的部分，对分包单位明确设计要求，确定技术接口的深度。

（14）当项目按绿色建筑要求建设时，应有绿色建筑设计说明。

① 设计依据。

② 绿色建筑设计的项目特点与定位。

③ 建筑专业相关的绿色建筑技术选项内容。

④ 采用绿色建筑设计选项的技术措施。

（15）当项目按装配式建筑要求建设时，应有装配式建筑设计说明。

① 装配式建筑设计概况及设计依据。

② 建筑专业相关的装配式建筑技术选项内容，拟采用的技术措施，如标准化设计要点、预制部位及预制率计算等技术应用说明。

③ 一体化装修设计的范围及技术内容。

④ 装配式建筑特有的建筑节能设计内容。

（16）其他需要说明的问题。

3. 设计图纸

（1）平面图

① 承重墙、柱及其定位轴线和轴线编号，轴线总尺寸（或外包总尺寸）、轴线间尺寸（柱距、跨度）、门窗洞口尺寸、分段尺寸。

② 内外门窗位置、编号，门的开启方向，注明房间名称或编号，库房（储藏）注明储存物品的火灾危险性类别。

③ 墙身厚度（包括承重墙和非承重墙），柱与壁柱截面尺寸（必要时）及其与轴线关系尺寸，当围护结构为幕墙时，标明幕墙与主体结构的定位关系及平面凹凸变化的轮廓尺寸；玻璃幕墙部分标注立面分格间距的中心尺寸。

④ 变形缝位置、尺寸及做法索引。

⑤ 主要建筑设备和固定家具的位置及相关做法索引，如卫生器具、雨水管、水池、台、橱、柜、隔断等。

⑥ 电梯、自动扶梯、自动步道及传送带（注明规格）、楼梯（爬梯）位置，以及楼梯上下方向示意和编号索引。

⑦ 主要结构和建筑构造部件的位置、尺寸和做法索引，如中庭、天窗、地沟、地坑、重要设备或设备基础的位置尺寸、各种平台、夹层、人孔、阳台、雨篷、台阶、坡道、散水、明沟等。

⑧ 楼地面预留孔洞和通气管道、管线竖井、烟囱、垃圾道等位置、尺寸和做法索引，以及墙体（主要为填充墙、承重砌体墙）预留洞的位置、尺寸与标高或高度等。

⑨ 车库的停车位、无障碍车位和通行路线。

⑩ 特殊工艺要求的土建配合尺寸及工业建筑中的地面荷载、起重设备的起重量、行车轨距和轨顶标高等。

⑪ 建筑中用于检修维护的天桥、栅顶、马道等的位置、尺寸、材料和做法索引。

⑫ 室外地面标高、首层地面标高、各楼层标高、地下室各层标高。

⑬ 首层平面标注剖切线位置、编号及指北针或风玫瑰。

⑭ 有关平面节点详图或详图索引号。

⑮ 每层建筑面积、防火分区面积、防火分区分隔位置及安全出口位置示意，图中标注计算疏散宽度及最远疏散点到达安全出口的距离（宜单独成图）；当整层仅为一个防火分区，可不注防火分区面积，或以示意图（简图）形式在各层平面中表示。

⑯ 住宅平面图中标注各房间使用面积、阳台面积。

⑰ 屋面平面应有女儿墙、檐口、天沟、坡度、坡向、雨水口、屋脊（分水线）、变形缝、楼梯间、水箱间、电梯机房、天窗及挡风板、屋面上人孔、检修梯、室外消防楼梯、出屋面管道井及其他构筑物，必要的详图索引号、标高等；表述内容单一的屋面可缩小比例绘制。

⑱ 根据工程性质及复杂程度，必要时可选择绘制局部放大平面图。

⑲ 建筑平面较长较大时，可分区绘制，但须在各分区平面图适当位置上绘出分区组合

示意图，并明显表示本分区部位编号。

⑳ 图纸名称、比例。

㉑ 图纸的省略：如系对称平面，对称部分的内部尺寸可省略，对称轴部位用对称符号表示，但轴线号不得省略；楼层平面除轴线间等主要尺寸及轴线编号外，与首层相同的尺寸可省略；楼层标准层可共用同一平面，但需注明层次范围及各层的标高。

㉒ 装配式建筑应在平面中用不同图例注明预制构件（如预制夹心外墙、预制墙体、预制楼梯、叠合阳台等）位置，并标注构件截面尺寸及其与轴线关系尺寸；预制构件大样图，为了控制尺寸及一体化装修相关的预埋点位。

（2）立面图

① 两端轴线编号，立面转折较复杂时可用展开立面表示，但应准确注明转角处的轴线编号。

② 立面外轮廓及主要结构和建筑构造部件的位置，如女儿墙顶、檐口、柱、变形缝、室外楼梯和垂直爬梯、室外空调机搁板、外遮阳构件、阳台、栏杆、台阶、坡道、花台、雨篷、烟囱、勒脚、门窗（消防救援窗）、幕墙、洞口、门头、雨水管，以及其他装饰构件、线脚和粉刷分格线等，当为预制构件或成品部件时，按照建筑制图标准规定的不同图例示意，装配式建筑立面应反映出预制构件的分块拼缝，包括拼缝分布位置及宽度等。

③ 建筑的总高度、楼层位置辅助线、楼层数、楼层层高和标高以及关键控制标高的标注，如女儿墙或檐口标高等；外墙的留洞应注明尺寸与标高或高度尺寸（宽×高×深及定位关系尺寸）。

④ 平、剖面未能表示出来的屋顶、檐口、女儿墙、窗台以及其他装饰构件、线脚等的标高或尺寸。

⑤ 在平面图上表达不清的窗编号。

⑥ 各部分装饰用料、色彩的名称或代号。

⑦ 剖面图上无法表达的构造节点详图索引。

⑧ 图纸名称、比例。

⑨ 各个方向的立面应绘齐全，但差异小、左右对称的立面可简略；内部院落或看不到的局部立面，可在相关剖面图上表示，若剖面图未能表示完全时，则需单独绘出。

（3）剖面图

① 剖视位置应选在层高不同、层数不同、内外部空间比较复杂、具有代表性的部位；建筑空间局部不同处以及平面、立面均表达不清的部位，可绘制局部剖面。

② 墙、柱、轴线和轴线编号。

③ 剖切到或可见的主要结构和建筑构造部件，如室外地面、底层地（楼）面、地坑、地沟、各层楼板、夹层、平台、吊顶、屋架、屋顶、出屋顶烟囱、天窗、挡风板、檐口、女儿墙、幕墙、爬梯、门、窗、外遮阳构件、楼梯、台阶、坡道、散水、平台、阳台、雨篷、洞口及其他装修等可见的内容。

④ 高度尺寸

外部尺寸：门、窗、洞口高度，层间高度，室内外高差，女儿墙高度，阳台栏杆高度，总高度。

内部尺寸：地坑（沟）深度，隔断、内窗、洞口、平台、吊顶等尺寸。

⑤ 标高

主要结构和建筑构造部件的标高，如室内地面、楼面（含地下室）、平台、雨篷、吊顶、屋面板、屋面檐口、女儿墙顶、高出屋面的建筑物、构筑物及其他屋面特殊构件等的标高，室外地面标高。

⑥ 节点构造详图索引号。

⑦ 图纸名称、比例。

（4）详图

① 内外墙、屋面等节点，绘出不同构造层次，表达节能设计内容，标注各材料名称及具体技术要求，注明细部和厚度尺寸等。

② 楼梯、电梯、厨房、卫生间、阳台、管沟、设备基础等局部平面放大和构造详图，注明相关的轴线和轴线编号以及细部尺寸，设施的布置和定位、相互的构造关系及具体技术要求等，应提供预制外墙构件之间拼缝防水和保温的构造做法。

③ 其他需要表示的建筑部位及构配件详图。

④ 室内外装饰方面的构造、线脚、图案等；标注材料及细部尺寸、与主体结构的连接等。

⑤ 门、窗、幕墙绘制立面图，标注洞口和分格尺寸，对开启位置、面积大小和开启方式，用料材质、颜色等做出规定和标注。

⑥ 对另行专项委托的幕墙工程、金属、玻璃、膜结构等特殊屋面工程和特殊门窗等，应标注构件定位和建筑控制尺寸。

（5）其他

建筑平面图、立面图及剖面图常用比例为 1∶100、1∶150、1∶200，平面图、立面图及剖面图一般比例相同，除表达初步设计或技术设计内容以外，还应详细标出墙段、门窗洞口及一些细部尺寸、详图索引符号等。

建筑详图根据需要可采用 1∶1、1∶2、1∶5、1∶20、1∶50 等比例尺。主要包括檐口、墙身和各构件的连接点，楼梯、厨房、卫生间、门窗以及各部分的装饰大样等。楼梯、厨房、卫生间详图常用比例为 1∶50。

4. 计算书

（1）设计依据及基础资料、计算公式、计算过程、有关满足日照要求的分析资料及成果资料等。

（2）建筑节能计算书。

① 根据不同气候分区地区的要求进行建筑的体形系数计算；

② 根据建筑类别，计算各单一立面外窗（包括透光幕墙）窗墙面积比、屋顶透光部分面积比，确定外窗（包括透光幕墙）、屋顶透光部分的热工性能满足规范的限值要求；

③ 根据不同气候分区城市的要求对屋面、外墙（包括非透光幕墙）、底面接触室外空气的架空或外挑楼板等围护结构部位进行热工性能计算；

④ 当规范允许的个别限值超过要求，通过围护结构热工性能的权衡判断，使围护结构总体热工性能满足节能要求。

（3）根据工程性质和特点，提出进行视线、声学、安全疏散等方面的计算依据、技术要求。

1.2 建筑工程审批程序

建筑工程审批程序一般分为立项规划选址阶段、建设用地审批阶段、建设项目招标阶段、报建施工阶段和工程验收阶段五个阶段。

1. 立项规划选址阶段

立项规划选址申请经相关部门受理后，工作人员查勘初选地点进行现场调研，然后对建设单位送审文件、图纸进行全面审查，并核查建设项目选址及相邻地区详细规划情况。初审修改完善后，由职能科室核查并报相关部门审定合格后发放《建设项目选址意见书》。

2. 建设用地审批阶段

依据项目建设单位申请，组织专家对建筑设计方案进行技术审查和施工图纸审查，审查通过后办理建设工程规划许可证。

3. 建设项目招标阶段

发布招标公告，提名及发放资格预审文件、招标文件，对施工投标申请人进行资格预审，发出资格预审合格通知书，公布工程控制价，召开开标会并评标，发放中标通知书。

4. 报建施工阶段

现场勘探时应注意以下内容：工程用地位置、范围应当与规划许可一致；规划许可确定的用地红线范围内和代征地范围内施工现场拆迁进度要符合施工要求；施工现场具备安全防护措施；现场供水排水、供电及施工道路应满足施工要求，施工场地应平整。

5. 工程验收阶段

工程验收时由建设单位组织，工程勘察单位、设计单位、施工单位、监理单位和建设单位共同参与，对建设项目的建设情况进行总体验收，验收合格后方可投入使用。

2 建筑制图的一般规定

工程图纸是建设工程设计、施工、生产、管理等环节中重要的技术文件，不仅包括按照投影原理绘制表达工程形状的图形，还包括工程的材料、做法、尺寸、说明等内容。由于工程图纸是不同行业工程技术人员相互交流的技术语言，因此，对于工程图纸的绘制，必须符合一定的标准，才能达到工程设计表达和图形理解的一致性。

目前房屋建筑工程制图应满足的现行制图标准有《房屋建筑制图统一标准》（GB/T 50001—2017）、《建筑制图标准》（GB/T 50104—2010）、《建筑结构制图标准》（GB/T 50105—2010）。下面就以这三个标准为依据，介绍房屋建筑工程制图的最基本要求，包括图纸幅面、轴线、图线、字体、比例、符号、尺寸标注等。

2.1 图纸幅面规格和图签

2.1.1 图幅规格

图纸的幅面是指图纸宽度与长度组成的图面，图框是指在图纸上绘图范围的界线。为了使图纸整齐，便于保管和装订，在国标中规定了图幅尺寸。常见的图幅有 A0、A1、A2、A3、A4 等，详见表 2-1。

表 2-1 幅面及图框尺寸（mm）

幅面代号	尺寸代号				
	A0	A1	A2	A3	A4
$b \times l$	841×1189	594×841	420×594	297×420	210×297
c	10			5	
a	25				

表 2-1 中各符号含义如下：b 为幅面短边尺寸，l 为幅面长边尺寸，c 为图框线与幅面线间宽度，a 为图框线与装订边间宽度，如图 2-1 所示。

需要微缩复制图纸时，其一个边上应附有一段准确米制尺度，四个边上均应附有对中标志，米制尺度的总长应为 100mm，分格应为 10mm；对中标志应画在图纸内框各边的中点处，线宽为 0.35mm，应伸入内框边，在框外为 5mm；对中标志的线段，应于图框长边尺寸 l_1 和图框短边尺寸 b_1 范围中取。

图纸的短边不应加长，A0～A3 幅面长边尺寸可加长，但应符合表 2-2 的规定。图纸以短边作为垂直边应为横式，以短边作为水平边为立式。A0～A3 图纸宜横式使用，如图 2-1 所示，必要时也可立式使用，如图 2-2 所示。一套工程设计施工图中，每个专业所使用的图纸，不宜多于两种幅面，不含目录及表格所采用的 A4 幅面。

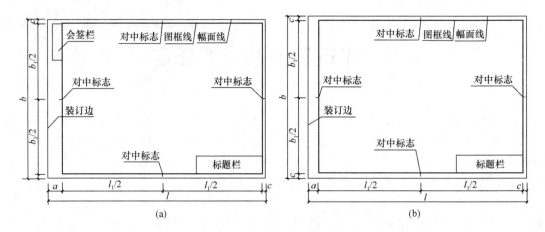

图 2-1　图纸的横式格式

(a) A0~A3 横式幅面（一）；(b) A0~A3 横式幅面（二）

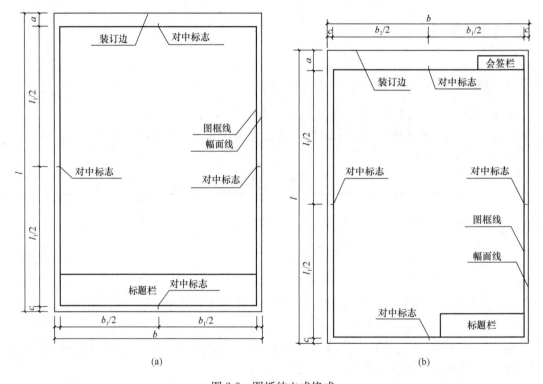

图 2-2　图纸的立式格式

(a) A0~A4 立式幅面（一）；(b) A0~A2 立式幅面（二）

表 2-2　图纸长边加长尺寸 (mm)

幅面代号	长边尺寸	长边加长后尺寸
A0	1189	1486 (A0+1/4l)，1783 (A0+1/2l)，2080 (A0+3/4l)，2378 (A0+ l)
A1	841	1051 (A1+1/4l)，1261 (A1+1/2l)，1471 (A1+3/4l)，1682 (A1+l)，1892 (A1+5/4l)，2102 (A1+3/2l)

续表

幅面代号	长边尺寸	长边加长后尺寸
A2	594	743 (A2+1/4l)，891 (A2+1/2l)，1041 (A2+3/4l)，1189 (A2+l)，1338 (A2+5/4l)，1486 (A2+3/2l)，1635 (A2+7/4l)，1783 (A2+2l)，1932 (A2+9/4l)，2080 (A2+5/2l)
A3	420	630 (A3+1/2l)，841 (A3+l)，1051 (A3+3/2l)，1261 (A3+2l)，1471 (A3+5/2l)，1682 (A3+3l)，1892 (A3+7/2l)

注：有特殊需要的图纸，可采用 $b×l$ 为841mm×891mm 与1189mm×1261mm的幅面。

2.1.2 标题栏与会签栏

1. 标题栏

在每张施工图中，为了方便查阅图纸，图纸右下角都有标题栏，形式如图 2-3 和图 2-4 所示，图纸的标题栏及装订边位置可参见图 2-1 和图 2-2。标题栏主要以表格形式表达本张图纸的一些属性，如设计单位名称、工程名称、图样名称、图样类别、编号以及设计、审核、负责人的签名，如涉外工程应加注"中华人民共和国"字样。同时在计算机制图文件中使用电子签名与认证时，应符合国家有关电子签名法的规定。学生制图作业的标题栏可参考图 2-5 所示的格式、大小和内容，也可自行设计。

设计单位名称	注册师签章	项目经理	修改记录	工程名称区	图号区	签字区	会签栏

图 2-3 标题栏（一）

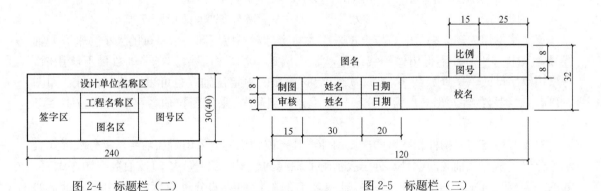

图 2-4 标题栏（二）

图 2-5 标题栏（三）

2. 会签栏

会签栏是各专业工种负责人签字区，一般位于图纸的左上角图框线外，形式如图 2-6 所示。学生制图作业不用会签栏。

(专业)	(实名)	(签名)	(日期)

图 2-6 会签栏

2.2 定位轴线

定位轴线是房屋建筑设计和施工中定位、放线的重要依据,凡承重的墙、柱、梁、屋架等构件,都要绘出定位轴线并对轴线进行编号,以确定其位置。对于非承重的隔墙、次要构件等,有时用附加轴线表示其位置,也可注明它们与附近轴线的相关尺寸以确定其位置。

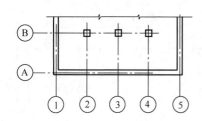

图 2-7 定位轴线的编号顺序

根据国标规定,定位轴线应为细单点长画线绘制,定位轴线应编号,编号应注写在轴线端部的圆内。圆应用细实线绘制,直径为 8~10mm。定位轴线圆的圆心应在定位轴线的延长线或延长线的折线上。除较复杂图形需采用分区编号或圆形、折线形外,一般平面上定位轴线的编号,宜标注在图样的下方或左侧。横向编号应用阿拉伯数字,从左至右顺序编写;竖向编号应用大写英文字母,从下至上顺序编写,如图 2-7 所示。

英文字母作为轴线编号时,应全部采用大写字母,不应用同一个字母的大小写来区分轴线号,其中 I、O、Z 不得用做轴线编号,以免与 1、0、2 相混淆。当字母数量不够用时,可增用双字母或单字母加数字注脚。较复杂的平面图中定位轴线也可采用分区编号,如图 2-8 所示。编号的注写形式应为"分区号—该分区编号",采用阿拉伯数字及大写拉丁字母表示。

对于一些与主要构件相联系的次要构件,其定位轴线一般采用附加轴线,以分数形式表示,分母表示前一轴线的编号,分子表示附加轴线的编号,编号宜用阿拉伯数字顺序编写,如图 2-9 (a) 所示;1 号轴线或 A 号轴线之前的附加轴线的分母应以 01 或 0A 表示,如图 2-9 (b) 所示。

详图中标注定位轴线时,如果一个详图适用于几根轴线,应同时注明各有关轴线的编号,如图 2-10 所示。而对于通用详图中的定位轴线,应只画圆,不注写轴线编号。

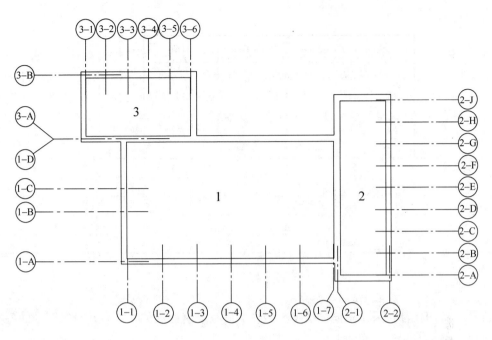

图 2-8 定位轴线的分区编号

(a)   (b)

图 2-9 附加定位轴线的编号原则

（a）轴线之后的附加轴线 ；（b）轴线之前的附加轴线

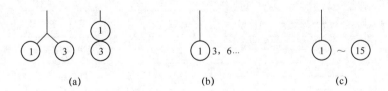

(a)   (b)   (c)

图 2-10 详图中定位轴线的编号

（a）用于两个轴线时；（b）用于三个或三个以上轴线时；（c）用于三个以上连续编号的轴线时

2.3 图线

　　画在图上的线条统称图线，为了使图上的内容主次分明，清晰易看，在绘制工程图时，应采用不同线型和不同粗细的图线来表示不同的意义和用途。

2.3.1　线宽组

工程图纸中的图线应做到粗细均匀，宽窄适当。图线的基本线宽 b，宜从 1.4mm、1.0mm、0.7mm、0.5mm 线宽系列中选取。应当注意，在同一张图纸内不宜选用过多的线宽组，而同一张图纸内，各不同线宽中的细线，可统一采用较细的线宽组的细线。绘图时先选定基本线宽 b，再选用相应的线宽组，详见表 2-3。

表 2-3　线宽组（mm）

线宽比	线宽组			
b	1.4	1.0	0.7	0.5
$0.7b$	1.0	0.7	0.5	0.35
$0.5b$	0.7	0.5	0.35	0.25
$0.25b$	0.35	0.25	0.18	0.13

2.3.2　线宽

任何工程图样都是采用不同的线型与线宽的图线绘制而成的，工程建设制图中的各类图线的线型、线宽及用途见表 2-4。

表 2-4　线型、线宽及用途

名称		线型	线宽	一般用途
实线	粗		b	主要可见轮廓线
	中粗		$0.7b$	可见轮廓线、变更云线
	中		$0.5b$	可见轮廓线、尺寸线
	细		$0.25b$	图例填充线、家具线
虚线	粗		b	参见相关专业制图标准
	中粗		$0.7b$	不可见轮廓线
	中		$0.5b$	不可见轮廓线、图例线
	细		$0.25b$	图例填充线、家具线
单点长画线	粗		b	见各相关专业制图标准
	中		$0.5b$	见各相关专业制图标准
	细		$0.25b$	中心线、对称线、轴线等
双点长画线	粗		b	见相关专业制图标准
	中		$0.5b$	见可相关专业制图标准
	细		$0.25b$	假想轮廓线、成型前原始轮廓线
波浪线	细		$0.25b$	断开界线
折断线	细		$0.25b$	断开界线

同一张图纸内，相同比例的各图样，应选用相同的线宽组。图纸的图框和标题栏线，可采用表 2-5 的线宽。

表 2-5 图框线、标题栏线宽度（mm）

幅面代号	图框线	标题栏外框线	标题栏分格线幅面线
A0、A1	b	$0.5b$	$0.25b$
A2、A3、A4	b	$0.7b$	$0.35b$

2.3.3 图线的画法

在图线与线宽确定后，具体画图时还应注意如下事项：

（1）相互平行的图例线，其净间隙或线中间隙不宜小于 0.2mm。

（2）虚线、单点长画线或双点长画线的线段长度和间隔，宜各自相等。

（3）单点长画线或双点长画线，当在较小图形中绘制有困难时，可用实线代替。

（4）单点长画线或双点长画线的两端不应是点。点画线与点画线交接处或点画线与其他图线交接时，应采用线段交接。

（5）虚线与虚线交接或虚线与其他图线交接时，也应是线段交接。虚线为实线的延长线时，不得与实线相接。

（6）图线不得与文字、数字或符号重叠、混淆，不可避免时，应首先保证文字的清晰。

各种图线正误画法示例见表 2-6。

表 2-6 各种图线正误画法示例

图线	正确	错误	说明
虚线与单点长画线			① 单点长画线的线段长，通常画 15～20mm，空隙与点 2～3mm，点常常画成很短的短画线； ② 虚线的线段长度通常画 4～6mm，间隙约 1mm
圆的中心线			① 两单点长画线相交，应在线段处相交，单点长画线与其他图线相交，也在线段处相交； ② 单点长画线的起始和终止处必须是线段，不是点； ③ 单点长画线应出头 3～5mm； ④ 单点长画线很短时，可用细实线代替
图线的交接			① 两粗实线相交，应画到交点处，线段两端不出头； ② 两虚线相交，应在线段处相交，不要留间隙； ③ 虚线是实线的延长线时，应留有间隙

续表

图线	正确	错误	说明
折断线与波浪线	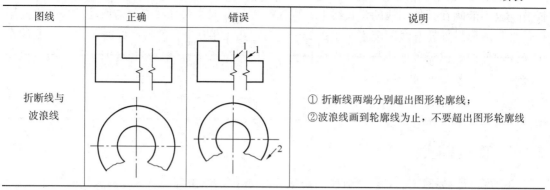		① 折断线两端分别超出图形轮廓线； ②波浪线画到轮廓线为止，不要超出图形轮廓线

2.4　比例

各种工程图纸均要按照一定的比例精确绘制。建筑施工图中，图样的比例应为图形与实物相对应的线性尺寸之比。比例的大小是指其比值的大小，如 1：50 大于 1：100。建筑施工图所选用的各种比例，宜符合表 2-7 的规定。

表 2-7　绘图所用的比例

常用比例	1：1、1：2、1：5、1：10、1：20、1：30、1：50、1：100、1：150、1：200、1：500、1：1000、1：2000
可用比例	1：3、1：4、1：6、1：15、1：25、1：40、1：60、1：80、1：250、1：300、1：400、1：600、1：5000、1：10000、1：20000、1：50000、1：100000、1：200000

比例宜注写在图名的右侧，字的基准线应取平，比例的字高应比图名字高小一号或两号。如图 2-11 所示。一般情况下，一个图样应选用一种比例。

<u>**平面图**</u> 1:100　　　　　⑥ 1:20

图 2-11　比例的注写

2.5　尺寸标注

图样除了画出建筑物及其各部分的形状外，还必须详尽地、清晰地标注尺寸，以确定其大小，作为施工时的依据。因此，尺寸标注是图样中的另一重要内容，也是制图工作中极为重要的一环，需要认真细致，一丝不苟。

2.5.1　尺寸的组成及其标注的基本规定

图样上的尺寸应包括尺寸界线、尺寸线、尺寸起止符号和尺寸数字四个要素，如图 2-12 （a）所示。

（1）尺寸界线：表示尺寸的范围。一般用细实线画出，并垂直于被注线段。其一端应离开轮廓线不小于 2mm，另一端伸出尺寸线 2～3mm，如图 2-12 （b）所示。

（2）尺寸线：表示被注长度的度量线。尺寸线必须用细实线单独画出，不能用其他图线代替，也不能画在其他图线的延长线上；标注线性尺寸时，尺寸线必须与所注的尺寸方向平行，且与图形最外轮廓线距离不小于 10mm；当有几条相互平行的尺寸线时，大尺寸要注在小尺寸的外面，以免尺寸线与尺寸界线相交。在圆或圆弧上标注直径尺寸时，尺寸线一般应通过圆心或其直径的延长线上。

（3）尺寸起止符号：表示尺寸的起止位置。用中实线绘制，其长度为 2 ～3mm，其倾斜方向与尺寸界线顺时针方向呈 45°角，如图 2-12（b）所示。

标注半径、直径、角度、弧长的尺寸起止符号宜用箭头表示，箭头的画法如图 2-12（c）所示。

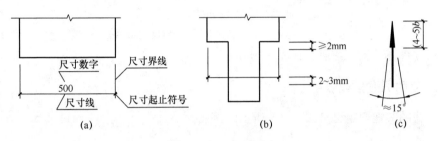

图 2-12　尺寸的组成
(a) 尺寸四要素；(b)（c) 尺寸线、尺寸界线与尺寸起止符号

（4）尺寸数字：表示线段的真实大小，与图样的大小及绘图的准确性无关。尺寸数字一律用阿拉伯数字书写，长度单位规定为毫米（即 mm，可省略不写）；线性尺寸的数字一般注在尺寸线的中部。水平方向的尺寸，尺寸数字要写在尺寸线的上面，字头朝上；垂直方向的尺寸，尺寸数字要写在尺寸线的左侧，字头朝左；倾斜方向的尺寸，尺寸数字字头要保持朝上的趋势，应按图 2-13（a）的形式书写；应避免在图中所示 30°范围内标注尺寸，当实在无法避免时，可按图 2-13（b）的形式书写。当尺寸界线间隔较小时，尺寸数字可注在尺寸界线外侧，或上下错开，或用引出线引出再标注，如图 2-13（c）所示。在剖面图中写尺寸数字时，应在空白处书写，而在空白处不画剖面线，如图 2-13（a）所示。

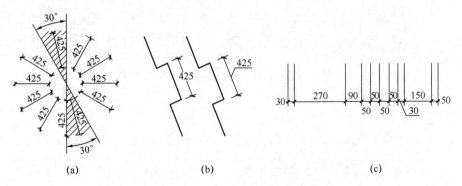

图 2-13　尺寸数字的注写方向
(a) 一般形式；(b) 断开注写或引出注写；(c) 错开注写或引出注写

2.5.2　尺寸的排列和布置

如图 2-14 所示，建筑平面图尺寸的排列与布置应符合以下几点。

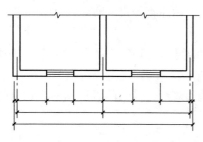

图 2-14　尺寸的排列

（1）尺寸宜注写在图样轮廓线以外，不宜与图线、文字及符号相交。必要时，也可标注在图样轮廓线以内。

（2）互相平行的尺寸线，应从被注写的图样轮廓线由近向远整齐排列，小尺寸在里面，大尺寸在外面。小尺寸距图样轮廓线的距离不小于 10mm，平行排列的尺寸线间距宜为 7～10mm。

（3）总尺寸的尺寸界线，应靠近所指部位，中间分尺寸的尺寸界线可稍短，但其长度应相等。

2.5.3　尺寸标注的其他规定

尺寸标注的其他规定可参阅表 2-8 所示的例图。

表 2-8　尺寸标注示例

注写内容	注法示例	说明
半径		半圆或小于半圆的圆弧，应标注半径。如左下方的例图所示，标注半径的尺寸线，一般应从圆心开始，另一端画箭头指向圆弧，半径数字前应加注符号"R"。较大圆弧的半径，可按上方两个例图的形式标注；较小圆弧的半径，可按右下方四个例图的形式标注
直径		圆及大于半圆的圆弧应标注直径，如左侧两个例图所示，并在直径数字前加注符号"ϕ"。在圆内标注的直径尺寸线应通过圆心，两端画箭头指至圆弧； 较小圆的直径尺寸，可标注在圆外，如右侧六个例图所示
薄板厚度		应在厚度数字前加注符号"t"

注写内容	注法示例	说明
正方形	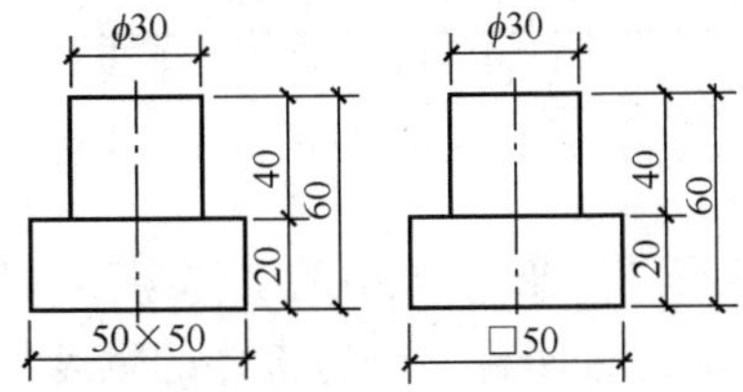	在正方形的侧面标注该正方形的尺寸，可用"边长×边长"标注，也可在边长数字前加正方形符号"□"
坡度	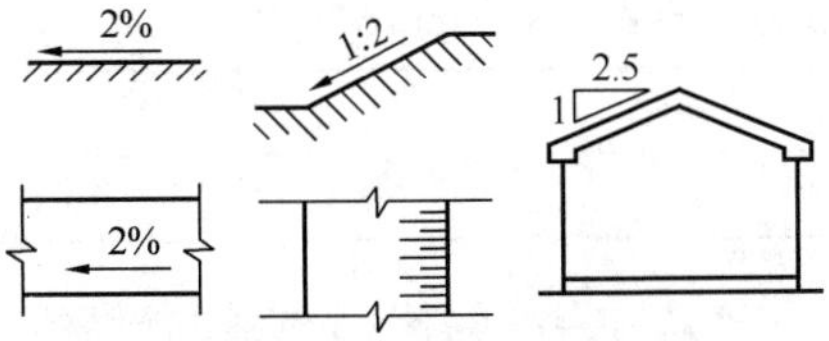	标注坡度时，在坡度数字下应加注坡度符号，坡度符号为单面箭头，一般指向下坡方向； 坡度也可用直角三角形标注，如右侧的例图所示； 图中在坡面高的一侧水平边上所画的垂直于水平边的长短相间的等距细实线，称为示坡线，也可用它来表示坡面
角度、弧长与弦长	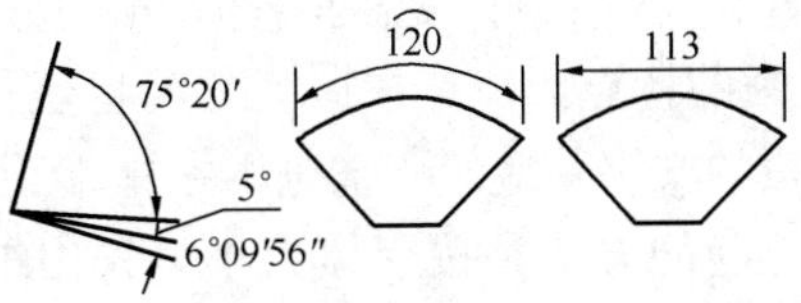	角度的尺寸线是圆弧，圆心是角顶，角边是尺寸界线。尺寸起止符号用箭头。角度的数字应水平方向注写。标注弧长时，尺寸线为同心圆弧，尺寸界线垂直于该圆弧的弦，起止符号用箭头，弧长数字上方加圆弧符号
连续排列的等长尺寸	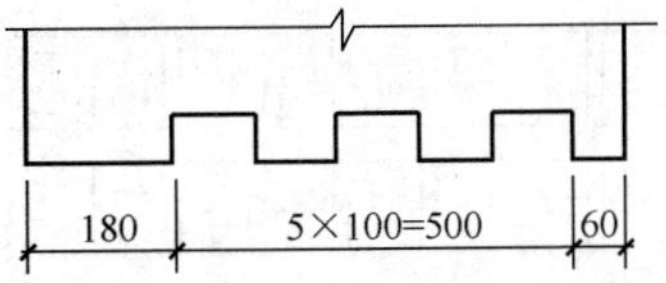	可用"个数×等长尺寸＝总长"的形式标注
相同要素	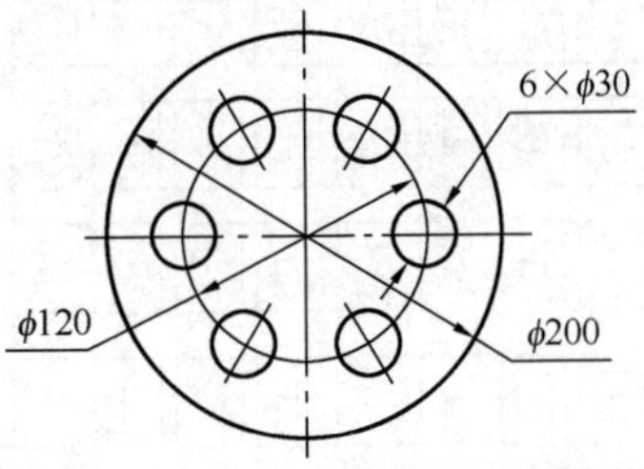	当构配件内的构造要素（如孔、槽等）相同时，可仅标注其中一个要素的尺寸及个数

2.6 字体

图纸上所需书写的汉字、数字、字母、符号等必须做到：笔画清晰、字体端正、排列整齐；标点符号应清楚正确。

字体的号数即为字体的高度 h，文字的高度应从表 2-9 中选用。字高大于 10mm 的文字宜采用 TRUE TYPE 字体，如需书写更大的字，其高度应按 $\sqrt{2}$ 的倍数递增。

表 2-9　文字的高度（mm）

字体种类	汉字矢量字体	TURE TYPE 字体及非汉字矢量字体
字高	3.5、5、7、10、14、20	3、4、6、8、10、14、20

2.6.1　汉字

图样及说明中的汉字，宜优先采用 TRUE TYPE 字体中的宋体字型，采用矢量字体时，应采用长仿宋体字型。同一图纸字体种类不应超过两种。长仿宋体的宽度与高度的关系应符合表 2-10 的规定。大标题、图册封面、地形图等的汉字，也可书写成其他字体，但应易于辨认，其宽高比宜为1。

表 2-10　长仿宋字高宽关系（mm）

字高	3.5	5	7	10	14	20
字宽	2.5	3.5	5	7	10	14

在 Auto CAD 中，用于调整各种字体的字宽与字高的比例关系的设置，在"文字样式"对话框中的选项"宽度因子"中。应当注意对于不同的字体，其字高与字宽的初始比例关系并非完全一致，应根据具体字体的特点设置合适的"宽度因子"，以满足表 2-10 的要求。

写好长仿宋体字的基本要领为横平竖直、起落分明、结构匀称、填满方格，字体示例如图 2-15 所示。在书写时，要先掌握基本笔画的特点，注意在运笔时，起笔和落笔要有棱角，使笔画形成尖端或三角形；图纸上所需书写的文字，应笔画清晰、字体端正、排列整齐；标点符号应清楚正确。要写好长仿宋体字，正确的方法是按字体大小，先用细实线打好框格，多描摹和临摹。多看、多写，持之以恒，自然熟能生巧。

图 2-15　长仿宋字体示例

2.6.2　字母和数字

图样及说明中的字母和数字，宜优先采用 TRUE TYPE 字体中的 Roman 字型。斜体字的斜度为 75°，小写字母应为大写字母高 h 的 7/10。数字和字母的字高应不应小于 2.5mm。图 2-16 为书写示例。

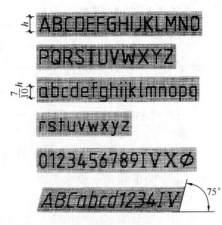

图 2-16 数字和字母的书写

2.7 符号

2.7.1 剖切符号

剖面的剖切符号应由剖切位置线及剖视方向线组成，均应以粗实线绘制。剖面的剖切符号应符合下列规定：

（1）剖切位置线的长度宜为 6～10mm；剖视方向线应垂直于剖切位置线，长度应短于剖切位置线，宜为 4～6mm，如图 2-17 所示。绘制时，剖切符号不应与其他数字或图线相接触。

（2）剖切符号的编号宜采用粗阿拉伯数字，按剖切顺序由左至右、由下向上连续编排，并应注写在剖视方向线的端部。

（3）需要转折的剖切位置线，应在转角的外侧加注与该符号相同的编号。

（4）建（构）筑物剖面图的剖切符号应标注在±0.000 标高的平面图或首层平面图上。

（5）局部剖面图（不含首层）的剖切符号应标注在包含剖切部位的最下面一层的平面图上。

断面的剖切符号应符合下列规定：

（1）断面的剖切符号应只用剖切位置线表示。

（2）断面的剖切符号的编号宜采用阿拉伯数字，按顺序连续编排，并应注写在剖切位置线的一侧；编号所在的一侧应为该断面的剖视方向，如图 2-18 所示。

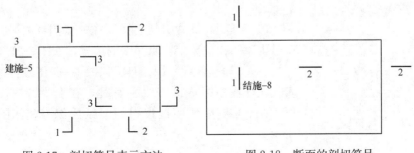

图 2-17 剖切符号表示方法　　　图 2-18 断面的剖切符号

剖面图或断面图，如与被剖切图样不在同一张图内，应在剖切位置线的另一侧注明其所在图纸的编号，也可以在图上集中说明。

2.7.2 索引符号与详图符号

图样中的某一局部或构件，如需另见详图，应以索引符号索引，如图 2-19（a）所示。索引符号是由直径为 8～10mm 的圆和水平直径组成，圆及水平直径应以细实线绘制。索引符号应按下列规定编写：

（1）索引出的详图，如与被索引的详图同在一张图纸内，应在索引符号的上半圆中用阿拉伯数字注明该详图的编号，并在下半圆中间画一段水平细实线，如图 2-19（b）所示。

（2）索引出的详图，如与被索引的详图不在同一张图纸内，应在索引符号的上半圆中用阿拉伯数字注明该详图的编号，在索引符号的下半圆用阿拉伯数字注明该详图所在图纸的编号，如图 2-19（c）所示。数字较多时，可加文字标注。

（3）索引出的详图，如采用标准图，应在索引符号水平直径的延长线上加注该标准图册的编号，如图 2-19（d）所示。需要标注比例时，文字应在索引符号右侧或延长线下方，并与符号下对齐。

索引符号如用于索引剖视详图，应在被剖切的部位绘制剖切位置线，并以引出线引出索引符号，引出线所在的一侧应为剖视方向。如图 2-20 所示。

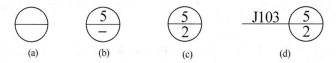

图 2-19　索引符号

（a）表示方法；（b）在同一张图纸内；（c）不在同一张图纸内；（d）图集索引

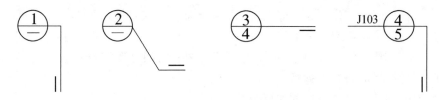

图 2-20　用于索引剖视详图的索引符号

详图的位置和编号，应以详图符号表示。详图符号的圆应以直径为 14mm 粗实线绘制。详图应按下列规定编号：

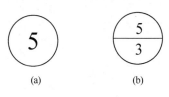

图 2-21　详图符号

（1）详图与被索引的图样同在一张图纸内时，应在详图符号内用阿拉伯数字注明详图的编号，如图 2-21（a）所示。

（2）详图与被索引的图样不在同一张图纸内时，应用细实线在详图符号内画一水平直径，在上半圆中注明详图编号，在下半圆中注明被索引的图纸的编号，如图 2-21（b）所示。

2.7.3 引出线

引出线应以细实线绘制，宜采用水平方向的直线或与水平方向成 30°、45°、60°、90°的直线，或经上述角度再折为水平线。文字说明宜注写在水平线的上方，如图 2-22（a）所示，也可注写在水平线的端部，如图 2-22（b）所示。索引详图的引出线，应与水平直径线相连接，如图 2-22（c）所示。

图 2-22　引出线
(a) 在水平线上方；(b) 在水平线端部；(c) 与水平直径线相连

同时引出的几个相同部分的引出线，宜互相平行，如图 2-23（a）所示，也可画成集中于一点的放射线，如图 2-23（b）所示。

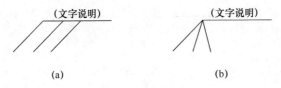

图 2-23　共同引出线
(a) 互相平行；(b) 集中于一点的放射线

多层构造或多层管道共用引出线，应通过被引出的各层，并用圆点示意对应各层次。文字说明宜注写在水平线的上方，或注写在水平线的端部，说明的顺序应由上至下，并应与被说明的层次对应一致；如层次为横向排序，则由上至下的说明顺序应与由左至右的层次对应一致，如图 2-24 所示。

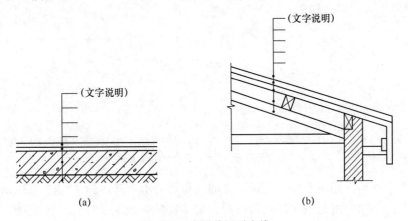

图 2-24　多层共用引出线
(a) 多层平行；(b) 多层倾斜

25

2.7.4　其他符号

对称符号由对称线和两端的两对平行线组成。对称线用细单点长画线绘制；平行线用细实线绘制，其长度宜为 6～10mm，每对平行线的间距宜为 2～3mm；对称线垂直平分于两对平行线，两端超出平行线宜为 2～3mm，如图 2-25 所示。

连接符号应以折断线表示需连接的部位。两部位相距过远时，折断线两端靠图样一侧应标注大写英文字母来表示连接编号。两个被连接的图样应用相同的字母编号，如图 2-26 所示。

指北针的形状应符合图 2-27 的规定，其圆的直径宜为 24mm，用细实线绘制；指针尾部的宽度宜为 3mm，指针头部应注"北"或"N"字。需用较大直径绘制指北针时，指针尾部的宽度宜为直径的 1/8。在建筑施工图中，指北针应绘制在建筑物±0.000 标高的平面图上或地下室平面图上，并应放置在右上角明显的位置，方向应与总图一致。

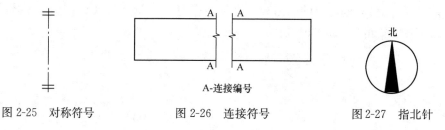

图 2-25　对称符号　　　　图 2-26　连接符号　　　　图 2-27　指北针

2.8　标高

在建筑制图中采用标高符号来表明标高和建筑高度。标高符号以等腰直角三角形表示，按照图 2-28（a）所示形式用细实线绘制。如标注位置不够，也可按图 2-28（b）所示形式绘制。标高符号的具体画法如图 2-28（c）、（d）所示。

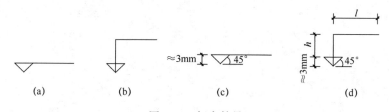

图 2-28　标高符号

（a）细实线；（b）标注位置不够时；（c）细实线具体画法；（d）标注位置不够时具体画法

l—取适当长度注写标高数字；h—根据需要取适当高度

总平面图室外地坪标高符号，宜用涂黑的三角形表示，具体画法如图 2-29 所示。

标高符号的尖端应指至被注高度的位置。尖端宜向下，也可向上。标高数字应注写在标高符号的上侧或下侧，如图 2-30 所示。标高数字应以米为单位，注写到小数点后第三位。在总平面图中，可注写到小数点后第二位。零点标高应注写成±0.000，正数标高不注"＋"，负数标高应注"－"，例如 3.000、－0.600。在图样的同一位置需标注几个不同标高时，标

图 2-29　总平面图室外地坪标高符号

高数字可按图 2-31 的形式注写。

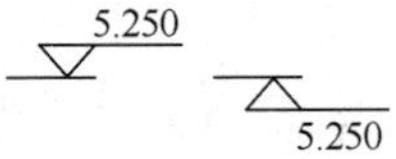

图 2-30 标高的指向 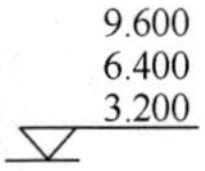　　　图 2-31 同一位置注写多个标高数字

2.9 常用图例

当建筑物或构筑材料被剖切时，通常在图样中的断面轮廓线内画出建筑材料图例，常用建筑材料图例画法见表 2-11。

表 2-11 常用建筑材料图例

序号	名称	图例	备注
1	自然土壤		包括各种自然土壤
2	夯实土壤		
3	砂、灰土	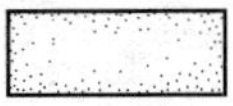	
4	砂砾石、碎砖三合土	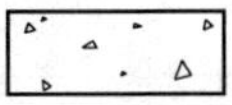	
5	石材		
6	毛石		
7	实心砖、多孔砖	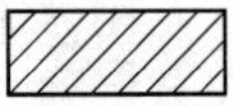	包括普通砖、多孔砖、混凝土砖等
8	耐火砖、空心砌块	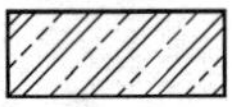	包括耐酸砖等砌体
9	空心砖	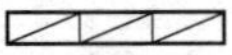	包括空心砖、普通或轻骨料混凝土小型空心砌块等砌体
10	加气混凝土	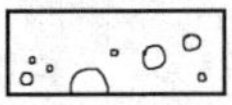	包括加气混凝土砌块砌体、加气混凝土墙板及加气混凝土材料制品等
11	饰面砖	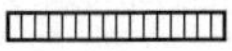	包括铺地砖、玻璃马赛克、陶瓷锦砖、人造大理石等

序号	名称	图例	备注
12	焦渣、矿渣	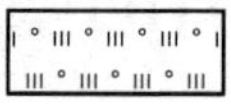	包括与水泥、石灰等混合而成的材料
13	混凝土	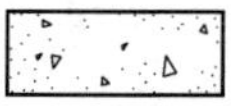	1. 包括各种强度等级、骨料、添加剂的混凝土； 2. 在剖面图上绘制表达钢筋时，则不需绘制图例线； 3. 断面图形较小，不易绘制表达图例线时，可填黑或深灰（灰度宜70%）
14	钢筋混凝土		
15	多孔材料	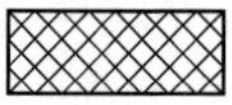	包括水泥珍珠岩、沥青珍珠岩、泡沫混凝土、非承重加气混凝土、软木、蛭石制品等
16	纤维材料	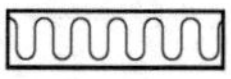	包括矿棉、岩棉、玻璃棉、麻丝、木丝板、纤维板等
17	泡沫塑料材料	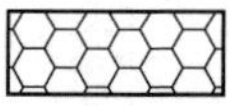	包括聚苯乙烯、聚乙烯、聚氨酯等多孔聚合物类材料
18	木材		1. 上图为横断面，左上图为垫木、木砖或木龙骨； 2. 下图为纵断面
19	胶合板	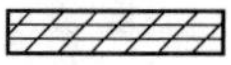	应注明为×层胶合板
20	石膏板	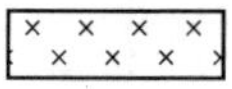	包括圆孔或方孔石膏板、防水石膏板、硅钙板、防火板等
21	金属		1. 包括各种金属； 2. 图形小时，可填黑或深灰（灰度宜70%）
22	网状材料		1. 包括金属、塑料网状材料； 2. 应注明具体材料名称
23	液体	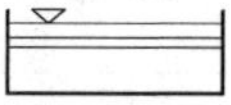	应注明具体液体名称
24	玻璃	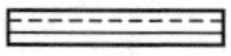	包括平板玻璃、磨砂玻璃、夹丝玻璃、钢化玻璃、中空玻璃、夹层玻璃、镀膜玻璃等
25	橡胶		—
26	塑料		包括各种软、硬塑料及有机玻璃等
27	防水材料	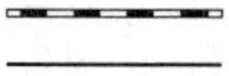	构造层次多或绘制比较大时，采用上面图例
28	粉刷	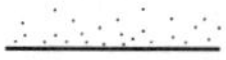	本图例采用较稀疏的点

注：序号1、2、5、7、8、14、15、21图例中的斜线、短斜线、交叉斜线等均为45°。

3 建筑详图的规定

施工图设计应表示出工程项目总体布局、建筑物、构筑物的外部形状，内部布置，结构构造，内外装修，材料做法及设备、施工等要求，要能够指导施工和设备安装。作为建筑施工图，除平、立、剖面图外，还应绘制详图，其是建筑平、立、剖面图的补充。

建筑详图是表明细部构造、尺寸及用料等全部资料的详细图样。详图可采用视图、剖面图等表示方法，凡在建筑平、立、剖面图中没有表达清楚的细部构造，均需用详图补充表达。在详图上，尺寸标注要齐全，主要部位的标高、用料及做法也要表达清楚。

建筑详图包括如下：

（1）表示局部构造的详图，如外墙身详图、楼梯详图、阳台详图等，其构造做法大多可以引用或参见标准图集，也可自行绘制。

（2）表示房屋设备的详图，如卫生间、厨房、实验室内设备的位置及构造等。同时由于二次装修的出现，有些详图不需要建筑师绘制，多采用标准图或由专业承包商与装饰设计公司设计、制作和安装。

（3）表示房屋特殊装修部位的详图，如吊顶、花饰等。大多需绘制详图方能制作施工。

3.1 楼（电）梯

3.1.1 楼梯

楼梯是上、下交通设施，由梯段（包括踏步和斜梁）、平台（包括平台板和平台梁）和栏杆（或栏板）等部分组成。楼梯的数量、宽度和楼梯间形式应满足使用和安全疏散的要求，并符合《建筑设计防火规范》（GB 50016—2014）（2018 年版）和《民用建筑设计统一标准》（GB 50352—2019）等其他相关单项建筑设计规范的要求。

楼梯的构造比较复杂，一般需另画详图，以表示楼梯的类型、结构形式、各部位尺寸及装修做法。楼梯详图反映了楼梯的布置形式、结构形式等详细构造、尺寸和装修做法。楼梯详图包括楼梯平面图、楼梯剖面图以及踏步、栏杆扶手、防滑条等构造详图。

楼梯平、剖面详图多以 1∶50 比例绘制，所标注尺寸均为建筑完成面尺寸，应注明墙、柱轴线号、墙厚与轴线关系尺寸，应绘制并标注梯段、休息平台、尺寸和标高，各梯段步数和尺寸，表示上、下方向、扶手、栏杆（板）、踏步、梯段侧面、板底装修等做法索引。

1. 楼梯平面图

楼梯平面图是运用水平剖视图方法绘制的，是楼梯某位置上的一个水平剖面图；剖切位置与建筑平面图的剖切位置相同，设在休息平台略低一点处，剖切后向下所作的投影。楼梯平面图主要反映楼梯的外观、结构形式、平面尺寸及楼层平台和休息平台的标高等。原则上有几层，需绘制几层平面图，除一层和顶层平面图外，若中间各层楼梯做法完全相同，可绘制标准层平面图。一般情况下，楼梯平面图应绘制三个，即一层平面图、标准层平面图和顶层平面图。其排图顺序遵循从下到上、从左到右原则。

楼梯平面图应按 1：50 或 1：60 比例绘制，一般标注两道外部尺寸，第一道尺寸包括楼层平台尺寸、休息平台尺寸、楼梯段尺寸、外墙上门窗尺寸；第二道尺寸包括楼梯间的开间与进深尺寸，并应标注定位轴线。内部尺寸包括楼梯段净宽与梯井尺寸。节点详图应标注详图索引符号，在一层平面图中应标出楼梯剖面图的剖切位置符号和剖视方向。书写楼梯平面图的名称和绘图比例。

2. 楼梯剖面图

楼梯剖面图是楼梯垂直剖面图的简称，是剖切位置通过各层的一个梯段和门窗洞口，向另一未剖到的梯段方向投影所得到的剖面图。

楼梯剖面图比例同平面图，一般标注两道尺寸，一道表示门窗洞口尺寸，一道标注每跑楼梯踏步高及踏步数，并应标注楼层和休息平台的标高。

楼梯剖面图主要表达楼梯的梯段数、踏步数、类型及结构形式，表示各梯段、平台、栏杆等的构造及它们的相互关系。三层以上楼房，中间各层楼梯构造相同时，可只画一层、标准层和顶层，标准层处用折断线断开，顶层也用折断线断开，可不画到屋顶。

3. 栏杆、扶手和踏步详图

栏杆、扶手和踏步详图可以索引标准图集，也可以专门设计，应表达出防滑做法、预埋件、扶手栏杆高度、形式、材料及饰面做法等。栏杆扶手的高度和形式应符合规范要求，在起始段及与墙体连接的端部要加强锚固措施。

楼梯建筑详图见第 4 章。

3.1.2　电梯

电梯应绘制标准层井道平面图和机房层平面图，机房楼板留洞先暂按业主选定的样本预留，同时应绘出厅门立面及留洞图。电梯剖面要绘出梯井坑道，不同层高楼层和机房层的剖面，机房顶板上预埋吊钩及荷载，井道墙上预埋轨道预埋件；消防电梯要绘坑底排水和集水坑图。

电梯井道详图应能满足电梯安装对土建的技术要求，除符合建筑规范的要求外，还应满足《电梯制造与安装安全规范　第 1 部分：乘客电梯和载货电梯》（GB/T 7588.1—2020）、《电梯制造与安装安全规范　第 2 部分：电梯部件的设计原则、计算和检验》（GB/T 7588.2—2020）、《电梯主参数及轿厢、井道、机房的型式与尺寸　第 1 部分：Ⅰ、Ⅱ、Ⅲ、Ⅵ类电梯》（GB/T 7025.1—2023）、《电梯主参数及轿厢、井道、机房的型式与尺寸　第 2 部分：Ⅳ类电梯》（GB/T 7025.2—2008）、《液压电梯》（JG 5071—1996）等相关规定，并参考厂家的样本。在不确定厂家时，一般选尺寸适中、有实力的厂家样本作参考。要绘制的图纸一般包括电梯井道和机房平面图、井道剖面图。

1. 电梯井道和机房平面图

电梯井道和机房平面图按 1：50 绘制，一般有两道尺寸线，外面一道表示井道净尺寸、墙厚和到轴线的距离；里面一道标注门洞定位尺寸，且平面图上应标注标高。

（1）井道底坑平面图

井道底坑平面图应绘制电梯底坑净尺寸、墙厚、标高，坑底如果有集水坑或其他排水设施，应同时绘出。另外还应绘制固定爬梯的位置和做法。

（2）井道平面图

井道平面图应标注电梯井道净尺寸、墙厚、标高、层门开口的准确定位。井道平面相同时不用一一绘出，但每一停站层均要标注标高。标准层有多个标高应自下而上顺序标注。应注意非停站层须在层门口处封堵，相邻两层地坎间的距离超过 11m 时，其间应设置安全门。非停站层和设置安全门的楼层井道平面图应单独绘制。

（3）电梯机房平面图

电梯机房平面图应绘制电梯机房净尺寸、墙厚、标高、门窗洞口、通风口的准确定位。当机房地面包括几个不同高度并相差大于 0.5m 时，应绘制台阶及护栏。机房楼板的留洞及吊钩位置、荷载应按甲方选定的厂家样本预留。

2. 井道剖面图

电梯剖面图可以只画出底层、中间层和顶层，层高一样的楼层可以只画一层，其他断开不画，但应注明各层的标高；井道剖面应画出底坑、各楼层和电梯机房的标高关系。应标注出底坑深度、各层层高、顶层高度及机房高度，并标出电梯的提升高度，即电梯从底层端站楼面至顶层端站楼面之间的垂直距离，在停站层应标出门洞的高度。

3.2 台阶与坡道

台阶与坡道是衔接建筑室内空间与室外地坪、不同标高室内空间之间的建筑构件。坡道的坡度更平缓，但是占地面积更大。

台阶由踏步和平台组成，又分为室内台阶和室外台阶。坡道的功能是当两个空间有高差时，能够满足车辆行驶、行人活动和无障碍设计的要求。

3.2.1 台阶设置规定

台阶设置应符合下述规定：

（1）公共建筑室内外台阶踏步宽度不宜小于 0.30m，踏步高度不宜大于 0.15m，并不宜小于 0.10m，踏步应防滑。台阶踏步数不应少于 2 级，当高差不足 2 级时，应按坡道设置。

（2）室外台阶与建筑出入口大门之间，应设缓冲平台，作为室内外空间的过渡，平台深度应不小于 1000mm。为防止雨水积聚或溢水至室内，台阶平台面宜比室内地面低 20～30mm，并向外找坡 1‰～2‰，以利排水。

（3）设计时应根据使用部位不同确定平台的宽度。从消防疏散的角度考虑，疏散出口门内外 1.4m 范围内不能设台阶踏步，平台的宽度至少需要 1.4m。从无障碍的角度考虑，无障碍建筑出入口内外应有不小于 1.50m×1.50m 的轮椅回转面积。所以小型公共建筑和七层及七层以上住宅、公寓建筑为避免轮椅使用者与正常人流的交叉干扰，建筑入口平台宽度不应小于 2.00m。

（4）人流密集的场所台阶高度超过 0.70m 并侧面临空时，应有防护设施。

（5）残疾人使用的台阶超过三级时，在台阶两侧应设扶手，并符合《无障碍设计规范》（GB 50763—2012）和《建筑与市政工程无障碍通用规范》（GB 55019—2021）的规定。

（6）台阶形式应依据不同的人流状况及服务对象进行选用，有突缘的踏步形式不符合无障碍设计规范和老年人建筑设计规范的要求，因此设计时应慎重考虑。另外还应考虑防滑和抗风化问题。

3.2.2　坡道

坡道的功能是当两个空间有高差时，能够满足车辆行驶、行人活动和无障碍设计的要求。坡道大致分为人行坡道、无障碍坡道、自行车坡道和汽车坡道。坡道设置应符合下述规定：

（1）室内坡道坡度不宜大于 1∶8，室外坡道坡度不宜大于 1∶10。

（2）室内坡道水平投影长度超过 15m 时，宜设休息平台，平台宽度应根据使用功能或设备尺寸所需缓冲空间而定。

（3）供轮椅使用的坡道不应大于 1∶12，困难地段不应大于 1∶8。

（4）自行车推行坡道每段坡长不宜超过 6m，坡度不宜大于 1∶5。

（5）机动车车行坡道应符合国家现行标准《车库建筑设计规范》（JGJ 100—2015）的规定。

（6）坡道应采取防滑措施。

3.3　厨房与卫生间

3.3.1　厨房

厨房可以分为公共服务厨房和家用厨房两大类，本书主要讲述家用厨房，家用厨房主要设于住宅、公寓中，食堂、餐厅、饭店等的公共服务厨房较复杂，但其基本原理和设计方法与家用厨房基本相同。主要设备有灶台、案台、水池、储藏设施及排烟装置等。

1. 厨房的面积

厨房的使用面积应符合下列规定：

（1）由起居室、卧室、厨房和卫生间等组成的住宅，厨房不应小于 $4.0m^2$。

（2）由兼起居的卧室、厨房和卫生间等组成的住宅最小套型的厨房使用面积，不应小于 $3.5m^2$。

厨房的面积一般比较紧凑，设备之间的距离要符合人体活动的要求。单排布置设备的厨房净宽不应小于 1.5m，双面布置设备的厨房净宽不应小于 0.9m。

当住宅不设置供洗漱用的卫生间时，厨房还兼有洗漱、洗涤甚至沐浴的功能，有的厨房兼作用餐室，此时应将厨房面积适当加大，以满足使用要求。

2. 厨房的布置

厨房按其功能组合可以分为工作厨房及餐室厨房两类。工作厨房仅安排炊事活动，餐室厨房则兼有炊事和进餐两种功能。

厨房按洗、切、烧的顺序布置洗池、案台、炉灶，尽量布置在光线好、空气流通、使用方便的位置。设备布置要考虑操作时的方便，操作空间一般不小于 750mm×750mm。设备间距过大，会增加往返走动的距离。厨房设备的布置形式如图 3-1 所示。

（1）单排布置。适用于宽度只能单排布置设备的狭长平面或在另一侧布置餐桌的厨房。由于每件设备都要留出自己的操作面积，面积利用不够充分。

（2）双排布置。将设备分列两侧，操作时会造成180°转身往复走动，从而增加体力的消耗。适用于设阳台门的厨房及相对有两道门的厨房，条件允许时可以分别在两侧设洗池以减少往复跑动。

（3）L形及U形布置。设备成90°角布置，操作省力方便。设备的布置会形成一些死角而使面积利用不够充分。L形布置可保留一面完整墙面布置餐桌，而U形布置一般适用于人口较多的家庭及设备较多的厨房。这两种布置方式适用于平面接近方形的厨房。

设备的布置还要考虑不同地区的气候特点，炎热地区宜将灶炉靠窗布置，以利排除烟气；而寒冷地区要避免洗池靠窗布置，以免冻结。

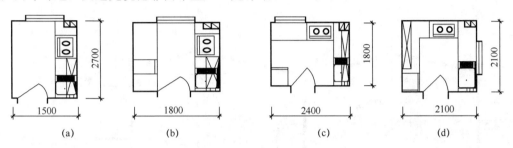

图 3-1 厨房布置形式

（a）单排布置；（b）双排布置；（c）L形布置；（d）U形布置

3. 厨房的细部设计

厨房面积虽然不大，但牵涉的问题很多，若考虑不周，还会影响其他房间的使用。

厨房中的主要家电及家具有操作台、水池、灶台、抽油烟机、各类储藏柜，有时冰箱也放在厨房中。一般经常存取的搁板高度，应不超过1.7m高。而不常用的杂物可放置在更高的空间，有些较重而又经常取用的物品，如粮食、蔬菜等，可用案台下的空间存放。

厨房应有外窗，窗宽不小于0.9m，厨房门宽不小于0.8m。厨房应有良好的通风，要防止油烟、煤气、灰尘串入居室。厨房还应注意防火，墙和地面要便于清洗，也要注意防水，一般厨房地面比居室地面低20～30mm。

3.3.2 卫生间

卫生间按其使用特点可分为专用卫生间和公共卫生间。设计原则是卫生、安全、便捷、实用。在建筑平面中既要方便找到，又要适当隐蔽，考虑安全耐用、保障隐私、尺度舒服、便于清洁和便于气味排出等要求。公共建筑需要考虑老年人、残疾人使用的无障碍设计，在风景区、旅游区的公共卫生间还需要设置第三卫生间。

卫生间不应直接布置在餐厅、食品加工、食品贮存、变配电等有严格卫生要求或防水防火要求用房的上层；除本套住宅外，住宅卫生间不应直接布置在下层的卧室、起居室、厨房和餐厅的上层；公共建筑中卫生间不能上、下层邻近餐厅、食堂等位置，地下室不宜设置厕所，如设置应考虑通风和排放。

1. 卫生间设备及数量

卫生间设计应依据各种设备及人体活动所需要的基本尺度，同时需要根据所服务建筑及其使用功能、人数，来确定设备数量及房间的尺寸和布置形式。

卫生间设备有大便器、小便器、洗手盆、污水池等。大便器有蹲式和坐式两种，小便器有小便斗和小便槽两种。一般卫生器具尺寸如图 3-2 所示，常用卫生器具组合尺寸如图 3-3 所示，常用卫生洁具平面尺寸和使用空间见表 3-1。

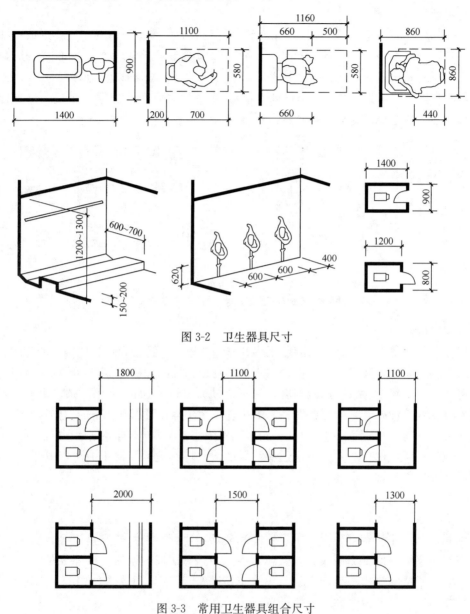

图 3-2 卫生器具尺寸

图 3-3 常用卫生器具组合尺寸

表 3-1 常用卫生洁具平面尺寸和使用空间（mm）

洁具	平面尺寸	使用空间（宽度×进深）
洗手盆	500×400	800×600
坐便器（低位、整体水箱）	700×500	800×600
蹲便器	800×500	800×600
卫生间便盆（靠墙式或悬挂式）	600×400	800×600
碗型小便器	400×400	700×500
水槽（桶/清洁工用）	500×400	800×800
烘手器	400×300	650×600

卫生设备的数量及小便槽长度主要取决于使用人数、使用对象和使用特点。一般集中使用、频繁使用的建筑，卫生器具相应多一些，实际设计中，一般民用建筑每一个卫生器具可供使用的人数可参考表 3-2。

表 3-2　部分民用建筑卫生间设备个数参考指标

建筑类型	男小便器 （人/个）	男大便器 （人/个）	女大便器 （人/个）	洗手盆或龙头 （人/个）	男女比例
旅馆	20	20	12	—	按设计要求
宿舍	20	20	15	15	按实际使用情况
中小学	40	40	25	100	1∶1
火车站	80	80	50	150	2∶1
办公楼	50	50	30	50～80	3∶1～5∶1
影剧院	35	75	50	140	2∶1～3∶1
门诊部	50	100	50	150	1∶1
幼托	—	5～10	5～10	2～5	1∶1

注：一个小便器，折合 0.6m 长的便槽。

2. 卫生间的布置

卫生间的平面形式包括无前室和有前室两种。有前室的卫生间可以隔绝气味、过渡视线、增强私密，并可以改善通往卫生间的走道和过厅的卫生条件。前室应有足够的深度，一般不小于 1.5m，当卫生间和盥洗室组合在一起时，盥洗室可以起到前室的作用。

3. 设计要求

（1）公共卫生间（图 3-4）设计要求

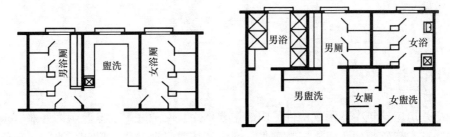

图 3-4　公共卫生间布置实例

公共卫生间一般应考虑以下要求：

① 卫生间处于人流交通线上，与走道及楼梯间联系，如走道两端、楼梯间入口处、建筑转角处等。

② 大量人群使用的卫生间，应有良好的天然采光和通风。少数人使用的卫生间允许间接采光，但应安装抽风设施。为保证主体功能空间的良好朝向，卫生间可以布置在朝向较差的一侧。

③ 卫生间布置应利于节省管道，减少立管并靠近室外给排水管道。同楼层中男、女卫生间最好并排布置，避免管道分散。不同楼层卫生间应尽可能布置在上、下相应的位置。

④ 公共卫生间无障碍设施应与公共卫生间同步设计、同步建设。在现有的建筑中，应

建造无障碍厕位或无障碍专用卫生间，其设计应符合现行国家标准《无障碍设计规范》（GB 50763—2012）和《建筑与市政工程无障碍通用规范》（GB 55019—2021）的有关规定。

（2）专用卫生间（图 3-5）设计要求

在确定专用卫生间位置时，一般应与主体空间综合考虑。

① 每套住宅应设卫生间，应至少配置便器、洗浴器、洗面器三件卫生设备或为其预留位置。

② 三件卫生设备集中配置的卫生间的使用面积不应小于 2.5m²。卫生间可根据使用功能要求组合不同的设备。

③ 不同组合的空间使用面积应符合下列规定：设便器、洗面器时不应小于 1.8m²；设便器、洗浴器时不应小于 2.0m²；设洗面器、洗浴器时不应小于 2.0m²；设洗面器、洗衣机时不应小于 1.8m²；单设便器时不应小于 1.1m²。

④ 无前室的卫生间的门不应直接开向起居室（厅）或厨房。

⑤ 卫生间不应直接布置在下层住户的卧室、起居室（厅）、厨房和餐厅的上层。当卫生间布置在本套内的卧室、起居室（厅）、厨房和餐厅的上层时，均应有防水和便于检修的措施。

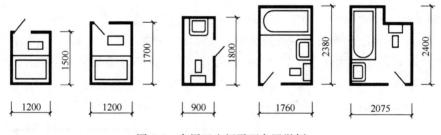

图 3-5　专用卫生间平面布置举例

3.4　门和窗

门和窗是房屋建筑中非承重构件。门的主要作用是交通联系、紧急疏散并兼有采光、通风的作用；窗在建筑中的主要作用是采光、通风、接受日照和供人眺望。当门和窗位于外墙上时，作为建筑物外墙的组成部分，相应需要满足不同的设计要求，如保温、隔热、隔声、防水、防风、节能等功能。同时，外门窗又是建筑立面的重要组成部分，它们的形状、尺寸、比例、韵律、色彩等都对建筑的整体造型有很大的影响。

3.4.1　功能和疏散要求

不同功能的建筑，门窗的设置、大小、数量等均不相同，但都要满足正常的使用和安全疏散需要。对人流量大的公共建筑，如影剧院的观众厅、体育馆的比赛大厅等，疏散门的开启方向应向疏散方向开启，还应通过计算疏散宽度来设置门的数量和大小。建筑各部位门洞的最小尺寸应符合表 3-3 的规定。

表 3-3　住宅门洞最小尺寸（m）

类别	洞口宽度	洞口高度
公用外门	1.20	2.00
户（套）门	1.00	2.00
起居室（厅）门	0.90	2.00
卧室门	0.90	2.00
厨房门	0.80	2.00
卫生间门	0.70	2.00
阳台门（单扇）	0.70	2.00

注：1. 表中门洞口高度不包括门上亮子高度，宽度以平开门为准。

2. 洞口两侧地面有高低差时，以高地面为起算高度。

3.4.2　门、窗的设计要求

门、窗根据使用位置及功能需求可以分为多种类型，其设计要求比较灵活多样。通常外门窗侧重围护和安全需要，内门窗重点是满足分隔与安全等方面需求。门窗的构造设计要求，主要包括以下几个方面：

（1）防风雨、保温、隔声；

（2）开启灵活、关闭紧密；

（3）便于擦洗和维修方便；

（4）坚固耐用、耐腐蚀。

除此之外，特种门、窗还需要根据功能需要满足特定的指标，如防盗报警、防火、密闭、防爆、防弹、防辐射等。

除一般的使用需要外，门窗还应满足施工、生产等方面需求。最有代表性的是工业化生产使门、窗可最大程度地节约劳动成本，提高劳动效率，也容易保证施工的安全。因而在建筑设计时，应根据实际的需求采用合适的立面设计手段，尽量统一门、窗的规格，降低门、窗生产制作成本。同时，控制外墙的窗墙比是实现建筑节能的有效手段。

3.4.3　门、窗的形式和尺度

门、窗的形式主要取决于门窗的开启方式，不论其材料如何，开启方式均大致相同。

1. 门的形式及门的尺度

按开启方式，门通常有平开门、弹簧门、推拉门、折叠门、转门等，如图 3-6 所示。

门的尺度通常指门洞的高宽尺寸。门作为交通疏散通道，其尺度取决于人的通行要求、家具器械的搬运及建筑物的比例关系等，并要符合现行《建筑模数协调标准》（GB/T 50002—2013）的规定。

一般民用建筑门的高度不宜小于 2100mm，如门设有亮子时，亮子高度一般为 300～600mm，则门洞高度为门扇高加亮子高，即门洞高度一般为 2400～3000mm。公共建筑大门的高度可视需要适当提高。

门的宽度，单扇门为 700～1000mm，双扇门为 1200～1800mm。宽度在 2100mm 以上时，则多做成三扇门、四扇门或双扇带固定扇的门。辅助房间（如浴厕、储藏室等）门的宽度可窄些，一般为 700～800mm。

为了使用方便，一般民用建筑门（木门、铝合金门、塑料门）均编制成标准图，在图上注明类型及有关尺寸，设计时可根据需要直接选用。

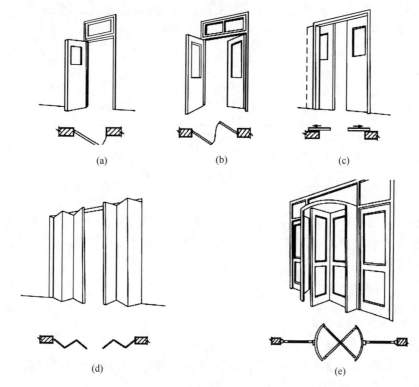

图 3-6　门的开启方式

（a）平开门；（b）弹簧门；（c）推拉门；（d）折叠门；（e）旋转门

2. 窗的形式和尺度

窗按开启方式通常有固定窗、平开窗、上旋窗、中悬窗、下悬窗、立转窗、上下推拉窗、左右推拉窗和百叶窗等，如图 3-7 所示。

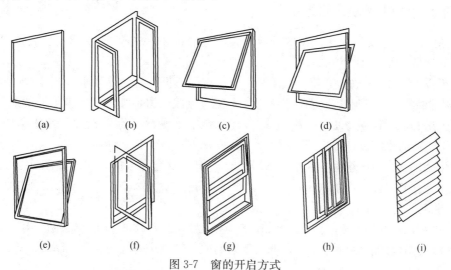

图 3-7　窗的开启方式

（a）固定窗；（b）平开窗；（c）上旋窗；（d）中悬窗；（e）下悬窗；（f）立转窗；
（g）上、下推拉窗；（h）左、右推拉窗；（i）百叶窗窗的尺度主要取决于房间的采光、通风、构造做法和建筑造型等要求，应符合现行《建筑模数协调标准》（GB/T 50002—2013）的规定。一般平开窗扇的宽度为 400～600mm，高度为 800～1500mm。当窗较大时，为减少可开窗扇的尺寸，可在窗的上部或下部设亮窗，北方地区的亮窗多固定设置，南方地区为扩大通风面积，窗的上亮多可开启，上亮的高度一般取 300～600mm。固定窗扇不需安装合页，宽度可达 900mm 左右。推拉窗扇宽度也可达到 900mm，高度不大于 1500mm，过大时开关不灵活。

3.5 阳台与雨篷

3.5.1 阳台

阳台是建筑中不可缺少的室内外过渡空间，也称为灰空间。人们可利用阳台聊天、休闲、眺望或从事晒衣等活动。同时，阳台的设置对建筑物的外部形象起着重要的作用。

1. 阳台的类型、组成及要求

（1）类型

按使用要求的不同，阳台可分为生活阳台和服务阳台；按其与建筑物外墙的关系，阳台可分为挑阳台（凸阳台）、半挑半凹阳台和凹阳台，如图 3-8 所示；按阳台在外立面的位置又可分为转角阳台和中间阳台；按阳台栏板上部的形式又可分为封闭阳台和开敞式阳台；按施工形式，阳台可分为现浇式阳台和预制装配式阳台；按悬臂结构的形式，阳台又可分为板悬臂式阳台与梁悬臂式阳台等。

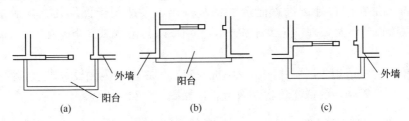

图 3-8　阳台的平面形式

（a）挑阳台；（b）凹阳台；（c）半挑半凹阳台

（2）组成

阳台由承重结构（梁、板）和围护结构（栏杆或栏板）组成。

（3）要求

阳台的结构及构造设计应满足以下要求。

① 安全、坚固。阳台出挑部分的承重结构均为悬臂结构，所以阳台的出挑长度应满足结构抗倾覆的要求，以保证结构安全。阳台栏杆、扶手构造应坚固、耐久，并给人们以足够的安全感。

② 适用、美观。阳台的出挑长度应根据使用要求确定。阳台的地面应低于相邻楼地面20～50mm，以免雨水流入室内，并应做一定坡度和布置排水设施，使排水顺畅。阳台的栏杆（栏板）应结合地区气候特点，并满足立面造型的需要。

2. 阳台细部构造

（1）阳台的栏杆

阳台栏杆是在阳台外围设置的垂直构件，它有两个作用：一是承受人们推靠栏杆的水平推力，以保障人身安全；二是作为建筑构件对建筑物具有一定的装饰作用。

阳台栏杆高度依据建筑使用对象不同而有所区别，根据《民用建筑设计统一标准》（GB 50352—2019）和《住宅设计规范》（GB 50096—2011）中规定：六层及六层以下不应低于1.05m；七层及七层以上不应低于1.10m。阳台栏杆设计必须采用防止儿童攀登的构造，栏杆的垂直杆件间净距不应大于0.11m，放置花盆处必须采取防坠落措施。栏杆离地面或屋面100mm高度内不宜留空。封闭阳台栏板或栏杆也应满足阳台栏板或栏杆净高要求。

栏杆形式有三种，即镂空栏杆、实心样板以及由镂空栏杆和实心栏板组合而成的组合式栏杆。按材料不同，有金属栏杆、钢筋混凝土栏杆（板）等。金属栏杆采用不锈钢、方钢、钢筋、扁钢等，金属栏杆与阳台板面梁上的预埋钢板焊接。

（2）阳台扶手

阳台扶手通常分为金属和钢筋混凝土两种。金属扶手一般为直径50mm的钢管或不锈钢管与金属栏杆焊接；钢筋混凝土扶手应用广泛，一般直接用作栏杆压顶。当扶手上需放置花盆时，应在外侧设防护栏杆，防护栏杆一般高180～200mm，花台净宽为240mm。

3. 阳台的排水

因为阳台是外露建筑构件，为阻止阳台上的雨水流入室内，阳台的设计地面应比室内地面低20～50mm，阳台地面应采用防水砂浆向低端做出坡度，并设置排水设施，以便迅速将雨水排除。阳台排水方式分为内排水和外排水两种。

阳台外排水是在阳台外侧设置泄水管将水排出，多适用于低层建筑，泄水管为直径50mm镀锌铁管或塑料管，外挑长度不少于80mm，以防雨水溅到下层阳台，如图3-9（a）所示。

阳台内排水一般适用于高层住宅和高标准建筑，即在阳台内侧设置排水立管和地漏，将雨水直接排入地下管网，保证建筑物立面美观，如图3-9（b）所示。

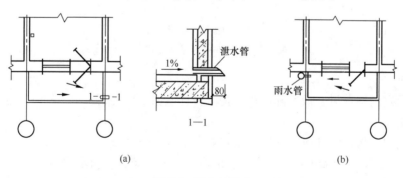

图 3-9 阳台的排水
（a）外排水；（b）内排水

3.5.2 雨篷

雨篷是位于建筑物入口处和顶层阳台上部用来遮挡雨水、保护外门免受雨水侵蚀的水平构件。一般为钢筋混凝土悬挑板或钢筋混凝土悬挑梁板。较大的雨篷常由梁、板、柱组成，其构造与楼板相同。较小的雨篷常与凸阳台一样做成悬挑构件，悬挑长度一般为1～1.5m。较大的雨篷也可以采用立柱支承，可以形成门廊。钢筋混凝土悬挑雨篷如图3-10所示。

现代建筑中多采用钢结构和钢化玻璃的新型雨篷，其特点是结构轻巧，造型美观，透明新颖，富有现代感。

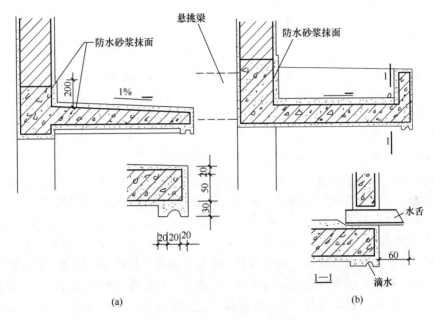

图 3-10　钢筋混凝土悬挑雨篷
（a）板式雨篷；（b）梁板式雨篷

4 建筑设计基本知识

4.1 概述

建筑是建筑物和构筑物的总称。凡是供人们在其内进行生产、生活或其他活动的房屋（或场所）都称为建筑物，如住宅、教学楼、厂房等；只为满足某一特定的功能建造的，人们一般不直接在其内进行活动的场所则称为构筑物，如水塔、电视塔、烟囱等。本书所指的建筑主要是房屋建筑。

建筑设计包括两方面内容，即对建筑空间的研究和对构成建筑空间的建筑物实体的研究。建筑空间是供人使用的场所，它们的大小、形态、组合及流通关系与使用功能密切相关，同时还反映了一种精神上的需求。在人类漫长的发展中，从最原始的栖树（洞）而居，逐步完善发展，创造出了各式各样的建筑物。例如，为了满足居住和生活而建造的住宅，为了买卖交易而建造的商场，为了在其中生产某些产品而建造的厂房等。无论是建筑遗迹，还是现代建筑，其空间的围合形式、空间尺度等都带有强烈的精神方面的指向，反映着当时人类活动的痕迹。例如，当今最为普遍的建筑——住宅，其在考虑空间组合时，也要满足居住者使用上的方便，如将厨房与餐厅就近安排等，还要满足卧室的私密性。因此，对建筑空间的研究，是建筑设计的核心工作。

所有空间都需要围合和分隔才能形成。作为人类栖息活动的场所，建筑还应满足保温、隔热、隔声、防风、防雨、防雪、防火等需求。因此在建筑设计过程中，设计人员还必须注重对建筑物实体的研究，使建筑物实体既满足使用价值，又具有观赏价值。

4.2 建筑的分类

建筑可以根据它的使用性质、层数和防火要求等进行分类。

4.2.1 按建筑的使用性质分类

建筑根据其使用性质，通常可以分为生产性建筑和非生产性建筑两大类。

生产性建筑根据其生产内容可以分为工业建筑、农业建筑等类别。工业建筑主要包括生产厂房、辅助生产厂房、动力建筑、储藏建筑等。农业建筑即指农副业生产建筑，如温室、畜禽饲养场、水产品养殖场、农副产品加工厂、粮仓等。生产性建筑的形式和规模主要由产品的生产工艺决定，所以当生产内容或生产工艺发生变化时，建筑往往也需要随之改变。

非生产性建筑则可统称为民用建筑。民用建筑根据使用功能可再分为居住建筑和公共建筑两个大类。居住建筑是供人们居住使用的建筑，如住宅建筑、宿舍建筑。公共建筑是供人们进行各种公共活动的建筑，如行政办公建筑、文教建筑、科研建筑、医疗建筑、托幼建筑、商业建筑等。

4.2.2 按建筑的层数分类

建筑按地上层数或高度可分为低层建筑、多层建筑、高层建筑和超高层建筑。

（1）住宅建筑按层数分类，一层至三层为低层住宅；四层至六层为多层住宅；七层至九层为中高层住宅；十层及十层以上为高层住宅。

（2）除住宅建筑之外的民用建筑高度不大于24m者为单层和多层建筑，大于24m者为高层建筑（不包括建筑高度大于24m的单层公共建筑）。

（3）建筑物高度超过100m的民用建筑为超高层建筑。

（4）工业建筑（厂房）分为单层厂房、多层厂房和混合层数厂房。

4.2.3 按防火要求分类

《建筑设计防火规范》（GB 50016—2014）（2018年版）规定，民用建筑根据其建筑高度和层数可以分为单、多层民用建筑和高层民用建筑。高层民用建筑根据其建筑高度、使用功能和楼层的建筑面积可以分为一类和二类。民用建筑分类要符合表4-1的规定。

表4-1　民用建筑的分类

名称	高层民用建筑		单、多层民用建筑
	一类	二类	
住宅建筑	建筑高度大于54m的住宅建筑（包括设置商业服务网点的住宅建筑）	建筑高度大于27m，但不大于54m的住宅建筑（包括设置商业服务网点的住宅建筑）	建筑高度不大于27m的住宅建筑（包括设置商业服务网点的住宅建筑）
公共建筑	1. 建筑高度大于50m的公共建筑； 2. 建筑高度24m以上的部分任一楼层建筑面积大于1000m² 的商店、展览、电信、邮政、财贸金融建筑和其他多种功能组合的建筑； 3. 医疗建筑、重要公共建筑、独立建造的老年人照料设施； 4. 省级及以上的广播电视和防灾指挥调度建筑、网局级和省级电力调度建筑； 5. 藏书超过100万册的图书馆、书库	除一类高层公共建筑外的其他高层公共建筑	1. 建筑高度大于24m的单层公共建筑； 2. 建筑高度不大于24m的其他公共建筑

注：1. 表中未列入的建筑，其类别应根据本表类比确定。

2. 除本规范另有规定外，宿舍、公寓等非住宅类居住建筑的防火要求，应符合本规范有关公共建筑的规定。

3. 除本规范另有规定外，裙房的防火要求应符合本规范有关高层民用建筑的规定。

4.3 建筑防火设计

为了预防建筑火灾，减少火灾危害，保护人身和财产安全，建筑设计时应符合现行《建筑设计防火规范》（GB 50016—2014）（2018年版）和《建筑防火通用规范》（GB 55037—2022）的要求。

4.3.1　民用建筑的耐火等级

民用建筑的耐火等级可分为一、二、三、四级。除《建筑设计防火规范》（GB 50016—2014）（2018 年版）另有规定外，不同耐火等级建筑相应构件的燃烧性能和耐火极限不应低于表 4-2 的规定。

表 4-2　不同耐火等级建筑相应构件的燃烧性能和耐火极限（h）

构件名称		耐火等级			
		一级	二级	三级	四级
墙	防火墙	不燃性 3.00	不燃性 3.00	不燃性 3.00	不燃性 3.00
	承重墙	不燃性 3.00	不燃性 2.50	不燃性 2.00	难燃性 0.50
	非承重外墙	不燃性 1.00	不燃性 1.00	不燃性 0.50	可燃性
	楼梯间和前室的墙、电梯井的墙、住宅建筑单元之间的墙和分户墙	不燃性 2.00	不燃性 2.00	不燃性 1.50	难燃性 0.50
	疏散走道两侧的隔墙	不燃性 1.00	不燃性 1.00	不燃性 0.50	难燃性 0.25
	房间隔墙	不燃性 0.75	不燃性 0.50	难燃性 0.50	难燃性 0.25
柱		不燃性 3.00	不燃性 2.50	不燃性 2.00	难燃性 0.50
梁		不燃性 2.00	不燃性 1.50	不燃性 1.00	难燃性 0.50
楼板		不燃性 1.50	不燃性 1.00	不燃性 0.50	可燃性
屋顶承重构件		不燃性 1.50	不燃性 1.00	可燃性 0.50	可燃性
疏散楼梯		不燃性 1.50	不燃性 1.00	不燃性 0.50	可燃性
吊顶（包括吊顶搁栅）		不燃性 0.25	难燃性 0.25	难燃性 0.15	可燃性

注：1. 除《建筑设计防火规范》（GB 50016—2014）（2018 年版）另有规定外，以木柱承重且墙体采用不燃材料的建筑，其耐火等级应按四级确定。

2. 住宅建筑构件的耐火极限和燃烧性能可按现行国家标准《住宅建筑规范》（GB 50368）的规定执行。

民用建筑的耐火等级或工程结构的耐火性能应与其火灾危险性、建筑高度、使用功能和重要性、火灾扑救难度等内容相适应，并应符合下列规定：

（1）地下、半地下建筑（室）和一类高层民用建筑的耐火等级应为一级。

（2）总建筑面积大于1500m²的单、多层人员密集场所和二类高层民用建筑的耐火等级不应低于二级。

（3）城市和镇中心区的民用建筑，老年人照料设施、教学建筑、医疗建筑的耐火等级不应低于三级。

建筑高度大于100m的民用建筑，其楼板的耐火极限不应低于2.00h。一、二级耐火等级建筑的上人平屋顶，其屋面板的耐火极限分别不应低于1.50h和1.00h。

4.3.2 民用建筑的防火间距

除裙房与相邻建筑的防火间距可按单、多层建筑确定外，建筑高度大于100m的民用建筑与相邻建筑的防火间距应符合下列规定：

（1）与高层民用建筑的防火间距不应小于13m。

（2）与一、二级耐火等级单、多层民用建筑的防火间距不应小于9m。

（3）与三级耐火等级单、多层民用建筑的防火间距不应小于11m。

（4）与四级耐火等级单、多层民用建筑和木结构民用建筑的防火间距不应小于14m。

4.3.3 民用建筑的防火分区和层数

除有特殊要求的建筑、木结构建筑和附建于民用建筑中的汽车库外，其他公共建筑中每个防火分区的最大允许建筑面积应符合下列规定：

（1）民用建筑，不应大于1500m²。

（2）一、二级耐火等级的单、多层民用建筑，不应大于2500m²；对于三级耐火等级的单、多层民用建筑，不应大于1200m²；对于四级耐火等级的单、多层民用建筑，不应大于600m²。

（3）对于地下设备房，不应大于1000m²；对于地下其他区域，不应大于500m²。

（4）当防火分区全部设置自动灭火系统时，上述面积可以增加1倍；当局部设置自动灭火系统时，可按该局部区域建筑面积的1/2计入所在防火分区的总建筑面积。

4.3.4 民用建筑的平面布置

民用建筑的平面布置应结合建筑的耐火等级、火灾危险性、使用功能和安全疏散等因素合理布置。

托儿所、幼儿园的儿童用房和儿童游乐厅等儿童活动场所宜设置在独立的建筑内，且不应设置在地下或半地下；当采用一、二级耐火等级的建筑时，不应超过三层；采用三级耐火等级的建筑时，不应超过两层；采用四级耐火等级的建筑时，应为单层；确需设置在其他民用建筑内时，应符合下列规定：

设置在单、多层建筑内时，宜设置独立的安全出口和疏散楼梯。

老年人照料设施宜独立设置。当老年人照料设施与其他建筑上、下组合时，老年人照料设施宜设置在建筑的下部，并应符合下列规定：

（1）老年人照料设施部分的建筑层数、建筑高度或所在楼层位置的高度应符合"独立建造的一、二级耐火等级老年人照料设施的建筑高度不宜大于32m，不应大于54m；独立建造的三级耐火等级老年人照料设施，不应超过两层"的规定。

（2）老年人照料设施部分，应采用耐火极限不低于2.00h的防火隔墙和1.00h的楼板与其他场所或部位进行防火分隔，墙上必须设置的门、窗应采用乙级防火门、窗。

建筑内的会议厅、多功能厅等人员密集的场所，宜布置在首层、二层或三层。设置在三级耐火等级的建筑内时，不应布置在三层及以上楼层。确需布置在一、二级耐火等级建筑的其他楼层时，应符合下列规定：

（1）一个厅、室的疏散门不应少于2个，且建筑面积不宜大于400m²。

（2）设置在地下或半地下时，宜设置在地下一层，不应设置在地下三层及以下楼层。

（3）设置在高层建筑内时，应设置火灾自动报警系统和自动喷水灭火系统等自动灭火系统。

4.3.5　安全疏散和避难

1. 一般要求

民用建筑应根据其建筑高度、规模、使用功能和耐火等级等因素合理设置安全疏散和避难设施。安全出口和疏散门的位置、数量、宽度及疏散楼梯间的形式，应满足人员安全疏散的要求。

建筑内的安全出口和疏散门应分散布置，且建筑内每个防火分区或一个防火分区的每个楼层、每个住宅单元每层相邻两个安全出口以及每个房间相邻两个疏散门最近边缘之间的水平距离不应小于5m。

建筑的楼梯间宜通至屋面，通向屋面的门或窗应向外开启。自动扶梯和电梯不应计作安全疏散设施。除人员密集场所外，建筑面积不大于500m²、使用人数不超过30人且埋深不大于10m的地下或半地下建筑（室），当需要设置2个安全出口时，其中一个安全出口可利用直通室外的金属竖向梯。

除歌舞娱乐放映游艺场所外，防火分区建筑面积不大于200m²的地下或半地下设备间、防火分区建筑面积不大于50m²且经常停留人数不超过15人的其他地下或半地下建筑（室），可设置1个安全出口或1部疏散楼梯。

除《建筑设计防火规范》（GB 50016—2014）（2018年版）另有规定外，建筑面积不大于200m²的地下或半地下设备间、建筑面积不大于50m²且经常停留人数不超过15人的其他地下或半地下房间，可设置1个疏散门。

直通建筑内附设汽车库的电梯，应在汽车库部分设置电梯候梯厅，并应采用耐火极限不低于2.00h的防火隔墙和乙级防火门与汽车库分隔。

高层建筑直通室外的安全出口上方，应设置挑出宽度不小于1.0m的防护挑檐。

2. 公共建筑

公共建筑内每个防火分区或一个防火分区的每个楼层，其安全出口的数量不应少于2个。设置1个安全出口或1部疏散楼梯的公共建筑应符合下列条件之一：

（1）除托儿所、幼儿园外，建筑面积不大于200m²且人数不大于50人的单层公共建筑或多层公共建筑的首层。

（2）除医疗建筑，老年人照料设施，儿童活动场所和歌舞娱乐放映游艺场所等外，符合表 4-3 规定的公共建筑。

表 4-3　仅设置 1 个安全出口或 1 部疏散楼梯的公共建筑

耐火等级	最多层数	每层最大建筑面积（m²）	人数
一、二级	3 层	200	第二、三层的人数之和不大于 50 人
三级、木结构建筑	3 层	200	第二、三层的人数之和不大于 25 人
四级	2 层	200	第二层人数不大于 15 人

公共建筑内每个房间的疏散门不应少于 2 个；儿童活动场所、老年人照料设施中的老年人活动场所、医疗建筑中的治疗室和病房、教学建筑中的教学用房，当位于走道尽端时，疏散门不应少于 2 个；公共建筑内仅设置 1 个疏散门的房间应符合下列条件之一：

（1）对于儿童活动场所、老年人照料设施中的老年人活动场所，房间位于两个安全出口之间或袋形走道两侧且建筑面积不大于 50m²。

（2）对于医疗建筑中的治疗室和病房、教学建筑中的教学用房，房间位于两个安全出口之间或袋形走道两侧且建筑面积不大于 75m²。

（3）对于歌舞娱乐放映游艺场所，房间的建筑面积不大于 50m² 且经常停留人数不大于 15 人。

（4）对于其他用途的场所，房间位于两个安全出口之间或袋形走道两侧且建筑面积不大于 120m²。

（5）对于其他用途的场所，房间位于走道尽端的房间且建筑面积不大于 50m²。

（6）对于其他用途的场所，房间位于走道尽端且建筑面积不大于 200m²、房间内任一点至疏散门的直线距离不大于 15m、疏散门的净宽度不小于 1.40m。

一、二级耐火等级公共建筑内的安全出口全部直通室外确有困难的防火分区，可利用通向相邻防火分区的甲级防火门作为安全出口，但应符合下列要求：

（1）利用通向相邻防火分区的甲级防火门作为安全出口时，应采用防火墙与相邻防火分区进行分隔。

（2）建筑面积大于 1000m² 的防火分区，直通室外的安全出口不应少于 2 个；建筑面积不大于 1000m² 的防火分区，直通室外的安全出口不应少于 1 个。

（3）该防火分区通向相邻防火分区的疏散净宽度不应大于其按表 4-10 规定计算所需疏散总净宽度的 30%，建筑各层直通室外的安全出口总净宽度不应小于按照表 4-10 规定计算所需疏散总净宽度。

高层公共建筑的疏散楼梯，当分散设置确有困难且从任一疏散门至最近疏散楼梯间入口的距离不大于 10m 时，可采用剪刀楼梯间，但应符合下列规定：

（1）楼梯间应为防烟楼梯间。

（2）梯段之间应设置耐火极限不低于 1.00h 的防火隔墙。

（3）楼梯间的前室应分别设置。

设置不少于 2 部疏散楼梯的一、二级耐火等级多层公共建筑，如顶层局部升高，当高出部分的层数不超过 2 层、人数之和不超过 50 人且每层建筑面积不大于 200m² 时，高出部分可设置 1 部疏散楼梯，但至少应另外设置 1 个直通建筑主体上人屋面的安全出口，且上人屋面应符合人员安全疏散的要求。

一类高层公共建筑和建筑高度大于 32m 的二类高层公共建筑，其疏散楼梯应采用防烟楼梯间。

下列公共建筑中与敞开式外廊不直接连通的室内疏散楼梯，均应采用封闭楼梯间：

（1）建筑高度不大于 32m 的二类高层公共建筑。

（2）多层医疗建筑、旅馆建筑、老年人照料设施及类似使用功能的建筑。

（3）设置歌舞娱乐放映游艺场所的多层建筑。

（4）多层商店、图书馆、展览建筑、会议中心及类似使用功能的建筑。

（5）6 层及 6 层以上的其他多层公共建筑。

老年人照料设施的疏散楼梯或疏散楼梯间宜与敞开式外廊直接连通，不能与敞开式外廊直接连通的室内疏散楼梯应采用封闭楼梯间。建筑高度大于 24m 的老年人照料设施，其室内疏散楼梯应采用防烟楼梯间。建筑高度大于 32m 的老年人照料设施，宜在 32m 以上部分增设能连通老年人居室和公共活动场所的连廊，各层连廊应直接与疏散楼梯、安全出口或室外避难场地连通。

公共建筑内的客、货电梯宜设置电梯候梯厅，不宜直接设置在营业厅、展览厅、多功能厅等场所内。老年人照料设施内的非消防电梯应采取防烟措施，当火灾情况下需用于辅助人员疏散时，该电梯及其设置应符合现行《建筑设计防火规范》（GB 50016—2014）（2018 年版）有关消防电梯及其设置的要求。

剧场、电影院、礼堂和体育馆的观众厅或多功能厅，其疏散门的数量应经计算确定且不应少于 2 个，对于体育馆的观众厅，每个疏散门的平均疏散人数不宜超过 400～700 人。

人员密集的公共场所、观众厅的疏散门不应设置门槛，其净宽度不应小于 1.40m，且紧靠门口内外各 1.40m 范围内不应设置踏步。人员密集的公共场所的室外疏散通道的净宽度不应小于 3.00m，并应直接通向宽敞地带。

剧场、电影院、礼堂、体育馆等场所的疏散走道、疏散楼梯、疏散门、安全出口的各自总净宽度，应符合下列规定：

（1）观众厅内疏散走道的净宽度应按每 100 人不小于 0.60m 计算，且不应小于 1.00m；边走道的净宽度不宜小于 0.80m。布置疏散走道时，横走道之间的座位排数不宜超过 20 排；纵走道之间的座位数：剧场、电影院、礼堂等，每排不宜超过 22 个；体育馆，每排不宜超过 26 个；前后排座椅的排距不小于 0.90m 时，可增加 1.0 倍，但不得超过 50 个；仅一侧有纵走道时，座位数应减少一半。

（2）剧场、电影院、礼堂等场所供观众疏散的所有内门、外门、楼梯和走道的各自总净宽度，应根据疏散人数按每 100 人的最小疏散净宽度不小于表 4-4 的规定计算确定。

表 4-4 剧场、电影院、礼堂等场所每 100 人所需最小疏散净宽度（m/百人）

观众厅座位数（座）			≤2500	≤1200
耐火等级			一、二级	三级
疏散部位	门和走道	平坡地面	0.65	0.85
		阶梯地面	0.75	1.00
	楼梯		0.75	1.00

（3）体育馆供观众疏散的所有内门、外门、楼梯和走道的各自总净宽度，应根据疏散人数按每 100 人的最小疏散净宽度不小于表 4-5 的规定计算确定。

表 4-5　体育馆每 100 人所需最小疏散净宽度（m/百人）

观众厅座位数范围（座）			3000～5000	5001～10000	10001～20000
疏散部位	门和走道	平坡地面	0.43	0.37	0.32
		阶梯地面	0.50	0.43	0.37
	楼梯		0.50	0.43	0.37

注：本表中对应较大座位数范围按规定计算的疏散总净宽度，不应小于对应相邻较小座位数范围按其最多座位数计算的疏散总净宽度。对于观众厅座位数少于 3000 个的体育馆，计算供观众疏散的所有内门、外门、楼梯和走道的各自总净宽度时，每 100 人的最小疏散净宽度不应小于表 4-8 的规定。

（4）有等场需要的入场门不应作为观众厅的疏散门。

除剧场、电影院、礼堂、体育馆外的其他公共建筑，其房间疏散门、安全出口、疏散走道和疏散楼梯的各自总净宽度，应符合下列规定：

（1）疏散出口、疏散走道和疏散楼梯每 100 人所需最小疏散净宽度不应小于表 4-6 的规定。

表 4-6　疏散出口、疏散走道和疏散楼梯每 100 人所需最小疏散净宽度（m/100 人）

建筑层数或埋深		建筑的耐火等级或类型		
		一、二级	三级、木结构建筑	四级
地上楼层	1～2 层	0.65	0.75	1.00
	3 层	0.75	1.00	—
	不小于 4 层	1.00	1.25	—
地下、半地下楼层	埋深不大于 10m	0.75	—	—
	埋深大于 10m	1.00	—	—
	歌舞娱乐放映游艺场所及其他人员密集的房间	1.00	—	—

（2）除不用作其他楼层人员疏散并直通室外地面的外门总净宽度，可按本层的疏散人数计算确定外，首层外门的总净宽度应按该建筑疏散人数最大一层的人数计算确定。

（3）歌舞娱乐放映游艺场所中录像厅的疏散人数，应根据录像厅的建筑面积按不小于 1.0 人/m^2 计算；歌舞娱乐放映游艺场所中其他用途房间的疏散人数，应根据房间的建筑面积按不小于 0.5 人/m^2 计算。

有固定座位的场所，其疏散人数可按实际座位数的 1.1 倍计算。展览厅的疏散人数应根据展览厅的建筑面积和人员密度计算，展览厅内的人员密度不宜小于 0.75 人/m^2。

商店的疏散人数应按每层营业厅的建筑面积乘以表 4-7 规定的人员密度计算。对于建材商店、家具和灯饰展示建筑，其人员密度可按表 4-7 规定值的 30% 确定。

表 4-7　商店营业厅内的人员密度（人/m^2）

楼层位置	地下第二层	地下第一层	地上第一、二层	地上第三层	地上第四层及以上各层
人员密度	0.56	0.60	0.43～0.60	0.39～0.54	0.30～0.42

　　人员密集的公共建筑不宜在窗口、阳台等部位设置封闭的金属栅栏，确需设置时，应能从内部易于开启；窗口、阳台等部位宜根据其高度设置使用的辅助疏散逃生设施。

　　三层及三层以上总建筑面积大于 $3000m^2$（包括设置在其他建筑内三层及以上楼层）的老年人照料设施，应在二层及以上各层老年人照料设施部分的每座疏散楼梯间的相邻部位设置 1 间避难间；当老年人照料设施设置与疏散楼梯或安全出口直接连通的开敞式外廊、与疏散走道直接连通且符合人员避难要求的室外平台等时，可不设置避难间。避难间内可供避难的净面积不应小于 $12m^2$，避难间可利用疏散楼梯间的前室或消防电梯的前室，其他要求应符合高层病房楼避难间的规定。

3. 住宅建筑

　　住宅建筑中符合下列条件之一的住宅单元，每层的安全出口不应少于 2 个：

　　（1）任一层建筑面积大于 $650m^2$ 的住宅单元。

　　（2）建筑高度大于 54m 的住宅单元。

　　（3）建筑高度不大于 27m，但任一户门至最近安全出口的疏散距离大于 15m 的住宅单元。

　　（4）建筑高度大于 27m、不大于 54m，但任一户门至最近安全出口的疏散距离大于 10m 的住宅单元。

　　住宅建筑的室内疏散楼梯设置应符合下列规定：

　　（1）建筑高度不大于 21m 的住宅建筑可采用敞开楼梯间；当户门的耐火完整性低于 1.00h 时，与电梯井相邻布置的疏散楼梯应采用封闭楼梯间，当户门采用乙级防火门时，仍可采用敞开楼梯间。

　　（2）建筑高度大于 21m，不大于 33m 的住宅建筑，当户门的耐火完整性低于 1.00h 时，疏散楼梯应采用封闭楼梯间；当户门采用乙级防火门时，可采用敞开楼梯间。

　　（3）建筑高度大于 33m 的住宅建筑，疏散楼梯应采用防烟楼梯间，开向防烟楼梯间前室或合用前室的户门应为耐火性能不低于乙级的防火门。

　　（4）建筑高度大于 27m，不大于 54m 且每层仅设置 1 部疏散楼梯的住宅单元，户门的耐火完整性不应低于 1.00h，疏散楼梯应通至屋面。

　　（5）多个单元的住宅建筑中通至屋面的疏散楼梯应能通过屋面连通。

　　住宅单元的疏散楼梯，当分散设置确有困难且任一户门至最近疏散楼梯间入口的距离不大于 10m 时，可采用剪刀楼梯间，但应符合下列规定：

　　（1）应采用防烟楼梯间。

　　（2）梯段之间应设置耐火极限不低于 1.00h 的防火隔墙。

　　（3）楼梯间的前室不宜共用；其用时，前室的使用面积不应小于 $6.0m^2$。

　　（4）楼梯间的前室或共用前室不宜与消防电梯的前室合用；楼梯间的共用前室与消防电梯的前室合用时，合用前室的使用面积不应小于 $12.0m^2$，且短边不应小于 2.4m。

　　建筑高度大于 54m 的住宅建筑，每户应有一间房间符合下列规定：

　　（1）应靠外墙设置，并应设置可开启外窗。

　　（2）内、外墙体的耐火极限不应低于 1.00h，该房间的门宜采用乙级防火门，外窗的耐火完整性不宜低于 1.00h。

4.4　无障碍设计

4.4.1　概述

"无障碍设计"（Barrier Free Design）是通过规划、设计减少或消除残疾人、老年人等弱势群体在公共空间（包括建筑空间、城市环境）活动中行为障碍进行的设计工作。广义的无障碍设计是在满足残疾人、老年人等弱势群体特殊要求的同时，能为所有健全人使用的设计。它既包括硬件设施上的无障碍设计，例如盲道、坡道、扶手等常见的无障碍硬件设施，也包括图形化的信息指示，多元化的信息传达方式（如色彩、材料、光影等手段的运用）、各种便捷的服务（问询处等）、人性化的视觉引导系统等软件上的无障碍设计工作。

为了建设城市的无障碍环境，提高人们的社会生活质量，确保有需求的人能够安全地、方便地使用各种设施，建筑需进行无障碍设计。有障碍者的环境障碍与设计内容、健全人与使用辅助器材者的比较及无障碍设计要求见表4-8、表4-9、表4-10。

无障碍设计应符合现行《无障碍设计规范》（GB 50763—2012）和《建筑与市政无障碍通用规范》（GB 55019—2021）的要求。

表 4-8　有障碍者的环境障碍与设计内容

人员类别		动作特点	环境中的障碍	设计内容
视觉障碍者	盲	1. 不能自行定向、定位地从事活动，而需通过感官功能了解环境以后才能定向、定位地从事活动； 2. 需借助盲杖行进，步速慢，特别是在生疏环境中易产生意外损伤	1. 经常改变环境，缺乏导向措施，走道有意外突出物； 2. 旋转门、弹簧门、手动推拉门； 3. 只有单侧扶手和不连贯的楼梯扶手； 4. 拉线开关	1. 简化行动路线，地面平整； 2. 行走空间突出物应有安全措施； 3. 强化听觉、嗅觉和触觉信息的环境，以便引导（如扶手、盲文标志、音响信号等）； 4. 电器开关应有安全措施，且易辨别，不应采用拉线开关
	低视力	1. 形象大小、色彩反差及光照强弱会直接影响视觉辨认； 2. 需借助有关感官动能设施来行动	1. 视觉标志尺寸偏小； 2. 光照弱、色彩反差小	加大标志图形、加强光照，有效利用色彩反差，强化视觉信息
肢体障碍者	上肢障碍	1. 手活动范围小于普通人； 2. 难以承担各种精巧动作，持续力差； 3. 难以完成双手并用的动作	难以操作球形门把手、对号锁、钥匙门锁、门窗插销、拉线开关以及密排的按键等	1. 缩小操作半径； 2. 采用肘式开关、长柄执手、大号按键
	偏瘫	半侧身体功能不全，兼有上、下肢残疾特点，虽可拄杖独立跛行，或乘坐特种轮椅，但动作总偏在身体一侧有方向性	1. 只设单侧不易抓握的楼梯扶手； 2. 卫生设备安全抓杆的位置和方向与行动便利一侧不对应； 3. 地面滑而不平	1. 楼梯安装双侧扶手并连贯； 2. 抓杆与行动便利一侧对应，或对称设置； 3. 采用平整防滑的地面

人员类别		动作特点	环境中的障碍	设计内容
肢体障碍者	下肢障碍独立乘轮椅者	1. 行进依靠轮椅； 2. 较高和较低的设施称为障碍； 3. 卫生间需要设置安全抓杆，才能稳定安全地移动	1. 台阶、楼梯和高于15mm的高差及过长的坡道； 2. 强力弹簧门以及小于800mm净宽的门和小于1200mm的走道； 3. 没有适合障碍人士使用的无障碍卫生间及其他设施； 4. 不平整的地面、坡面及长绒地毯等	1. 门、走道及通行空间均以方便轮椅通行为准； 2. 楼层间应有升降设施； 3. 按轮椅乘坐者的需要设计无障碍厕所、浴室及有关设施； 4. 择优选用合适的长度、宽度和坡度的坡道
	下肢障碍拄杖者	1. 攀登动作困难，行动缓慢，不适应常规运动节奏； 2. 拄双杖者，只有坐姿时才能使用双手； 3. 拄双杖者，行走时需要950mm的宽度； 4. 使用卫生设备时需安全抓杆	1. 较高的台阶，有直角突缘的踏步、较高和较陡的楼梯及坡道、宽度不足的楼梯、门及走道； 2. 旋转门、强力弹簧门； 3. 光滑、积水的地面；宽度大于15mm的地面缝隙和大于15mm×15mm的孔洞； 4. 扶手不完备，卫生设备缺少安全抓杆	1. 地面平坦、防滑、缝隙及孔洞小于等于15mm； 2. 台阶、坡道平缓，设有适宜扶手； 3. 选用自动门、平开门及折叠门； 4. 卫生间设备应安装相应的安全抓杆； 5. 通行空间满足拄双杖者所需宽度； 6. 各项设施安装要考虑行动特点和安全需要
听力障碍者		1. 一般无行动困难，单纯语言障碍者困难更少； 2. 在与外界交往中，常借助增音设备； 3. 重度听力障碍者及聋者需借助视觉及振动信号	1. 只有常规音响系统的环境，如一般影剧院及会堂； 2. 不完善的安全报警设备及视觉信息	1. 改善音响信息系统，如在各类观演厅、会议厅增音设备、环形天线，使配备助听器者改善收音效果； 2. 在安全疏散方面，配备音响信号的同时，完善同步视觉和振动报警

注：本表是根据不同有障碍人士的动作特点及在生活环境中可能遇到的障碍进行分析和总结，归纳出在工程中应进行无障碍设计的内容，仅供参考。

表 4-9　健全人与使用辅助器材者的比较（mm）

类别	身高	面宽	侧宽	眼高	水平移动	180°	垂直移动
健全人	1700	450	300	1600	1m/s	600×600	25～
乘轮椅者	1200	650～700 （1.5倍）	1100 （4倍）	1100 （0.8倍）	1.5～2.0m/s	φ1500 （6倍）	2～2.5 （0.1倍）
拄双杖者	1600	900～1200 （2倍）	700～1000 （3倍）	1500 （0.9倍）	0.7～1.0m/s	φ1200 （4倍）	～15
拄盲杖者	—	600～1000 （2倍）	700～900 （2倍）	—	0.7～1.0m/s	φ1500 （6倍）	25～ （容易跌倒）

表 4-10　建筑无障碍设计要求

建筑类型		室外道路	建筑出入口	无障碍通道	无障碍楼梯	无障碍电梯	无障碍厕所	无障碍厕位	轮椅席位	低位服务设施	无障碍停车位	休息区	无障碍浴室	盲道	标识	信息系统
居住建筑	住宅及公寓	○	○		○	○										
	宿舍建筑	○	○	○	○	○	○								○	
办公、科研、司法	为公众办理业务与信访接待的办公建筑	○	○	○	○	○	○	○		○	○				○	○
	其他办公建筑	○	○		○		○		○						○	○
教育建筑	普通教育建筑	○	○		○		○		○						○	
	残疾生源教育建筑	○	○		○	○	○								○	
医疗康复建筑		○	○	○	○	○	○	○	○	○	○	○	○		○	○
福利及特殊服务建筑		○	○	○	○	○	○	○	○	○	○	○	○		○	○
体育建筑		○	○	○	○	○	○	○	○	○	○	○	○		○	○
文化建筑		○	○	○	○	○	○	○	○	○	○	○	○	○*	○	○
商业服务建筑		○	○	○	○	○	○	○	○	○	○	○	○		○	○
汽车客运站		○	○	○	○	○	○	○	○	○	○	○	○		○	○

注：1. 表中"○"为各类建筑中应设置无障碍设施的主要内容，设计中还应结合《无障碍设计规范》（GB 50763—2021）的具体要求进行设计。

2. 表中"＊"表示仅在盲人专用图书室（角）时设置。

4.4.2　无障碍设施设计要点

1. 无障碍出入口

无障碍出入口是指在坡度、宽度、高度上以及地面材质、扶手形式等方面方便行动障碍者通行的出入口，一般可以分为平坡出入口、同时设置台阶和轮椅坡道的出入口、同时设置台阶和升降平台的出入口三种。

平坡出入口地面坡度不大于 1∶20 且不设扶手，在工程中，特别是大型公共建筑中优先选用。同时设置台阶和升降平台的出入口宜只应用于受场地限制无法改造坡道的工程，一般的新建建筑不提倡。

无障碍出入口的地面应平整、防滑。一般不提倡将室外地面滤水箅子设置在常用的人行通路上，室外地面滤水箅子的孔洞不应大于 15mm。

无障碍出入口的上方应设置雨篷，入口平台也要求有足够的深度。除平坡出入口外，在门完全开启的状态下，建筑物无障碍出入口的平台的净深度不应小于 1.50m。

建筑物无障碍出入口门厅、过厅设两道门时，为避免在门扇同时开启后碰撞通行期间的乘轮椅者，门扇同时开启时两道门的间距不应小于 1.50m。

平坡出入口的地面坡度不应大于 1∶20，当场地条件比较好时，不宜大于 1∶30。

2. 轮椅坡道

轮椅坡道宜设计成直线形、直角形或折返形（图 4-1）。轮椅坡道宽度的设计首先应满足疏散的要求，轮椅坡道的净宽度不应小于 1.00m，无障碍出入口轮椅坡道的净宽度不应小于 1.20m。轮椅坡道的高度超过 300mm 且坡度大于 1:20 时，乘轮椅者及其他行动不便的人需要借助扶手才更为安全，因此这种情况坡道应在两侧设置扶手，且坡道与休息平台的扶手应保持连贯。不同坡度的轮椅坡道给使用者的使用感受是不同的，使用者可承受的最大坡道高度和水平长度也相应变化。为了最大限度满足使用者的安全与舒适的需求，轮椅坡道的最大高度和水平长度应符合表 4-11 的要求。

轮椅坡道的坡面应平整、防滑、无反光。起点、终点和中间休息平台的水平长度不应小于 1.50m。轮椅坡道临空侧应设置安全阻挡设施（图 4-1），并应设置无障碍标志。

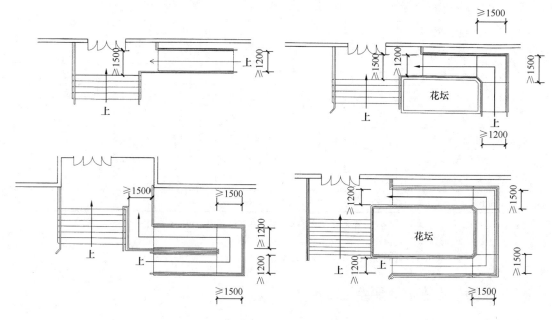

图 4-1　轮椅坡道

表 4-11　轮椅坡道的最大高度和水平长度

坡度	1:20	1:16	1:12	1:10	1:8
最大高度（m）	1:20	0.90	0.75	0.60	0.30
水平长度（m）	24.00	14.40	9.00	6.00	2.40

注：其他坡度可用插入法进行计算。

3. 无障碍通道、门

（1）无障碍通道

① 室内走道不应小于 1.20m，人流较多或较集中的大型公共建筑的室内走道宽度不宜小于 1.8m；室外通道不宜小于 1.50m（图 4-2）。

② 检票口、结算口轮椅通道不应小于 900mm（图 4-3）。

③ 无障碍通道应连续，地面应平整、防滑、反光小或无反光，不宜设置厚地毯。

④ 无障碍通道上有高差时，应设置轮椅坡道。

⑤ 斜向的自动附体、楼梯等下部空间可以进入时，应设置安全挡牌，如图 4-4 所示。

⑥ 固定在无障碍通道的墙、立柱上的物体或标牌距地面的高度不应小于 2.00m；如小于 2.00m 时，探出部分的宽度不应大于 100mm；如突出部分大于 100mm，则其距地面的高

度应小于 600mm（图 4-5）。

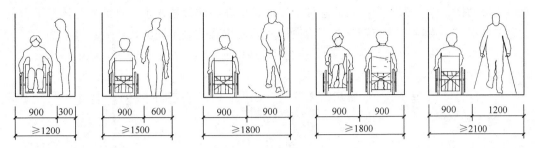

图 4-2　无障碍通道宽度

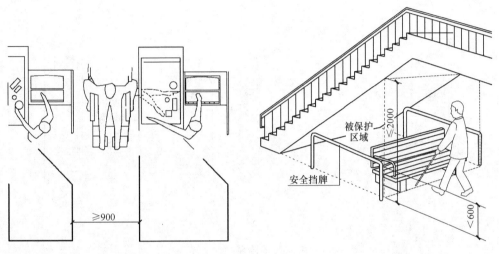

图 4-3　结算通道无障碍设计宽度　　　图 4-4　保护区域示意图

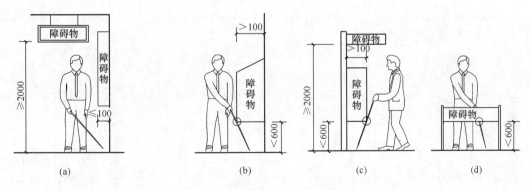

图 4-5　无障碍通道障碍物位置

（a）以杖探测墙；（b）、（c）、（d）以杖探测障碍物

（2）门的无障碍设计

① 在门的无障碍设计中，不应采用力度大的弹簧门，且不宜采用弹簧门、玻璃门；当采用玻璃门时，应有醒目的提示标志。门宜与周围墙面有一定的色彩反差，方便识别。

② 自动门开启后通行净宽不应小于 1.00m。平开门、推拉门、折叠门开启后的通行净

宽度不应小于800mm，有条件时，不宜小于900mm（图4-6）。

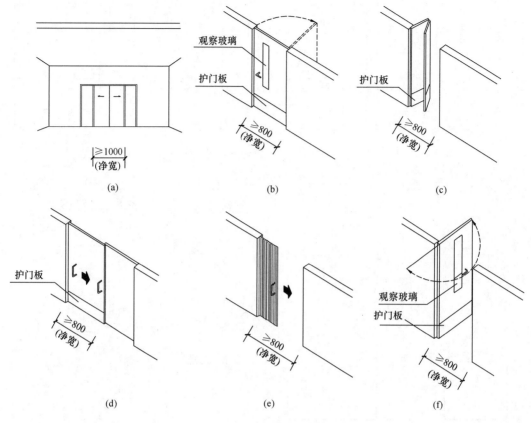

图 4-6　无障碍门的类型

（a）自动门；（b）平开门；（c）折叠门；（d）推拉门；（e）多折门；（f）小力度弹簧门

③ 在无障碍门的设计中，两道门间距尺寸要求如图4-7所示。在门扇内外应留有直径不小于1.50m的轮椅回转空间。

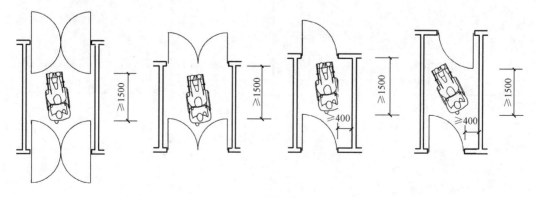

图 4-7　两道门的间距

④ 在单扇平开门、推拉门、折叠门的门把手一侧的墙面，应设宽度不小于400mm的墙面。无障碍通道上的门扇应便于开关，平开门、推拉门、折叠门的门扇应设距地900mm的

把手，宜设视线观察玻璃，并宜在距地350mm范围内安装护门板（图4-8）。

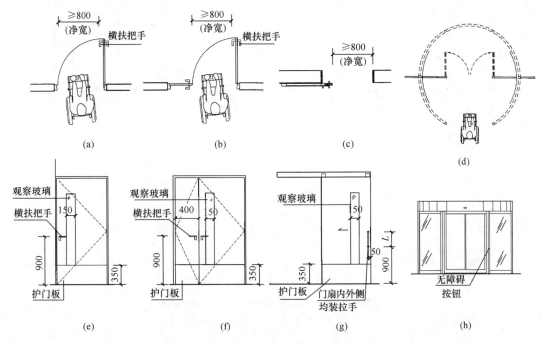

图4-8　无障碍门的设计

（a）单扇平开门平面；（b）双扇平开门平面；（c）单扇推拉门平面；（d）旋转门平面；
（e）单扇平开门立面；（f）双扇平开门立面；（g）单扇推拉门立面；（h）旋转门立面

⑤门槛高度及门内外地面高差不应大于15mm，并以斜面过渡。

4. 无障碍楼梯、台阶

无障碍楼梯（图4-9）宜采用直线形楼梯。公共建筑楼梯的踏步宽度不应小于280mm，踏步高度不应大于160mm。不应采用无踢面和直角形突缘的踏步（图4-10）。宜在两侧均做扶手。如采用栏杆式楼梯，在栏杆下方宜设置安全阻挡措施。踏面应平整防滑或在踏面前缘设防滑条。距踏步起点和终点250～300mm宜设提示盲道（图4-11）。踏面和踢面的颜色宜有区分和对比，楼梯上行及下行的第一阶宜在颜色或材质上与平台有明显区别。

台阶的无障碍设计中要注意，踏步应防滑，三级及三级以上的台阶应在两侧设置扶手，台阶上行及下行的第一阶宜在颜色或材质上与其他阶有明显区别。公共建筑的室内外台阶踏步宽度不宜小于300mm，踏步高度不宜大于150mm，并不应小于100mm。

5. 无障碍电梯、升降平台

无障碍电梯的候梯厅（图4-12）深度宜≥1.50m，公共建筑及设置病床梯的候梯厅深度宜≥1.80m；呼叫按钮高度0.90～1.10m；电梯出入口设提示盲道，门洞口净宽≥900mm。

无障碍电梯（图4-13）的轿厢门开启净宽≥800mm，轿厢最小规格≥1.40m×1.10m，中型规格≥1.60m×1.40m，医疗建筑与老年人建筑宜选病床专用电梯。

升降平台只适用于场地有限改造工程。垂直升降平台深度≥1.20m，宽度≥0.90m；斜向升降平台深度≥1.00m，宽度≥0.90m；应设扶手、挡板、控制按钮等，如图4-14所示。

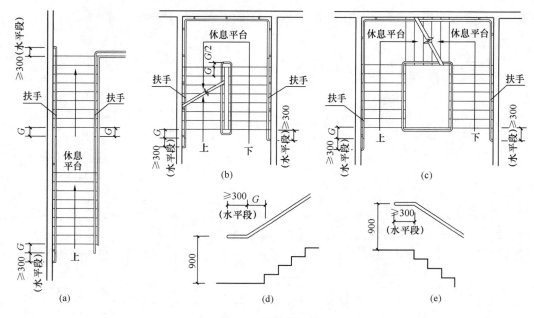

图 4-9　无障碍楼梯

（a）直跑楼梯平面；（b）双跑楼梯平面；（c）三跑楼梯平面；
（d）靠墙扶手起点水平段；（e）靠墙扶手终点水平段

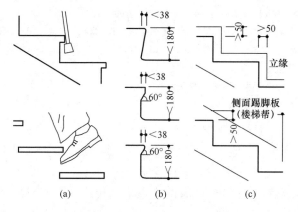

图 4-10　踏步的安全措施

（a）不可用，有直角突缘或无踢面踏步对上行不利；（b）可用，踏步线性应光滑流畅；
（c）可用，踏步凌空一侧应设立缘或踢脚板

6. 扶手

无障碍单层扶手的高度为 850～900mm，无障碍双层扶手的上层扶手高度应为 850～900mm，下层扶手高度应为 650～700mm。扶手应保持连贯，靠墙面的扶手的起点和终点处应水平延伸不小于 300mm 的长度。扶手末端应向内拐到墙面或向下延伸不小于 100mm，栏杆式扶手应向下成弧形或延伸到地面上固定。扶手内侧与墙面的距离不应小于 40mm。

扶手应安装坚固，形状易于抓握。圆形扶手的直径应为 35～50mm，矩形扶手的截面尺寸应为 35～50mm。扶手的材质宜选用防滑、热惰性指标好的材料。

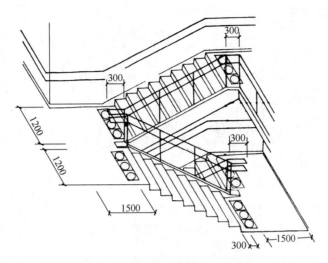

图 4-11 梯段、休息板宽度及水平
扶手尺寸

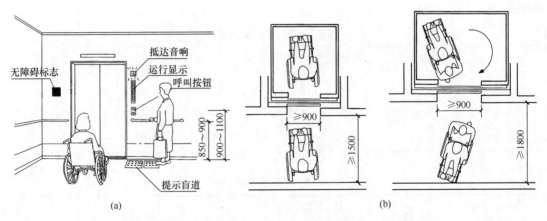

图 4-12 无障碍候梯厅
（a）候梯厅无障碍设施；（b）公共建筑及设置病床梯的候梯厅

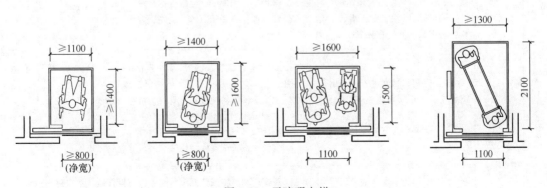

图 4-13 无障碍电梯

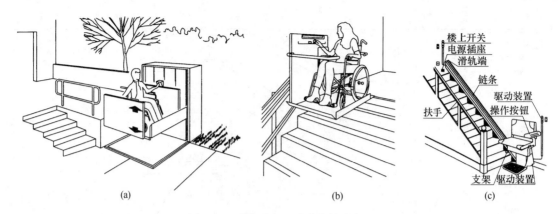

图 4-14 升降平台、升降座椅示意图

(a) 垂直式升降平台示意图；(b) 斜向式升降平台示意图；(c) 升降座椅示意图

7. 无障碍厕所

厕所的合理设计与适用对老年人及残疾人至关重要，应严格依据残疾人的行为动作特征，强调安全、适用、方便的原则，重视支持物的尺度、选材和构造设计（表4-12、表4-13），选择适用的卫生洁具及五金配件。

表 4-12 厕所需要的支持物

支持物	乘轮椅者	拄杖者	偏瘫者	支持物类型
小便器	—	○	○	支架、抓杆
坐便器	○	○	○	固定抓杆、转动抓杆、吊环、吊梯等
洗面盆	—	○	○	支架

注：○表示需要设置。

表 4-13 厕所的设计对策

行动不便者类别			使用要求	设计对策
肢体残疾	上肢残疾者		1. 尽量简化操作，避免精巧、费力、耗时、多程序的操作； 2. 尽可能以腰、肘、肩、膝动作代替手或双上肢的动作	1. 选用操作简便的五金配件； 2. 注意操作半径的范围（适度、方便）
	肢体残疾 下肢残疾者	乘轮椅者	1. 可以独立进入或退出； 2. 可以靠近并使用相应设备； 3. 必要时有护理者照料	1. 门的位置适宜，净宽不小于800mm，内部应有轮椅活动空间； 2. 上下轮椅或转换位置应有安全可靠的抓杆或其他支持物； 3. 地面采用遇水不滑材料，所有可触及处无尖锐棱角； 4. 厕所或其隔间门上闩后，可自外开启，以便救援； 5. 建筑及设备配件应与轮椅空间尺寸配套考虑
		拄杖者	1. 防止出现滑倒事故； 2. 独自入厕遇有困难可得到救援	1. 脱离杖类支持或转换位置时，应有抓杆或其他支持物； 2. 地面采用遇水不滑材料； 3. 厕所或其隔间门上闩后，可自外开启，以便救援

行动不便者 类别		使用要求	设计对策
肢体残疾	偏瘫者	1. 起坐卫生洁具时，要发挥健全侧肢体的作用，使用非对称布置的支持物有方向性选择的要求； 2. 防止出现滑倒事故； 3. 独自入厕遇有困难可得到救援	1. 各洁具的布置要与偏瘫者的使用习惯方向一致，应有安全可靠的抓杆或支持物； 2. 地面采用遇水不滑材料； 3. 厕所或其隔间门上闩后，可自外开启，以便救援
视力残疾	全盲者	1. 进入各空间前，可识别内容、位置； 2. 可找到相应设备	1. 门外设置盲文室名牌及触感提示设施； 2. 主要卫生洁具应有感触提示设施； 3. 小便器宜为落地式或小便槽
	低视力者		1. 门外设大字室名牌； 2. 卫生洁具及其周围墙面、地面应有较强的明暗反差； 3. 小便器宜为落地式或小便槽

　　肢体残疾者使用卫生设备时，对支持物的设计要求是：整体性能良好，在支持体重的情况下，不出现意外的变化、位移或解体；位置、尺寸、构造和截面形状能充分发挥手或其他肢体作用；偏瘫者有方向性，使用非对称布置支持物应有选择。图 4-15 中提供的是适用于各类残疾人的安全抓杆。

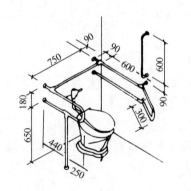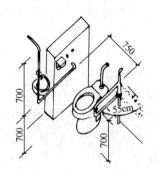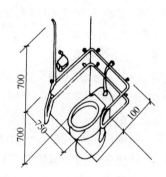

图 4-15　适用于各类残疾人的安全抓杆

　　公共厕所进行无障碍设计（图 4-16）时，女厕所内设至少 1 个无障碍厕位，1 个无障碍洗手盆；男厕所内至少设 1 个无障碍厕位，1 个无障碍小便器，1 个无障碍洗手盆。厕所内应设轮椅回转空间，厕所门开启的净宽≥800mm。

　　无障碍厕位尺寸 2.00m×1.50m，不应小于 1.80m×1.00m；门宜向外开启，如向内开启，需留有≥1.50m 轮椅回转空间。平开门外侧设高 900mm 横扶把手，内设高 900mm 关门拉手；无障碍厕所应设坐便器、洗手盆、多功能台、挂衣钩和呼叫按钮，其面积≥4.00m²；多功能台长度≥700mm，宽度≥400mm，高度为 600mm；挂衣钩距地≥1.20m，

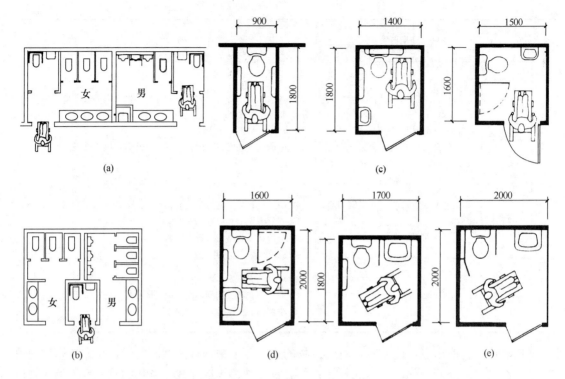

图 4-16 残疾人使用的厕所类型
（a）结合型轮椅隔间厕所；（b）专用型厕所；（c）轮椅最小间及小型间厕所；
（d）轮椅标准间厕所（可旋转 90°）；（e）轮椅大型间厕所

坐便器旁墙上距地 400～500mm 设呼叫按钮；取纸器在坐便器侧前方，高度 400～500mm，如图 4-17 所示。

8. 公共浴室

公共浴室的无障碍设施包括 1 个无障碍淋浴间或盆浴间以及 1 个无障碍洗手盆。公共浴室的入口和室内空间应方便乘轮椅车者进入和使用，浴室内部应能保证轮椅进行回转，回转直径不小于 1.50m；浴室地面应防滑、不积水；浴间入口宜采用活动门帘，当采用平开门时，门扇应向外开启，设高 900mm 的横扶把手，在关闭的门扇里侧设高 900mm 的关门拉手，并应采用门外可紧急开启的插销；应设置一个无障碍厕位。

无障碍淋浴间的短边宽度不应小于 1.50m；浴间坐台高度宜为 450mm，深度不宜小于 450mm；淋浴间应设距地面高 700mm 的水平抓杆和高 1.40～1.60m 的垂直抓杆；淋浴间内的淋浴喷头的控制开关的高度距地面不应大于 1.20m；毛巾架的高度不应大于 1.20m。

无障碍盆浴间在浴盆一端设置方便进入和使用的坐台，其深度不应小于 400mm；浴盆内侧应设高 600mm 和 900mm 的两层水平抓杆，水平长度不小于 800mm；洗浴坐台一侧的墙上设高 900mm、水平长度不小于 600mm 的安全抓杆；毛巾架的高度不应大于 1.20m。

9. 无障碍客房

无障碍客房应设在便于到达、进出和疏散的位置。房间内应有空间能保证轮椅进行回转，回转直径不小于 1.50m。无障碍客房的门应符合无障碍门的规定。无障碍客房卫生间内

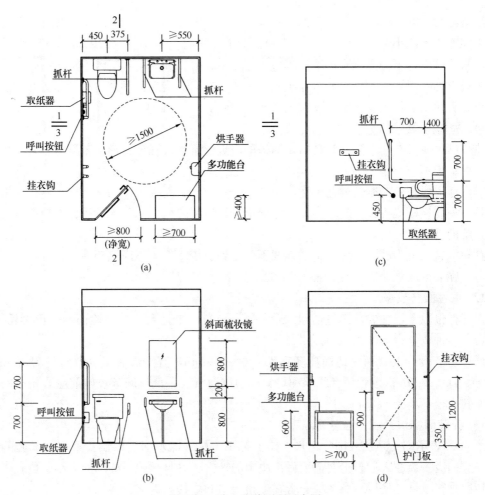

图 4-17 独立公共厕所示意图

（a）平面图；（b）1-1 断面图；（c）2-2 断面图；（d）3-3 断面图

应保证轮椅进行回转，回转直径不小于 1.50m，卫生器具应设置安全抓杆，其地面、门、内部设施应符合《无障碍设计规范》（GB 50763—2012）和《建筑与市政工程无障碍通用规范》（GB 55019—2021）的有关规定。

床间距离不应小于 1.20m；家具和电器控制开关的位置和高度应方便乘轮椅者靠近和使用，床的使用高度为 450mm；客房及卫生间应设高 400～500mm 的救助呼叫按钮；客房应设置为听力障碍者服务的闪光提示门铃。

10. 无障碍住房及宿舍

户门及户内门开启后的净宽应符合无障碍通道、门的有关规定。通往卧室、起居室（厅）、厨房、卫生间、储藏室及阳台的通道应为无障碍通道，并按照扶手的无障碍要求在一侧或两侧设置扶手。浴盆、淋浴、坐便器、洗手盆及安全抓杆等应符合无障碍厕所及公共浴室的有关规定。

单人卧室面积不应小于 7.00m²，双人卧室面积不应小于 10.50m²，兼起居室的卧室面积不应小于 16.00m²，起居室面积不应小于 14.00m²，厨房面积不应小于 6.00m²；设坐便器、洗浴器（浴盆或淋浴）、洗面盆三件卫生洁具的卫生间面积不应小于 4.00m²；设坐便器、洗浴器两件卫生洁具的卫生间面积不应小于 3.00m²；设坐便器、洗面盆两件卫生洁具的卫生间面积不应小于 2.50m²；单设坐便器的卫生间面积不应小于 2.00m²；供乘轮椅者使用的厨房，操作台下方净宽和高度都不应小于 650mm，深度不应小于 250mm；居室和卫生间内应设求助呼叫按钮；家具和电器控制开关的位置和高度应方便乘轮椅者靠近和使用；供听力障碍者使用的住宅和公寓应安装闪光提示门铃。

11. 轮椅席位

轮椅席位应设在便于到达疏散口及通道的附近，不得设在公共通道范围内。每个轮椅席位的占地面积不应小于 1.10m×0.80m。

观众厅内通往轮椅席位的通道宽度不应小于 1.20m。轮椅席位的地面应平整、防滑，在边缘处宜安装栏杆或栏板。轮椅席位处地面上应设置无障碍标志，无障碍标志应符合无障碍标识系统的规定。

在轮椅席位上观看演出和比赛的视线不应受到遮挡，但也不应遮挡他人的视线。在轮椅席位旁或在邻近的观众席内宜设置 1∶1 的陪护席位。

12. 低位服务设施

设置低位服务设施的范围包括问询台、服务窗口、电话台、安检验证台、行李托运台、借阅台、各种业务台、饮水机等。

低位服务设施上表面距地面高度宜为 700～850mm，其下部宜至少留出宽 750mm、高 650mm、深 450mm 供乘轮椅者膝部和足尖部的移动空间。低位服务设施前应有轮椅回转空间，回转直径不小于 1.50m。挂式电话离地不应高于 900mm。

13. 无障碍标识系统，信息无障碍

图 4-18 表示的是残疾人国际通用标志。标识、标牌能够指引人们找到相关设施的重要信息，它们应安装在人们行走时需要做出决定的地方，并且标识、标牌的大小、位置要结合实际情况进行设计，楼层示意图应布置在建筑入口和电梯附近（图 4-19）。

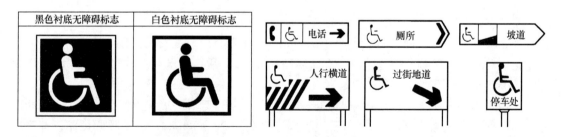

图 4-18　残疾人国际通用标志　　　　图 4-19　带指方向的标志牌的一般形式

4.5　楼梯设计

楼梯是由连续行走的梯级、休息平台和维护安全的栏杆（或栏板）、扶手以及相应的支承结构组成的作为楼层之间垂直交通用的建筑部件，是建筑中常用的垂直交通设施。楼梯的数量、位置、宽度和楼梯间形式应满足使用方便和安全疏散的要求，还应符合《建筑设计防火规范》（GB 50016—2014）（2018 年版）、《民用建筑设计统一标准》（GB 50352—2019）

和其他有关单项建筑设计标准的要求。楼梯由楼梯梯段、楼梯平台和扶手栏杆（板）三部分组成。

4.5.1　楼梯形式与尺度

1. 楼梯形式

按楼梯平面形式，楼梯分为单跑直跑楼梯、双跑直跑楼梯、转角楼梯、双分转角楼梯、三跑楼梯、双跑平行楼梯、双分平行楼梯、交叉楼梯、圆形楼梯和螺旋楼梯等，如图 4-20 所示，其中，双跑平行楼梯是最常用的楼梯形式。每个梯段的踏步级数不应少于 3 级，且不应超过 18 级。

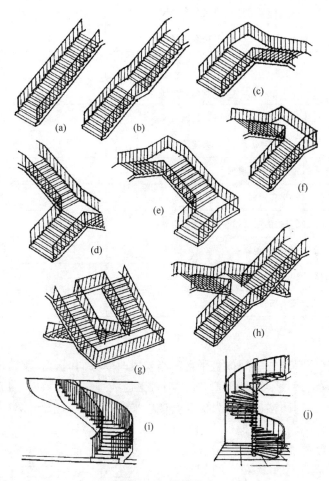

图 4-20　楼梯形式
（a）单跑直跑楼梯；（b）双跑直跑楼梯；（c）转角楼梯；（d）双分转角楼梯；（e）三跑楼梯；
（f）双跑平行楼梯；（g）双分平行楼梯；（h）交叉楼梯；（i）圆形楼梯；（j）螺旋楼梯

2. 尺度

（1）开间和进深

楼梯开间和楼梯段宽度应符合《建筑设计防火规范》（GB 50016—2014）（2018 年版）等规定。楼梯开间和进深应符合 3M 的整数倍数，梯段宽度应符合 1M 的整数倍数，必要时可符合 M/2 的整数倍数。

(2) 踏步宽度和高度

楼梯踏步的高度不应大于 210mm，并不宜小于 140mm。楼梯常用坡度范围在 25°～45°，其中以 30°左右较为适宜。如公共建筑中的楼梯及室外的台阶常采用 26°34′ 的坡度，即踢面高与踏面深之比为 1:2。居住建筑的套内楼梯可以达到 45°。踏步最小宽度和最大高度可参照表 4-14 取值。

表 4-14　楼梯踏步最小宽度和最大高度（mm）

楼梯类别		最小宽度	最大高度
住宅楼梯	住宅公共楼梯	260	175
	住宅套内楼梯	220	200
宿舍楼梯	小学宿舍楼梯	260	150
	其他宿舍楼梯	270	165
老年人建筑楼梯	住宅建筑楼梯	300	150
	公共建筑楼梯	320	130
托儿所、幼儿园楼梯		260	130
小学校楼梯		260	130
人员密集且竖向交通繁忙的建筑和大、中学校楼梯		280	165
其他建筑楼梯		260	175
超高层建筑核心筒内楼梯		250	180
检修及内部服务楼梯		220	200

(3) 平台宽度

楼梯平台包括楼层平台和中间休息平台。当梯段改变方向时，扶手转向端处的平台最小宽度不应小于梯段宽度，且不得小于 1.2m。当有搬运大型物件需要时，应适量加宽。

除开敞式楼梯外，封闭楼梯和防火楼梯其楼层平台宽度应与中间休息平台宽度一致，双跑楼梯休息平台净宽不得小于楼梯梯段净宽，如图 4-21 所示。平台宽度应从结构柱边缘起计算，另考虑到梯梁的设置及安全的需要，第一级踏步应离开门洞口一定距离。

(4) 梯井宽度

为满足消防要求，梯井宽度一般为 60～200mm。儿童使用时梯井宽度应小于 120mm，托儿所、幼儿园、中小学校及其他少年儿童专用活动场所，当楼梯井净宽大于 200mm 时，必须采取防止少年儿童坠落的措施。

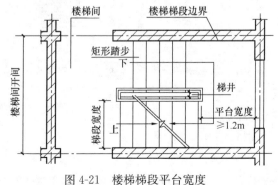

图 4-21　楼梯梯段平台宽度

（5）栏杆扶手

住宅、托儿所、幼儿园、中小学及其他少年儿童专用活动场所的栏杆必须采用防止少年儿童攀爬的构造。当采用垂直杆件做栏杆时，其杆件净距不应大于110mm；文化娱乐建筑、商业服务建筑、体育建筑、园林景观建筑等允许少年儿童进入活动的场所，当采用垂直杆件做栏杆时，其杆件净距也不应大于110mm。

当临空高度在24m以下时，栏杆高度不应低于1.05m；当临空高度在24m及以上时，栏杆高度不应低于1.1m。上人屋面和交通、商业、旅馆、医院、学校等建筑临开敞中庭的栏杆高度不应小于1.2m。栏杆高度应从所在楼地面或屋面至栏杆扶手顶面垂直高度计算，如底部有宽度大于或等于220mm，且高度低于或等于450mm的可踏部位时，应从可踏部位顶面起计算。公共场所栏杆离楼面100mm高度内不宜留空。

栏杆分为空花式、栏板式和组合式。栏杆应以坚固、耐久的材料制作，必须具有一定的强度。空花式栏杆材料有圆钢、方钢和钢管，常用立杆断面有圆钢16～25mm，方钢16～25mm，钢管20～50mm。

（6）楼梯净高

楼梯间层高在2.6～3.6m之间时应为1M的整数倍数，大于等于3.6m时应为3M的整数倍数。

楼梯平台上部及下部过道处的净高不应小于2.0m，梯段净高不应小于2.2m，如图4-22所示。

底层净高不满足要求时可采取图4-23所示方法。

① 底层长短跑梯段，如图4-23（a）所示；

② 局部降低地坪，如图4-23（b）所示；

③ 底层长短跑梯段和局部降低地坪相结合，如图4-23（c）所示。

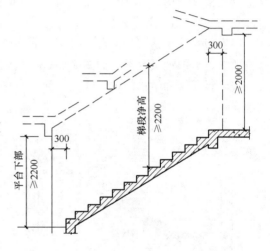

图 4-22　楼梯平台及梯段下净高要求

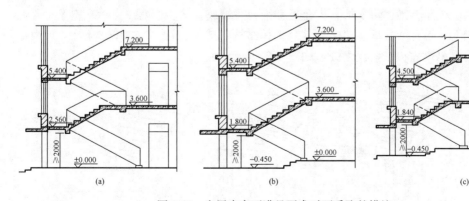

图 4-23　底层净高不满足要求时可采取的措施

（a）底层长短跑梯段；（b）局部降低地坪；（c）底层长短跑梯段和局部降低地坪相结合

4.5.2 现浇钢筋混凝土楼梯

现浇钢筋混凝土楼梯是指在施工现场支模板、绑扎钢筋，将楼梯梯段、平台及平台梁等整浇在一起的楼梯施工形式。具有整体性好、刚度大和抗震性能好等优点；缺点是施工周期长、模板消耗量大、现场湿作业多。现浇混凝土楼梯根据结构形式的不同分为板式楼梯和梁式楼梯两种。

1. 板式楼梯

板式楼梯由梯段板、平台板和平台梁（或称梯梁）组成。梯段板是一块带有锯齿形踏步的斜板，两端支承在平台梁上；平台板一端支承在平台梁上，另一端支承在墙上（对砌体结构）或平台板两端支承在梁上（对框架结构）；平台梁支承在墙体上（对砌体结构）或梁、柱上（对框架结构）。梯段斜板较厚，一般取斜板跨度的 1/30，常用 100～120mm；平台梁宽度常为 200mm，高度为 300～400mm；平台板厚度常取 60～80mm。

根据板式楼梯是否带平台板分为不带平台板和带平台板两种，如图 4-24 所示。为满足净空要求，可取消平台梁，如图 4-24(b) 所示，做成折板楼梯。

现浇板式楼梯结构简单，施工方便，但梯段板板厚较大，常用于开间不大于 4.2m 的建筑中。

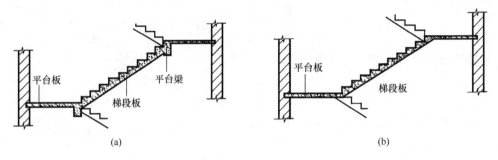

(a)　　　　　　　　　　　　　　　(b)

图 4-24　板式楼梯

（a）不带平台板；（b）带平台板

2. 梁式楼梯

梁式楼梯由梯段斜梁、踏步板、平台板和平台梁组成。踏步板两端支承在斜梁上，斜梁支承在平台梁上，平台梁支承在墙体上（对砌体结构）或梁、柱上（对框架结构）。根据斜梁的数量不同有单梁式和双梁式之分，如图 4-25 所示。

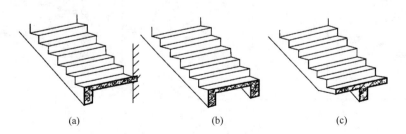

(a)　　　　　　　　(b)　　　　　　　　(c)

图 4-25　梁式楼梯的形式

（a）梯段一侧设斜梁；（b）梯段两侧设斜梁；（c）梯段中间设斜梁

现浇梁式楼梯结构较复杂，施工程序多，常用于跨度较大的建筑中。

4.5.3 楼梯设计要求

1. 一般要求

（1）公共楼梯和走廊式住宅一般应采取 2 部楼梯，单元式住宅可例外。

（2）2～3 层的建筑（医院、疗养院、托儿所、幼儿园除外）如符合表 4-15 的要求，可设置 1 部疏散楼梯。

表 4-15　设置 1 部疏散楼梯的公共建筑

耐火等级	最多层数	每层最大建筑面积（m²）	人数
一、二级	3	200	第二、三层人数之和不超过 50 人
三级	3	200	第二、三层人数之和不超过 25 人
四级	2	200	第二层人数不超过 15 人

（3）楼梯应放在明显和易于找到的部位。

（4）楼梯不宜放在建筑物的角部和边部，以方便荷载的传递。

（5）楼梯应有直接的采光和自然通风。

（6）五层及以上建筑物的楼梯间，底层应设出入口；四层及以下的建筑物，楼梯间可以放在距出入口不大于 15m 处。

（7）每个梯段的踏步级数不应少于 3 级，且不应超过 18 级。

（8）楼梯平台上部及下部过道处的净高不应小于 2.0m，梯段净高不宜小于 2.2m。梯段净高为自踏步前缘（包括每个梯段最低和最高一级踏步前缘线以外 0.3m 范围内）量至上方突出物下缘间的垂直高度。

2. 住宅建筑

（1）楼梯梯段净宽不应小于 1.10m，不超过六层的住宅，一边设有栏杆的梯段净宽不应小于 1.00m。

（2）楼梯踏步宽度不应小于 0.26m，踏步高度不应大于 0.175m。扶手高度不应小于 0.90m。楼梯水平段栏杆长度大于 0.50m 时，其扶手高度不应小于 1.05m。楼梯栏杆垂直杆件间净空不应大于 0.11m。

（3）楼梯平台净宽不应小于楼梯梯段净宽，且不得小于 1.20m。楼梯平台的结构下缘至人行通道的垂直高度不应低于 2.00m。入口处地坪与室外地面应有高差，并不应小于 0.10m。

（4）楼梯井净宽大于 0.11m 时，必须采取防止儿童攀滑的措施。

3. 宿舍建筑

宿舍楼梯应符合下列规定：

（1）楼梯踏步宽度不应小于 0.27m，踏步高度不应大于 0.165m；楼梯扶手高度自踏步前缘线量起不应小于 0.90m，楼梯水平段栏杆长度大于 0.50m 时，其高度不应小于 1.05m。

（2）楼梯间宜有天然采光和自然通风。

（3）六层及六层以上宿舍或居室最高入口层楼面距室外设计地面的高度大于 15m 时，宜设置电梯；高度大于 18m 时，应设置电梯，并宜有一部电梯担架平入。

4. 办公建筑

（1）四层及四层以上或楼面距室外设计地面高度超过 12m 时，应设置电梯。

（2）乘客电梯的数量、额定载重量和额定速度应通过设计和计算确定。

4.5.4　楼梯的设计及绘制

1. 楼梯平面表示方法

楼梯的平面表示方法如图 4-26 所示。

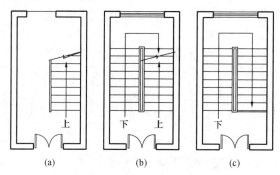

图 4-26　楼梯平面表示法

（a）一层平面图；（b）标准层平面图；（c）顶层平面图

在楼梯平面图中，一条线代表一个高差，如果某梯段有 n 个踏步的话，该梯段的长度为踏步宽度$\times(n-1)$。为方便在 A2 图纸上布图，也可将楼梯平面图旋转 90°进行布置，上下对齐，从下到上布图，如图 4-28 所示。

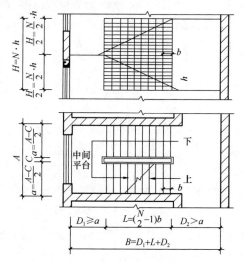

图 4-27　楼梯设计示意图

2. 楼梯剖面表示方法

楼梯剖面图上一侧应标注楼层数、梯段数、踏步级数、层高和标高等，另一侧标注门窗高度、框架梁（或圈梁、过梁）高度等。楼梯剖面表示方法如图 4-28 所示。在楼梯剖面图中，外墙层高处需要设置框梁（框架结构）或圈梁（砖混结构），外墙窗户可布置在框梁或圈梁上部或下部，布置在下部时不需要设置过梁。

3. 楼梯设计步骤

如图 4-27 所示，楼梯设计步骤为：

（1）确定楼梯适宜坡度，选择踏步高度 h 和宽度 b。

（2）确定每层踏步级数 $N=H/h$，每个楼梯梯段级数 $n=N/2$。

（3）根据楼梯间净宽 A 和梯井宽 C 确定楼梯段宽度 a：$a=(A-C)/2$，并适当调整 C 或 A。

（4）计算梯段水平投影长度 $L=(n-1)\times b$。

（5）确定楼梯中间休息平台净宽度 $D_1(\geqslant a)$ 和楼层平台净宽度 $D_2(\geqslant a)$：$D_1+D_2=B-L$，如不能满足 $D_1\geqslant a$ 和 $D_2\geqslant a$，需调整 B 值。

（6）如果楼梯首层平台下做通道，需进行楼梯净空高度验算和平台宽度验算，使之符合要求；如不满足要求，可采取下列处理方法来解决：首层长短跑；局部降低地坪；首层长短跑且局部降低地坪等，如图 4-23 所示。

（7）绘制楼梯详图，即楼梯平面图和楼梯剖面图。

4. 楼梯设计实例

[例 4-1] 某五层框架结构办公楼，层高为 3.6m，楼梯间开间尺寸为 3.6m，进深尺寸为 7.2m（与走廊连接），柱截面尺寸为 600mm×600mm，轴线居中，外墙厚度为 250mm，内墙厚度为 200mm，采用钢筋混凝土平行双跑楼梯。请自行绘制草图并设计该楼梯。

[解]

（1）确定踏步高度 h 和宽度 b

该建筑为办公楼，属于公共建筑，楼梯通行人数较多，楼梯的坡度应平缓些。根据规范要求，初选踏步高为 $h=150$mm，踏步宽 $b=300$mm。

（2）确定踏步级数

$N=3600/150=24$ 级

确定为等跑楼梯，每个楼梯段的级数为 $n=N/2=24/2=12$。

（3）确定梯段宽度

开间净尺寸 $A=3600-100\times2=3400$（mm），楼梯井宽 C 取 200mm。

楼梯段的宽度 $a=(A-C)/2=(3400-200)/2=1600$（mm）＞1100mm（两股人流的最小宽度）。

楼梯段宽度满足通行两股人流的要求。

（4）计算梯段水平投影长度 L

$L=(n-1)\times b=(12-1)\times300=3300$（mm）。

（5）确定平台宽度 D_1 和 D_2

楼梯间进深尺寸 $B=7200+150=7350$（mm）。

$D_1+D_2=B-L=7350-3300=4050$（mm）。

取 $D_1=1650$mm（＞楼梯段的宽度 1600mm），则 $D_2=4050-1650=2400$（mm）。

因在楼梯处设有开向楼梯间的防火门，宽度为 1500mm，

故实际 $D_2=2400-750=1650$（mm）（＞1600mm，满足要求）。

（6）进行楼梯净空高度验算

首层平台下净空高度等于平台标高减去平台梁高，对于首层楼梯间不作为疏散通道的情况，平台下净空高度为楼层层高减去平台梁高，一般能满足楼梯净空高度要求。

（7）绘图。该办公楼楼梯详图如图 4-28 所示。

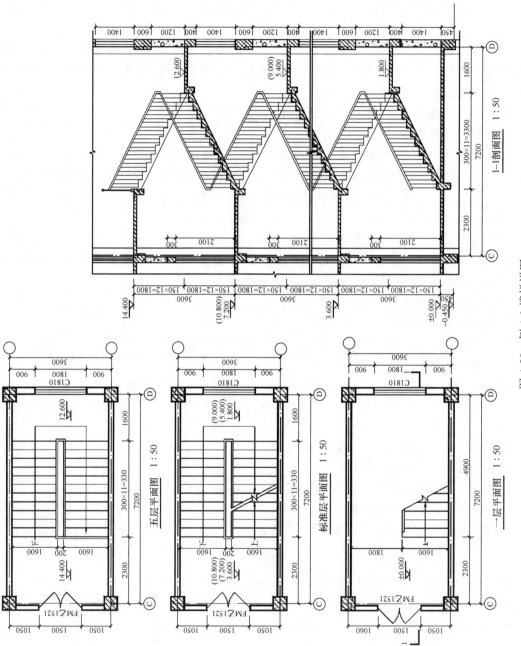

图 4-28　例 4-1 楼梯详图

4.6 屋面设计

4.6.1 屋面组成与类型

1. 屋面的组成

屋面主要由屋面层和支承结构组成，屋面应根据防水、保温、隔热、隔声、防火以及是否作为上人屋面等功能的需要，设置不同的构造层次，从而选择合适的建筑材料，另外在屋面的下表面考虑各种形式的吊顶。

2. 屋面的类型

根据屋面的外形和坡度分为平屋面、坡屋面和曲面屋面，如图 4-29 所示。

（1）平屋面。指屋面坡度小于 10% 的屋面，常用坡度为 2%～5%。优点是节约材料，屋面可以利用，如做成露台、活动场地、屋面花园，甚至游泳池等，应用极为广泛。

（2）坡屋面。屋面坡度大于 10% 的屋面，由于坡度较大，防水、排水性能较好。坡屋面在我国历史悠久，选材容易，应用很广。

（3）曲面屋面。随着建筑事业的发展，建筑大空间的需要，出现许多大跨度屋面的结构形式，例如拱结构屋面、薄壳结构屋面、悬索结构屋面、篷布结构屋面、充气建筑屋面等，这些建筑的屋面造型各异、各具特色，使屋面的外形更加丰富。

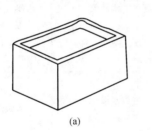 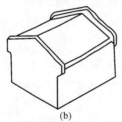 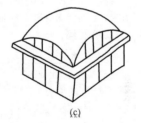

（a） （b） （c）

图 4-29 屋面的形式

（a）平屋面；（b）坡屋面；（c）曲面屋面

3. 屋面常用坡度范围及表示方法

各种屋面的坡度由各种因素决定。屋面材料、地理气候、屋面结构形式、施工方法、构造组合方式、建筑造型要求以及经济等方面的影响都有一定的关系。不同的防水材料具有各自排水坡度的范围，屋面坡度常采用脊高与相应水平投影长度的比值来表示，如 1：2、1：2.5 等；较大坡度也用角度法来表示，如 30°、45° 等；较平坦的坡度常用百分数来表示，如 2%、5% 等。

4.6.2 屋面的设计要求

1. 强度和刚度要求

屋面是房屋的承重结构之一，因此，必须具有足够的强度和刚度，能支承自重和作用于屋面上的各种荷载，同时，对房屋上部起水平支承作用。

2. 防水排水要求

屋面防水排水是屋面构造设计应满足的基本要求。在屋面的构造设计中，主要是依靠阻和导的共同作用来实现排水要求。所谓阻，是指利用覆盖在屋面上的防水材料组织雨水渗透屋面；所谓导，是指利用屋面的坡度将雨水有组织或无组织地排出屋面。现行《屋面工程技术规范》（GB 50345—2012）中，根据建筑物的性质、重要程度、实用功能要求、防水层耐用年限、防水选用材料和设防要求等，将屋面防水分为四个等级，如表4-16所示。

表4-16 屋面防水等级和设防要求

项目	屋面防水等级			
	Ⅰ	Ⅱ	Ⅲ	Ⅳ
建筑物类别	特别重要的民用建筑和对防水有特殊要求的工业建筑	重要的民用建筑，如博物馆、图书馆、医院、宾馆、影剧院；重要的工业建筑、仓库等	一般民用建筑，如住宅、办公楼、学校、旅馆；一般的工业建筑、仓库等	非永久性的建筑，如简易宿舍，简易车间等
防水层耐用年限	25年以上	15年以上	10年以上	5年以上
防水层选用材料	应选用合成高分子防水卷材、高聚物改性沥青防水卷材、合成高分子防水涂料、细石防水混凝土、金属板等材料	应选用高聚物改性沥青防水卷材、合成高分子防水涂料、高聚物改性沥青防水涂料、细石防水混凝土、金属板等材料	应选用高聚物改性沥青防水卷材、合成高分子防水涂料、高聚物改性沥青防水涂料、合成高分子防水卷材、刚性防水层、平瓦、油毡瓦等材料	应选用高聚物改性沥青防水卷材、高聚物改性沥青防水涂料、沥青基防水涂料、波形瓦等材料
设防要求	三道或三道以上防水设防，其中必须有一道2mm以上厚的合成高分子防水卷材	两道防水设防，其中必须有一道卷材，也可以采用压型钢板进行一道设防	一道防水设防，或两种防水材料复合使用	一道防水设防

3. 保温隔热要求

屋面作为建筑物最上层的外围护结构，应具有良好的保温隔热性能。在严寒和寒冷地区，屋面构造设计应满足冬季保温的要求；在温暖和炎热地区，屋面构造设计应满足夏季隔热的要求。随着我国对建筑节能要求的提高，屋面保温隔热设计也越来越受到重视。

4. 建筑构造要求

屋面是建筑的重要组成部分，它的形态对建筑的整体造型有重要的影响。因此，在屋面设计中必须兼顾功能和形式。

4.6.3 平屋面的设计

1. 平屋面的特点

平屋面的支承结构常采用钢筋混凝土梁板，构造简单，建筑外观简洁。如果采用预制钢筋混凝土构件，可提高预制安装程度，加快施工速度，降低造价等。但平屋面坡度较小，排水慢，屋面积水机会多，易产生渗漏现象，因此屋面排水和防水是平屋面的主要设计内容。

2. 平屋面的排水

1）排水方式的选择

平屋面的屋面排水方式分为无组织排水和有组织排水两大类。

（1）无组织排水。无组织排水是指雨水经檐口直接落至地面，屋面不设雨水口、天沟等排水设施，又称自由落水。该排水形式节约材料，施工方便，构造简单，造价低廉。但檐口下落的雨水会溅湿墙脚，有风时雨水还会污染墙面。所以无组织排水不适用于高层建筑或降雨多的地区。

（2）有组织排水。有组织排水是指屋面设置排水设施，将屋面雨水进行有组织的疏导引至地面或地下排水管内的一种排水方式，这种排水方式构造复杂，造价高，但雨水不侵蚀墙面和影响人行道交通。有组织排水分内排水、女儿墙外排水和挑檐沟外排水。

①内排水。大面积、多跨、高层以及特殊要求的平屋面常做成内排水方式，雨水经雨水口流入室内雨水管，再排到室外排水系统，如图4-30（a）所示。

②外排水。外排水是指雨水经雨水口流入室外雨水管的排水方式。

a. 女儿墙外排水。设有女儿墙的平屋面，在女儿墙里面设内檐沟。雨水管可设在外墙外面，将雨水口穿过女儿墙，如图4-30（b）所示。

b. 挑檐沟外排水。设有挑檐沟的平屋面，挑檐沟内垫出的纵向坡度，将雨水引向雨水口，进入雨水管，如图4-30（c）所示。

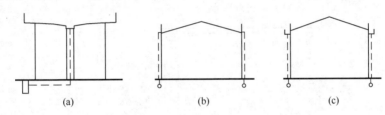

（a）　　　　　　　　　（b）　　　　　　　　　（c）

图4-30　有组织排水

（a）内排水；（b）女儿墙外排水；（c）挑檐沟外排水

2）排水装置

（1）天沟。天沟（图4-31）是汇集屋面雨水的沟槽，有钢筋混凝土槽形天沟和在屋面板上用材料找坡形成的三角形天沟两种。当天沟位于檐口处为檐沟。天沟的断面净宽一般不小于200mm。为使天沟内雨水顺利地流向低处的雨水口，沟底应分段设置坡度，坡度一般为0.5%～1%。

（2）雨水口。雨水口是将天沟的雨水汇集至雨水管的连通构件，构造上要求排水通畅，不易阻塞，防止渗漏。雨水口有设在檐沟底部的水平雨水口和设在女儿墙根部的垂直雨水口两种。

（3）雨水管。雨水管按材料不同有镀锌铁皮、铸铁管、PVC管、陶瓷管等，直径一般有50mm、75mm、100mm、125mm、150mm、200mm几种规格，一般民用建筑中常用直径为100mm的镀锌

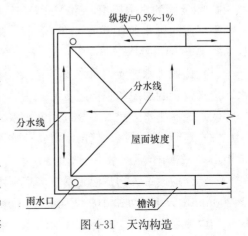

图4-31　天沟构造

铁皮管或 PVC 管。

3. 上人孔

不上人屋面需设置上人孔（图 4-32），以方便对屋面进行维修和安装设备。上人孔的平面尺寸不小于 600mm×700mm，且应位于靠墙处，以方便设置爬梯。上人孔的孔壁一般与屋面板整浇，高出屋面至少 250mm，孔壁与屋面之间做成泛水，孔口用木板加钉 0.6mm 厚的镀锌钢板进行盖孔。

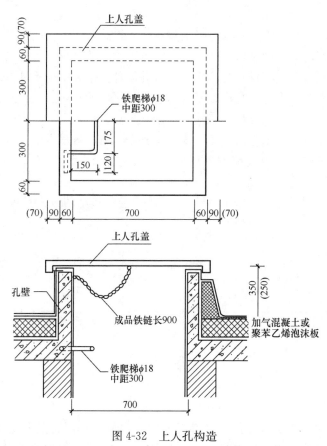

图 4-32　上人孔构造

4. 平屋面的排水组织设计（图 4-33）

平屋面的排水组织设计是使屋面排水路线简捷顺畅，快速将雨水排出屋面。设计步骤为：

（1）选取排水坡面。排水坡面取决于建筑的进深，进深较大时采用双坡排水或四坡排水，进深较小的房屋和临街建筑常采用单坡排水。

（2）选择排水方式。一般选用外排水方式，可选择女儿墙外排水或挑檐沟外排水。

（3）划分排水分区。使雨水管负荷均匀，把屋面划分为若干排水区，一般按一个雨水口负担 150～200m² 屋面水平投影面积。

（4）合理设置天沟，使其具有汇集雨水和排除雨水的功能，天沟的断面尺寸净宽应不小于 200mm，分水线处最小深度应大于 80mm，沿天沟底长度方向设纵向排水坡，称天沟纵坡，沟内最小纵坡：卷材防水面层大于 10‰；自防水面层大于 30‰。砂浆或块材面层大于

5‰时，雨水管常用直径 75～100mm，间距不宜超过 24m。

（5）确定雨水管规格及间距。雨水管有铸铁、镀锌铁皮、石棉水泥、塑料和陶土等几种。目前多采用塑料雨水管，常用的雨水管直径为 100mm，面积较小的露台或阳台一般采用 50mm 或 75mm 的雨水管。其间距一般在 18m 以内，最大间距不宜超过 24m。镀锌铁皮易锈蚀，不宜在潮湿地区使用；石棉水泥性脆，不宜在严寒地区使用。

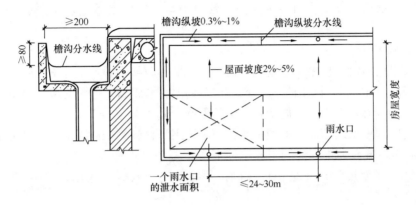

图 4-33　屋面排水组织设计

4.6.4　坡屋面的设计

坡屋面是排水坡度较大的屋面形式，由承重结构和屋面两个基本部分组成，根据使用功能的不同，有些还须设保温层、隔热层和顶棚等。

坡屋面坡度由房屋平面和屋面形式决定，屋面坡面交接形成屋脊、斜沟、檐口等，对屋面的结构布置和排水方式及造型均有一定影响。

1. 坡屋面的形式

（1）单坡屋面：房屋宽度很小或临街时采用。

（2）双坡屋面：房屋宽度较大时采用，可分为悬山屋面、硬山屋面。硬山是指两端山墙高出屋面的屋面形式；悬山是指屋面两端挑出山墙外的屋面形式。

（3）四坡屋面：也叫四坡落水屋面。古代宫殿庙宇常用的庑殿顶和歇山顶都属于四坡屋面。

2. 坡屋面的排水方式

坡屋面的排水方式也分为无组织排水和有组织排水两种。

（1）无组织排水：雨水少的地区或房屋较低采用无组织排水，这种排水方式构造简单，造价低。

（2）有组织排水：分为檐沟外排水和女儿墙外排水两种。

① 檐沟外排水。在坡屋面挑檐处设檐沟，雨水经檐沟雨水管排至地面，雨水管和檐沟通常采用镀锌铁皮或石棉水泥轻质耐锈材料制作。

② 女儿墙外排水（女儿墙檐沟外排水）。屋面四周设檐沟，檐沟外设女儿墙，雨水经过檐沟、雨水口、雨水管排至地面。檐沟一般用镀锌铁皮或钢筋混凝土制成，雨水口、雨水管采用镀锌铁皮、铸铁管、石棉水泥、缸瓦管、玻璃钢管等材料制作。

3. 屋面材料及其坡度

坡屋面的屋面防水材料有弧瓦（称小青瓦）、平瓦、波形瓦、金属瓦、琉璃瓦、玻璃屋面、构件自防水及草顶、黄土顶等。使用坡度一般大于10%。

4. 坡屋面的支承结构

坡屋面常用的支承结构有横墙承重和屋架承重两类。房屋开间较小的建筑常采用横墙承重，如住宅、宿舍等；在要求有较大空间的建筑中常采用屋架承重，如食堂、礼堂、俱乐部等。

（1）横墙承重

按屋面要求的坡度，横墙上部砌成三角形，在墙上直接搁置檩条，承受屋面重量，这种承重方式叫横墙承重，也叫硬山架檩。该结构节约木材和钢材，做法简单、经济，房间之间隔声、防火性能较好；但平面布局受到一定的限制。

横墙的间距即檩条的跨度尽可能一致，檩条常用木材、钢筋混凝土或钢材制作。木檩条跨度在4m以内，截面为矩形或圆形；钢筋混凝土檩条跨度最大可达6m，截面为矩形、L形、T形。檩条截面尺寸须经结构计算确定。檩条间距与屋面板的厚度或椽子截面尺寸有关。

设置檩条应预先在横墙上搁置木块或混凝土垫块，使荷载分布均匀。木檩条端头须涂刷沥青以防腐。

（2）屋架承重

屋架搁置在建筑物外纵墙或柱上，屋架上设檩条，传递屋面荷载，使建筑物内有较大的使用空间。屋架间距通常为3～4m，一般不超过6m。

屋架是用木、钢木、钢筋混凝土或钢等材料制作，其高度和跨度的比值应与屋面的坡度一致。常用三角形屋架，构造简单，施工方便，适用于各种瓦屋面。

瓦具有质轻、有一定刚度、块大、构造简单等优点，但易脆裂、保温隔热性能差，多用于不需保温隔热的建筑中。

① 瓦的种类。石棉水泥波形瓦和镀锌瓦楞铁最为常用，石棉水泥波形瓦分为大波、中波、小波三种。波形瓦还有塑料波形瓦、玻璃钢波形瓦等品种，它们不但质轻，而且强度高、透光性好，可兼做采光天窗。另外，金属瓦质轻、延性好，目前已在工业建筑中大量使用。

② 波形瓦屋面构造。波形瓦屋面的构造做法是直接将瓦钉在檩条上，檩条间距视瓦长而定，每张瓦至少三个固定点，固定瓦时应考虑温度变化引起的变形，故钉孔直径应比钉直径大2～3mm，并加装防水垫，孔设在波峰上，石棉水泥瓦上下搭接长度大于100mm，左右两张瓦之间，大波瓦、中波瓦至少搭接半个波，小波瓦至少搭接一个波。瓦之间只能搭接而不能一钉二瓦。

（3）钢筋混凝土大型屋面板屋面

钢筋混凝土大型屋面板多用于工业建筑中，大型公共建筑也有采用。屋面板跨度有6m、12m等，一般直接搭在钢或钢筋混凝土屋架上。在大量的民用建筑中尚有钢筋混凝土槽形板、T形板等。槽形板垂直于屋脊方向单层或双层铺设，下面用檩条支撑。单层铺放时槽口向上，两块板肋之间的缝用脊瓦盖住，以防板缝漏水；双层铺设时将槽形板正反搁置互相搭盖，板面多采用防水砂浆或涂料防水。正反两块板之间形成通风孔道从檐口进风，屋脊处设出风口成为通风屋面，在南方气候炎热地区常采用此种屋面。T形板可直接搭在屋架或檩条上，板按顺水方向互相搭接，板缝用砂浆嵌填。

（4）涂膜防水坡屋面

涂膜防水坡屋面是板面采用涂料防水，板缝采用嵌缝材料防水的一种防水屋面。这种屋面适用于坡度大于25％的坡屋面，其优点是不用在屋面板上另铺卷材或混凝土防水层，仅在板缝和板面采取简单的嵌缝和涂膜措施，也称油膏嵌缝涂料屋面。这种做法构造简单，节约材料，降低造价。通常用于不设保温层的预制屋面板结构，在有较大振动的建筑物或寒冷地区不宜采用。

5 建筑结构基本知识

5.1 常用结构类型

建筑结构是房屋的承重骨架，是由许多结构构件组成的一个系统。建筑结构能承荷传力，开辟空间，起骨架作用，保证使用期间房屋不坍塌。建筑师在建筑方案设计阶段，就应该同时思考、确定并采用最适宜的建筑结构体系，并使之与建筑的空间、体形及建筑形象有机地融合起来。

民用建筑的结构体系依据使用性质和规模的不同可分为单层、多层、大跨和高层建筑。大跨建筑常见的有拱结构、网架结构以及薄壳、折板、悬索等空间结构体系。

民用建筑按其承重结构体系类型可以分为：砌体结构、框架结构、剪力墙结构、框架－剪力墙结构、筒体结构。砌体结构和框架结构是两种最常用的结构支承系统，前者主要用于低层和多层居住建筑，而后者则适用于多层公共建筑。

1. 砌体结构

砌体是由块体和砂浆砌筑而成的整体材料。砌体结构是指由块体和砂浆砌筑而成的墙、柱作为建筑物主要受力构件的结构，是砖砌体、砌块砌体和石砌体结构的统称。一般采用钢筋混凝土楼（屋）盖和烧结普通砖或其他块体（如混凝土砌块等）砌筑的承重墙组成的结构体系，又称为砖混结构。砖墙和砌块墙体能够隔热和保温，所以既是承重结构，也是围护结构和分隔结构。砌体结构建筑常有重复的建筑单元空间，往往需要固定的分隔墙体来划分空间，承重墙布置较为容易，而且施工方便、造价较为低廉。

砌体结构抗震性能较差，一般不超过七层，故一般适用于低层和多层的民用建筑，特别是多层住宅、办公楼、学校、小型庭院等，一般不适用于高层建筑及需要大空间的建筑。砌体结构一般通过在墙体中设置钢筋混凝土圈梁和构造柱来增加其抗震性能。

2. 框架结构

框架结构（图 5-1）是采用梁、柱组成的结构体系。框架结构的主要构件是梁和柱，其墙体不承重，仅起围护和分隔作用，一般用加气混凝土砌块、普通砖或多孔砖等砌筑而成。框架结构平面布置灵活，可以获得较大的使用空间，能够满足生产工艺和使用功能的要求，广泛应用于多层工业厂房及多高层办公楼、医院、旅馆、教学楼、图书馆等公共建筑。框架结构的适用高度为 6～15 层，非地震区也可建到 15～20 层。

3. 剪力墙结构

剪力墙结构是利用建筑物的纵向及横向的钢筋混凝土墙体作为主要承重构件，再配以梁板组成的承重结构体系。其墙体同时也起围护及分隔房间的作用。整体性好，刚度大，抗震性能好，适于建造高层建筑（10～50 层）。剪力墙结构因其空间分隔固定，建筑布置极不灵活，一般用于高层住宅、宾馆等建筑。如图 5-2 所示的广州白云宾馆，1976 年建成，剪力墙结构，地下 1 层，地上 33 层，建筑高度 112.45m，是我国第一座超过 100m 的高层建筑。

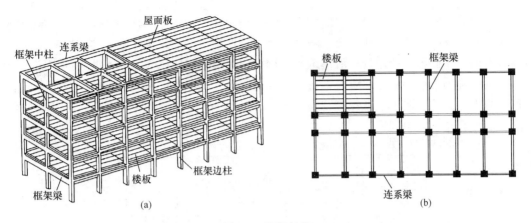

图 5-1 框架结构

（a）建筑主体结构；（b）平面示意图

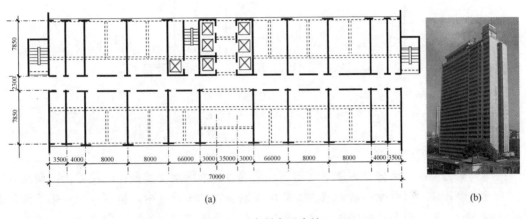

图 5-2 广州白云宾馆

（a）平面图；（b）建筑外观

5.2 建筑墙体

墙体包括承重墙与非承重墙。作为承重构件，它承受着建筑物由屋顶、楼板层等传来的荷载，并将这些荷载再传给基础；作为围护构件，主要起围护、分隔空间的作用。外墙起着抵御自然界各种有害因素对室内侵袭的作用；内墙起着分隔空间、组成房间、隔声及保证室内环境舒适的作用。因此墙体要有足够的强度和稳定性，具有保温、隔热、隔声、防火、防水的能力，并符合经济性和耐久性的要求。综合考虑围护、承重、节能、美观等因素，设计合理的墙体方案，是建筑构造的重要任务。

柱是框架结构的主要承重构件，和承重墙一样，承受着屋顶、楼板层等传来的荷载。柱必须具有足够的强度、刚度和稳定性。

5.2.1 砖混结构墙体的类型

1. 按墙体所处位置分类

根据墙体在平面上所处的位置，有内墙和外墙、纵墙和横墙之分。凡位于房屋内部的墙体统称为内墙，它主要起分隔房间的作用；位于房屋周边的墙体统称为外墙，它主要抵御自然界风、霜、雨、雪的侵袭和保温、隔热，起围护作用；沿建筑物长轴方向布置的墙体称为纵墙，有内纵墙和外纵墙之分；沿建筑物短轴方向布置的墙体称为横墙，分为内横墙和外横墙，外横墙称为山墙。在一片墙上，窗与窗或窗与门之间的墙体称为窗间墙，窗洞下部的墙体称为窗下墙。位于屋顶上沿建筑物外墙周边布置的一部分矮墙称为女儿墙。各种墙体名称如图 5-3 所示。

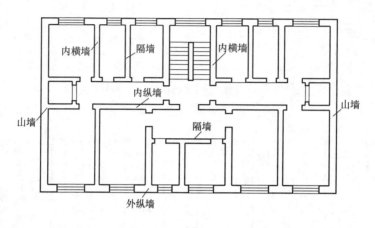

图 5-3　墙体各部分名称

2. 按墙体受力情况分类

按结构受力情况，墙体分为承重墙和非承重墙。凡直接承受楼板、屋顶等传来荷载的墙体称为承重墙；不承受外来荷载的墙称为非承重墙。在非承重墙中，虽不承受外来荷载，但承受自身重量，下部有基础的墙称为自承重墙。仅起分隔房间的作用，自身重量由楼板或梁来承担的墙称为隔墙。框架结构中，填充在柱子之间的墙称为填充墙。悬挂在建筑物结构外部的轻质外墙称为幕墙，有金属幕墙、玻璃幕墙等。

5.2.2　墙体的材料

砌体结构中的块体分为砖、砌块和石材三大类。砖和砌块通常按块体的高度尺寸进行划分，块体高度小于 180mm 者称之为砖，大于等于 180mm 者称之为砌块。砖墙是用砂浆将砖按一定规律砌筑而成的墙体，其主要材料是砖和砂浆。

1. 砖

砖墙属于砌筑墙体，具有保温、隔热、隔声等许多优点；但也存在施工速度慢、自重大、劳动强度大等诸多不利因素。砖墙由砖和砂浆两种材料组成，砂浆将砖胶结在一起筑成墙体或砌块。砖的种类很多，从所采用的原材料上看有灰砂砖、页岩砖、煤矸石砖、水泥砖、矿渣砖等；从形状上看有实心砖及多孔砖。当前砖的规格与尺寸也有多种形式，烧结普通砖是以黏土、页岩、煤矸石和粉煤灰为主要成分塑压成坯，经高温焙烧而成的实心或孔洞率小于 25% 的砖，全国统一规格的标准尺寸为 240mm×115mm×53mm，砖的长宽厚之比为 4∶2∶1。有的空心砖尺寸为 190mm×190mm×90mm 或 240mm×115mm×180mm 等。烧结普通砖和烧结多孔砖的强度等级以抗压强度划分为五级，分别是 MU30、MU25、

MU20、MU15 和 MU10，单位为 MPa。

2. 砂浆

砂浆由胶结材料（水泥、石灰、黏土）和填充材料（砂、石屑、矿渣、粉煤灰）用水搅拌而成，目前常用的有水泥砂浆、混合砂浆和石灰砂浆。水泥砂浆的强度和防潮性能最好，混合砂浆次之，石灰砂浆最差，但它的和易性好，在墙体要求不高时可以采用。砂浆的等级也是以抗压强度来进行划分的，从高到低依次为 M15、M10、M7.5、M5 和 M2.5，单位为 MPa。

砂浆的强度等级应按下列规定：烧结普通砖、烧结多孔砖、蒸压灰砂普通砖和蒸压粉煤灰普通砖砌体采用的普通砂浆强度等级为 M15、M10、M7.5、M5 和 M2.5；蒸压灰砂普通砖和蒸压粉煤灰普通砖砌体采用的专用砌筑砂浆强度等级为 Ms15、Ms10、Ms7.5 和 Ms5；混凝土普通砖、混凝土多孔砖、单排孔混凝土砌块和煤矸石混凝土砌块砌体采用的砂浆强度等级为 Mb20、Mb15、Mb10、Mb7.5 和 Mb5；毛石料、毛石砌体采用的砂浆强度等级为 M7.5、M5 和 M2.5。

3. 砖墙的厚度

实心砖墙的尺寸为砖宽加灰缝（115mm＋10mm＝125mm）的倍数。砖墙的厚度在工程上习惯以它们的标志尺寸来称呼，如 12 墙、18 墙、24 墙等。砖墙的厚度尺寸见表 5-1。

表 5-1　砖墙的厚度尺寸（mm）

墙厚名称	1/2 砖	3/4 砖	1 砖	1 砖半	2 砖	2 砖半
标志尺寸	120	180	240	370	490	620
构造尺寸	115	178	240	365	490	615
习惯称谓	12 墙	18 墙	24 墙	37 墙	49 墙	62 墙

5.2.3　墙体的设计要求

因墙体的作用不同，在选择墙体材料和确定构造方案时，应根据墙体的性质和位置，分别满足结构、热工、隔声、防火、工业化等要求。

1. 强度和稳定性的要求

强度是指墙体承受荷载的能力，它与墙体所用材料、墙体尺寸、构造方式和施工方法有关。如强度等级高的砖和砂浆所砌筑的墙体比强度等级低的砖和砂浆所砌筑的墙体强度高；相同材料和相同强度等级的墙体相比，截面面积大的墙体强度要高。

稳定性与墙体的高度、长度和厚度有关。高度和长度是对建筑物的层高、开间或进深尺寸而言的，高而薄的墙体比矮而厚的墙体稳定性差，长而薄的墙体比短而厚的墙体稳定性差，两端有固定的墙体比两端无固定的墙体稳定性好。

2. 热工性能方面的要求

建筑在使用中，作为外围护结构的外墙应具有良好的热稳定性，使室内温度在外界气温变化的情况下保持相对的稳定。冬季寒冷地区的室内温度高于室外，就应提高外墙的保温能力，如增加厚度，选用孔隙率高、密度小的材料等方法减少热损失；也可以在室内高温一侧设置隔蒸汽层，阻止水蒸气进入墙体后产生凝结水，导致墙体的导热系数加大，破坏了保温的稳定性。南方夏热地区则应注意建筑的朝向、通风及外墙的隔热性能。

3. 隔声方面的要求

为了保证室内有良好的声学环境，保证人们的生活、工作不受噪声干扰，要求墙体必须具有一定的隔声能力。人们在设计中可通过加强墙体的密封处理、增加墙体的密实性及厚度、采用有空气间隔层或多孔性材料的夹层墙等措施来提高墙体的隔声能力。

4. 防火性能要求

国家在建筑物防火规范中对墙体的耐火极限和材料的燃烧性能有明确的规定，在设计时应参照执行。

5. 适应建筑工业化发展的要求

在大量的民用建筑中，墙体的工程量占有相当大的比重，不仅消耗大量的劳动力，且施工工期长。建筑工业化的关键是墙体改革，改变手工操作，提高机械化施工程度，提高工效，降低劳动强度，并采用轻质高强的墙体材料，以减轻自重，降低成本。

5.3　楼面结构

楼（屋）面结构属于建筑物中的水平传力构件，通过竖向受力构件如墙、柱等把荷载传递到基础，很多垂直构件的布置是由这些水平构件的支承情况所决定的。同时这些水平构件大多兼有分隔空间和围护作用。因此，在进行建筑平面设计时，不但需要考虑建筑空间的构成及组合，还要兼顾建筑平面对结构空间功能和使用情况的影响。

楼（屋）面分隔上下楼层空间，除承受并传递垂直荷载和水平荷载，应具有足够的强度和刚度外，还应具有一定的防火、隔声和防水等方面的能力。建筑物中有些固定的水平设备管线，也可能会在楼（屋）面吊顶内安装敷设。本节主要讲述楼面部分，屋面部分内容详见第 4 章 4.6 屋面设计。

5.3.1　楼面结构的组成

楼面层是水平方向的承重构件，承受着家具、设备和人体荷载及本身自重，并将这些荷载传给墙或柱。因此，作为楼面，要求具有足够的强度、刚度和隔声能力；对有水侵蚀的房间，则要求其具有防潮、防水的能力。

楼层的基本组成为顶棚层、结构（楼板）层和面层。当楼面的基本构造不能满足使用或构造要求时，可增设结合层、隔离层、填充层、找平层和保温层等其他构造层，如图 5-4 所示。

钢筋混凝土楼板整体性、耐久性、抗震性均较好，刚度大，能适应各种形状的建筑平面，设备留洞或设置预埋件都较方便，但模板消耗量大，施工周期长。按其施工方法不同分为现浇钢筋混凝土楼板、预制装配式钢筋混凝土楼板和装配整体式钢筋混凝土楼板。目前多采用现浇钢筋混凝土楼板。

5.3.2　钢筋混凝土楼盖

按力的传递方式不同，钢筋混凝土楼盖分为板式楼盖、梁板式楼盖、井式楼盖和无梁楼盖四种形式。

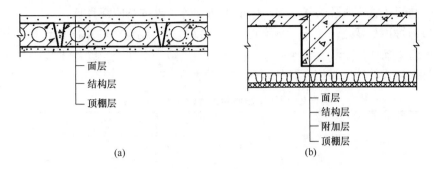

图 5-4　钢筋混凝土楼板的组成

（a）预制钢筋混凝土楼板；（b）现浇钢筋混凝土楼板

1. 板式楼盖

房间尺度较小，楼板可直接铺设在支承构件上，这种情况下的楼盖称为板式楼盖，它是最简单的一种楼板形式。其下部结构平整，可获得较大的使用空间高度，适用于有许多小开间房间的建筑物，特别是墙承重体系的建筑物，例如住宅、旅馆、宿舍等，或其他建筑的走道、厨房、卫生间等。当承重墙的间距不大时，如住宅的厨房间、厕所间，钢筋混凝土楼板可直接搁置在墙上，不设梁和柱，板的跨度一般为 $2\sim3$m，板厚度为 $70\sim80$mm。

楼板按周边支承情况及板平面长短边边长的比值不同分为单向板和双向板，如图 5-5 所示。根据《混凝土结构设计规范》（GB 50010—2010）（2024 年版）和《混凝土通用规范》（GB 55008—2021）的规定，混凝土板按下列原则进行计算：

① 两对边支承的板应按单向板计算；

② 四边支承的板应按下列规定计算：

当长边与短边长度之比不大于 2.0 时，应按双向板计算；

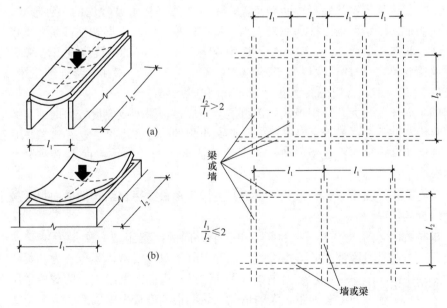

图 5-5　单向板和双向板示意图

（a）单向板；（b）双向板

当长边与短边长度之比大于2.0，但小于3.0时，宜按双向板计算；

当长边与短边长度之比不小于3.0时，宜按沿短边方向受力的单向板计算，并应沿长边方向布置构造钢筋。

对现浇整体式的楼层结构，其楼板尺寸参照表5-2执行。

表5-2　现浇钢筋混凝土板的最小厚度（mm）

板的类别		最小厚度
单向板	屋面板	60
	民用建筑楼板	60
	工业建筑楼板	70
	行车道下的楼板	80
双向板		80
密肋楼盖	面板	50
	肋高	250
悬臂板	悬臂长度不大于500mm	60
	悬臂长度1200mm	100
无梁楼板		150
现浇空心楼板		200

根据《建筑抗震设计规范》（GB 50011—2010）（2024年版）的规定，现浇钢筋混凝土楼板或屋面板伸进纵、横墙内的长度均不应小于120mm。

2. 梁板式楼盖

梁板式楼盖也称为钢筋混凝土肋型楼盖，是现浇式楼板中最常见的一种形式。它由板、次梁和主梁组成。主梁可以由柱和墙来支承，所有的板、肋、主梁和柱都是在支模以后，整体现浇而成。板跨一般为1.7~2.5m，厚度为60~80mm。梁的截面高度可取跨度的1/12~1/10（单跨简支梁）、1/18~1/14（多跨连续次梁）、1/14~1/12（多跨连续主梁）。宽度一般为高度的1/3~1/2，常用截面宽度为250mm和300mm。

当房间平面尺度较大，采用板式楼盖可能会造成楼板跨度或厚度较大时，可考虑在楼板下设梁，将大空间划分成若干个小空间，从而减小板的跨度和厚度。这种楼盖体系称为梁板式楼盖。通常由若干梁平行或交叉排列形成梁格体系（图5-6），根据主梁和次梁的排列情况，梁格分为下面三种类型：

（1）单向梁格［图5-6（a）］：只有主梁，适用于楼盖或平台结构的横向尺寸较小或楼屋面板跨度较大的情况。

（2）双向梁格［图5-6（b）］：由主梁和一个方向的次梁组成。次梁由主梁支承，主梁支承在墙或柱上，是最为常用的梁格类型。钢筋混凝土双向梁格体系也称为肋梁楼盖。

（3）复式梁格［图5-6（c）］：由主梁、纵向次梁和横向次梁组成。荷载传递层次多，构造复杂，适用于荷载重和主梁间距很大的情况。该梁格类型较少采用。

3. 井式楼盖

为了建筑的需要（如大空间）或柱间距较大时，经常将楼板划分为若干个正方形小区

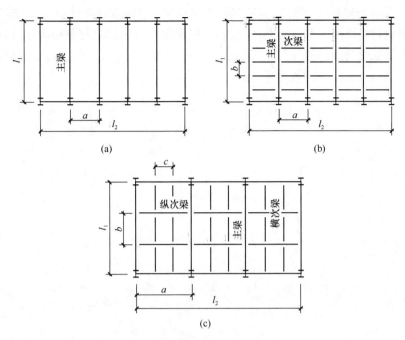

图 5-6 梁格体系

（a）单向梁格；（b）双向梁格；（c）复式梁格

格，两个方向的梁截面相同，无主、次之分，梁格布置呈"井"字形，称为井式楼盖，如图 5-7 所示。一般办公楼的顶层会议室较多采用。

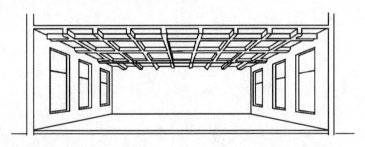

图 5-7 井式楼盖示意

4. 无梁楼盖

无梁楼盖（图 5-8）是指采用等厚的平板直接支承在带有柱帽的柱上，不设主梁和次梁

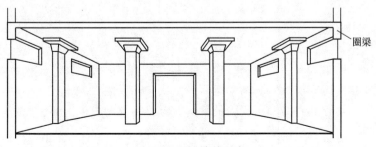

图 5-8 无梁楼盖示意

的楼盖形式。它的构造有利于采光和通风，便于安装管道和布置电线，在同样的净空条件下，可减小建筑物的高度。其缺点是刚度小，不利于承受大的集中荷载。

　　无梁楼盖形式上是以结构柱与楼板组合，取消了柱间及板底的梁。楼板可以通过柱帽或无柱帽支承在结构柱上，结构较为单一。

6 建筑文件编制深度

为加强对建筑工程设计文件编制工作的管理，保证各阶段设计文件的质量和完整性，建筑文件编制过程中要控制设计深度。设计深度是设计图纸的深浅程度，建筑工程一般应分为方案设计、初步设计和施工图设计三个阶段；对于技术要求相对简单的民用建筑工程，当有关主管部门在初步设计阶段没有审查要求，且合同中没有做初步设计的约定时，可在方案设计审批后直接进入施工图设计。

6.1 方案设计深度

方案设计是设计中的重要阶段，设计过程极富有创造性，主要涉及设计者的知识水平、经验、灵感和想象力等。方案设计主要由设计要求分析、系统功能分析、原理方案设计组成。设计人员根据设计任务书的要求，运用自己掌握的知识和经验，选择合理的技术系统，构思满足设计要求的建筑方案。

6.1.1 一般要求

1. 方案设计文件

（1）设计说明书，包括各专业设计说明以及投资估算等内容；对于涉及建筑节能、环保、绿色建筑、人防等设计的专业，其设计说明应有相应的专门内容；

（2）总平面图以及相关建筑设计图纸；

（3）设计委托或设计合同中规定的透视图、鸟瞰图、模型等。

2. 方案设计文件的编排顺序

（1）封面：写明项目名称、编制单位、编制年月；

（2）扉页：写明编制单位法定代表人、技术总负责人、项目总负责人及各专业负责人的姓名，并经上述人员签署或授权盖章；

（3）设计文件目录；

（4）设计说明书；

（5）设计图纸。

3. 装配式建筑技术策划文件

（1）技术策划报告，包括技术策划依据和要求、标准化设计要求、建筑结构体系、建筑围护系统、建筑内装体系、设备管线等内容；

（2）技术配置表，装配式结构技术选用及技术要点；

（3）经济性评估，包括项目规模、成本、质量、效率等内容；

（4）预制构件生产策划，包括构件厂选择、构件制作及运输方案，经济性评估等。

6.1.2 设计说明

（1）设计依据、设计要求及主要技术经济指标；

（2）总平面设计说明；

（3）建筑设计说明；

（4）结构设计说明；

（5）建筑电气设计说明；

（6）给水排水设计说明；

（7）供暖通风与空气调节设计说明；

（8）热能动力设计说明；

（9）投资估算文件一般由编制说明、总投资估算表、单项工程综合估算表、主要技术经济指标等内容组成。

6.1.3 设计图纸

1. 总平面设计图纸

（1）场地的区域位置；

（2）场地的范围（用地和建筑物各角点的坐标或定位尺寸）；

（3）场地内及四邻环境（四邻原有及规划的城市道路和建筑物、用地性质或建筑性质、层数等，场地内需保留的建筑物、构筑物、古树名木、历史文化遗存、现有地形与标高、水体、不良地质情况等）；

（4）场地内拟建道路、停车场、广场、绿地及建筑物的布置，并表示出主要建筑物、构筑物与各类控制线（用地红线、道路红线、建筑控制线等）、相邻建筑物之间的距离及建筑物总尺寸，基地出入口与城市道路交叉口之间的距离；

（5）拟建主要建筑物的名称、出入口位置、层数、建筑高度、设计标高，以及主要道路、广场的控制标高；

（6）指北针或风玫瑰图、比例；

（7）根据需要绘制下列反映方案特性的分析图：

功能分区、空间组合及景观分析、交通分析（人流及车流的组织、停车场的布置及停车泊位数量等）、消防分析、地形分析、竖向设计分析、绿地布置、日照分析、分期建设等。

2. 建筑设计图纸

（1）平面图。

① 平面的总尺寸、开间、进深尺寸及结构受力体系中的柱网、承重墙位置和尺寸（也可用比例尺表示）；

② 各主要使用房间的名称；

③ 各层楼地面标高、屋面标高；

④ 室内停车库的停车位和行车线路；

⑤ 首层平面图应标明剖切线位置和编号，并应标示指北针；

⑥ 必要时绘制主要用房的放大平面和室内布置；

⑦ 图纸名称、比例或比例尺。

（2）立面图。

① 体现建筑造型的特点，选择绘制有代表性的立面；

② 各主要部位和最高点的标高、主体建筑的总高度；

③ 当与相邻建筑（或原有建筑）有直接关系时，应绘制相邻或原有建筑的局部立面图；

④ 图纸名称、比例或比例尺。图纸以轴号命名，如①～⑩轴立面图，Ⓐ～Ⓓ轴立面图等。

（3）剖面图。

① 剖面应剖在高度和层数不同、空间关系比较复杂的部位；

② 各层标高及室外地面标高，建筑的总高度；

③ 当遇有高度控制时，标明建筑最高点的标高；

④ 剖面编号、比例或比例尺。

（4）当项目按绿色建筑要求建设时，以上有关图纸应示意对应的绿色建筑设计内容。

（5）当项目按装配式建筑要求建设时，以上有关图纸应表达装配式建筑设计有关内容（如平面中应表达装配技术使用部位、范围及采用的材料与构造方法，预制墙板的组合关系；预制墙板组合图、叠合楼板组合图等）。

3. 热能动力设计图纸（当项目为城市区域供热或区域燃气调压站时提供）

（1）主要设备平面布置图及主要设备表；

（2）工艺系统流程图；

（3）工艺管网平面布置图。

6.2　初步设计深度

初步设计文件应由具有相应资质的设计单位提供，若为多家设计单位联合设计的，应由总包设计单位负责汇总设计资料。初步设计文件包括说明、资料和图纸等部分。初步设计是最终成果的前身，相当于一幅图的草图，一般做设计的在没有最终定稿之前的设计统称为初步设计。

6.2.1　一般要求

1. 初步设计文件内容

（1）设计说明书，包括设计总说明、各专业设计说明；对于涉及建筑节能、环保、绿色建筑、人防、装配式建筑等，其设计说明应有相应的专项内容；

（2）有关专业的设计图纸；

（3）主要设备或材料表；

（4）工程概算书；

（5）有关专业计算书（计算书不属于必须交付的设计文件，但应按相关条款的要求编制）。

2. 初步设计文件的编排顺序

（1）封面：写明项目名称、编制单位、编制年月；

（2）扉页：写明编制单位法定代表人、技术总负责人、项目总负责人和各专业负责人的姓名，并经上述人员签署或授权盖章；

（3）设计文件目录；

（4）设计说明书；

（5）设计图纸（可单独成册）；

（6）概算书（应单独成册）。

6.2.2 设计说明

1. 工程设计依据

（1）政府有关主管部门的批文，如该项目的可行性研究报告、工程立项报告、方案设计文件等审批文件的文号和名称；

（2）设计所执行的主要法规和所采用的主要标准（包括标准的名称、编号、年号和版本号）；

（3）工程所在地区的气象、地理条件、建设场地的工程地质条件；

（4）公用设施和交通运输条件；

（5）规划、用地、环保、卫生、绿化、消防、人防、抗震等要求和依据资料；

（6）建设单位提供的有关使用要求或生产工艺等资料。

2. 工程建设的规模和设计范围

（1）工程的设计规模及项目组成；

（2）分期建设的情况；

（3）承担的设计范围与分工。

3. 总指标

（1）总用地面积、总建筑面积和反映建筑功能规模的技术指标；

（2）其他有关的技术经济指标。

4. 设计要点综述

（1）简述各专业的设计特点和系统组成；

（2）采用新技术、新材料、新设备和新结构的情况；

（3）当项目按装配式建筑要求建设时，简述采用的装配式建筑技术要点。

5. 提请在设计审批时需解决或确定的主要问题

（1）有关城市规划、红线、拆迁和水、电、蒸汽或高温水、燃料及充电桩等供应的协作问题；

（2）总建筑面积、总概算（投资）存在的问题；

（3）设计选用标准方面的问题；

（4）主要设计基础资料和施工条件落实情况等影响设计进度的因素；

（5）明确需要进行专项研究的内容。

6.2.3 设计图纸

1. 总平面

在初步设计阶段，总平面专业的设计文件应包括设计说明书、设计图纸。

（1）设计说明书

①　设计依据及基础资料。

a. 摘述方案设计依据资料及批示中与本专业有关的主要内容；

b. 有关主管部门对本工程批示的规划许可技术条件（用地性质、道路红线、建筑控制线、城市绿线、用地红线、建筑物控制高度、建筑退让各类控制线距离、容积率、建筑密度、绿地率、日照标准、高压走廊、出入口位置、停车泊位数等），以及对总平面布局、周围环境、空间处理、交通组织、环境保护、文物保护、分期建设等方面的特殊要求；

c. 本工程地形图编制单位、日期，采用的坐标、高程系统；

d. 凡设计总说明中已阐述的内容可从略。

②　场地概述。

a. 说明场地所在地的名称及在城市中的位置（落实到乡镇区一级。简述周围自然与人文环境、道路、市政基础设施与公共服务设施配套和供应情况，以及四邻原有和规划的重要建筑物与构筑物）；

b. 概述场地地形地貌（如山丘范围、高度，水域的位置、流向、水深，最高最低标高、总坡向、最大坡度和一般坡度等地貌特征）；

c. 描述场地内原有建筑物、构筑物，以及保留（包括名木、古迹、地形、植被等）、拆除的情况；

d. 摘述与总平面设计有关的不利自然因素，如地震、湿陷性或胀缩性土、地裂缝、岩溶、滑坡、地下水位标高与其他地质灾害。

③　总平面布置。

a. 说明总平面设计构思及指导思想，说明如何结合自然环境和地域文脉，综合考虑地形、地质、日照、通风、防火、卫生、交通及环境保护等要求进行总体布局，使其满足使用功能、城市规划要求以及技术安全、经济合理性、节能、节地、节水、节材等要求。

b. 说明功能分区、远近期结合、预留发展用地的设想；

c. 说明建筑空间组织及其与四周环境的关系；

d. 说明环境景观和绿地布置及其功能性、观赏性等；

e. 说明无障碍设施的布置。

④　竖向设计。

a. 说明竖向设计的依据（如城市道路和管道的标高、地形、排水、最高洪水位、最高潮水位、土方平衡等情况）；

b. 说明如何利用地形，综合考虑功能、安全、景观、排水等要求进行竖向布置；说明竖向布置方式（平坡式或台阶式）、地表雨水的收集利用及排除方式（明沟或暗管）等；如采用明沟系统，还应阐述其排放地点的地形与高程等情况；

c. 根据需要注明初平土石方工程量；

d. 防灾措施，如针对洪水、内涝、滑坡、潮汐及特殊工程地质（湿陷性或膨胀性土）等的技术措施。

⑤　交通组织。

a. 说明与城市道路的关系；

b. 说明基地人流和车流的组织、路网结构、出入口、停车场（库）的布置及停车数量的确定；

c. 消防车道及高层建筑消防扑救场地的布置；

d. 说明道路主要的设计技术条件（如主干道和次干道的路面宽度、路面类型、最大及最小纵坡等）。

⑥ 主要技术经济指标表（表6-1）。

表6-1　民用建筑主要技术经济指标表

序号	名称	单位	数量	备注
1	总用地面积	hm²		
2	总建筑面积	m²		地上、地下部分应分列，不同功能性质部分应分列
3	建筑基底总面积	hm²		
4	道路广场总面积	hm²		含停车场面积
5	绿地总面积	hm²		可加注公共绿地面积
6	容积率			(2) / (1)
7	建筑密度	%		(3) / (1)
8	绿地率	%		(5) / (1)
9	机动车停车泊位数	辆		室内、外应分列
10	非机动车停放数量	辆		

⑦ 室外工程主要材料。

（2）设计图纸

① 区域位置图（根据需要绘制）。

② 总平面图。

a. 保留的地形和地物；

b. 测量坐标网、坐标值，场地范围的测量坐标（或定位尺寸），道路红线、建筑控制线、用地红线；

c. 场地四邻原有及规划的道路、绿化带等的位置（主要坐标或定位尺寸）和主要建筑物及构筑物的位置、名称、层数、间距；

d. 建筑物、构筑物的位置（人防工程、地下车库、油库、贮水池等隐蔽工程用虚线表示）与各类控制线的距离，其中主要建筑物、构筑物应标注坐标（或定位尺寸）、与相邻建筑物之间的距离及建筑物总尺寸、名称（或编号）、层数；

e. 道路、广场的主要坐标（或定位尺寸），停车场及停车位、消防车道及高层建筑消防扑救场地的布置，必要时加绘交通流线示意；

f. 绿化、景观及休闲设施的布置示意，并表示出护坡、挡土墙、排水沟等；

g. 指北针或风玫瑰图；

h. 主要技术经济指标（表6-1）；

i. 说明栏内注写：尺寸单位、比例、地形图的测绘单位、日期，坐标及高程系统名称（如为场地建筑坐标网时，应说明其与测量坐标网的换算关系），补充图例及其他必要的说明等。

③ 竖向布置图。

　　a. 场地范围的测量坐标值（或注尺寸）；

　　b. 场地四邻的道路、地面、水面，及其关键性标高（如道路出入口）；

　　c. 保留的地形、地物；

　　d. 建筑物、构筑物的位置名称（或编号）、主要建筑物和构筑物的室内外设计标高、层数，有严格限制的建筑物、构筑物高度；

　　e. 主要道路、广场的起点、变坡点、转折点和终点的设计标高，以及场地的控制性标高；

　　f. 用箭头或等高线表示地面坡向，并表示出护坡、挡土墙、排水沟等；

　　g. 指北针；

　　h. 注明：尺寸单位、比例、补充图例。

　　④ 根据项目实际情况可增加绘制交通、日照、土方图等，也可图纸合并。

2. 建筑

在初步设计阶段建筑专业设计文件应包括设计说明书和设计图纸。

（1）设计说明书

① 设计依据。

　　a. 摘述设计任务书和其他依据性资料中与建筑专业有关的主要内容；

　　b. 设计所执行的主要法规和所采用的主要标准（包括标准的名称、编号、年号和版本号）；

　　c. 项目批复文件、审查意见等的名称和文号。

② 设计概述。

　　a. 表述建筑的主要特征，如建筑总面积、建筑占地面积、建筑层数和总高、建筑防火类别、耐火等级、设计使用年限、地震基本烈度、主要结构选型、人防类别、面积和防护等级、地下室防水等级、屋面防水等级等；

　　b. 概述建筑物使用功能和工艺要求；

　　c. 简述建筑的功能分区、平面布局、立面造型及与周围环境的关系；

　　d. 简述建筑的交通组织、垂直交通设施（楼梯、电梯、自动扶梯）的布局，以及所采用的电梯、自动扶梯的功能、数量和吨位、速度等参数；

　　e. 建筑防火设计，包括总体消防、建筑单体的防火分区、安全疏散、疏散宽度计算和防火构造等；

　　f. 无障碍设计，包括基地总体上、建筑单体内的各种无障碍设施要求等；

　　g. 人防设计，包括人防面积、设置部位、人防类别、防护等级、防护单元数量等；

　　h. 当建筑在声学、建筑光学、建筑安全防护与维护、电磁波屏蔽等方面有特殊要求时所采取的特殊技术措施；

　　i. 主要的技术经济指标，包括能反映建筑工程规模的总建筑面积以及诸如住宅的套型和套数、旅馆的房间数和床位数、医院的病床数、车库的停车位数量等；

　　j. 简述建筑的外立面用料及色彩、屋面构造及用料、内部装修使用的主要或特殊建筑材料。

　　k. 对具有特殊防护要求的门窗作必要的说明。

③ 多子项工程中的简单子项可用建筑项目主要特征表（表6-2）作综合说明。

表 6-2　建筑项目主要特征表

项目名称		内容	备注
编号			
建筑总面积			地上、地下另外分列
建筑占地面积			
建筑层数、总高			地上、地下分列
建筑防火类别			
耐火等级			
设计使用年限			
地震基本烈度			
主要结构选型			
人防类别和防护等级			说明平、战时功能
地下室防水等级			
屋面防水等级			
建筑构造及装修	墙体		
	地面		
	楼面		
	屋面		
	天窗		
	门		
	窗		
	顶棚		
	内墙面		
	外墙面		

注：建筑构造及装修项目可随工程内容增减。

④ 对需分期建设的工程，说明分期建设内容和对续建、扩建的设想及相关措施。

⑤ 幕墙工程和金属、玻璃、膜结构等特殊屋面工程（说明节能、抗风压、气密性、水密性、防水、防火、防护、隔声的设计要求、饰面材质色彩、涂层等主要的技术要求）及其他需要专项设计、制作的工程内容的必要说明。

⑥ 需提请审批时解决的问题或确定的事项以及其他需要说明的问题。

⑦ 建筑节能设计说明。

a. 设计依据；

b. 项目所在地的气候分区、建筑分类及围护结构的热工性能限值；

c. 简述建筑的节能设计，确定体形系数（按不同气候区要求）、窗墙比、屋顶透光部分比等主要参数，明确屋面、外墙（非透光幕墙）、外窗（透光幕墙）等围护结构的热工性能及节能构造措施；

⑧ 当项目按绿色建筑要求建设时，应有绿色建筑设计说明。

a. 设计依据；

b. 绿色建筑设计的目标和定位；

c. 评价与建筑专业相关的绿色建筑技术选项及相应的指标、做法说明；

d. 简述相关绿色建筑设计的技术措施。

⑨当项目按装配式建筑要求建设时，应有装配式建筑设计和内装专项说明。

a. 设计依据；

b. 装配式建筑设计的项目特点和定位；

c. 装配式建筑评价与建筑专业相关的装配式建筑技术选项；

d. 简述相关装配式建筑设计相关的技术措施。

（2）设计图纸

① 平面图。

a. 标明承重结构的轴线、轴线编号、定位尺寸和总尺寸，注明各空间的名称和门窗编号，住宅标注套型内卧室、起居室（厅）、厨房、卫生间等空间的使用面积；

b. 绘出主要结构和建筑构配件，如非承重墙、壁柱、门窗（幕墙）、天窗、楼梯、电梯、自动扶梯、中庭（及其上空）、夹层、平台、阳台、雨篷、台阶、坡道、散水、明沟等的位置；当围护结构为幕墙时，应标明幕墙与主体结构的定位关系；

c. 表示主要建筑设备的位置，如水池、卫生器具等与设备专业有关的设备的位置；

d. 表示建筑平面或空间的防火分区和面积以及安全疏散的内容，宜单独成图；

e. 标明室内、外地面设计标高及地上、地下各层楼地面标高；

f. 首层平面标注剖切线位置、编号及指北针；

g. 绘出有特殊要求或标准的厅、室的室内布置，如家具的布置等；也可根据需要选择绘制标准层、标准单元或标准间的放大平面图及室内布置图；

h. 图纸名称、比例。

② 立面图。

应选择绘制主要立面，立面图上应标明：

a. 两端的轴线和编号；

b. 立面外轮廓及主要结构和建筑部件的可见部分，如门窗（消防救援窗）、幕墙、雨篷、檐口（女儿墙）、屋顶、平台、栏杆、坡道、台阶和主要装饰线脚等；

c. 平、剖面未能表示的屋顶、屋顶高耸物、檐口（女儿墙）、室外地面等处主要标高或高度；

d. 主要可见部位的饰面用料；

e. 图纸名称、比例。

③ 剖面图。

剖面应剖在层高、层数不同、内外空间比较复杂的部位（如中庭与邻近的楼层或错层部位），剖面图应准确、清楚地绘示出剖到或看到的各相关部分内容，并应表示：

a. 主要内、外承重墙、柱的轴线，轴线编号；

b. 主要结构和建筑构造部件，如：地面、楼板、屋顶、檐口、女儿墙、吊顶、梁、柱、内外门窗、天窗、楼梯、电梯、平台、雨篷、阳台、地沟、地坑、台阶、坡道等；

c. 各层楼地面和室外标高，以及建筑的总高度，各楼层之间尺寸及其他必需的尺寸等；

d. 图纸名称、比例。

④ 根据需要绘制局部的平面放大图或节点详图。

⑤ 对于贴邻的原有建筑，应绘出其局部的平、立、剖面。

⑥ 当项目按绿色建筑要求建设时，以上有关图纸应表示相关绿色建筑设计技术的内容。

⑦ 当项目按装配式建筑要求建设时，设计图纸应表示采用装配式建筑设计技术的内容。如在平面图中用不同图例注明采用预制构件（柱、剪力墙、围护墙体、凸窗等）位置，立面图中预制构件板块的立面示意及拼缝的位置；表达预制外墙防水、保温、隔声、防火的典型构造大样和建筑构筑配件安装、以及卫生间等有水房间的地板、墙体防水节点大样等。

结构、建筑电气、给水排水、供暖通风、热能动力、概算详见《建筑工程设计文件编制深度规定》（2016 版）。

6.3　施工图设计深度

6.3.1　一般要求

1. 施工图设计文件

（1）合同要求所涉及的所有专业的设计图纸（含图纸目录、说明和必要的设备、材料表）以及图纸总封面；对于涉及建筑节能设计的专业，其设计说明应有建筑节能设计的专项内容；涉及装配式建筑设计的专业，其设计说明及图纸应有装配式建筑专项设计内容。

（2）合同要求的工程预算书。对于方案设计后直接进入施工图设计的项目，若合同未要求编制工程预算书，施工图设计文件应包括工程概算书。

（3）各专业计算书。计算书不属于必须交付的设计文件，但应按本规定相关条款的要求编制并归档保存。

2. 总封面标识内容。

（1）项目名称；

（2）设计单位名称；

（3）项目的设计编号；

（4）设计阶段；

（5）编制单位法定代表人、技术总负责人和项目总负责人的姓名及其签字或授权盖章；

（6）设计日期（即设计文件交付日期）。

6.3.2　施工图设计文件

施工图设计内容主要由总平面、建筑、结构、建筑电气、给水排水、供暖通风、热能动力、预算等组成。本节主要介绍总平面和建筑设计文件内容。

1. 总平面

在施工图设计阶段，总平面专业设计文件应包括图纸目录、设计说明、设计图纸、计算书。

（1）图纸目录

先列绘制图纸，后列选用的标准图或重复利用图。

（2）设计说明

一般工程分别写在有关的图纸上，复杂工程也可单独。如重复利用某工程的施工图图纸及其说明时，应详细注明其编制单位、工程名称、设计编号和编制日期；列出主要技术经济指标表（见表6.1，该表也可列在总平面图上），说明地形图、初步设计批复文件等设计依据、基础资料，当无初步设计时说明参见方案设计设计说明书的设计依据及基础资料。

（3）总平面图

① 保留的地形和地物；

② 测量坐标网、坐标值；

③ 场地范围的测量坐标（或定位尺寸），道路红线、建筑控制线、用地红线等的位置；

④ 场地四邻原有及规划的道路、绿化带等的位置（主要坐标或定位尺寸），周边场地用地性质以及主要建筑物、构筑物、地下建筑物等的位置、名称、性质、层数；

⑤ 建筑物、构筑物（人防工程、地下车库、油库、贮水池等隐蔽工程以虚线表示）的名称或编号、层数、定位（坐标或相互关系尺寸）；

⑥ 广场、停车场、运动场地、道路、围墙、无障碍设施、排水沟、挡土墙、护坡等的定位（坐标或相互关系尺寸），如有消防车道和扑救场地，需注明；

⑦ 指北针或风玫瑰图；

⑧ 建筑物、构筑物使用编号时，应列出"建筑物和构筑物名称编号表"；

⑨注明尺寸单位、比例、建筑正负零的绝对标高、坐标及高程系统（如为场地建筑坐标网时，应注明与测量坐标网的相互关系）、补充图例等。

（4）竖向布置图

① 场地测量坐标网、坐标值；

② 场地四邻的道路、水面、地面的关键性标高；

③ 建筑物、构筑物名称或编号、室内外地面设计标高、地下建筑的顶板面标高及覆土高度限制；

④ 广场、停车场、运动场地的设计标高，以及景观设计中，水景、地形、台地、院落的控制性标高；

⑤ 道路、坡道、排水沟的起点、变坡点、转折点和终点的设计标高（路面中心和排水沟顶及沟底）、纵坡度、纵坡距、关键性坐标，道路表明双面坡或单面坡、立道牙或平道牙，必要时标明道路平曲线及竖曲线要素；

⑥ 挡土墙、护坡或土坎顶部和底部的主要设计标高及护坡坡度；

⑦ 用坡向箭头或等高线表示地面设计坡向，当对场地平整要求严格或地形起伏较大时，宜用设计等高线表示，地形复杂时应增加剖面表示设计地形；

⑧ 指北针或风玫瑰图；

⑨ 注明尺寸单位、比例、补充图例等；

⑩ 注明尺寸单位、比例、建筑正负零的绝对标高、坐标及高程系统（如为场地建筑坐标网时，应注明与测量坐标网的相互关系）、补充图例等。

（5）土石方图

① 场地范围的坐标或标注尺寸；

② 建筑物、构筑物、挡墙、台地、下沉广场、水系、土丘等位置（用细虚线表示）；

③ 一般用方格网法（也可采用断面法），20m×20m 或 40m×40m（也可采用其他方格网尺寸）方格网及其定位，各方格点的原地面标高、设计标高、填挖高度、填区和挖区的分界线，各方格土石方量、总土石方量；

④ 土石方工程平衡表（表 6-3）。

表 6-3　土石方工程平衡表

序号	项目	土石方量（m³）		说明
		填方	挖方	
1	场地平整			
2	室内地坪填土和地下建筑物、构筑物挖土、房屋及构筑物基础			
3	道路、管线地沟、排水沟			包括路堤填土、路堑和路槽挖土
4	土方损益			指土壤经过挖填后的损益数
5	合　计			

注：表列项目随工程内容增减。

（6）管道综合图

① 总平面布置；

② 场地范围的坐标（或标注尺寸）、道路红线、建筑控制线、用地红线等的位置；

③ 保留、新建的各管线（管沟）、检查井、化粪池、储罐等的平面位置，注明各管线、化粪池、储罐等与建筑物、构筑物的距离和管线间距；

④ 场外管线接入点的位置；

⑤ 管线密集的地段宜适当增加断面图，表明管线与建筑物、构筑物、绿化之间及管线之间的距离，并注明主要交叉点上下管线的标高或间距；

⑥ 指北针；

⑦ 注明尺寸单位、比例、图例、施工要求。

（7）绿化及建筑小品布置图

① 总平面布置；

② 绿地（含水面）、人行步道及硬质铺地的定位；

③ 建筑小品的位置（坐标或定位尺寸）、设计标高、详图索引；

④ 指北针；

⑤ 注明尺寸单位、比例、图例、施工要求等。

（8）详图

道路横断面、路面结构、挡土墙、护坡、排水沟、池壁、广场、运动场地、活动场地、停车场地面、围墙等详图。

（9）设计图纸的增减

① 当工程设计内容简单时，竖向布置图可与总平面图合并；

② 当路网复杂时，可增绘道路平面图；

③ 土石方图和管线综合图可根据设计需要确定是否出图；

④ 当绿化或景观环境另行委托设计时，可根据需要绘制绿化及建筑小品的示意性和控

制性布置图。

（10）计算书

设计依据及基础资料、计算公式、计算过程、有关满足日照要求的分析资料及成果资料等。

2. 建筑

建筑施工图主要用来表示房屋的规划位置、外部造型、内部布置、内外装修、细部构造、固定设施及施工要求等。在施工图设计阶段，建筑专业设计文件应包括图纸目录、设计说明、设计图纸、计算书。建筑施工图包括施工图首页、总平面图、平面图、立面图、剖面图和详图。施工图的绘制是投影理论、图示方法及有关专业知识的综合应用。在施工图设计阶段，建筑专业设计文件应包括图纸目录、设计说明、设计图纸、计算书。

（1）图纸目录

先列绘制图纸，后列选用的标准图或重复利用图。图纸目录示例如图 6-1 所示。

图纸目录		
序号	图号	图纸名称
1	建施–01	建筑设计总说明、门窗表、图纸目录
2	建施–02	首层平面图
3	建施–03	标准层平面图
4	建施–04	顶层平面图
5	建施–05	屋顶排水平面图
6	建施–06	①－⑪轴立面图
7	建施–07	⑪－①轴立面图
8	建施–08	Ⓐ－Ⓓ轴立面图　　Ⓓ－Ⓐ轴立面图
9	建施–09	1–1剖面图　　楼梯剖面图
10	建施–10	楼梯平面图

图 6-1　图纸目录示例

（2）设计说明

① 依据性文件名称和文号，如批文、本专业设计所执行的主要法规和所采用的主要标准（包括标准名称、编号、年号和版本号）及设计合同等。

② 项目概况。内容一般应包括建筑名称、建设地点、建设单位、建筑面积、建筑基底面积、项目设计规模等级、设计使用年限、建筑层数和建筑高度、建筑防火分类和耐火等级、人防工程类别和防护等级、人防建筑面积、屋面防水等级、地下室防水等级、主要结构类型、抗震设防烈度等，以及能反映建筑规模的主要技术经济指标，如住宅的套型和套数（包括套型总建筑面积等）、旅馆的客房间数和床位数、医院的床位数、车库的停车泊位数等。

③ 设计标高。工程的相对标高与总图绝对标高的关系。

④ 用料说明和室内外装修。

a. 墙体、墙身防潮层、地下室防水、屋面、外墙面、勒脚、散水、台阶、坡道、油漆、涂料等处的材料和做法，墙体、保温等主要材料的性能要求，可用文字说明或部分文字说明，部分直接在图上引注或加注索引号，其中应包括节能材料的说明；

b. 室内装修部分除用文字说明以外亦可用表格形式表达（表 6-4），在表上填写相应的做法或代号；较复杂或较高级的民用建筑应另行委托室内装修设计；凡属二次装修的部分，可不列装修做法表和进行室内施工图设计，但对原建筑设计、结构和设备设计有较大改动时，应征得原设计单位和设计人员的同意。

⑤ 对采用新技术、新材料和新工艺的做法说明及对特殊建筑造型和必要的建筑构造的说明。

⑥ 门窗表（表 6-5）及门窗性能（防火、隔声、防护、抗风压、保温、隔热、气密性、水密性等）、窗框材质和颜色、玻璃品种和规格、五金件等的设计要求。

表 6-4 室内装修做法表

名称　　　部位	楼、地面	踢脚板	墙裙	内墙面	顶棚	备　注
门厅						
走廊						
……						
……						

注：表列项目可增减。

表 6-5　门窗表

类别	设计编号	洞口尺寸（mm）		樘数	采用标准图集及编号		备注
		宽	高		图集代号	编号	
门							
窗							

注：1. 采用非标准图集的门窗应绘制门窗立面图及开启方式。
　　2. 单独的门窗表应加注门窗的性能参数、型材类别、玻璃种类及热工性能。

⑦ 幕墙工程（玻璃、金属、石材等材质）及特殊屋面工程（金属、玻璃、膜结构等材质）的特点，节能、抗风压、气密性、水密性、防水、防火、防护、隔声的设计要求、饰面材质、涂层等主要的技术要求，并明确与专项设计的工作及责任界面。

⑧ 电梯（自动扶梯、自动步道）选择及性能说明（功能、额定载重量、额定速度、停站数、提升高度等）。

⑨ 建筑设计防火设计说明，包括总体消防、建筑单体的防火分区、安全疏散、疏散人数和宽度计算、防火构造、消防救援窗设置等；

⑩ 无障碍设计说明，包括基地总体上、建筑单体内的各种无障碍设施要求等；

⑪ 建筑节能设计说明。

a. 设计依据；

b. 项目所在地的气候分区、建筑分类及围护结构的热工性能限值；

c. 建筑的节能设计概况、围护结构的屋面（包括天窗）、外墙（非透光幕墙）、外窗（透光幕墙）、架空或外挑楼板、分户墙和户间楼板（居住建筑）等构造组成和节能技术措施，明确外门、外窗和建筑幕墙的气密性等级；

d. 建筑体形系数计算（按不同气候分区城市的要求）、窗墙面积比（包括屋顶透光部分面积）计算和围护结构热工性能计算，确定设计值。

⑫ 根据工程需要采取的安全防范和防盗要求及具体措施，隔声减振减噪、防污染、防射线等的要求和措施。

⑬ 需要专业公司进行深化设计的部分，对分包单位明确设计要求，确定技术接口的深度。

⑭ 当项目按绿色建筑要求建设时，应有绿色建筑设计说明。

a. 设计依据；

b. 绿色建筑设计的项目特点与定位；

c. 建筑专业相关的绿色建筑技术选项内容；

d. 采用绿色建筑设计选项的技术措施。

⑮ 当项目按装配式建筑要求建设时，应有装配式建筑设计说明。

a. 装配式建筑设计概况及设计依据；

b. 建筑专业相关的装配式建筑技术选项内容，拟采用的技术措施，如标准化设计要点、预制部位及预制率计算等技术应用说明；

c. 一体化装修设计的范围及技术内容；

d. 装配式建筑特有的建筑节能设计内容。

⑯ 其他需要说明的问题。

（3）平面图。

① 承重墙、柱及其定位轴线和轴线编号，轴线总尺寸（或外包总尺寸）、轴线间尺寸（柱距、跨度）、门窗洞口尺寸、分段尺寸；

② 内外门窗位置、编号，门的开启方向，注明房间名称或编号，库房（储藏）注明储存物品的火灾危险性类别；

③ 墙身厚度（包括承重墙和非承重墙），柱与壁柱截面尺寸（必要时）及其与轴线关系尺寸，当围护结构为幕墙时，标明幕墙与主体结构的定位关系及平面凹凸变化的轮廓尺寸；玻璃幕墙部分标注立面分格间距的中心尺寸；

④ 变形缝位置、尺寸及做法索引；

⑤ 主要建筑设备和固定家具的位置及相关做法索引，如卫生器具、雨水管、水池、台、橱、柜、隔断等；

⑥ 电梯、自动扶梯、自动步道及传送带（注明规格）、楼梯（爬梯）位置，以及楼梯上下方向示意和编号索引；

⑦ 主要结构和建筑构造部件的位置、尺寸和做法索引，如中庭、天窗、地沟、地坑、重要设备或设备基础的位置尺寸、各种平台、夹层、人孔、阳台、雨篷、台阶、坡道、散

水、明沟等；

⑧ 楼地面预留孔洞和通气管道、管线竖井、烟囱、垃圾道等位置、尺寸和做法索引，以及墙体（主要为填充墙、承重砌体墙）预留洞的位置、尺寸与标高或高度等；

⑨ 车库的停车位、无障碍车位和通行路线；

⑩ 特殊工艺要求的土建配合尺寸及工业建筑中的地面荷载、起重设备的起重量、行车轨距和轨顶标高等；

⑪ 建筑中用于检修维护的天桥、栅顶、马道等的位置、尺寸、材料和做法索引；

⑫ 室外地面标高、首层地面标高、各楼层标高、地下室各层标高；

⑬ 首层平面标注剖切线位置、编号及指北针或风玫瑰；

⑭ 有关平面节点详图或详图索引号；

⑮ 每层建筑面积、防火分区面积、防火分区分隔位置及安全出口位置示意，图中标注计算疏散宽度及最远疏散点到达安全出口的距离（宜单独成图）；当整层仅为一个防火分区，可不注防火分区面积，或以示意图（简图）形式在各层平面中表示；

⑯ 住宅平面图中标注各房间使用面积、阳台面积；

⑰ 屋面平面应有女儿墙、檐口、天沟、坡度、坡向、雨水口、屋脊（分水线）、变形缝、楼梯间、水箱间、电梯机房、天窗及挡风板、屋面上人孔、检修梯、室外消防楼梯、出屋面管道井及其他构筑物，必要的详图索引号、标高等；表述内容单一的屋面可缩小比例绘制；

⑱ 根据工程性质及复杂程度，必要时可选择绘制局部放大平面图；

⑲ 建筑平面较长较大时，可分区绘制，但须在各分区平面图适当位置上绘出分区组合示意图，并明显表示本分区部位编号；

⑳ 图纸名称、比例；

㉑ 图纸的省略：如系对称平面，对称部分的内部尺寸可省略，对称轴部位用对称符号表示，但轴线号不得省略；楼层平面除轴线间等主要尺寸及轴线编号外，与首层相同的尺寸可省略；楼层标准层可共用同一平面，但需注明层次范围及各层的标高；

㉒ 装配式建筑应在平面中用不同图例注明预制构件（如预制夹心外墙、预制墙体、预制楼梯、叠合阳台等）位置，并标注构件截面尺寸及其与轴线关系尺寸；预制构件大样图，为了控制尺寸及一体化装修相关的预埋点位。

（4）立面图。

① 两端轴线编号，立面转折较复杂时可用展开立面表示，但应准确注明转角处的轴线编号；

② 立面外轮廓及主要结构和建筑构造部件的位置，如女儿墙顶、檐口、柱、变形缝、室外楼梯和垂直爬梯、室外空调机搁板、外遮阳构件、阳台、栏杆、台阶、坡道、花台、雨篷、烟囱、勒脚、门窗（消防救援窗）、幕墙、洞口、门头、雨水管，以及其他装饰构件、线脚和粉刷分格线等，当为预制构件或成品部件时，按照建筑制图标准规定的不同图例示意，装配式建筑立面应反映出预制构件的分块拼缝，包括拼缝分布位置及宽度等；

③ 建筑的总高度、楼层位置辅助线、楼层数、楼层层高和标高以及关键控制标高的标注，如女儿墙或檐口标高等；外墙的留洞应注尺寸与标高或高度尺寸（宽×高×深及定位关系尺寸）；

④ 平、剖面未能表示出来的屋顶、檐口、女儿墙、窗台以及其他装饰构件、线脚等的标高或尺寸；

⑤ 在平面图上表达不清的窗编号；

⑥ 各部分装饰用料、色彩的名称或代号；

⑦ 剖面图上无法表达的构造节点详图索引；

⑧ 图纸名称、比例，图纸以轴号命名，如①～⑩轴立面图，Ⓐ～Ⓓ轴立面图等；

⑨ 各个方向的立面应绘齐全，但差异小、左右对称的立面可简略；内部院落或看不到的局部立面，可在相关剖面图上表示，若剖面图未能表示完全时，则需单独绘出。

（5）剖面图。

① 剖视位置应选在层高不同、层数不同、内外部空间比较复杂、具有代表性的部位；建筑空间局部不同处以及平面、立面均表达不清的部位，可绘制局部剖面；

② 墙、柱、轴线和轴线编号；

③ 剖切到或可见的主要结构和建筑构造部件，如室外地面、底层地（楼）面、地坑、地沟、各层楼板、夹层、平台、吊顶、屋架、屋顶、出屋顶烟囱、天窗、挡风板、檐口、女儿墙、幕墙、爬梯、门、窗、外遮阳构件、楼梯、台阶、坡道、散水、平台、阳台、雨篷、洞口及其他装修等可见的内容；

④ 高度尺寸；

外部尺寸：门、窗、洞口高度、层间高度、室内外高差、女儿墙高度、阳台栏杆高度、总高度；

内部尺寸：地坑（沟）深度、隔断、内窗、洞口、平台、吊顶等；

⑤ 标高；

主要结构和建筑构造部件的标高，如室内地面、楼面（含地下室）、平台、雨篷、吊顶、屋面板、屋面檐口、女儿墙顶、高出屋面的建筑物、构筑物及其他屋面特殊构件等的标高，室外地面标高；

⑥ 节点构造详图索引号；

⑦ 图纸名称、比例，图纸一般以剖切符号命名，如1—1剖面图，A—A剖面图等。

（6）详图。

① 内外墙、屋面等节点，绘出不同构造层次，表达节能设计内容，标注各材料名称及具体技术要求，注明细部和厚度尺寸等；

② 楼梯、电梯、厨房、卫生间、阳台、管沟、设备基础等局部平面放大和构造详图，注明相关的轴线和轴线编号以及细部尺寸，设施的布置和定位、相互的构造关系及具体技术要求等，应提供预制外墙构件之间拼缝防水和保温的构造做法；

③ 其他需要表示的建筑部位及构配件详图；

④ 室内外装饰方面的构造、线脚、图案等；标注材料及细部尺寸、与主体结构的连接等；

⑤ 门、窗、幕墙绘制立面图，标注洞口和分格尺寸，对开启位置、面积大小和开启方式，用料材质、颜色等做出规定和标注；

⑥ 对另行专项委托的幕墙工程、金属、玻璃、膜结构等特殊屋面工程和特殊门窗等，应标注构件定位和建筑控制尺寸。

（7）对贴邻的原有建筑，应绘出其局部的平、立、剖面，标注相关尺寸，并索引新建筑与原有建筑结合处的详图号。

（8）计算书。

① 建筑节能计算书。

a. 根据不同气候分区地区的要求进行建筑的体形系数计算；

b. 根据建筑类别，计算各单一立面外窗（包括透光幕墙）窗墙面积比、屋顶透光部分面积比，确定外窗（包括透光幕墙）、屋顶透光部分的热工性能满足规范的限值要求；

c. 根据不同气候分区城市的要求对屋面、外墙（包括非透光幕墙）、底面接触室外空气的架空或外挑楼板等围护结构部位进行热工性能计算；

d. 当规范允许的个别限值超过要求，通过围护结构热工性能的权衡判断，使围护结构总体热工性能满足节能要求。

② 根据工程性质和特点，提出视线、声学、安全疏散等方面的计算依据、技术要求。

（9）当项目按绿色建筑要求建设时，相关的平、立、剖面图应包括采用的绿色建筑设计技术内容，并绘制相关的构造详图。

（10）增加保温节能材料的燃烧性能等级，与消防相统一。

7 建筑节能设计

7.1 概述

建筑分为民用建筑和工业建筑，民用建筑又分为居住建筑和公共建筑。根据《民用建筑热工设计规范》（GB 50176—2016），建筑热工设计区划分为两级，建筑热工设计一级区划指标及设计原则见表 7-1。依据不同的采暖度日数（HDD18）和空调度日数（CDD26）范围，建筑热工设计二级区划指标及设计要求见表 7-2。

采暖度日数（HDD18，heating degree day based on 18℃）是指一年中，当某天室外日平均温度低于 18℃时，将该日平均温度与 18℃的差值乘以 1d，并将此乘积累加，得到一年的采暖度日数。

空调度日数（CDD26，cooling degree day based on 26℃）的定义为，一年中，当某天室外日平均温度高于 26℃时，将该日平均温度与 26℃的差值乘以 1d，并将此乘积累加，得到一年的空调度日数。

表 7-1　建筑热工设计一级区划指标及设计原则 ［摘自《民用建筑热工设计规范》GB 50176—2016)］

一级区划名称	区划指标		设计原则
	主要指标	辅助指标	
严寒地区（1）	最冷月平均温度≤−10℃	日平均温度≤5℃的天数≥145d	必须充分满足冬季保温要求，一般可不考虑夏季防热
寒冷地区（2）	最冷月平均温度 0～−10℃	日平均温度≤5℃的天数在 90～145d	应满足冬季保温要求，部分地区兼顾夏季防热
夏热冬冷地区（3）	最冷月平均温度 0～10℃，最热月平均温度 25～30℃	日平均温度≤5℃的天数在 0～90d，日平均温度≥25℃的天数在 40～110d	必须满足夏季防热要求，适当兼顾冬季保温
夏热冬暖地区（4）	最冷月平均温度＞10℃，最热月平均温度 25～29℃	日平均温度≥25℃的天数在 100～200d	必须充分满足夏季防热要求，一般可不考虑冬季保温
温和地区（5）	最冷月平均温度 0～13℃，最热月平均温度 18～25℃	日平均温度≤5℃的天数在 0～90d	部分地区应考虑冬季保温，一般可不考虑夏季防热

表7-2 建筑热工设计二级区划指标及设计要求［摘自《民用建筑热工设计规范》（GB 50176—2016）］

二级区划名称	区划指标		设计要求
严寒A区（1A）	6000≤HDD18		冬季保温要求极高，必须满足保温设计要求，不考虑防热设计
严寒B区（1B）	5000≤HDD18＜6000		冬季保温要求非常高，必须满足保温设计要求，不考虑防热设计
严寒C区（1C）	3800≤HDD18＜5000		必须满足保温设计要求，可不考虑防热设计
寒冷A区（2A）	2000≤HDD18＜3800	CDD26≤90	应满足保温设计要求，可不考虑防热设计
寒冷B区（2B）		CDD26＞90	应满足保温设计要求，宜满足隔热设计要求，兼顾自然通风、遮阳设计
夏热冬冷A区（3A）	1200≤HDD18＜2000		应满足保温、隔热设计要求，重视自然通风、遮阳设计
夏热冬冷B区（3B）	700≤HDD18＜1200		应满足隔热、保温设计要求，强调自然通风、遮阳设计
夏热冬暖A区（4A）	500≤HDD18＜700		应满足隔热设计要求，宜满足保温设计要求，强调自然通风、遮阳设计
夏热冬暖B区（4B）	HDD18＜500		应满足隔热设计要求，可不考虑保温设计，强调自然通风、遮阳设计
温和A区（5A）	CDD26＜10	700≤HDD18＜2000	应满足冬季保温设计要求，可不考虑防热设计
温和B区（5B）		HDD18＜700	宜满足冬季保温设计要求，可不考虑防热设计

建筑热工设计分区代表城市见表7-3。

表7-3 建筑热工设计分区代表城市［摘自《民用建筑热工设计规范》（GB 50176—2016）］

气候分区及气候子区		代表城市
严寒地区	严寒A区（1A）	漠河、呼玛、黑河、嫩江、孙吴、伊春、图里河、海拉尔、新巴尔虎右旗、博克图、那仁宝拉格、乌鞘岭、刚察、五道梁、沱沱河、杂多、曲麻莱、玛多、达日、河南（青海）、巴音布鲁克、狮泉河、班戈、那曲、申扎、帕里、色达
	严寒B区（1B）	哈尔滨、克山、齐齐哈尔、海伦、富锦、泰来、安达、宝清、通河、尚志、鸡西、虎林、牡丹江、绥芬河、敦化、桦甸、长白、东乌珠穆沁旗、二连浩特、阿巴嘎旗、化德、西乌珠穆沁旗、锡林浩特、多伦、合作、茫崖、冷湖、大柴旦、都兰、玉树、阿勒泰、富蕴、和布克赛尔、北塔山、伊吾、定日、索县、丁青、若尔盖、理塘
	严寒C区（1C）	长春、前郭尔罗斯、长岭、四平、延吉、临江、集安、沈阳、彰武、清远、本溪、宽甸、呼和浩特、额济纳旗、拐子湖、巴音毛道、满都拉、海力素、朱日和、乌拉特后旗、达尔罕茂明安联合旗、集宁、鄂托克旗、东胜、扎鲁特旗、巴林左旗、林西、通辽、赤峰、宝国图、蔚县、丰宁、围场、大同、河曲、阳城、马鬃山、玉门镇、酒泉、张掖、华家岭、西宁、德令哈、格尔木、乌鲁木齐、哈巴河、塔城、克拉玛依、精河、奇台、巴伦台、阿合奇、日喀则、隆子、德格、甘孜、松潘、稻城、康定、德钦

气候分区及气候子区		代表城市
寒冷地区	寒冷A区（2A）	朝阳、锦州、营口、丹东、大连、吉兰泰、临河、长岛、龙口、成山头、莘县、潍坊、青岛、海阳、日照、张家口、怀来、承德、青龙、唐山、乐亭、孟津、太原、原平、离石、榆社、介休、榆林、延安、宝鸡、兰州、敦煌、民勤、平凉、西峰镇、天水、银川、中宁、盐池、伊宁、库车、喀什、巴楚、阿拉尔、莎车、皮山、和田、拉萨、昌都、林芝、赣榆、房县、道孚、马尔康、巴塘、九龙、威宁、毕节、昭通
	寒冷B区（2B）	北京、天津、济南、德州、惠民县、定陶、兖州、石家庄、邢台、保定、郑州、安阳、西华、运城、西安、七角井、吐鲁番、库尔勒、铁干里克、若羌、哈密、亳州、徐州、射阳
夏热冬冷地区	夏热冬冷A区（3A）	上海、奉节、梁平、酉阳、南阳、驻马店、信阳、固始、汉中、安康、武都、合肥、阜阳、蚌埠、霍山、芜湖县、安庆、南京、东台、吕泗、溧阳、杭州、嵊泗、定海、嵊州、石浦、衢州、临海、大陈岛、武汉、老河口、枣阳、钟祥、麻城、恩施、宜昌、荆州、长沙、桑植、岳阳、沅陵、常德、芷江、邵阳、通道、武冈、零陵、郴州、南昌、修水、宜春、景德镇、南城、成都、平武、绵阳、雅安、万源、阆中、达州、南充、遵义、思南、三穗、浦城
	夏热冬冷B区（3B）	重庆、丽水、吉安、赣州、广昌、寻乌、宜宾、泸州、罗甸、榕江、邵武、武夷山市、福鼎、南平、长汀、永安、连州、韶关、桂林、蒙山
夏热冬暖地区	夏热冬暖A区（4A）	福州、漳平、平潭、佛冈、连平、河池、柳州、那坡、梧州
	夏热冬暖B区（4B）	元谋、景洪、元江、勐腊、厦门、广州、梅县、高要、河源、汕头、信宜、深圳、汕尾、湛江、阳江、上川岛、南宁、百色、桂平、龙州、钦州、北海、海口、东方、儋州、琼海、三亚
温和地区	温和A区（5A）	西昌、会理、贵阳、兴义、独山、昆明、丽江、会泽、腾冲、保山、大理、楚雄、沾益、泸西、广南
	温和B区（5B）	瑞丽、耿马、临沧、澜沧、思茅、江城、蒙自

7.2　建筑节能设计标准

本节内容选自《建筑节能与可再生能源利用通用规范》（GB 55015—2021）等国家标准。新建严寒和寒冷地区居住建筑平均节能率应为75％，其他气候区平均节能率应为65％，公共建筑平均节能率应为72％。针对建筑类型为新建建筑。

新建、扩建和改建建筑以及既有建筑节能改造均应进行建筑节能设计。建设项目可行性研究报告、建设方案和初步设计文件应包含建筑能耗、可再生能源利用及建筑碳排放分析报告。施工图设计文件应明确建筑节能措施及可再生能源利用系统运营管理的技术要求。

7.2.1　公共建筑节能设计标准

1. 一般规定

单栋建筑面积大于300m²的建筑，或单栋建筑面积小于或等于300m²但总建筑面积大于1000m²的建筑群，应为甲类公共建筑；单栋建筑面积小于或等于300m²的建筑，应为乙类公共建筑。

2. 建筑设计

（1）严寒地区甲类公共建筑各单一立面窗墙面积比（包括透光幕墙）均不宜大于 0.60；其他地区甲类公共建筑各单一立面窗墙面积比（包括透光幕墙）均不宜大于 0.70。

（2）夏热冬暖、夏热冬冷、温和地区的建筑各朝向外窗（包括透光幕墙）均应采取遮阳措施；寒冷地区的建筑宜采取遮阳措施。

（3）严寒地区建筑的外门应设置门斗；寒冷地区建筑面向冬季主导风向的外门应设置门斗或双层外门，其他外门窗宜设置门斗或应采取其他减少冷风渗透的措施；夏热冬暖、夏热冬冷、温和地区建筑的外门应采取保温隔热措施。

（4）严寒和寒冷地区公共建筑的体形系数不应大于表 7-4 规定的限值。

表 7-4　严寒和寒冷地区公共建筑的体形系数限值

单栋建筑面积 A（m²）	建筑体形系数
300<A≤800	≤0.50
A>800	≤0.40

3. 围护结构热工设计

根据建筑热工设计的气候分区，甲类公共建筑围护结构热工性能应分别符合表 7-5～表 7-10 的规定，乙类公共建筑围护结构热工性能应符合表 7-11、表 7-12 的规定。

表 7-5　严寒 A、B 区甲类公共建筑围护结构热工性能限值

围护结构部位		体形系数≤0.30	0.3<体形系数≤0.50
		传热系数 K［W/（m²·K）］	
屋面		≤0.25	≤0.20
外墙（包括非透光幕墙）		≤0.35	≤0.30
底面接触室外空气的架空或外挑楼板		≤0.35	≤0.30
地下车库与供暖房间之间的楼板		≤0.50	≤0.50
非供暖楼梯间与供暖房间之间的隔墙		≤0.80	≤0.80
单一立面外窗（包括透光幕墙）	窗墙面积比≤0.20	≤2.50	≤2.20
	0.20<窗墙面积比≤0.30	≤2.30	≤2.00
	0.30<窗墙面积比≤0.40	≤2.00	≤1.60
	0.40<窗墙面积比≤0.50	≤1.70	≤1.50
	0.50<窗墙面积比≤0.60	≤1.40	≤1.30
	0.60<窗墙面积比≤0.70	≤1.40	≤1.30
	0.70<窗墙面积比≤0.80	≤1.30	≤1.20
	窗墙面积比>0.80	≤1.20	≤1.10
屋顶透光部分（面积≤20%）		≤1.80	
围护结构部位		保温材料层热阻 R［（m²·K）/W］	
周边地区		≥1.10	
供暖地下室与土壤接触的外墙		≥1.50	
变形缝（两侧墙内保温时）		≥1.20	

表7-6 严寒C区甲类公共建筑围护结构热工性能限值

围护结构部位		体形系数≤0.30	0.3<体形系数≤0.50
		传热系数 K [W/(m²·K)]	
屋面		≤0.30	≤0.25
外墙（包括非透光幕墙）		≤0.38	≤0.35
底面接触室外空气的架空或外挑楼板		≤0.38	≤0.35
地下车库与供暖房间之间的楼板		≤0.70	≤0.70
非供暖楼梯间与供暖房间之间的隔墙		≤1.00	≤1.00
单一立面外窗（包括透光幕墙）	窗墙面积比≤0.20	≤2.70	≤2.50
	0.20<窗墙面积比≤0.30	≤2.40	≤2.00
	0.30<窗墙面积比≤0.40	≤2.10	≤1.90
	0.40<窗墙面积比≤0.50	≤1.70	≤1.60
	0.50<窗墙面积比≤0.60	≤1.50	≤1.50
	0.60<窗墙面积比≤0.70	≤1.50	≤1.50
	0.70<窗墙面积比≤0.80	≤1.40	≤1.40
	窗墙面积比>0.80	≤1.30	≤1.20
屋顶透光部分（面积≤20%）		≤2.3	
围护结构部位		保温材料层热阻 R [(m²·K)/W]	
周边地区		≥1.10	
供暖地下室与土壤接触的外墙		≥1.50	
变形缝（两侧墙内保温时）		≥1.20	

表7-7 寒冷地区甲类公共建筑围护结构热工性能限值

围护结构部位		体形系数≤0.30		0.3<体形系数≤0.50	
		传热系数 K [W/(m²·K)]	太阳得热系数 SHGC（东、南、西向/北向）	传热系数 K [W/(m²·K)]	太阳得热系数 SHGC（东、南、西向/北向）
屋面		≤0.40	—	≤0.35	—
外墙（包括非透光幕墙）		≤0.50	—	≤0.45	—
底面接触室外空气的架空或外挑楼板		≤0.50	—	≤0.45	—
地下车库与供暖房间之间的楼板		≤1.00	—	≤1.00	—
非供暖楼梯间与供暖房间之间的隔墙		≤1.20	—	≤1.20	—
单一立面外窗（包括透光幕墙）	窗墙面积比≤0.20	≤2.50	—	≤2.50	—
	0.20<窗墙面积比≤0.30	≤2.50	≤0.48/—	≤2.40	≤0.48/—
	0.30<窗墙面积比≤0.40	≤2.00	≤0.40/—	≤1.80	≤0.40/—
	0.40<窗墙面积比≤0.50	≤1.90	≤0.40/—	≤1.70	≤0.40/—
	0.50<窗墙面积比≤0.60	≤1.80	≤0.35/—	≤1.60	≤0.35/—
	0.60<窗墙面积比≤0.70	≤1.70	≤0.30/0.40	≤1.60	≤0.30/0.40
	0.70<窗墙面积比≤0.80	≤1.50	≤0.30/0.40	≤1.40	≤0.30/0.40
	窗墙面积比>0.80	≤1.30	≤0.25/0.40	≤1.30	≤0.25/0.40

围护结构部位	体形系数≤0.30		0.3<体形系数≤0.50	
	传热系数 K [W/(m²·K)]	太阳得热系数 $SHGC$(东、南、西向/北向)	传热系数 K [W/(m²·K)]	太阳得热系数 $SHGC$(东、南、西向/北向)
屋顶透光部分（面积≤20%）	≤2.40	≤0.35	≤2.40	≤0.35
围护结构部位	保温材料层热阻 R [(m²·K)/W]			
周边地区	≥0.60			
供暖、空调地下室外墙（与土壤接触的外墙）	≥0.90			
变形缝（两侧墙内保温时）	≥0.90			

表 7-8　夏热冬冷地区甲类公共建筑围护结构热工性能限值

围护结构部位		传热系数 K [W/(m²·K)]	太阳得热系数 $SHGC$（东、南、西向/北向）
屋面		≤0.40	—
外墙（包括非透光幕墙）	围护结构热惰性指标 D≤2.5	≤0.60	—
	围护结构热惰性指标 D>2.5	≤0.80	
底面接触室外空气的架空或外挑楼板		≤0.70	—
单一立面外窗（包括透光幕墙）	窗墙面积比≤0.20	≤3.00	≤0.45
	0.20<窗墙面积比≤0.30	≤2.60	≤0.40/0.45
	0.30<窗墙面积比≤0.40	≤2.20	≤0.35/0.40
	0.40<窗墙面积比≤0.50	≤2.20	≤0.30/0.35
	0.50<窗墙面积比≤0.60	≤2.10	≤0.30/0.35
	0.60<窗墙面积比≤0.70	≤2.10	≤0.25/0.30
	0.70<窗墙面积比≤0.80	≤2.00	≤0.25/0.30
	窗墙面积比>0.80	≤1.80	≤0.20
屋顶透光部分（面积≤20%）		≤2.20	≤0.30

表 7-9　夏热冬暖地区甲类公共建筑围护结构热工性能限值

围护结构部位		传热系数 K [W/(m²·K)]	太阳得热系数 $SHGC$（东、南、西向/北向）
屋面		≤0.40	—
外墙（包括非透光幕墙）	围护结构热惰性指标 D≤2.5	≤0.70	—
	围护结构热惰性指标 D>2.5	≤1.50	
单一立面外窗（包括透光幕墙）	窗墙面积比≤0.20	≤4.00	≤0.40
	0.20<窗墙面积比≤0.30	≤3.00	≤0.35/0.40
	0.30<窗墙面积比≤0.40	≤2.50	≤0.30/0.35
	0.40<窗墙面积比≤0.50	≤2.50	≤0.25/0.30
	0.50<窗墙面积比≤0.60	≤2.40	≤0.20/0.25

围护结构部位		传热系数 K [W/ (m²·K)]	太阳得热系数 SHGC （东、南、西向/北向）
单一立面外窗（包括透光幕墙）	0.60<窗墙面积比≤0.70	≤2.40	≤0.20/0.25
	0.70<窗墙面积比≤0.80	≤2.40	≤0.18/0.24
	窗墙面积比>0.80	≤2.00	≤0.18
屋顶透光部分（面积≤20%）		≤2.50	≤0.25

表 7-10　温和 A 区甲类公共建筑围护结构热工性能限值

围护结构部位		传热系数 K [W/ (m²·K)]	太阳得热系数 SHGC （东、南、西向/北向）
屋面	围护结构热惰性指标 D≤2.5	≤0.50	—
	围护结构热惰性指标 D>2.5	≤0.80	
外墙（包括非透光幕墙）	围护结构热惰性指标 D≤2.5	≤0.80	
	围护结构热惰性指标 D>2.5	≤1.50	
底面接触室外空气的架空或外挑楼板		≤1.50	
单一立面外窗（包括透光幕墙）	窗墙面积比≤0.20	≤5.20	
	0.20<窗墙面积比≤0.30	≤4.00	≤0.40/0.45
	0.30<窗墙面积比≤0.40	≤3.00	≤0.35/0.40
	0.40<窗墙面积比≤0.50	≤2.70	≤0.30/0.35
	0.50<窗墙面积比≤0.60	≤2.50	≤0.30/0.35
	0.60<窗墙面积比≤0.70	≤2.50	≤0.25/0.30
	0.70<窗墙面积比≤0.80	≤2.50	≤0.25/0.30
	窗墙面积比>0.80	≤2.00	≤0.20
屋顶透光部分（面积≤20%）		≤3.00	≤0.30

注：传热系数 K 只适用于温和 A 区，温和 B 区的传热系数 K 不作要求。

表 7-11　乙类公共建筑屋面、外墙、楼板热工性能限值

围护结构部位	传热系数 K [W/ (m²·K)]				
	严寒 A、B 区	严寒 C 区	寒冷地区	夏热冬冷地区	夏热冬暖地区
屋面	≤0.35	≤0.45	≤0.55	≤0.60	≤0.60
外墙（包括非透光幕墙）	≤0.45	≤0.50	≤0.60	≤1.00	≤1.50
底面接触室外空气的架空或外挑楼板	≤0.45	≤0.50	≤0.60	≤1.00	—
地下车库与供暖房间之间的楼板	≤0.50	≤0.70	≤1.00	—	—

表 7-12　乙类公共建筑外窗（包括透光幕墙）热工性能限值

围护结构部位	传热系数 K [W/ (m²·K)]					太阳得热系数 SHGC		
外窗（包括透光幕墙）	严寒 A、B 区	严寒 C 区	寒冷地区	夏热冬冷地区	夏热冬暖地区	寒冷地区	夏热冬冷地区	夏热冬暖地区
单一立面外窗（包括透光幕墙）	≤2.00	≤2.20	≤2.50	≤3.00	≤4.00	—	≤0.45	≤0.40

续表

围护结构部位	传热系数 K [W/ (m² · K)]					太阳得热系数 SHGC		
屋顶透光部分（面积≤20%）	≤2.00	≤2.20	≤2.50	≤3.00	≤4.00	≤0.40	≤0.35	≤0.30

4. 建筑外门、外窗的气密性分级

建筑外门、外窗的气密性分级应符合国家标准《建筑外门窗气密、水密、抗风压性能检测方法》（GB/T 7106—2019）中的规定，并应满足下列要求：

（1）10 层及以上建筑外窗的气密性不应低于 7 级；

（2）10 层以下建筑外窗的气密性不应低于 6 级；

（3）严寒和寒冷地区外门的气密性不应低于 4 级。

7.2.2　居住建筑节能设计标准

1. 严寒地区节能设计标准

（1）一般规定

《建筑节能与可再生能源利用通用规范》（GB 55015—2021）和《严寒和寒冷地区居住建筑节能设计标准》（JGJ 26—2018）规定：

① 建筑物宜朝向南北或接近朝向南北，建筑物不宜设有三面外墙的房间，一个房间不宜在不同方向的墙面上设置两个或更多的窗。

② 严寒和寒冷地区居住建筑的体形系数不应大于表 7-13 规定的限值。

表 7-13　严寒地区居住建筑的体形系数限值

热工分区	建筑层数	
	≤3 层	>3 层
严寒地区	≤0.55	≤0.30

③ 严寒和寒冷地区居住建筑的窗墙面积比不应大于表 7-14 规定的限值。

表 7-14　严寒地区居住建筑的窗墙面积比限值

朝向	窗墙面积比
北	≤0.25
东、西	≤0.30
南	≤0.45
天窗	≤0.10
每套房间允许一个房间（一个朝向）	≤0.60

（2）围护结构热工设计

① 根据建筑物所处城市的气候分区区属不同，建筑围护结构的传热系数、保温材料层热阻应符合表 7-15～表 7-17 的规定。

表 7-15 严寒 A 区居住建筑围护结构热工性能参数限值

围护结构部位	传热系数 $K[W/(m^2 \cdot K)]$	
	≤3 层	>3 层
屋面	≤0.15	≤0.15
外墙	≤0.25	≤0.35
架空或外挑楼板	≤0.25	≤0.35
阳台门下部芯板	≤1.20	≤1.20
非供暖地下室顶板（上部为供暖房间时）	≤0.35	≤0.35
分隔供暖与非供暖空间的隔墙、楼板	≤1.20	≤1.20
分隔供暖与非供暖空间的户门	≤1.50	≤1.50
分隔供暖设计温度温差大于 5K 的隔墙、楼板	≤1.50	≤1.50
围护结构部位	保温材料层热阻 $R[m^2 \cdot K)/W]$	
周边地区	≥2.00	≥2.00
地下室外墙（与土壤接触的外墙）	≥2.00	≥2.00

表 7-16 严寒 B 区居住建筑围护结构热工性能参数限值

围护结构部位	传热系数 $K[W/(m^2 \cdot K)]$	
	≤3 层	>3 层
屋面	≤0.20	≤0.20
外墙	≤0.25	≤0.35
架空或外挑楼板	≤0.25	≤0.35
阳台门下部芯板	≤1.20	≤1.20
非供暖地下室顶板（上部为供暖房间时）	≤0.40	≤0.40
分隔供暖与非供暖空间的隔墙、楼板	≤1.20	≤1.20
分隔供暖与非供暖空间的户门	≤1.50	≤1.50
分隔供暖设计温度温差大于 5K 的隔墙、楼板	≤1.50	≤1.50
围护结构部位	保温材料层热阻 $R[m^2 \cdot K)/W]$	
周边地区	≥1.80	≥1.80
地下室外墙（与土壤接触的外墙）	≥2.00	≥2.00

表 7-17 严寒 C 区居住建筑围护结构热工性能参数限值

围护结构部位	传热系数 $K[W/(m^2 \cdot K)]$	
	≤3 层	>3 层
屋面	≤0.20	≤0.20
外墙	≤0.30	≤0.40
架空或外挑楼板	≤0.30	≤0.40
阳台门下部芯板	≤1.20	≤1.20
非供暖地下室顶板（上部为供暖房间时）	≤0.45	≤0.45
分隔供暖与非供暖空间的隔墙、楼板	≤1.50	≤1.50

续表

围护结构部位	传热系数 $K[W/(m^2 \cdot K)]$	
	≤3层	>3层
分隔供暖与非供暖空间的户门	≤1.50	≤1.50
分隔供暖设计温度温差大于5K的隔墙、楼板	≤1.50	≤1.50
围护结构部位	保温材料层热阻 $R[m^2 \cdot K)/W]$	
周边地区	≥1.80	≥1.80
地下室外墙（与土壤接触的外墙）	≥2.00	≥2.00

② 严寒地区居住建筑透光围护结构的热工性能指标应符合表7-18的规定。

表 7-18　严寒地区居住建筑透光围护结构热工性能参数限值

外窗		传热系数 $K[W/(m^2 \cdot K)]$	
		≤3层建筑	>3层建筑
严寒 A 区	窗墙面积比≤0.30	≤1.40	≤1.60
	0.30<窗墙面积比≤0.45	≤1.40	≤1.60
	天窗	≤1.40	≤1.40
严寒 B 区	窗墙面积比≤0.30	≤1.40	≤1.80
	0.30<窗墙面积比≤0.45	≤1.40	≤1.60
	天窗	≤1.40	≤1.40
严寒 C 区	窗墙面积比≤0.30	≤1.60	≤2.00
	0.30<窗墙面积比≤0.45	≤1.40	≤1.80
	天窗	≤1.60	≤1.60

③ 严寒地区除南向外不应设置凸窗，其他朝向不宜设置凸窗。

④ 外窗及敞开式阳台门应具有良好的密闭性能。严寒地区外窗及敞开式阳台门的气密性等级不应低于国家标准《建筑外门窗气密、水密、抗风压性能检测方法》（GB/T 7106—2019）中规定的 6 级。

⑤ 封闭式阳台的保温应符合下列规定：

a. 阳台和直接连通的房间之间应设置隔墙和门、窗。

b. 当阳台和直接连通的房间之间不设置隔墙和门、窗时，应将阳台作为所连通房间的一部分。阳台与室外空气接触的外围护结构的热工性能和阳台的窗墙面积比必须符合相关规定。

c. 当阳台和直接连通的房间之间设置隔墙和门、窗，且所设隔墙和门、窗的热工性能和窗墙面积比符合规定的限值时，可不对阳台外表面作特殊热工要求。

d. 当阳台和直接连通的房间之间设置隔墙和门、窗，且所设隔墙和门、窗的热工性能不符合规定的限值时，阳台与室外空气接触的墙板、顶板、地板的传热系数不应大于标准所列限值的 120%，严寒地区阳台窗的传热系数不应大于 2.0W/（$m^2 \cdot K$），阳台外表面的窗墙面积比不应大于 0.60，阳台和直接连通房间隔墙的窗墙面积比不应超过标准规定的限值。当阳台的面宽小于直接连通房间的开间宽度时，可按房间的开间计算隔墙的窗墙面积比。

2. 寒冷地区节能设计标准

（1）一般规定

《建筑节能与可再生能源利用通用规范》（GB 55015—2021）和《严寒和寒冷地区居住建筑节能设计标准》（JGJ 26—2018）规定：

① 建筑物宜朝向南北或接近朝向南北，建筑物不宜设有三面外墙的房间，一个房间不宜在不同方向的墙面上设置两个或更多的窗；

② 寒冷地区居住建筑的体形系数不应大于表 7-19 规定的限值。

表 7-19　寒冷地区居住建筑的体形系数限值

热工分区	建筑层数	
	≤3 层	>3 层
严寒地区	≤0.55	≤0.30
寒冷地区	≤0.57	≤0.33

③ 寒冷地区居住建筑的窗墙面积比不应大于表 7-20 规定的限值。

表 7-20　寒冷地区居住建筑的窗墙面积比限值

朝向	窗墙面积比
北	≤0.30
东、西	≤0.35
南	≤0.50
天窗	≤0.15
每套房间允许一个房间（一个朝向）	≤0.60

（2）围护结构热工设计

① 根据建筑物所处城市的气候分区区属不同，建筑围护结构的传热系数、保温材料层热阻应符合表 7-21、表 7-22 的规定。

表 7-21　寒冷 A 区居住建筑围护结构热工性能参数限值

围护结构部位	传热系数 $K[\text{W}/(\text{m}^2 \cdot \text{K})]$	
	≤3 层	>3 层
屋面	≤0.25	≤0.25
外墙	≤0.35	≤0.45
架空或外挑楼板	≤0.35	≤0.45
阳台门下部芯板	≤1.70	≤1.70
非供暖地下室顶板（上部为供暖房间时）	≤0.50	≤0.50
分隔供暖与非供暖空间的隔墙、楼板	≤1.50	≤1.50
分隔供暖与非供暖空间的户门	≤2.00	≤2.00
分隔供暖设计温度温差大于 5K 的隔墙、楼板	≤1.50	≤1.50
围护结构部位	保温材料层热阻 $R[\text{m}^2 \cdot \text{K})/\text{W}]$	
周边地区	≥1.60	≥1.60
地下室外墙（与土壤接触的外墙）	≥1.80	≥1.80

表 7-22　寒冷 B 区居住建筑围护结构热工性能参数限值

围护结构部位	传热系数 $K[\mathrm{W}/(\mathrm{m}^2 \cdot \mathrm{K})]$	
	≤3 层	>3 层
屋面	≤0.30	≤0.30
外墙	≤0.35	≤0.45
架空或外挑楼板	≤0.35	≤0.45
阳台门下部芯板	≤1.70	≤1.70
非供暖地下室顶板（上部为供暖房间时）	≤0.50	≤0.50
分隔供暖与非供暖空间的隔墙、楼板	≤1.50	≤1.50
分隔供暖与非供暖空间的户门	≤2.00	≤2.00
分隔供暖设计温度温差大于 5K 的隔墙、楼板	≤1.50	≤1.50
围护结构部位	保温材料层热阻 $R[\mathrm{m}^2 \cdot \mathrm{K})/\mathrm{W}]$	
周边地区	≥1.50	≥1.50
地下室外墙（与土壤接触的外墙）	≥1.60	≥1.60

② 寒冷地区居住建筑透光围护结构的热工性能指标应符合表 7-23 的规定。

表 7-23　寒冷地区居住建筑透光围护结构热工性能参数限值

分区	外窗	传热系数 $K[\mathrm{W}/(\mathrm{m}^2 \cdot \mathrm{K})]$		太阳得热系数 $SHGC$
		≤3 层建筑	>3 层建筑	
寒冷 A 区	窗墙面积比≤0.30	≤1.40	≤1.60	—
	0.30<窗墙面积比≤0.50	≤1.40	≤1.60	—
	天窗	≤1.40	≤1.40	—
寒冷 B 区	窗墙面积比≤0.30	≤1.40	≤1.80	—
	0.30<窗墙面积比≤0.50	≤1.40	≤1.60	夏季东西向≤0.55
	天窗	≤1.40	≤1.40	≤0.45

③ 寒冷地区北向的卧室、起居室不应设置凸窗，北向其他房间和其他朝向不宜设置凸窗。

④ 外窗及敞开式阳台门应具有良好的密闭性能。寒冷地区外窗及敞开式阳台门的气密性等级不应低于国家标准《建筑外门窗气密、水密、抗风压性能检测方法》（GB/T 7106—2019）中规定的 6 级。

⑤ 封闭式阳台的保温应符合下列规定：

a. 阳台和直接连通的房间之间应设置隔墙和门、窗。

b. 当阳台和直接连通的房间之间不设置隔墙和门、窗时，应将阳台作为所连通房间的一部分。阳台与室外空气接触的外围护结构的热工性能和阳台的窗墙面积比必须符合相关规定。

c. 当阳台和直接连通的房间之间设置隔墙和门、窗，且所设隔墙和门、窗的热工性能和窗墙面积比符合规定的限值时，可不对阳台外表面作特殊热工要求。

d. 当阳台和直接连通的房间之间设置隔墙和门、窗，且所设隔墙和门、窗的热工性能不符合规定的限值时，阳台与室外空气接触的墙板、顶板、地板的传热系数不应大于标准所列限值的 120%，寒冷地区阳台窗的传热系数不应大于 2.2 W/（m² · K），阳台外表面的窗墙面积比不应大于 0.60，阳台和直接连通房间隔墙的窗墙面积比不应超过标准规定的限值。当阳台的面宽小于直接连通房间的开间宽度时，可按房间的开间计算隔墙的窗墙面积比。

3. 夏热冬冷地区节能设计标准

（1）一般规定

1）建筑物宜朝向南北或接近朝向南北；

2）夏热冬冷 A 区居住建筑的体形系数不应大于表 7-24 规定的限值。

表 7-24　夏热冬冷 A 区居住建筑的体形系数限值

建筑层数	≤3层	>3层
体形系数	≤0.60	≤0.40

3）夏热冬冷地区居住建筑的窗墙面积比不应大于表 7-25 规定的限值。

表 7-25　夏热冬冷地区居住建筑的窗墙面积比限值

朝向	窗墙面积比
北	≤0.40
东、西	≤0.35
南	≤0.45
每套房间允许一个房间（部分朝向）	≤0.60
天窗	≤0.06

（2）围护结构热工设计

夏热冬冷地区居住建筑透光围护结构的热工性能指标应符合表 7-26 的规定。不同朝向、不同窗墙面积比的外窗传热系数和综合遮阳系数不应大于表 7-27 规定的限值，透光围护结构热工性能参数限值见表 7-28。

表 7-26　夏热冬冷 A 区居住建筑围护结构热工性能参数限值

围护结构部位	传热系数 K[W/(m² · K)]	
	热惰性指标 D≤2.5	热惰性指标 D>2.5
屋面	≤0.40	≤0.40
外墙	≤0.60	≤1.00
底面接触室外空气的架空或外挑楼板	≤1.00	
分户墙、楼梯间隔墙、外走廊隔墙	≤1.50	
楼板	≤1.80	
户门	≤2.00	

表 7-27 夏热冬冷 B 区居住建筑围护结构热工性能参数限值

围护结构部位	传热系数 $K[\text{W}/(\text{m}^2 \cdot \text{K})]$	
	热惰性指标 $D \leqslant 2.5$	热惰性指标 $D > 2.5$
屋面	≤0.40	≤0.40
外墙	≤0.80	≤1.20
底面接触室外空气的架空或外挑楼板	≤1.20	
分户墙、楼梯间隔墙、外走廊隔墙	≤1.50	
楼板	≤1.80	
户门	≤2.00	

表 7-28 夏热冬冷地区居住建筑透光围护结构热工性能参数限值

分区	外窗	传热系数 $K[\text{W}/(\text{m}^2 \cdot \text{K})]$	太阳得热系数 $SHGC$ （东、西向/南向）
夏热冬冷 A 区	窗墙面积比≤0.25	≤2.80	—/—
	0.25<窗墙面积比≤0.40	≤2.50	夏季≤0.40/—
	0.40<窗墙面积比≤0.60	≤2.00	夏季≤0.25/冬季≥0.50
	天窗	≤2.80	东、西、南向设置外遮阳 夏季≤0.20/—
夏热冬冷 B 区	窗墙面积比≤0.25	≤2.80	—/—
	0.25<窗墙面积比≤0.40	≤2.80	夏季≤0.4/—
	0.40<窗墙面积比≤0.60	≤2.50	夏季≤0.25/冬季≥0.50
	天窗	≤2.80	夏季≤0.25/—

4. 夏热冬暖地区节能设计标准

（1）一般规定

① 建筑物宜朝向南北向或接近南北向。

② 单元式、通廊式住宅的体形系数不宜大于 0.35，塔式住宅的体形系数不宜大于 0.4。

③ 各朝向的单一朝向窗墙面积比，南、北向不应大于 0.40；东西向不应大于 0.30。

④ 建筑的卧室、书房、起居室等主要房间的窗墙面积比不应小于 1/7。

夏热冬暖地区居住建筑的窗墙面积比不应大于表 7-29 规定的限值。

表 7-29 夏热冬暖地区居住建筑的窗墙面积比限值

朝向	窗墙面积比
北	≤0.40
东、西	≤0.30
南	≤0.40
天窗	≤0.04
每套房间允许一个房间（部分朝向）	≤0.60

（2）围护结构热工设计

① 屋顶和外墙的传热系数和热惰性指标应符合表 7-30 的规定。

表 7-30 夏热冬暖地区居住建筑围护结构热工性能参数限值

围护结构部位	传热系数 $K[W/(m^2 \cdot K)]$	
	热惰性指标 $D \leqslant 2.5$	热惰性指标 $D > 2.5$
屋 面	$\leqslant 0.40$	$\leqslant 0.40$
外 墙	$\leqslant 0.70$	$\leqslant 1.50$

② 夏热冬暖地区居住建筑透光围护结构的热工性能指标应符合表 7-31 的规定。

表 7-31 夏热冬暖地区居住建筑透光围护结构热工性能参数限值

分区	外窗	传热系数 $K[W/(m^2 \cdot K)]$	夏季太阳得热系数 $SHGC$（西向/东、南向/北向）
夏热冬暖 A 区	窗墙面积比≤0.25	$\leqslant 3.00$	$\leqslant 0.35/\leqslant 0.35/\leqslant 0.35$
	0.25＜窗墙面积比≤0.35	$\leqslant 3.00$	$\leqslant 0.30/\leqslant 0.30/\leqslant 0.35$
	0.40＜窗墙面积比≤0.40	$\leqslant 2.50$	$\leqslant 0.20/\leqslant 0.30/\leqslant 0.35$
	天窗	$\leqslant 3.00$	$\leqslant 0.20$
夏热冬暖 B 区	窗墙面积比≤0.25	$\leqslant 3.50$	$\leqslant 0.30/\leqslant 0.35/\leqslant 0.35$
	0.25＜窗墙面积比≤0.35	$\leqslant 3.50$	$\leqslant 0.25/\leqslant 0.30/\leqslant 0.30$
	0.35＜窗墙面积比≤0.40	$\leqslant 3.00$	$\leqslant 0.20/\leqslant 0.30/\leqslant 0.30$
	天窗	$\leqslant 3.50$	$\leqslant 0.20$

③ 居住建筑外窗的平均传热系数和平均综合遮阳系数应符合表 7-24 和表 7-25 的规定。

④居住建筑的东、西向外窗必须采取建筑外遮阳措施，建筑外遮阳系数 SD 不应大于 0.8。

5. 温和地区节能设计标准

（1）一般规定

① 按照《民用建筑热工设计规范》（GB 50176—2016）将温和地区划分为温和 A 区（5A）、温和 B 区（5B），见表 7-3。

② 居住建筑的屋顶和外墙宜采用下列隔热措施：

a. 浅色外饰面；

b. 屋面遮阳或通风屋顶；

c. 东、西外墙采用花格构件或植物遮阳；

d. 屋面种植；

e. 屋面蓄水。

③ 温和 A 区居住建筑的体形系数不应大于表 7-32 规定的限值。

表 7-32 温和 A 区居住建筑的体形系数限值

建筑层数	≤3 层	＞3 层
体形系数	$\leqslant 0.60$	$\leqslant 0.45$

④ 温和 A 区不同朝向外窗（包括阳台门的透明部分）的窗墙面积比不应大于表 7-33 规

定的限值。

表 7-33 温和 A 区窗墙面积比限值

朝向	窗墙面积比
北	≤0.40
东、西	≤0.35
南	≤0.50
水平（天窗）	≤0.10
每套房间允许一个房间（非水平向）	≤0.60

（2）围护结构热工设计

① 温和地区居住建筑围护结构各部位的传热系数（K）、热惰性指标（D）应符合表7-34的规定。

表 7-34 温和地区居住建筑围护结构热工性能参数限值

分区	围护结构部位	传热系数 $K[W/(m^2 \cdot K)]$	
		热惰性指标 $D \leqslant 2.5$	热惰性指标 $D > 2.5$
温和 A 区	屋面	≤0.40	≤0.40
	外墙	≤0.60	≤1.00
	底面接触室外空气的架空或外挑楼板	≤1.00	
	分户墙、楼梯间隔墙、外走廊隔墙	≤1.50	
	楼板	≤1.80	
	户门	≤2.00	
温和 B 区	屋面	≤1.00	
	外墙	≤1.80	

② 温和地区居住建筑透光围护结构的热工性能指标应符合表 7-35 的规定。

表 7-35 温和地区居住建筑透光围护结构热工性能参数限值

分区	外窗	传热系数 $K[W/(m^2 \cdot K)]$	太阳得热系数 $SHGC$（东西向/南向）
温和 A 区	窗墙面积比≤0.20	≤2.80	—
	0.20<窗墙面积比≤0.40	≤2.50	—/冬季≥0.50
	0.40<窗墙面积比≤0.50	≤2.00	—/冬季≥0.50
	天窗	≤2.80	夏季≤0.30/冬季≥0.50
温和 B 区	东西向外窗	≤4.00	夏季≤0.40/—
	天窗	—	夏季≤0.30/冬季≥0.50

③ B 区卧室、起居室（厅）应设置外窗，窗地面积比不应小于1/7。外窗通风开口面积不应小于外窗所在房间地面面积的10%或外窗面积的35%。

④ 温和 A 区居住建筑1～9层的外窗及敞开式阳台门的气密性等级，不应低于国家标准《建筑外门窗气密、水密、抗风压性能检测方法》（GB/T 7106—2019）中规定的4级；10层

及 10 层以上的外窗及敞开式阳台门的气密性等级，不应低于该标准规定的 6 级。温和 B 区居住建筑的外窗及敞开阳台门的气密性等级，不应低于 4 级。

7.2.3 工业建筑节能设计标准

（1）一般规定

工业建筑节能设计应按表 7-36 进行分类设计。

表 7-36 工业建筑节能设计分类

类别	环境控制及能耗方式	建筑节能设计原则
一类工业建筑	供暖空调	通过围护结构保温和供暖系统节能设计，降低冬季供暖能耗；通过围护结构隔热和空调系统节能设计，降低夏季供暖能耗
二类工业建筑	通风	通过自然通风设计和机械通风系统节能设计，降低通风能耗

（2）设计要求

① 严寒和寒冷地区一类工业建筑体形系数应符合表 7-37 的规定。

表 7-37 严寒和寒冷地区一类工业建筑体形系数

单栋建筑面积 A（m^2）	建筑体形系数
$A>3000$	≤ 0.3
$800<A\leq 3000$	≤ 0.4
$300<A\leq 800$	≤ 0.5

② 一类工业建筑总窗墙面积比不应大于 0.5，当不能满足时，必须进行权衡判断。

③ 一类工业建筑屋顶透光部分的面积与屋顶总面积之比不应大于 0.15，当不能满足时，必须进行权衡判断。

④ 根据建筑所在地的气候分区，一类工业建筑围护结构的热工性能应分别符合表 7-38～表 7-45（表格中 S 为体形系数）的规定，当不能满足时，必须进行权衡判断。工业建筑地面和地下室外墙热阻限值见表 7-46。

表 7-38 严寒 A 区工业建筑围护结构热工性能限值

围护结构部位		传热系数 $K[W/(m^2 \cdot K)]$		
		$S\leq 0.10$	$0.10<S\leq 0.15$	$S>0.15$
屋面		≤ 0.40	≤ 0.35	≤ 0.35
外墙		≤ 0.50	≤ 0.45	≤ 0.40
立面外窗	窗墙面积比≤ 0.20	≤ 2.70	≤ 2.50	≤ 2.50
	$0.20<$窗墙面积比≤ 0.30	≤ 2.50	≤ 2.20	≤ 2.20
	窗墙面积比>0.30	≤ 2.20	≤ 2.00	≤ 2.00
屋面透光部分		≤ 2.50		

表 7-39 严寒 B 区工业建筑围护结构热工性能限值

围护结构部位		传热系数 $K[W/(m^2 \cdot K)]$		
		$S \leqslant 0.10$	$0.10 < S \leqslant 0.15$	$S > 0.15$
屋面		≤0.45	≤0.45	≤0.40
外墙		≤0.60	≤0.55	≤0.45
立面外窗	窗墙面积比≤0.20	≤3.00	≤2.70	≤2.70
	0.20<窗墙面积比≤0.30	≤2.70	≤2.50	≤2.50
	窗墙面积比>0.30	≤2.50	≤2.20	≤2.20
屋顶透光部分		≤2.70		

表 7-40 严寒 C 区工业建筑围护结构热工性能限值

围护结构部位		传热系数 $K[W/(m^2 \cdot K)]$		
		$S \leqslant 0.10$	$0.10 < S \leqslant 0.15$	$S > 0.15$
屋面		≤0.55	≤0.50	≤0.45
外墙		≤0.65	≤0.60	≤0.50
立面外窗	窗墙面积比≤0.20	≤3.30	≤3.00	≤3.00
	0.20<窗墙面积比≤0.30	≤3.00	≤2.70	≤2.70
	窗墙面积比>0.30	≤2.70	≤2.50	≤2.50
屋顶透光部分		≤3.00		

表 7-41 寒冷 A 区工业建筑围护结构热工性能限值

围护结构部位		传热系数 $K[W/(m^2 \cdot K)]$		
		$S \leqslant 0.10$	$0.10 < S \leqslant 0.15$	$S > 0.15$
屋面		≤0.60	≤0.55	≤0.50
外墙		≤0.70	≤0.65	≤0.60
立面外窗	窗墙面积比≤0.20	≤3.50	≤3.30	≤3.30
	0.20<窗墙面积比≤0.30	≤3.30	≤3.00	≤3.00
	窗墙面积比>0.30	≤3.00	≤2.70	≤2.70
屋顶透光部分		≤3.30		

表 7-42 寒冷 B 区工业建筑围护结构热工性能限值

围护结构部位		传热系数 $K[W/(m^2 \cdot K)]$		
		$S \leqslant 0.10$	$0.10 < S \leqslant 0.15$	$S > 0.15$
屋面		≤0.65	≤0.60	≤0.55
外墙		≤0.75	≤0.70	≤0.65
立面外窗	窗墙面积比≤0.20	≤3.70	≤3.50	≤3.50
	0.20<窗墙面积比≤0.30	≤3.50	≤3.30	≤3.30
	窗墙面积比>0.30	≤3.30	≤3.00	≤2.70
屋顶透光部分		≤3.50		

表 7-43　夏热冬冷地区工业建筑围护结构热工性能限值

围护结构部位		传热系数 $K[W/(m^2 \cdot K)]$	
屋　面		$\leqslant 0.70$	
外　墙		$\leqslant 1.10$	
外窗		传热系数 $K[W/(m^2 \cdot K)]$	太阳得热系数 $SHGC$（东、南、西/北向）
立面外窗	窗墙面积比$\leqslant 0.20$	$\leqslant 3.60$	—
	$0.20 <$窗墙面积比$\leqslant 0.40$	$\leqslant 3.40$	$\leqslant 0.60/$—
	窗墙面积比> 0.40	$\leqslant 3.20$	$\leqslant 0.45/0.55$
屋顶透光部分		$\leqslant 3.50$	$\leqslant 0.45$

表 7-44　夏热冬暖地区工业建筑围护结构热工性能限值

围护结构部位		传热系数 $K[W/(m^2 \cdot K)]$	
屋　面		$\leqslant 0.90$	
外　墙		$\leqslant 1.50$	
外窗		传热系数 $K[W/(m^2 \cdot K)]$	太阳得热系数 $SHGC$（东、南、西/北向）
立面外窗	窗墙面积比$\leqslant 0.20$	$\leqslant 4.00$	—
	$0.20 <$窗墙面积比$\leqslant 0.40$	$\leqslant 3.60$	$\leqslant 0.50/0.60$
	窗墙面积比> 0.40	$\leqslant 3.40$	$\leqslant 0.40/0.50$
屋顶透光部分		$\leqslant 4.00$	$\leqslant 0.40$

表 7-45　温和 A 区工业建筑围护结构热工性能限值

围护结构部位		传热系数 $K[W/(m^2 \cdot K)]$	
屋　面		$\leqslant 0.70$	
外　墙		$\leqslant 1.10$	
外窗		传热系数 $K[W/(m^2 \cdot K)]$	太阳得热系数 $SHGC$（东、南、西/北向）
立面外窗	窗墙面积比$\leqslant 0.20$	$\leqslant 3.60$	—
	$0.20 <$窗墙面积比$\leqslant 0.40$	$\leqslant 3.40$	$\leqslant 0.60/$—
	窗墙面积比> 0.40	$\leqslant 3.20$	$\leqslant 0.45/0.55$
屋顶透光部分		$\leqslant 3.50$	$\leqslant 0.45$

表 7-46　工业建筑地面和地下室外墙热阻限值

热工区划	围护结构部位		热阻 $R[(m^2 \cdot K)/W]$
严寒地区	地面	周边地面	$\geqslant 1.1$
		非周边地面	$\geqslant 1.1$
	供暖地下室外墙（与土壤接触的墙）		$\geqslant 1.1$

续表

热工区划	围护结构部位		热阻 $R[(m^2 \cdot K)/W]$
寒冷地区	地面	周边地面	≥0.5
		非周边地面	≥0.5
	供暖地下室外墙（与土壤接触的墙）		≥0.5

⑤ 外门设计宜符合下列规定：

严寒和寒冷地区有保温要求时，外门宜通过设门斗、感应门等措施，减少冷风渗透；有保温或隔热要求时，应采用防寒保温门或隔热门，外门与墙体之间应采取防水保温措施。

⑥ 外窗设计应符合下列规定：

无特殊工艺要求时，外窗可开启面积不宜小于窗面积 的 30%，当开启有困难时，应设相应通风装置。

下篇　建筑单体设计

8 住宅楼设计

8.1 概述

住宅楼作为建筑物中民用建筑中的居住建筑，是人们生活起居的重要场所，根据其使用功能、舒适、方便进行设计，主要为单元式户型设计。户型平面示意图如图 8-1 所示。

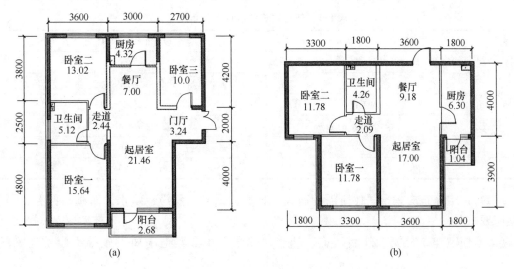

图 8-1 户型平面示意图
(a) 户型 1；(b) 户型 2

住宅项目建设应以适用、经济、绿色、美观为目标，并应遵循下列原则：

(1) 安全耐久，经济合理；

(2) 以人为本，健康宜居；

(3) 节约资源，保护环境；

(4) 因地制宜，文化传承。

依据《住宅项目规范》（2022 版），住宅设计应符合以下基本规定：

(1) 住宅项目建设规模应根据所在地经济社会发展水平、市场需求和配套条件等，经调查研究、科学预测后合理确定；

(2) 住宅建筑应由一个或多个供家庭使用的独立居住空间组成；

(3) 工程设施及管线应包括给水排水系统及设备、供电系统及设备、通信和有线广播电视等智能化系统及设备、消防设施设备等；采暖地区尚应有供暖系统及设备；有燃气供应的地区尚应有燃气供应系统及设备；

(4) 场地应包括道路、绿地、非机动车停车场所等基本用地空间；

(5) 住宅建筑应根据所在地区气候、地质及地形地貌等自然条件，因地制宜、合理布局；住宅项目不应在有滑坡、泥石流、山洪、地震断裂带等自然灾害威胁的地段选址建设，且与危险化学品、易燃易爆品及电磁辐射等危险源的距离必须符合有关安全规定；

（6）住宅项目应满足无障碍使用要求；

（7）在规定设计工作年限内，住宅建筑结构、部品和设备设施应满足安全性、适用性和耐久性要求；

（8）住宅建筑应按套型设计，每套住宅应有卧室、起居室、厨房和卫生间等基本功能空间；

（9）住宅设计应满足设备系统功能有效、运行安全、维修方便等基本要求，并应为相关设备预留合理的安装位置；

（10）住宅建筑的设计工作年限应符合表 8-1 的规定。

表 8-1　住宅建筑的设计工作年限

类别		设计工作年限（年）
建筑结构		≥50
防水	屋面工程	≥20
	室内工程	≥25
	地下工程	≥建筑结构设计工作年限
外窗		≥20
外保温系统		≥25

（11）住宅建筑应满足居住所需的通风、日照、采光、隔声、防水、防潮、保温、隔热等性能要求；

（12）住宅建筑外窗、外墙装饰、外墙外保温系统及其他附属设施等不应发生脱落、坠落；

（13）住宅建筑应提供保证人员安全疏散的设施与条件，且应具备与建筑高度相适应的灭火救援条件；

（14）住宅建筑严禁与经营、存放或使用火灾危险性为甲、乙类物品的商店、作坊或储藏间等组合建造；

（15）装配式住宅建筑的结构构件和部件部品应符合通用性要求。

8.2　设计要点

8.2.1　指标计算

1. 技术经济指标

计算住宅的技术经济指标，应符合下列规定：

（1）各功能空间使用面积应等于各功能空间墙体内表面所围合的水平投影面积；

（2）套内使用面积应等于套内各功能空间使用面积之和；

（3）套型阳台面积应等于套内各阳台的面积之和；阳台的面积均应按其结构底板投影净面积的一半计算；

（4）套型总建筑面积应等于套内使用面积、相应的建筑面积和套型阳台面积之和；

（5）住宅楼总建筑面积应等于全楼各套型总建筑面积之和。

2. 套内使用面积

套内使用面积计算，应符合下列规定：

（1）套内使用面积应包括卧室、起居室（厅）、餐厅、厨房、卫生间、过厅、过道、贮藏室、壁柜等使用面积的总和；

（2）跃层住宅中的套内楼梯应按自然层数的使用面积总和计入套内使用面积；

（3）烟囱、通风道、管井等均不应计入套内使用面积；

（4）套内使用面积应按结构墙体表面尺寸计算；有复合保温层时，应按复合保温层表面尺寸计算；

（5）利用坡屋顶内的空间时，屋面板下表面与楼板地面的净高低于 1.20m 的空间不应计算使用面积，净高在 1.20～2.10m 的空间应按 1/2 计算使用面积，净高超过 2.10m 的空间应全部计入套内使用面积；坡屋顶无结构顶层楼板，不能利用坡屋顶空间时不应计算其使用面积；

（6）坡屋顶内的使用面积应列入套内使用面积中。

3. 套型总建筑面积

套型总建筑面积计算，应符合下列规定：

（1）应按全楼各层外墙结构外表面及柱外沿所围合的水平投影面积之和求出住宅楼建筑面积，当外墙设外保温层时，应按保温层外表面计算；

（2）应以全楼总套内使用面积除以住宅楼建筑面积得出计算比值；

（3）套型总建筑面积应等于套内使用面积除以计算比值所得面积，加上套型阳台面积。

4. 住宅楼的层数

住宅楼的层数计算，应符合下列规定：

（1）当住宅楼的所有楼层的层高不大于 3.00m 时，层数应按自然层数计算；

（2）当住宅和其他功能空间处于同一建筑物内时，应将住宅部分的层数与其他功能空间的层数叠加计算建筑层数。当建筑中有一层或若干层的层高大于 3.00m 时，应对大于 3.00m 的所有楼层按其高度总和除以 3.00m 进行层数折算，余数小于 1.50m 时，多出部分不应计入建筑层数，余数大于或等于 1.50m 时，多出部分应按 1 层计算；

（3）层高小于 2.20m 的架空层和设备层不应计入自然层数；

（4）高出室外设计地面小于 2.20m 的半地下室不应计入地上自然层数。

8.2.2 套内空间

1. 套型

住宅应按套型设计，每套住宅应设卧室、起居室（厅）、厨房和卫生间等基本功能空间。

2. 层高和室内净高

新建住宅建筑的层高和室内净高应符合下列规定：

（1）层高不应低于 3.00m；

（2）卧室、起居室的室内净高不应低于 2.50m，局部净高不应低于 2.10m，且局部净高低于 2.50m 的面积不应大于室内使用面积的 1/3；

（3）利用坡屋顶内空间作卧室、起居室时，室内净高不低于2.10m的使用面积不应小于室内使用面积的1/2。

卧室、起居室和厨房不应布置在地下室；当布置在半地下室时，应合理布置，采取必要的通风、防潮、排水及安全防护等措施。

3. 卧室

卧室的使用面积应符合下列规定：

（1）卧室使用面积不应小于5m²；

（2）住宅套型不设起居室时，卧室使用面积不应小于9m²；

（3）卧室短边净宽不应小于1.8m。

4. 厨房、卫生间

厨房、卫生间的室内净高不应低于2.20m。

厨房的使用面积不应小于3.5m²，厨房应配置洗涤池、水龙头、案台、灶具、排油烟机等设施或预留安装位置。每套住宅应设卫生间，应配置便器、洗浴器、洗面器等卫生器具或预留安装位置及条件。布置便器的卫生间的门不应直接开在厨房内。便器、洗浴器和洗面器集中配置的卫生间的使用面积不应小于2.5m²。卫生间不应直接布置在其他住户的卧室、起居室、厨房和餐厅的上层。

卫生间的设置应符合下列规定：

（1）跃层或多层套型，布置有起居室或卧室的楼层至少应配置1间配置便器和洗面器或预留安装位置及条件的卫生间；

（2）卫生间便器和洗浴器旁应设扶手或预留安装条件；

（3）卫生间门应具备或预留向外开启的空间要求。

卫生间防水应符合下列规定：

（1）卫生间地面应设防水层，墙面、顶棚应设防潮层；

（2）卫生间淋浴区墙面防水层高度不应小于2.00m，洗面器处墙面防水层高度不应小于1.20m，其他墙面防水层高度不应小于0.30m；

（3）卫生间地面设有地漏时，应设坡度不小于1%的排水坡坡向地漏。

卫生间地面应采用防滑铺装。

5. 洗衣机位置

每套住宅应有放置洗衣机的位置及使用条件，并应配置洗衣机的给水排水设施。厨房、卫生间、封闭阳台与相邻空间地面的高差不应大于0.015m，并应以斜坡过渡；户门的门槛高度和户门内外高差不应大于0.015m。套内入口过道净宽不应小于1.10m；通往卧室、起居室的过道净宽不应小于1.00m；通往厨房、卫生间、贮藏室的过道净宽不应小于0.90m。新建住宅建筑户门的通行净宽不应小于0.90m，既有住宅建筑改造户门通行净宽不应小于0.80m。向外开启的户门不应妨碍公共交通及相邻户门的开启。

6. 阳台

设有阳台时，应符合下列规定：

（1）阳台栏杆净高不应低于1.10m，阳台栏杆应有防止攀登和防止物品坠落的措施，栏杆的垂直杆件间净距不应大于0.11m；

（2）开敞式阳台应采取有组织排水和防水措施；

（3）放置洗衣机的阳台地面应采取有组织排水和防水措施；

（4）各套住宅之间毗连的阳台应设分户隔板。

7. 其他

临空外窗的窗台距室内地面的净高小于 0.90m 时，应配置防护设施，防护设施的高度应由地面或可登踏面起算，且不应小于 0.90m。当凸窗窗台高度小于等于 0.45m 时，其防护高度应从窗台面起算，且不应小于 0.90m；当凸窗窗台高度大于 0.45m 时，其防护高度应从窗台面起算，且不应小于 0.60m；凸窗的防护设施应贴外窗设置。

当住宅建筑凹口的净宽与净深之比小于 1∶3 且净宽小于 1.2m 时，卧室和起居室的外窗不应设置在凹口内。

8.2.3 公共空间

1. 公共走廊

设有公共走廊时，应符合下列规定：

（1）走廊净宽不应小于 1.20m，净高不应低于 2.10m；

（2）设置封闭外廊时，应设置可开启的窗扇。

2. 公共楼梯

公共楼梯的设置应符合下列规定：

（1）建筑高度不超过 18m 时，公共楼梯的梯段净宽不应小于 1.00m；建筑高度超过 18m 时，公共楼梯的梯段净宽不应小于 1.10m。

（2）公共楼梯踏步宽度不应小于 0.26m，踏步高度不应大于 0.175m，且同一个楼梯梯段踏步的宽度、高度均应一致；每个梯段的首步和末步踏步应设明显标志。

（3）楼梯扶手高度不应小于 0.90m；当楼梯水平段栏杆长度大于 0.50m 时，其扶手高度不应小于 1.10m；楼梯栏杆垂直杆件间净空不应大于 0.11m。

（4）楼梯井净宽大于 0.11m 时，必须采取防止坠落和儿童攀登的措施。

3. 电梯

电梯井道及电梯机房、水泵机房、冷冻机房等产生噪声或振动的房间不应紧邻卧室布置。电梯井应独立设置，且不应敷设与电梯无关的电缆、电线等。电梯井井壁上除开设电梯门洞、检修门洞和通气孔洞外，不应开设其他洞口。

新建住宅建筑电梯设置应符合下列规定：

（1）入户层为二层及二层以上的住宅建筑，每单元应至少设置 1 台电梯，且轿厢深度不应小于 1.40m，宽度不应小于 1.10m，呼叫按钮的中心距地面高度应为 0.85～1.10m。

（2）入户层为四层及四层以上，或入户层楼面距室外设计地面的高度超过 9m 的住宅建筑，每单元应至少设置 1 台可容纳担架的电梯。

（3）入户层为十二层及以上的住宅建筑，或入户层楼面距室外设计地面的高度超过 33m 的住宅建筑，每单元应至少设置 2 台电梯，且其中至少应有 1 台为可容纳担架的电梯，至少应有 1 台为消防电梯。

（4）可容纳担架电梯采用宽轿厢时，轿厢长边尺寸不应小于 1.60m，轿厢短边尺寸不应小于 1.50m；采用深轿厢时，轿厢宽度不应小于 1.10m，轿厢深度不应小于 2.10m。可容纳担架电梯的电梯轿厢门净宽不应小于 0.90m。

（5）既有住宅建筑加装电梯不应降低结构安全性和影响正常使用功能。加装电梯的载重量不应小于 320kg，轿厢门净宽不应小于 0.80m。

4. 出入口

公共出入口设置应符合下列规定：

（1）每个住宅单元至少应有一处无障碍公共出入口。

（2）公共出入口的外门通行净宽不应小于 1.10m。

（3）除平坡出入口外，公共出入口在门完全开启的状态下，平台的净深度（从门扇开启时的最远点至平台边缘的距离）不应小于 1.50m。

（4）公共出入口位于阳台、外廊及开敞楼梯平台的下部时，应采取防止坠物伤害的安全措施；公共出入口上方设置雨篷时，雨篷的宽度不应小于门洞的宽度，雨篷的深度不应小于门扇开启时的最大深度且不应小于 1m。

（5）公共出入口台阶高度超过 0.45m 并侧面临空时，应设防护设施，且防护设施净高不应低于 1.10m。

5. 栏杆

外廊、室内回廊、内天井及室外楼梯等临空处应设防护栏杆，且应符合下列规定：

（1）栏杆高度不应小于 1.10m，其中上人屋面临空处栏杆高度不应小于 1.20m。

（2）栏杆应有防止攀登和物品坠落的措施，栏杆垂直杆件间的净距不应大于 0.11m。

8.2.4　室内环境

1. 声环境

（1）住宅建筑内电梯、水泵、变压器等公用设施设备排放至卧室、起居室内的建筑设备结构噪声，不应大于表 8-2 规定的限值。

表 8-2　卧室、起居室内的建筑设备结构噪声限值

房间名称	倍频带等效声压级 $L_{eq. 1/1}$（dB）				低频等效声级 $L_{Aeq. T, L}$（dB）
	31.5Hz	63Hz	125Hz	250Hz	
卧室	72	55	43	35	30
起居室	79	63	52	44	40

（2）住宅卧室、起居室与相邻房间之间墙、楼板的隔声性能应符合下列规定：

① 卧室分户墙及分户楼板两侧房间之间的计权标准化声压级差与粉红噪声频谱修正量之和（$D_{nT,w} + C$）不应小于 50dB；其他分户墙及分户楼板两侧房间之间的计权标准化声压级差与粉红噪声频谱修正量之和（$D_{nT,w} + C$）不应小于 48dB。

② 卧室、起居室楼板的计权标准化撞击声压级不应大于 65dB。

（3）住宅外墙、外门窗空气声隔声性能应符合下列规定：

① 住宅外墙的计权隔声量与交通噪声频谱修正量之和（$R_w + C_{tr}$）不应小于 45dB；

② 交通干线两侧卧室外门窗的计权隔声量与交通噪声频谱修正量之和（$R_w + C_{tr}$）不应小于 35dB；其他外门窗的计权隔声量与交通噪声频谱修正量之和（$R_w + C_{tr}$）不应小于 30dB。

（4）与卧室相邻的卫生间，排水立管不应贴邻与卧室共用的墙体，且应采取隔声包覆处理措施。上层卫生间排水时，在卧室内测得的排水噪声等效声级不应大于 33dB。

2. 光环境

（1）每套住宅应至少有一个居住空间能获得冬季日照。

（2）住宅采光应符合下列规定：

① 每套住宅卧室、起居室、厨房均应有直接采光；

② 每套住宅中侧面采光的采光系数平均值满足 2.0% 的居住空间至少应有 1 个；当一套住宅中居住空间总数超过 4 个时，侧面采光的采光系数平均值满足 2.0% 的居住空间至少应有 2 个。

（3）住宅卧室、起居室一般照明光源的色温不应高于 4000K。

（4）住宅建筑公共区域的照度和一般显色指数不应低于表 8-3 规定的标准值。

表 8-3 住宅建筑公共区域照度和一般显色指数标准值

房间或场所		参考平面及其高度	照度标准值（Lx）	一般显色指数 R_a
电梯前厅		地面	75	60
走道、楼梯间		地面	100	60
车库	车位	地面	30	60
	车道	地面	50	60

3. 热环境

（1）供暖住宅建筑的屋面、外墙、地面、与室外空气直接接触的楼面等的内表面在室内温、湿度设计条件下不应出现表面结露。

（2）夏季自然通风情况下，夏热冬暖、夏热冬冷和寒冷 B 区住宅建筑的外墙、屋面内表面温度不应高于室外空气温度的最高值。

（3）每套住宅的自然通风开口面积不应小于地面面积的 5%。卧室、起居室、厨房应能自然通风，并应符合下列规定：

① 卧室、起居室的直接自然通风开口面积不应小于该房间地板面积的 5%；当房间外设置阳台时，阳台的自然通风开口面积不应小于房间和阳台地板面积总和的 5%。

② 厨房的自然通风开口面积不应小于该房间地板面积的 10%，且不应小于 0.60m²；当厨房外设置阳台时，阳台的自然通风开口面积不应小于厨房和阳台地板面积总和的 10%，且不应小于 0.60m²。

8.2.5 建筑设备

1. 一般规定

（1）住宅应设置室内给水排水系统。

（2）严寒和寒冷地区的住宅应设供暖设施。夏热冬冷地区住宅采暖方式应根据当地能源情况，经技术经济分析，并根据用户对设备运行费用的承担能力等因素确定。

（3）住宅建筑应设供配电系统，并应按用电负荷等级供电。

（4）住宅计量装置的设置应符合下列规定：

① 各类生活供水系统应设置分户水表；

② 设有集中采暖（集中空调）系统时，应设置分户热计量装置；

③ 住宅建筑采用管道供气方式时，应按每套住宅分别进行计量；

④ 每套住宅应设电能表。

（5）机电设备管线的设计应相对集中、布置紧凑、合理使用空间。

2. 给水排水

（1）住宅套内分户用水点的给水压力不应小于 0.1MPa，入户管的给水压力不应大于 0.35MPa。

（2）住宅建筑的用水应分类、分户计量，水表的设置位置应便于管理、安装、使用和检修。

（3）住宅应设生活热水系统或预留安装户式热水器的位置和管道。

（4）厨房和卫生间的排水立管应分别设置。

（5）排水管道不应穿越卧室。

（6）设有淋浴器或洗衣机的部位应设地漏或排水设施，其水封深度不应小于 50mm。构造内无存水弯的卫生器具及无水封地漏与生活排水管道连接时，在排水口以下应设存水弯，其水封深度不得小于 50mm。

（7）生活污、废水不应排入雨水排水系统。

（8）住宅室内地面标高低于室外排水检查井井盖标高时，其卫生器具和地漏的排水应采用压力排水系统，并应采取防止倒灌的措施。

3. 供暖、通风与空调

（1）住宅建筑采用集中供暖系统时，冬季室内供暖计算温度不应低于表 8-4 的规定。

表 8-4　集中供暖住宅建筑冬季室内供暖计算温度

空间类别	室内供暖计算温度（℃）
卧室、起居室和卫生间	18
厨房	15

（2）住宅建筑采用集中供暖系统时，应采用热水作为热媒，并应有可靠的水质保证措施。

（3）住宅建筑设有供暖系统时，应具有室内温度调节功能。

（4）供暖系统不应有冻结危险，并应有热膨胀补偿措施。

（5）无外窗的暗卫生间应设防止回流的机械通风设施。

（6）厨房设置排烟道时，应采取防止支管回流和竖井泄漏的措施。

（7）室内空调设备的冷凝水应能有组织地排放，应设冷凝水排放立管及主要房间的接口，凝结水管不应出现倒坡。空调冷凝水不应排入雨水立管。

4. 燃气

（1）对于使用燃气的住宅建筑，每套住宅应至少设一个燃气双眼灶和一个燃气热水器或预留安装位置及条件。

（2）住宅建筑燃气管道及设施的供气能力应满足所设置燃具在正常工况下同时工作的需要。燃气管道及设施的设置应满足安全要求，并应根据住宅结构合理布置，不应敷设在卧室，以及电梯井、通风道、排气道、暖气沟的竖井或沟槽内。

（3）住宅建筑采用管道供气方式时，应按每套住宅分别进行计量。燃气表的设置应便于使用、检修和保养，并应满足安全的要求。

（4）设置燃具的房间应符合下列规定：

① 房间的净高不应低于 2.20m，且不应与卧室、兼起居的卧室等直接连通；

② 房间的自然通风或强制通风，应满足燃气燃烧所需的空气量；

③ 与燃具贴邻的墙体、地面、台面等应为不燃材料，安装燃气热水器或燃气采暖热水炉的墙面或地面应能承受其荷载。

（5）设置燃具的住宅应设置燃具的排烟及排气装置，并应符合下列规定：

① 应能将燃具产生的烟气全部排至室外；

② 排气管装置应有防倒烟措施，多台燃具的共用烟道应有防串烟措施；

③ 排气管装置不应穿过卧室；

④ 排烟口应设在烟气容易扩散的室外开放空间，且烟气不应回流至住宅建筑和窜入相邻建筑物内；

⑤ 不应有因破损、连接不紧密等导致的漏烟；

⑥ 燃气灶不应与燃气热水器、燃气采暖热水炉共用排气装置。

5. 电气

（1）住宅建筑主要用电负荷等级不应低于表 8-5 的规定。

表 8-5　住宅建筑主要用电负荷等级

建筑规模	主要用电负荷名称	负荷等级
建筑高度为 100m 或 35 层以上的住宅建筑	消防用电负荷、应急照明、航空障碍照明、走道照明、值班照明、安防系统、电子信息设备机房、客梯、排污泵、生活水泵	一级
建筑高度为 50～100m 且 19～34 层的一类高层住宅建筑	消防用电负荷、应急照明、航空障碍照明、走道照明、值班照明、安防系统、客梯、排污泵、生活水泵	
10～18 层的二类高层住宅建筑	消防用电负荷、应急照明、走道照明、值班照明、安防系统、客梯、排污泵、生活水泵	二级

（2）每套住宅应设家居配电箱，并应符合下列规定：

① 家居配电箱应设同时断开相线和中性线且具有隔离功能的电源进线开关电器；电源配电回路应设短路和过负荷保护电器；电源插座回路均应加设剩余电流动作值不大于 30mA 的剩余电流动作保护器。

② 暗装家居配电箱底边距离地面高度不应低于 1.60m，安装位置应便于使用和维修维护。

③ 家居配电箱的进出电源线应选用铜材质导体，电源进线的横截面积不应小于 $6mm^2$，电源配电回路的横截面积不应小于 $1.5mm^2$。

（3）住宅照明回路、空调电源插座回路、电热水器等 2kW 及以上的用电设备回路、厨房内的电源插座回路、其他功能用房的电源插座回路应分别设置。

（4）住宅的电源插座均应采用安全型插座，卫生间设置的电源插座尚应加设防止水溅的措施。每套住宅电源插座的设置要求和数量应符合表 8-6 的规定，布置洗衣机、冰箱、排油烟机、排风机、电/燃气热水器、空调器处，尚应加设 1 个专用单相三孔电源插座。

表 8-6　每套住宅电源插座的设置要求及数量

序号	名称	设置要求	数量（个/间）
1	起居室、兼起居的卧室	单相两孔、三孔电源插座	≥3
2	卧室	单相两孔、三孔电源插座	≥2
3	厨房	单相两孔、三孔电源插座	≥3
4	卫生间	单相两孔、三孔电源插座	≥1

（5）年预计雷击次数大于 0.25 的住宅建筑应按不低于第二类防雷建筑物采取相应的防雷措施。其他在可能发生地闪地区的住宅建筑，应按不低于第三类防雷建筑物采取相应的防雷措施。

（6）进出住宅建筑的金属管道应与住宅建筑接地装置做等电位联结。装有固定浴盆和/或淋浴器的卫生间应设等电位联结作为附加防护。

6. 智能化

（1）住宅建筑应设通信系统。在公用电信网络已实现光纤传输的地区，住宅建筑的通信设施应采用光缆到户方式。

（2）住宅建筑应设有线电视系统。有线电视设施应采用光缆或同轴电缆以独立专线方式建设。

（3）新建住宅项目的智能化系统设备用房和室外地下智能化系统管道应与住宅项目同步建设。

（4）每套住宅应设家居配线箱，并应符合下列规定：

① 家居配线箱的进线管不应少于 2 根，有源家居配线箱应设供电电源；

② 起居室或兼起居室的卧室应设通信系统信息端口和有线电视系统信息端口；

③ 家居配线箱的出线管应敷设到通信系统信息端口和有线电视系统信息端口。

（5）当发生紧急情况时，住宅建筑疏散通道上和出入口处的门禁应具有就地从内部手动解除或集中解除的功能。

8.3　设计实例

住宅楼设计实例见本书附图 1 页～33 页，或扫描二维码参看。

9 办公楼设计

9.1 概述

依据《办公建筑设计标准》（JGJ/T 67—2019），办公建筑设计应依据其使用要求分类，并应符合表 9-1 的规定。在进行办公建筑设计时，除满足现行《办公建筑设计标准》（JGJ/T 67—2019）的要求外，还应符合现行《民用建筑设计统一标准》（GB 50352—2019）、《建筑设计防火规范》（GB 50016—2014）（2018 年版）、《建筑防火通用规范》（GB 55037—2022）及其他国家现行的有关标准、规范。

表 9-1 办公建筑分类

类别	示 例	设计使用年限	耐火等级
A 类	特别重要的办公建筑	100 年或 50 年	一级
B 类	重要办公建筑	50 年	一级
C 类	普通办公建筑	25 年或 50 年	不低于二级

9.1.1 建筑基地选择

办公建筑基地的选择，应符合当地土地利用总体规划和城乡规划的要求；宜在工程地质和水文地质有利、市政设施完善且交通和通信方便的地段；与易燃易爆物品场所和产生噪声、尘烟、散发有害气体等污染源的距离，应符合国家现行有关安全、卫生和环境保护有关标准的规定。大型办公建筑群还应在基地中设置人员集散空地，作为紧急避难疏散场地。

A 类办公建筑应至少有两面直接邻接城市道路或公路；B 类办公建筑应至少有一面直接邻接城市道路或公路，或与城市道路或公路有相邻接的通路；C 类办公建筑宜有一面直接邻接城市道路或公路。

9.1.2 总平面布置要求

总平面布置应遵循功能组织合理、建筑组合紧凑、服务资源共享的原则，科学合理组织和利用地上、地下空间，并宜留有发展余地。总平面应进行环境和绿化设计，合理设置绿化用地，合理选择绿化方式。宜设置屋顶绿化和室内绿化，营造舒适环境。绿化与建筑物、构筑物、道路和管线之间的距离，应符合有关标准的规定。

总平面应合理组织基地内各种交通流线，妥善布置地上和地下建筑的出入口。锅炉房、厨房等后勤用房的燃料、货物及垃圾等物品的运输宜设有单独通道和出入口。基地内应合理设置机动车和非机动车停放场地（库）。机动车和非机动车泊位配置应符合国家相关规定；当无相关要求时，机动车配置泊位不得少于 0.60 辆/100m²，非机动车配置泊位不得少于 1.2 辆/100m²。

当办公建筑与其他建筑共建在同一基地内或与其他建筑合建时，应满足办公建筑的使用功能和环境要求，分区明确，并宜设置单独出入口。

9.2　设计要点

9.2.1　一般规定

（1）办公建筑应根据使用性质、建设规模与标准的不同，合理配置各类用房。办公建筑由办公用房、公共用房、服务用房和设备用房等组成。

（2）办公建筑空间布局应做到功能分区合理、内外交通联系方便、各种流线组织良好，保证办公用房、公共用房和服务用房有良好的办公和活动环境。

（3）办公建筑应进行节能设计，并符合《公共建筑节能设计标准》（GB 50189—2015）和《民用建筑热工设计规范》（GB 50176—2016）的有关规定。办公建筑在方案与初步设计阶段应编制绿色设计专题，施工图设计文件应注明对绿色建筑相关技术施工与建筑运营管理的技术要求。

（4）办公建筑应根据使用要求、用地条件、结构选型等情况选择开间和进深，合理确定建筑平面，提高使用面积系数。

（5）办公建筑的电梯及电梯厅设置应符合下列规定：

① 四层及四层以上或楼面距室外设计地面高度超过12m的办公建筑应设电梯。

② 乘客电梯的数量、额定载重量和额定速度应通过设计和计算确定。

③ 乘客电梯位置应有明确的导向标识，并应能便捷到达。

④ 消防电梯应按现行国家标准《建筑设计防火规范》（GB 50016—2014）（2018年版）进行设计，可兼作服务电梯使用。

⑤ 电梯厅的深度应符合表9-2的规定。

表9-2　电梯厅的深度要求

布置方式	电梯厅深度
单台	$\geqslant 1.5B$
多台单侧布置	$\geqslant 1.5B'$，当电梯并列布置为4台时应$\geqslant 2.40$m
多台双侧布置	$\geqslant$相对电梯B'之和，并<4.50m

注：B为轿厢深度，B'为并列布置的电梯中最大轿厢深度。

⑥ 3台及以上的客梯集中布置时，客梯控制系统应具备按程序集中调控和群控的功能。

⑦ 超高层办公建筑的乘客电梯应分层分区停靠。

（6）在进行办公建筑门、窗、门厅、走道等位置的设计时，应符合表9-3中的规定。

表9-3　门、窗、门厅、走道和楼地面的设计规定

位置	设计规定
窗	1. 底层及半地下室外窗宜采取安全防范措施； 2. 当高层及超高层办公建筑采用玻璃幕墙时，应设置清洗设施，并应设有可开启窗或通风换气装置； 3. 外窗可开启面积应按现行国家标准《公共建筑节能设计标准》（GB 50189—2015）的有关规定执行；外窗应有良好的气密性、水密性和保温隔热性能，满足节能要求； 4. 不利朝向的外窗应采取合理的建筑遮阳措施

续表

位置	设计规定
门	1. 办公用房的门洞口宽度不应小于1.00m，高度不应小于2.10m； 2. 机要办公室、财务办公室、重要档案库、贵重仪表间和计算机中心的门应采取防盗措施，室内宜设防盗报警装置
门厅	1. 门厅内可附设传达、收发、会客、服务、问讯、展示等功能房间（场所）；根据使用要求也可设商务中心、咖啡厅、警卫室、快递储物间等； 2. 楼梯、电梯厅宜与门厅邻近设置，并应满足消防疏散的要求； 3. 严寒和寒冷地区的门厅应设门斗或其他防寒设施； 4. 夏热冬冷地区门厅与高大中庭空间相连时宜设门斗
走道	1. 宽度应满足防火疏散要求，最小净宽应符合表9-4的规定； 2. 高差不足0.30m时，不应设置台阶，应设坡道，其坡度不应大于1∶8
楼地面	1. 根据办公室使用要求，开放式办公室的楼地面宜按家具或设备位置设置弱电和强电插座； 2. 大中型电子信息机房的楼地面宜采用架空防静电地板

表9-4 走道最小净宽（m）

走道长度	走道净宽	
	单面布房	双面布房
≤40	1.30	1.50
>40	1.50	1.80

注：高层内筒结构的回廊式走道净宽最小值同单面布房走道。

（7）办公建筑的净高应符合表9-5中的要求。

表9-5 办公建筑净高要求（m）

位置			净高
办公室	有集中空调设施并有吊顶	单间式和单元式办公室	≥2.50
		开放式和半开放式办公室	≥2.70
	无集中空调设施	单间式和单元式办公室	≥2.70
		开放式和半开放式办公室	≥2.90
走道			≥2.20
储藏间			≥2.00

9.2.2 办公用房

（1）办公用房宜包括普通办公室和专用办公室。专用办公室可包括手工绘图室和研究工作室等。

（2）办公室用房宜有良好的天然采光和自然通风，并不宜布置在地下室。办公室宜有避免西晒和眩光的措施。

（3）普通办公室应符合下列要求：

① 宜设计成单间式办公室、单元式办公室、开放式办公室或半开放式办公室；

② 开放式和半开放式办公室在布置吊顶上的通风口、照明、防火设施等时，宜为自行分隔或装修创造条件，有条件的工程宜设计成模块式吊顶；

③ 带有独立卫生间的办公室，其卫生间宜直接对外通风采光，条件不允许时，应采取机械通风措施；

④ 机要部门办公室应相对集中，与其他部门宜适当分隔；

⑤ 值班办公室可根据使用需要设置，设有夜间值班室时，宜设专用卫生间；

⑥ 普通办公室每人使用面积不应小于 $6m^2$，单间办公室使用面积不宜小于 $10m^2$。

（4）专用办公室应符合下列要求：

① 手工绘图室宜采用开放式或半开放式办公室空间，并用灵活隔断、家具等进行分隔；研究工作室（不含实验室）宜采用单间式；自然科学研究工作室宜靠近相关的实验室；

② 手工绘图室，每人使用面积不应小于 $6m^2$；研究工作室每人使用面积不应小于 $7m^2$。

9.2.3 公共用房

（1）公共用房宜包括会议室、对外办事厅、接待室、陈列室、公用厕所、开水间、健身场所等。

（2）会议室设计要求

① 根据使用要求可分设中、小会议室和大会议室；

② 中、小会议室可分散布置；小会议室使用面积不宜小于 $30m^2$，中会议室使用面积不宜小于 $60m^2$；中、小会议室每人使用面积：有会议桌的不应小于 $2.00m^2$/人，无会议桌的不应小于 $1.00m^2$/人；

③ 大会议室应根据使用人数和桌椅设置情况确定使用面积，平面长宽比不宜大于 $2:1$，宜有音频视频、灯光控制、通信网络等设施，并应有隔声、吸声和外窗遮光措施；大会议室所在层数、面积和安全出口的设置等应符合国家现行有关防火标准的规定。

④ 会议室应根据需要设置相应的休息、储藏及服务空间。

（3）接待室设计要求

① 宜根据使用要求设置接待室；专用接待室应靠近使用部门；行政办公建筑的群众来访接待室宜靠近基地出入口，并与主体建筑分开单独设置；

② 宜设置专用茶具室、洗消室、卫生间和储藏空间等。

（4）公用厕所设计要求

① 公用厕所服务半径不宜大于 $50m$；

② 公用厕所应设前室，门不宜直接开向办公用房、门厅、电梯厅等主要公共空间，并宜有防止视线干扰的措施；

③ 公用厕所宜有天然采光、通风，并应采取机械通风措施；

④ 男女性别的厕所应分开设置，其卫生洁具数量应按表 9-6 配置。

（5）其他公共用房设计要求

陈列室应根据使用要求设置；专用陈列室应进行照明设计，避免阳光直射及眩光，外窗宜设遮光设施。

开水间宜分层或分区设置，宜自然采光、通风，条件不允许时采取机械通风措施，应设置洗涤池和地漏，并宜设消毒茶具和倒茶渣的设施。

健身场所宜自然采光、通风，宜设置配套的更衣间和淋浴间。

表 9-6 卫生设施配置

女性使用数量（人）	便器数量（个）	洗手盆数量（个）	男性使用数量（人）	大便器数量（个）	小便器数量（个）	洗手盆数量（个）
1～10	1	1	1～15	1	1	1
11～20	2	2	16～30	2	1	2
21～30	3	2	31～45	2	2	2
31～50	4	3	46～75	3	2	3
当女性使用人数超过 50 人时，每增加 20 人增设 1 个便器和 1 个洗手盆			当男性使用人数超过 75 人时，每增加 30 人增设 1 个便器和 1 个洗手盆			

注：1. 当使用总人数不超过 5 人时，可设置无性别卫生间，内设大、小便器及洗手盆各 1 个；

2. 为办公门厅及大会议室服务的公共厕所应至少各设一个男、女无障碍厕位；

3. 每间厕所大便器为 3 个以上者，其中 1 个宜设坐式大便器；

4. 设有大会议室（厅）的楼层应根据人员规模相应增加卫生洁具数量。

9.2.4 服务用房

（1）服务用房宜包括一般性服务用房和技术性服务用房。一般性服务用房为档案室、资料室、图书阅览室、员工更衣室、汽车库、非机动车库、员工餐厅、厨房、卫生管理设施间、快递储物间等。技术性服务用房为消防控制室、电信运营商机房、电子信息机房、打印机房、晒图室等。党政机关办公建筑可根据需要设置公勤人员用房及警卫用房等。有对外服务功能的办公建筑可根据需求设置使用面积不小于 10m² 的哺乳室。

（2）档案室、资料室、图书阅览室的设计要求

① 可根据规模大小和工作需要分设若干不同用途的房间，包括库房、管理间、查阅间或阅览室等；

② 档案室、资料室和书库应采取防火、防潮、防尘、防蛀、防紫外线等措施；地面应用不起尘、易清洁的面层，并宜设置机械通风、除湿措施；

③ 档案和资料查阅间、图书阅览室应光线充足，通风良好，避免阳光直射及眩光；

④ 档案室设计应符合现行行业标准《档案馆建筑设计规范》（JGJ 25—2010）的规定，图书阅览室应符合现行行业标准《图书馆建筑设计规范》（JGJ 38—2015）的规定。

（3）员工更衣室、哺乳室设计要求

① 更衣室、哺乳室宜有自然通风，否则应设置机械通风设施；

② 哺乳室内应设洗手池。

（4）汽车库设计要求

① 应符合现行国家标准《汽车库、修车库、停车场设计防火规范》（GB 50067—2014）和现行行业标准《车库建筑设计规范》（JGJ 100—2015）的规定；

② 停车方式应根据车型、柱网尺寸及结构形式等确定；

③ 设有电梯的办公建筑，当条件允许时应至少有一台电梯通至地下汽车库；

④ 汽车库内可按管理方式和停车位的数量设置相应的值班室、控制室、储藏室等辅助

房间；

　　⑤ 汽车库内应按相关规定集中设置或预留电动汽车专用车位。

　　(5) 非机动车库设计要求

　　① 净高不得低于 2.00m；

　　② 每辆自行车停放面积宜为 1.50～1.80m²；

　　③ 非机动车及二轮摩托车应以自行车为计算当量进行停车当量的换算；

　　④ 车辆换算的当量系数，出入口及坡道的设计应符合现行行业标准《车库建筑设计规范》(JGJ 100—2015) 的规定。

　　(6) 员工餐厅、厨房可根据建筑规模、供餐方式和使用人数确定使用面积，并应符合现行行业标准《饮食建筑设计标准》(JGJ 64—2017) 的有关规定。

　　(7) 卫生管理设施间设计时，宜每层设置垃圾收集间，垃圾收集间应采取机械通风措施，宜靠近服务电梯间，宜在底层或地下层设垃圾分级、分类集中存放处，存放处应设冲洗排污设施，并有运出垃圾的专用通道。清洁间宜分层或分区设置，内设清扫工具存放空间和洗涤池，位置应靠近厕所间。

　　(8) 技术性服务用房设计时，电信运营商机房、电子信息机房、晒图室应根据工艺要求和选用机型进行建筑平面和相应室内空间设计；计算机网络终端、台式复印机以及碎纸机等办公自动化设施可设置在办公室内；供设计部门使用的晒图室，宜由收发间、裁纸间、晒图机房、装订间、底图库、晒图纸库、废纸库等组成。晒图室宜布置在底层，采用氨气熏图的晒图机房应设独立的废气排出装置和处理设施。底图库设计应符合《办公建筑设计标准》(JGJ/T 67—2019) 关于档案室、资料室、图书阅览室设计条件的规定。

9.2.5　设备用房

　　(1) 动力机房宜靠近负荷中心设置。

　　(2) 产生噪声或振动的设备机房应采取消声、隔声和减振等措施，并不宜毗邻办公用房和会议室，也不宜布置在办公用房和会议室对应的直接上层。

　　(3) 设备用房应留有能满足最大设备安装、检修的进出口。

　　(4) 设备用房、设备层的层高和垂直运输交通应满足设备安装与维修的要求。

　　(5) 有排水、冲洗要求的设备用房和设有给排水、热力、空调管道的设备层以及超高层办公建筑的避难层，应有地面泄水措施。

　　(6) 变配电间、弱电设备用房等电气设备间内不得穿越与自身无关的管道。

　　(7) 高层办公建筑每层应设强电间、弱电间，其使用面积应满足设备布置及维护检修距离的要求，强电间、弱电间应与竖井毗邻或合一设置。

　　(8) 多层办公建筑宜每层设强电间、弱电间，垂直干线宜采用强弱电竖井进行布线。

　　(9) 弱电设备用房应远离产生粉尘、油烟、有害气体及储存具有腐蚀性、易燃、易爆物品的场所，并应远离强震源。

　　(10) 弱电设备用房应采取防火、防水、防潮、防尘、防电磁干扰措施，地面宜采取防静电措施。

　　(11) 位于高层、超高层办公建筑楼层上的机电设备用房，其楼面荷载应满足设备安装、使用要求。

（12）放置在建筑外侧和屋面上的热泵、冷却塔等室外设备，应采取防噪声措施。

9.2.6 防火设计

（1）A类、B类办公建筑的耐火等级应为一级，C类办公建筑耐火等级应不低于二级。

（2）办公综合楼内办公部分的安全出口不应与同一楼层内对外营业的商场、营业厅、娱乐、餐饮等人员密集场所的安全出口共用。

（3）办公建筑疏散总净宽度应按总人数计算，当无法额定总人数时，可按其建筑面积 $9m^2$/人计算。

（4）机要室、档案室、电子信息系统机房和重要库房等隔墙的耐火极限不应小于 2h，楼板不应小于 1.5h，并应采用甲级防火门。

（5）办公建筑的防火设计尚应符合现行国家标准《建筑设计防火规范》（GB 50016—2014）（2018 年版）、《建筑防火通用规范》（GB 55037—2022）、《建筑内部装修设计防火规范》（GB 50222—2017）和《汽车库、修车库、停车场设计防火规范》（GB 50067—2014）的有关规定。

9.3 设计实例

办公楼设计实例见本书附图 34 页～48 页，或扫描二维码参看。

10 宿舍楼设计

10.1 概述

宿舍在《现代汉语词典》中是指"企业、机关、学校等供给工作人员及其家属或供给学生住的房屋",在《建筑大辞典》中是指"供个人或集体日常居住使用的建筑物,由成组的居室和厕所洗浴室或卫生间组成,并设有公共活动室、管理室和晾晒空间"。学生宿舍楼设计一般都是走廊串联宿舍单元的形式,分为长廊式宿舍:公用走廊服务两侧或一侧居室,居室间数大于5间者;短廊式宿舍:公用走廊服务两侧或一侧居室,居室间数小于或等于5间者;单元式宿舍:楼梯、电梯间服务几组居室组团,每组有居室分隔为睡眠和学习两个空间,与盥洗、厕所组成单元宿舍;公寓式宿舍:设有必要的管理用房,如值班室、贮藏室等,为居住者提供床上用品和其他生活用品,实行缴纳费用的管理办法。

10.2 设计要点

1. 一般规定

(1)宿舍外场地

宿舍用地及建筑布置宜选择有日照、通风良好、有利排水、避免噪声和各种污染源的场地。宿舍宜接近工作和学习地点,其附近公用食堂、商业网点、公共浴室等配套服务设施,服务半径不宜超过250m;宿舍主要出入口前应设人员集散场地,集散场地人均面积指标不应小于0.20m²;其附近应有室外活动场地、自行车存放处,宿舍区内宜设机动车停车位,并可设置或预留电动汽车停车位和充电设施。

(2)宿舍内房间

宿舍内居室宜集中布置;每栋宿舍应设置管理室、公共活动室和晾晒空间。宿舍内应设置盥洗室和厕所;宿舍半数以上居室应有良好朝向,并应具有与住宅居室相同的日照标准。宿舍内应设置消防安全疏散指示图以及明显的安全疏散标志。

(3)宿舍平面关系

宿舍平面关系、单元式宿舍平面关系及宿舍动静分区关系如图10-1~图10-3所示。

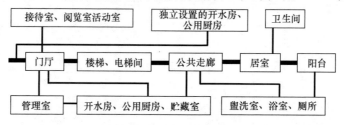

图10-1 宿舍平面关系

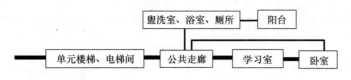

图 10-2　单元式宿舍平面关系

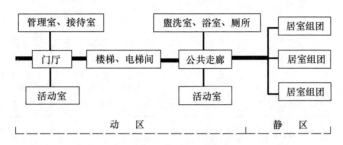

图 10-3　宿舍平面动和静的功能分区

2. 居室

（1）居室的人均使用面积不宜小于表 10-1 中的规定。

表 10-1　居室类型与人均使用面积

项目		居室类型				
		1 类	2 类	3 类	4 类	5 类
每室居住人数（人）		1	2	3～4	6	≥8
人均使用面积 （m²/人）	单层床、高架床	16	8	6	—	—
	双层床	—	—	—	5	4
储藏空间		立柜、壁柜、吊柜、书架				

注：1. 本表中面积不含居室内附设卫生间和阳台面积；

　　2. 5 类宿舍以 8 人为宜，不宜超过 16 人；

　　3. 残疾人居室面积宜适当放大，居住人数一般不宜超过 4 人，房间内应留有直径不小于 1.5m 的轮椅回转空间。

（2）居室的床位布置尺寸应符合下列规定：

① 两个单床长边之间的距离不应小于 0.60m；无障碍居室不应小于 0.80m；

② 两床床头之间的距离不应小于 0.10m；

③ 两排床或床与墙间的走道宽度不应小于 1.20m，残疾人居室应留有轮椅回转空间；

④ 采暖地区居室应合理布置供暖设施的位置。

3. 辅助用房

（1）厕所、浴室

① 公用厕所应设前室或经公用盥洗室进入，前室或公用盥洗室的门不宜与居室门相对。公用厕所、公用盥洗室不应布置在居室的上方。除附设卫生间的居室外，公用厕所及公用盥洗室与最远居室的距离不应大于 25m；

② 公用厕所、公用盥洗室卫生设备的数量应根据每层居住人数确定，设备数量不应少于表 10-2 的规定；

表 10-2　公用厕所、公共盥洗室内卫生设备数量

项目	设备种类	卫生设备数量
男厕所	大便器	8 人以下设一个；超过 8 人时，每增加 15 人或不足 15 人增设一个
	小便器	每 15 人或不足 15 人设一个
	小便槽	每 15 人或不足 15 人设 0.7m
	洗手盆	与盥洗室分设的厕所至少设一个
	污水池	公用卫生间或公用盥洗室设一个
女厕所	大便器	5 人以下设一个；超过 5 人时，每增加 6 人或不足 6 人增设一个
	洗手盆	与盥洗室分设的卫生间至少设一个
	污水池	公用卫生间或公用盥洗室设一个
盥洗室（男、女）	洗手盆或盥洗槽龙头	5 人以下设一个；超过 5 人时，每 10 人或不足 10 人增设一个

③ 居室内设置独立卫生间，其使用面积不应小于 2m²；

④ 夏热冬暖地区应在宿舍建筑内设淋浴设施；其他地区可根据条件设分散或集中的淋浴设施，每个浴位服务人数不应超过 15 人；

⑤ 宿舍建筑内的主要出入口处宜设置附设卫生间的管理室，其使用面积不应小于 10m²；

⑥ 宿舍建筑内宜在主要出入口处设置会客空间，其使用面积不宜小于 12m²；设有门禁系统的门厅，不宜小于 15m²；

⑦ 宿舍建筑内的公共活动室（空间）宜每层设置，人均使用面积宜为 0.30m²，公共活动室（空间）的最小使用面积不宜小于 30m²；

⑧ 宿舍建筑内设有公用厨房时，其使用面积不应小于 6m²；

⑨ 宿舍建筑内每层宜设置开水设施或开水间。

（2）楼梯

① 楼梯踏步宽度不应小于 0.27m，踏步高度不应大于 0.165m；楼梯扶手高度自踏步前缘线量起不应小于 0.9m，楼梯水平段栏杆长度大于 0.5m 时，其高度不应小于 1.05m；

② 开敞楼梯的起始踏步与楼层走道间应设有进深不小于 1.2m 的缓冲区；

③ 中小学宿舍楼梯应符合现行国家标准《中小学校设计规范》（GB 50099）的相关规定。

④ 楼梯间宜有天然采光和自然通风；

⑤ 6 层及 6 层以上宿舍或居室最高入口层楼面距室外设计地面的高度大于 15m 时，宜设置电梯；高度大于 18m 时，应设置电梯，并宜有一部电梯供担架平入。

（3）门窗和阳台

① 宿舍外窗窗台不应低于 0.90m，当低于 0.90m 时应采取安全防护设施；

② 居室和辅助房间的门洞口宽度不应小于 0.90m，阳台门洞口宽度不应小于 0.80m，居室内附设卫生间的门洞口宽度不应小于 0.70m，设亮窗的门洞口高度不应小于 2.40m，不设亮窗的门洞口高度不应小于 2.10m；

③ 宿舍宜设阳台，阳台进深不宜小于 1.20m。各居室之间或居室与公共部分之间毗连的阳台应设分室隔板；

④ 低层、多层宿舍阳台栏杆净高不应低于 1.05m；中高层、高层宿舍阳台栏杆净高不应低于 1.10m。

4. 层高和净高

① 居室采用单层床时，层高不宜低于 2.80m，净高不应低于 2.60m；在采用双层床或高架床时，层高不宜低于 3.60m，净高不应低于 3.40m；

② 辅助用房的净高不宜低于 2.50m。

5. 自然通风和采光

① 宿舍内的居室、公共盥洗室、公共厕所、公共浴室和公共活动室应直接自然通风和采光，走廊宜有自然通风和天然采光；

② 宿舍的室内采光标准应符合表 10-3 采光系数最低值，其窗地面积比应符合表 10-3 中的规定取值。

表 10-3　室内采光标准

房间名称	侧面采光	
	采光系数最低值（%）	窗地面积比最低值（A_c/A_d）
居室	2	1/7
楼梯间	1	1/12
公用厕所、公用浴室	1	1/10

注：1. 窗地面积比值为直接天然采光房间的侧窗洞口面积 A_c 与该房间地面面积 A_d 之比；

2. 本表按三类光气候单层普通玻璃铝合金窗计算，当用于其他光气候区或采用其他类型窗时，应按现行国家标准《建筑采光设计标准》（GB 50033—2013）的有关规定进行调整；

3. 离地面高度低于 0.80m 的窗洞口面积不计入采光面积内。窗洞口上沿距地面高度不宜低于 2m。

6. 安全疏散

① 除与敞开式外廊直接相连的楼梯间外，宿舍建筑应采用封闭楼梯间；当建筑高度大于 32m 时应采用防烟楼梯间；

② 每层安全出口、疏散楼梯的净宽应按通过人数每 100 人不小于 1.00m 计算，当各层人数不等时，疏散楼梯的总宽度可分层计算，下层楼梯的总宽度应按本层及以上楼层疏散人数最多一层的人数计算，梯段净宽不应小于 1.20m；

③ 首层直通室外疏散门的净宽度应按各层疏散人数最多一层人数计算，且净宽不应小于 1.40m；

④ 通廊式宿舍走道的净宽度，当单面布置居室时不应小于 1.60m，当双面布置居室时不应小于 2.20m；单元式宿舍公共走道净宽不应小于 1.40m；

⑤ 宿舍建筑的安全出口不应设置门槛，其净宽不应小于 1.40m，出口处距门的 1.40m 范围内不应设踏步；

⑥ 宿舍建筑内应设置消防安全疏散示意图以及明显的安全疏散标识，且疏散走道应设置疏散照明和灯光疏散指示标志。

7. 建筑节能

① 宿舍应符合国家现行有关居住建筑节能设计标准；

② 宿舍应保证室内基本的热环境质量，采取冬季保温和夏季隔热及节约采暖和空调能耗的措施；

③严寒和寒冷地区的宿舍不应设置开敞的楼梯间和外廊，其入口应设门斗或采取其他防寒措施。

10.3　设计实例

宿舍楼设计实例详见本书附图 49～71 页，或扫描二维码参看。

11 普通旅馆设计

11.1 概述

旅馆通常由客房部分、公共部分、辅助部分组成，是为客人提供住宿及餐饮、会议、健身和娱乐等全部或部分服务的公共建筑，也称为酒店、饭店、宾馆、度假村。旅馆建筑类型按经营特点分为商务旅馆、度假旅馆、会议旅馆、公寓旅馆等。

在进行旅馆设计时，除满足现行《旅馆建筑设计规范》（JGJ 62—2014）要求外，还应符合现行《民用建筑设计统一标准》（GB 50352—2019）、《建筑设计防火规范》（GB 50016—2014）（2018年版）、《建筑防火通用规范》（GB 55037—2022）及其他国家现行的有关标准、规范。

1. 旅馆建筑等级

根据旅馆的使用功能、建筑标准、设备设施等硬件要求，将旅馆建筑由低至高划分为一级、二级、三级、四级、五级 5 个建筑等级，详见国标《旅游饭店星级的划分与评定》（GB/T 14308—2010）。特别说明：旅馆的建筑等级虽与旅游饭店星级在硬件设施上有部分关联，但它们之间并没有直接对应关系，因为旅游饭店星级是通过旅馆的硬件设施和软件服务分项得分综合而评定的。

2. 旅馆建筑的组成

由于规模、等级、性质、经营方式不同，旅馆建筑的组成相差甚大，但一般由以下三部分组成：

（1）客房部分。旅馆建筑内为客人提供住宿及配套服务的空间或场所。

（2）公共部分。旅馆建筑内为客人提供接待、餐饮、会议、健身、娱乐等服务的公共空间或场所。

（3）辅助部分。旅馆建筑内为客人住宿、活动相配套的辅助空间或场所。通常指旅馆建筑服务人员工作、休息、生活的非公共空间或场所。

11.2 设计要点

11.2.1 旅馆建筑的选址、基地选择

1. 旅馆建筑的选址原则

（1）旅馆建筑的选址应符合当地城乡总体规划的要求，并应结合城乡经济、文化、自然环境及产业要求进行布局。

（2）宜选择交通便利，附近的公共服务和基础设施较完备的地段。不应在有害气体和烟尘影响的区域内，且应远离污染源和储存易燃、易爆物的场所。

（3）应选择工程地质及水文地质条件有利、排水通畅、有日照条件且采光通风较好、环

境良好的地段，并应避开可能发生地质灾害的地段。

（4）在历史文化名城、历史文化保护区、风景名胜地区及重点文物保护单位附近，建设旅馆时应符合国家和地方有关保护规划的要求。

2. 旅馆建筑基地选择原则

（1）旅馆建筑基地应至少有一面直接临接城市道路或公路，或应设道路与城市道路或公路相连接。位于特殊地理环境中的旅馆建筑，应设置水路或航路等其他交通方式。

（2）当旅馆建筑设有 200 间（套）以上客房时，其基地的出入口不宜少于 2 个，出入口的位置应符合城乡交通规划的要求。

（3）旅馆建筑基地宜具有相应的市政配套条件。

（4）旅馆建筑基地的用地大小应符合国家和地方政府的相关规定，应能与旅馆建筑的类型、客房间数及相关活动需求相匹配。

11.2.2 旅馆总平面设计

1. 一般原则

（1）根据城市规划的要求，妥善处理好建筑与周围环境、出入口与道路、建筑设备与城市管线之间的关系。

（2）旅馆出入口应明显，组织好交通流线，安排好停车场地，满足安全疏散的要求。

（3）功能分区明确，使各部分的功能要求都能得到满足，尽量减少噪声和污染源对其的干扰。

（4）有利于创造良好的空间形象和建筑景观。

2. 总平面设计的主要内容

在总平面设计时除安排好主体建筑外，还应安排好出入口、广场、道路、停车场、附属建筑、绿化、建筑小品等，有些旅馆还要考虑游泳池、网球场、露天茶座等。

（1）主体建筑

主体建筑位置应突出。客房部分应日照、通风条件好，环境安静。门厅、休息厅、商店、餐厅应靠近出入口，便于管理和营业。厨房、动力设施应有对外通道，不干扰其他部分的正常使用，不影响城市景观。

（2）出入口

出入口至少设置 2 个，主要出入口应明显，次要出入口供后勤服务和职工出入使用，最好设在次要道路上。有的旅馆还设有贵宾出入口、购物出入口。

（3）道路与停车场

应组织好机动车交通，减少对人流的交叉干扰，并符合城市道路规划的要求。要做好安全疏散设计，遵守防火规范的有关规定。例如：建筑物沿街部分长度超过 150m 或总长度超过 220m 时，应设置穿过建筑物的消防通道，如图 11-1 所示。

根据旅馆建筑的规模、类型、用地位置、交通状况等内容，设置相应数量的机动车和非机动车的停放场地或停车库。停车场应靠近出入口，但不能

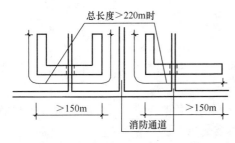

图 11-1 穿过建筑物的消防通道

影响人流交通。高层建筑可利用地下室、半地下室设停车场。停车泊位数根据具体情况确定。当货运专用出入口设于地下车库内时，地下车库货运通道和货运区域的净高不宜低于 2.8m；同时，停车库宜设置通往公共部分的公共通道或电梯。

（4）绿化

旅馆建筑的绿化一般有两类：一类是建筑外围或周边的绿化，对于美化街景，减少噪声和视线干扰，增加空间层次有良好作用；另一类是封闭或半封闭的庭园，有利于丰富旅馆的室内外空间，可有效改善采光、通风条件。

3. 总平面布局方式

总平面布局受基地条件、投资等因素影响，一般有分散式、集中式、混合式布局三种类型。

分散式布局适应于需分期建设或对建筑高度、体量有限制的情况。其缺点是占地面积较大。

集中式布局常将客房设计成高层建筑，其他部分则布置成裙房。这种方式布局紧凑，交通路线短，但对建筑设备要求较高。

混合式布局常将旅馆的客房、办公、会议等集中在一幢建筑中，而将其他部分另行布置成一幢或数幢建筑，有利于减少动力设施对其他部分的干扰。

11.2.3　旅馆客房部分设计

度假旅馆建筑客房宜设阳台。相邻客房之间、客房与公共部分之间的阳台应分隔，且应避免视线干扰。

1. 客房设计

（1）客房类型

客房一般分为单床间（单人床间）、双床间（双人床间）、多床间、套间等。

单床间：供单人使用，安全无干扰，但经济性和出租的灵活性稍差，如图 11-2 所示。

双床间：又称为标准间，这是旅馆中最常用的客房类型，适用性广，较受顾客欢迎，如图 11-3 所示。

多床间：在一间客房内放 3～4 张床，只有设备简单的卫生间，或者不附设卫生间而使用公共卫生间。这是一种低标准的经济客房。

套间：由两间居室组成一套客房，标准较高。必要时，起居室也可放床，如图 11-3 所示。

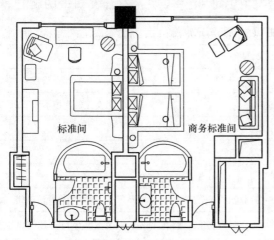

图 11-2　单床间和双床间平面图

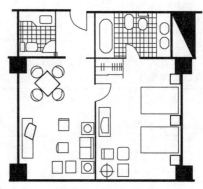

图 11-3　套间平面图

上述各类客房在一幢旅馆中所占的比例要根据旅馆的等级、服务对象、经营方式等来确定。

（2）客房面积和基本尺寸

客房净面积不应小于表 11-1 中的规定，客房附设卫生间不应小于表 11-2 的规定。

表 11-1　客房净面积（m²）

旅馆建筑等级	一级	二级	三级	四级	五级
单床间	—	8	9	10	12
双床间	12	12	14	16	20
多床间（按每床计）	每床不小于 4				

注：客房净面积是指除客房阳台、卫生间和门内出入口小走道（门廊）以外的房间内面积（公寓式旅馆建筑的客房除外）。

表 11-2　客房附设卫生间面积

旅馆建筑等级	一级	二级	三级	四级	五级
净面积（m²）	2.5	3.0	3.0	4.0	5.0
占客房总数百分比（%）	—	50	100	100	100
卫生器具（件）	2		3		

注：2 件指大便器、洗面盆；3 件指大便器、洗面盆、浴盆或淋浴间（开放式卫生间除外）。

以双床间为标准，经济型的客房开间为 3.3～3.6m，舒适型的为 3.6～3.9m，豪华级的在 4m 左右。当一个柱距包括两个开间时，柱距为 7.2～7.8m 或 8～8.4m 较经济。客房的进深一般为 4.5～5.1m，标准高的在 6m 左右。

客房室内净高，当设空调时不低于 2.4m，不设空调时不低于 2.6m。利用坡屋顶内空间作为客房时，应至少有 8m² 面积的净高不低于 2.4m；卫生间净高不应低于 2.2m；客房层公共走道及客房内走道净高不应低于 2.1m。实际工程中，净高要求均有所提高。大多数四、五级旅馆要求客房净高不低于 2.8m，客房内走道及公共走道、卫生间净高均不低于 2.3～2.4m。另外，无障碍客房的走道需满足轮椅活动的需要。

不附设卫生间的客房，应设置集中的公共卫生间和浴室，并应符合表 11-3 的规定。

表 11-3　公共卫生间和浴室设施

设备（设施）	数量	要求
公共卫生间	男女至少各 1 间	宜每层设置
大便器	每 9 人 1 个	男女比例宜按不大于 2：3
小便器或 0.6m 长小便槽	每 12 人 1 个	—
浴盆或淋浴间	每 9 人 1 个	—
洗面盆或盥洗槽龙头	每 1 个大便器配置 1 个，每 5 个小便器增设 1 个	—
清洁池	每层 1 个	宜单独设置清洁间

注：1. 上述设施大便器男女比例宜按 2：3 设置，若男女比例有变化需做相应调整；其余按男女 1：1 比例配置。

2. 应按现行国家标准《无障碍设计规范》（GB 50763—2012）规定，设置无障碍专用厕所或厕位和洗面盆。

公共卫生间应设前室或经盥洗室进入，前室和盥洗室的门不宜与客房门相对；与盥洗室分设的厕所应至少设一个洗面盆。

公共卫生间和浴室不宜向室内公共走道设置可开启的窗户，客房附设的卫生间不应向室内公共走道设窗户。

上、下楼层直通的管道井，不宜在客房附设的卫生间内开设检修门。

（3）客房室内设计

客房内的家具主要有床、床头柜（床头柜常设有灯具、电视、呼唤信号、电动窗帘等的控制开关）、写字桌、行李架、茶几、沙发等，进门处设壁柜，有的还有小酒吧。配备的电气设备有电视、冰箱、空调等。标准客房的室内布置如图 11-4 所示。床应三面临空，与卫生间隔墙的距离不小于 0.3m，以便服务员整理床铺。门洞口宽度不小于 0.9m，门洞净高不应低于 2m。客房入口门宜设安全防范设施；客房卫生间门净宽不应小于 0.7m，净高不应低于 2.1m；无障碍客房卫生间门净宽不应小于 0.8m。为了开门时有停留位置，可将房门处的墙后退 0.3m 以上。

1—壁柜；
2—行李架；
3—电视机；
4—写字桌；
5—镜子；
6—坐椅；
7—沙发；
8—茶几；
9—单人床；
10—床头柜；
11—窗帘；
12—立灯；
13—台灯；
14—床头灯；
15—冰箱；
16—客户卫生间

图 11-4　标准客房的室内布置

2. 客房卫生间设计

卫生间面积和设备数量与旅馆等级有关，详见表 11-2。国内中、低档旅馆客房卫生间开间方向净尺寸一般为 1.5m、1.7m、2.1m，进深方向净尺寸一般为 2.1m、2.2m、1.8m。高档客房卫生间平面尺寸稍大，如 1.7m×2.3m、1.7m×2.6m 等，豪华级的可为 2.3m×2.7m。卫生间一般设浴缸、坐式便器、洗脸盆三大件，标准高的还设净身器。浴盆宽 0.7~0.75m，长 1.22m、1.38m、1.68m，高 0.3~0.4m。洗脸盆多与化妆台、梳妆镜、照明灯结合起来。其他配件还有扶手、帘杆、手纸盒、肥皂盒、衣架等，如图 11-5 所示。客房卫生间的常见布置形式如图 11-6 所示。

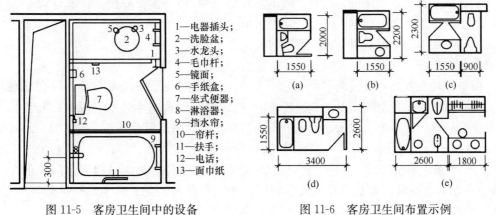

1—电器插头；
2—洗脸盆；
3—水龙头；
4—毛巾杆；
5—镜面；
6—手纸盒；
7—坐式便器；
8—淋浴器；
9—挡水帘；
10—帘杆；
11—扶手；
12—电话；
13—面巾纸

图 11-5　客房卫生间中的设备

图 11-6　客房卫生间布置示例

卫生间与客房的组合关系主要有以下三种：

（1）卫生间沿外墙布置：优点是卫生间的采光、通风条件好，缺点是客房的开间加大，如图11-7（a）所示。

（2）卫生间位于两客房之间：结构较简单，但对客房易产生噪声干扰，如图11-7（b）所示。

（3）卫生间沿走道一侧布置：可加大房屋进深，缩小房间开间，也便于布置管道井，是采用最多的组合方式，如图11-7（c）所示。

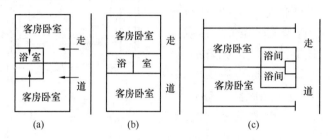

图11-7　卫生间与客房的组合关系

3. 客房层服务用房设计

客房层服务用房宜根据管理要求每层或隔层设置；宜邻近服务电梯；宜设服务人员工作间、贮藏间或开水间，且贮藏间应设置服务手推车停放及操作空间；客房层宜设污水井道，污水井道或污水井道前室的出入口应设乙级防火门；三级及以上旅馆建筑应设工作消毒间；一、二级旅馆建筑应有消毒设施；工作消毒间应设有效的排气措施，且蒸汽或异味不应窜入客房；客房层应设置服务人员卫生间；当服务通道有高差时，宜设置坡度不大于1∶8的坡道。

11.2.4　旅馆公共部分设计

1. 旅馆入口与门厅（大堂）

门厅（大堂）是旅馆建筑必须设置的公共空间，不同等级、不同类型、不同规模的旅馆其门厅大堂空间内设置的内容差异很大。一般来讲，四、五级旅馆门厅（大堂）主要设置以下内容：总服务台（包括接待、结账、问询、外币兑换等）、前台办公室、休息会客区、卫生间、物品（贵重物品、行李）寄存、邮电通信、预订票证、大堂酒吧、楼梯、电梯厅等。一、二、三级旅馆一般设总服务台、卫生间、休息会客区，其余如物品寄存等许多服务内容均由总服务台兼顾。

大型旅馆功能复杂，流线繁多，为方便客人、保持舒适氛围、管理方便，应有机地组织各种人流、物流，避免交叉。对于人流较集中的公共部分，如宴会厅、会议中心等，如条件允许可设置独立门厅，娱乐休闲、大中型商场如独立经营则需另设出入口或门厅，大型旅馆（酒店）有时还会设置团队门厅，以避免客流的相互影响。

门厅（大堂）应设置客人等候和休息区域。具体的座位数建议按照客房间数的1%～4%考虑。高等级旅馆和大堂结合设大堂酒吧可和门厅空间连通，为客人提供会客、交际、商务活动或洽谈空间，该空间多配备方便客人使用的电源插座和网络接口。

集中式布局旅馆的楼梯、电梯宜布置在客人方便到达的位置；分散布局旅馆客房的楼梯、电梯位置应便于客人寻找，不宜穿越客房区域。

旅馆设计中，可将门厅和内庭、中庭结合起来，其功能扩展到餐饮、购物、娱乐、交往等，成为多功能共享空间，又称为大堂，是旅馆建筑中最富艺术表现力的部分。

2. 总服务台

总服务台是接待问询、办理入住手续和结账的空间，应位置明显，通常设在酒店的大堂，使客人容易看到也便于总台服务员观察客人的活动。对于目前旅馆的管理，一般结账时间较为集中，为了避免拥挤，总台应有一定的长度，在前方应预留一定的等候空间，在总台附近设前台办公室以方便客房预订、结账等旅馆管理工作。

此外，门厅管理、保安、车船和机票代办、出租车、旅行社、邮电、银行等服务也可设在总服务台，也可另设柜台。

总服务台应与休息厅、楼梯、电梯厅有良好的交通联系，并在视线范围内，以便管理和服务。

3. 会议室与多功能厅

（1）会议室

小会议室可设在客房层，大型及中型会议室不应设在客房层。会议室的位置、出入口应避免外部使用时的人流路线与旅馆内部客流路线相互干扰。会议室的环境应相对安静，附近有公共卫生间。会议室的面积宜按 $1.2\sim1.8m^2$/人设计。

（2）多功能厅

多功能厅既可作会议室，又能进行宴会、娱乐、接待、商贸、展览等活动。多功能厅常设有活动隔断，以提高使用的灵活性。多功能厅宜有单独出入口，并设置休息厅、衣帽间、卫生间。多功能厅的面积宜按 $1.5\sim2.0m^2$/人计算。

当宴会厅、多功能厅设置能灵活分隔成相对独立的使用空间时，隔断及隔断上方封堵应满足隔声的要求，并应设置相应的音响、灯光设施。

根据《建筑设计防火规范》（GB 50016—2014）（2018 年版）的要求，建筑内的会议厅、多功能厅，宜布置在首层、二层或三层。设置在三级耐火等级的建筑内时，不应布置在三层及以上楼层。确需布置在一、二级耐火等级建筑的其他楼层时，应符合下列规定：一个厅、室的疏散门不应少于 2 个，且建筑面积不宜大于 $400m^2$；设置在地下或半地下时，宜设置在地下一层，不应设置在地下三层及以下楼层；设置在高层建筑内时，应设置火灾自动报警系统和自动喷水灭火系统等自动灭火系统。

4. 交通空间

（1）楼（电）梯

楼（电）梯的数量、梯段宽度及安全要求等都应符合防火规范的要求。客房层两端都应设有楼梯，其中一个宜靠近电梯厅。门厅中的主楼梯位置要明显。楼梯踏步宽度不小于280mm，踏步高不大于160mm。

电梯的配置包括电梯的台数、额定载重量和额定速度，与建筑布局方式、建筑层数、服务的客房数等有关，应根据具体情况计算确定。

四级、五级旅馆建筑二层宜设乘客电梯，三层及三层以上应设乘客电梯。一级、二级、三级旅馆建筑三层宜设乘客电梯，四层及四层以上应设乘客电梯。主要乘客电梯位置应有明确的导向标识，并应能便捷抵达。客房部分宜至少设置两部乘客电梯，四级及以上旅馆建筑公共部分宜设置自动扶梯或专用乘客电梯。

近年来，一些高档旅馆在外墙或中庭设置了观景电梯，乘客可以通过玻璃观看外面景物，升降的轿厢也起到景观作用，但这种电梯不能作为疏散安全梯使用。

（2）走道

客房部分走道应符合下列规定：单面布房的公共走道净宽不得小于 1.3m，双面布房的公共走道净宽不得小于 1.4m；客房内走道净宽不得小于 1.1m；无障碍客房走道净宽不得小于 1.5m；对于公寓式旅馆建筑，公共走道、套内入户走道净宽不宜小于 1.2m；通往卧室、起居室（厅）的走道净宽不应小于 1.0m；通往厨房、卫生间、贮藏室的走道净宽不应小于 0.9m。

5. 其他要求

旅馆建筑应按等级、需求等配备商务、商业设施。三级至五级旅馆建筑宜设商务中心、商店或精品店；一级和二级旅馆建筑宜设零售柜台、自动售货机等设施，并应符合下列规定：

商务中心应标识明显，容易到达，并应提供打印、传真、网络等服务；商店或精品店的位置应方便旅客，并应符合现行行业标准《商店建筑设计规范》（JGJ 48）的规定；当旅馆建筑设置大型或中型商店时，商店部分宜独立设置，其货运流线应与旅馆建筑分开，并应另设卸货平台。

美容室、理发室、健身、娱乐设施应根据旅馆建筑类型、等级和实际需要进行设置，四级和五级旅馆建筑宜设健身、水疗、游泳池等设施，并应符合下列规定：

客人进入游泳池路径应按卫生防疫的要求布置，非比赛游泳池的水深不宜大于 1.5m；对有噪声的健身、娱乐空间，各围护界面的隔声性能应符合现行国家标准《民用建筑隔声设计规范》（GB 50118—2010）的规定；需独立对外经营的空间，宜设专用出入口。

11.2.5 旅馆辅助部分设计

辅助部分应与旅客出入口分开设置，出入口数量和位置应根据旅馆建筑等级、规模、布局和周边条件设置，四级和五级旅馆建筑应设独立的辅助部分出入口，且职工与货物出入口宜分设；三级及以下旅馆建筑宜设辅助部分出入口。

1. 餐厅

餐厅是旅馆建筑较为重要的空间，按饮食特点分，有中餐厅、西餐厅、风味餐厅等；按服务方式和环境特色分，有宴会厅、包房餐室、快餐厅、自助餐厅、花园餐厅、旋转餐厅等。另外，以酒水为主的还有咖啡厅、酒吧、茶室等。餐厅规模应视旅馆规模、服务对象和经济效益而定，满足不同人群的不同需求。

为方便客人，目前多数旅馆均设供应早餐的餐厅或 24 小时餐厅即自助餐厅（咖啡厅）（公寓式酒店一般不提供早餐，一、二级旅馆如周边公共饮食设施完善的也有不设早餐厅的）。对于自助餐厅（咖啡厅），多数酒店管理公司要求客房数与餐位数之比：四、五级商务型旅馆为 1：（0.4～0.8）；一、二、三级商务旅馆为 1：（0.2～0.4），度假型旅馆多数在 1：（0.6～1.2）。如果是青年旅社，可按照床位数来控制。

餐桌有方桌、长桌、圆桌等，它们的基本尺寸和面积指标见图 11-8、表 11-4。餐桌边到餐桌边的净距离，仅就餐者通行时应 ≥1.35m，有服务员通行时应 ≥1.8m，有小车通行

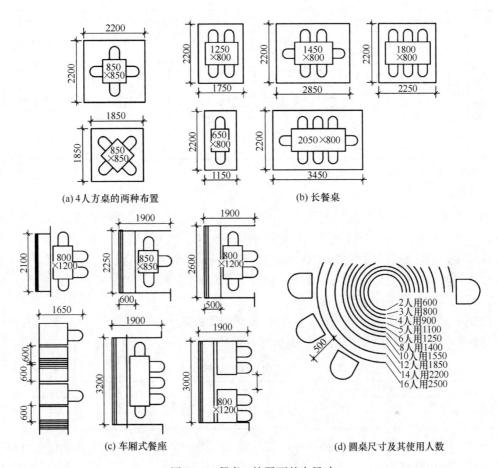

图 11-8　餐桌、椅平面基本尺寸

时应≥2.1m。餐桌边到内墙边的净距离，仅就餐者通行时应≥0.9m，有服务员通行时应≥1.35m。

餐厅的位置要考虑使用方便，但不要对客房产生干扰。当餐厅同时也对外营业时，面积可加大，应有单独的出入口，并设衣帽间、卫生间。

餐厅内应有舒适的环境，地面应便于做清洁，不宜太光滑。

表 11-4　不同餐座构成的单位餐桌面积指标

餐座构成	正方形桌			长方形桌		圆形桌
	平行 2 座	平行 4 座	对角 4 座	对面 4 座	对面 6 座	对面 4 座
座位形式						
m²/人	1.7～2.0	1.3～1.7	1.0～1.2	1.3～1.5	1.0～1.5	0.9～1.4

续表

餐座构成	车厢座	长方形桌		
	对面 4 座	对面 4 座	对面 6 座	对面 8 座
座位形式				
m²/人	0.7～1.0	1.3～1.5 (1.4～1.6)	1.0～1.2 (1.1～1.3)	0.9～1.1 (1.0～1.2)

注：括弧内为用于服务餐车时所需指标。

2. 厨房

厨房的面积和平面布置应根据旅馆建筑等级、餐厅类型、使用服务要求设置，并应与餐厅的面积相匹配；三级至五级旅馆建筑的厨房应按其工艺流程如加工、制作、备餐、洗碗、冷荤及二次更衣区域、厨工服务用房、主副食库等进行划分，并宜设食品化验室；一级和二级旅馆建筑的厨房可简化或仅设备餐间。设计时还应按现行的《饮食建筑设计标准》（JGJ 64—2017）中有关厨房部分的规定执行。

厨房面积大小受很多因素影响。我国餐厨面积比一般为 1∶1～1∶1.1，等级较低的旅馆厨房面积可小一些，表 11-5 中的面积指标可作参考。

表 11-5 旅馆厨房面积计算参考指标 （m²/人）

规模		等级标准	
200 人以内	1000 人以内	一般食堂	高级酒店
0.5～0.7	0.4～0.5	1～1.2	1.4～1.9

厨房的位置应与餐厅联系方便，并应避免厨房的噪声、油烟、气味及食品储运对餐厅及其他公共部分和客房部分造成干扰；设有多个餐厅时，宜集中设置主厨房，并宜与相应的服务电梯、食梯或通道联系。厨房的空间组成基本上可分为物品出入区、物品储存区、食品加工区、烹饪区、备餐区、洗涤区六部分。对于大型厨房，还应将中餐、西餐、清真餐等的加工分开。

厨房的工艺流程如图 11-9、图 11-10 所示。

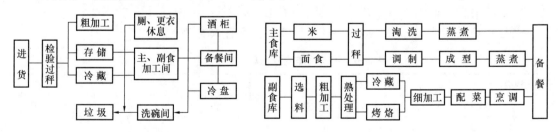

图 11-9　厨房总工艺流程　　　　图 11-10　主、副食品加工工艺流程

厨房的位置应靠外墙，便于货物进出与通风排气。厨房与餐厅最好布置在同一层，如必须分层设置，宜设食品电梯。对外营业的餐厅以及以煤为燃料的厨房宜设在底层的裙房内。当主楼顶部设有旋转餐厅时，厨房可设在顶层，或将细加工部分的厨房设在顶层。此时，厨房宜以蒸汽、电和管道煤气为热源，并设专用货梯。当主楼层数较多时，也可在主楼中部设

置小型餐厅和小厨房，如图 11-11 所示。

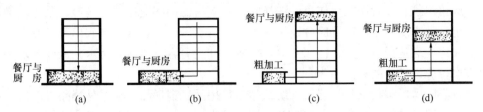

图 11-11　厨房、餐厅在旅馆中的位置

厨房的平面组合主要有以下三种方式：

① 统间式。将加工区、烹饪区和洗涤区布置在一个大空间内，适用于每餐供应 200～300 份饭菜的小型厨房，如图 11-12 所示。

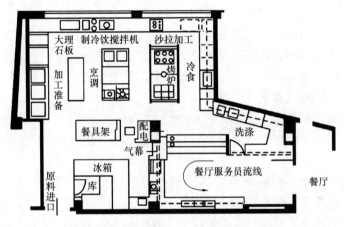

图 11-12　统间式厨房

② 分间式。将加工、烹饪、点心制作、洗涤等分别按工艺流程布置在专用房间内，卫生条件好，相互干扰小，适用于有空调、规模较大的厨房。

③ 大、小间结合式。将加工、烹饪布置在大间，点心、冷盘、洗涤布置在小间，卫生条件好，联系也方便，是一般旅馆厨房常用的组合方式，如图 11-13 所示。

厨房无论采用哪种组合方式，都应符合工艺流程的要求，缩短运输和操作路线，避免混杂，满足食品卫生的要求。厨房要组织好通风，尽量减少油烟和气味窜入餐厅和其他房间。地面和墙裙要便于冲洗。地面排水坡坡度为 $0.5\%\sim2\%$，不宜太光滑。除冷盘间不宜采用明沟外，其余室内排水沟宜用有漏水孔盖板的明沟。

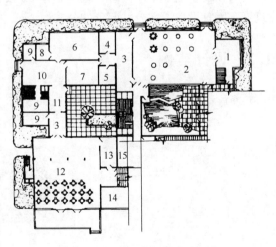

图 11-13　大、小间结合式厨房

1—贵宾休息室；2—宴会厅；3—备餐间；4—冷盘间；5—西点间；6—中厨间；7—西厨间；8—蒸煮间；9—库房；10—粗加工；11—洗碗间；12—餐厅；13—小餐厅；14—理发室；15—配电室

3. 其他要求

（1）旅馆建筑宜设置洗衣房或急件洗涤间，洗衣房的面积应按洗作内容、服务范围及设备能力确定；洗衣房的平面布置应分设污衣入口、污衣区、洁衣区、洁衣出口，并宜设污水井道；洗衣房应靠近服务电梯、污水井道，并应避开主要客流路线；污水井道或污水井道前室的出入口，应设乙级防火门。

（2）备品库房应包括家具、器皿、纺织品、日用品、消耗品及易燃易爆品等库房；库房的位置应与被服务功能区及服务电梯联系便捷，并应满足收运、储存、发放等管理工作的安全与方便要求；库房走道和门的宽度应满足物品通行要求，地面应能承受重物荷载。

（3）旅馆建筑应设集中垃圾间，位置宜靠近卸货平台或辅助部分的货物出入口，并应采取通风、除湿、防蚊蝇等措施；垃圾应分类，并应按干、湿分设垃圾间，且湿垃圾宜采用专用冷藏间或专用湿垃圾处理设备。

（4）旅馆建筑应根据需要设置给水排水、空调、冷冻、锅炉、热力、燃气、备用发电、变配电、网络、电话、消防控制室及安全防范中心等设备用房，小型旅馆建筑可优先考虑利用旅馆建筑附近已建成的相关设施；设备用房位置宜接近服务负荷中心，应运行安全、管理和维修方便，其噪声和振动不应对公共部分和客房部分造成干扰；设备用房应有或预留安装和检修大型设备的水平通道和垂直通道。

（5）旅馆建筑宜设置管理办公室、职工食堂、更衣室、浴室、卫生间以及职工自行车存放间等用房；四级和五级旅馆建筑宜设置职工理发室、医务室、休息室、娱乐室和培训室等用房。

（6）旅馆建筑停车场、库除应符合国家现行标准《车库建筑设计规范》（JGJ 100—2015）、《汽车库、修车库、停车场设计防火规范》（GB 50067—2014）的有关规定外，还应根据规模、条件及需求设置相应数量的机动车、非机动车停车场、停车库；旅馆建筑的货运专用出入口设于地下车库内时，地下车库货运通道和货运区域的净高不宜低于2.80m；旅馆建筑停车库宜设置通往公共部分的公共通道或电梯。

11.3　设计实例

普通旅馆设计实例详见本书附图72页～85页，或描码二维码参看。

12 教学楼设计

学校是培养人才的摇篮，学校教学楼的建筑设计，除了在定额、指标、规范和标准方面要遵守国家有关规定外，还要符合城市的总体规划，优化教学楼的平面与空间组合形式，兼顾材料、结构、构造、施工技术和设备选用等，恰当地处理好功能、技术与艺术三者的关系；同时要考虑青少年活泼好动、好奇和缺乏经验等特点，充分注意安全。

教学楼建筑设计尚应符合现行《民用建筑设计统一标准》（GB 50352—2019）及国家现行的有关标准、规范。大学教学楼可根据不同的使用功能进行设计。

12.1 概述

教学楼一般包括大学教学楼和中小学教学楼，建筑设计时应满足其功能要求。大学教学楼教室面积相对比较灵活，中小学教学楼应满足《中小学校设计规范》（GB 50099—2011）的要求，本文内容主要针对中小学教学楼设计。

12.2 设计要点

12.2.1 一般规定

（1）中小学校的教学及教学辅助用房应包括普通教室、专用教室、公共教学用房及其各自的辅助用房。

（2）中小学校专用教室应包括下列用房：

① 小学的专用教室应包括科学教室、计算机教室、语言教室、美术教室、书法教室、音乐教室、舞蹈教室、体育建筑设施及劳动教室等，宜设置史地教室。

② 中学的专用教室应包括实验室、史地教室、计算机教室、语言教室、美术教室、书法教室、音乐教室、舞蹈教室、体育建筑设施及技术教室等。

（3）中小学校的公共教学用房应包括合班教室、图书室、学生活动室、体质测试室、心理咨询室、德育展览室等及任课教师办公室。

（4）中小学校的普通教室与专用教室、公共教学用房间应联系方便。教师休息室宜与普通教室同层设置。各专用教室宜与其教学辅助用房成组布置。教研组教师办公室宜设在其专用教室附近或与其专用教室成组布置。

（5）中小学校的教学用房及教学辅助用房宜多学科共用。

（6）各教室前端侧窗窗端墙的长度不应小于1.00m，窗间墙宽度不应大于1.20m。

（7）教学用房的窗应符合下列规定：

① 教学用房中，窗的采光应符合现行国家标准《建筑采光设计标准》（GB 50033—2013）的有关规定；

② 教学用房及教学辅助用房的窗玻璃应满足教学要求，不得采用彩色玻璃；

③ 教学用房及教学辅助用房中，外窗的可开启窗扇面积应符合《中小学校设计规范》（GB 50099—2013）通风换气的规定；

④ 教学用房及教学辅助用房的外窗在采光、保温、隔热、散热和遮阳等方面的要求应符合国家现行有关建筑节能标准的规定。

（8）炎热地区的教学用房及教学辅助用房中，可在内外墙设置可开闭的通风窗。通风窗下沿宜设在距室内楼地面以上 0.10～0.15m 高度处。

（9）教学用房的门应符合下列规定：

① 除音乐教室外，各类教室的门均宜设置上亮窗；

② 除心理咨询室外，教学用房的门扇均宜附设观察窗。

（10）教学用房的地面应有防潮处理。在严寒地区、寒冷地区及夏热冬冷地区，教学用房的地面应设保温措施。

（11）教学用房的楼层间及隔墙应进行隔声处理；走道的顶棚宜进行吸声处理。隔声、吸声的要求应符合现行国家标准《民用建筑隔声设计规范》（GB 50118—2010）的有关规定。

（12）教学用房及学生公共活动区的墙面宜设置墙裙，墙裙高度应符合下列规定：

① 各类小学的墙裙高度不宜低于 1.20m；

② 各类中学的墙裙高度不宜低于 1.40m；

③ 舞蹈教室、风雨操场墙裙高度不应低于 2.10m。

（13）教学用房内设置黑板或书写白板及讲台时，其材质及构造应符合下列规定：

① 黑板的宽度应符合下列规定：

a. 小学不宜小于 3.60m；

b. 中学不宜小于 4.00m；

② 黑板的高度不应小于 1.00m；

③ 黑板下边缘与讲台面的垂直距离应符合下列规定：

a. 小学宜为 0.80～0.90m；

b. 中学宜为 1.00～1.10m；

④ 黑板表面应采用耐磨且光泽度低的材料；

⑤ 讲台长度应大于黑板长度，宽度不应小于 0.80m，高度宜为 0.20m。其两端边缘与黑板两端边缘的水平距离分别不应小于 0.40m。

12.2.2　普通教室

普通教室应满足下列规定：

（1）普通教室内单人课桌的平面尺寸应为 0.60m×0.40m。

（2）普通教室内的课桌椅布置应符合下列规定：

① 中小学校普通教室课桌椅的排距不宜小于 0.90m，独立的非完全小学可为 0.85m；

② 最前排课桌的前沿与前方黑板的水平距离不宜小于 2.20m；

③ 最后排课桌的后沿与前方黑板的水平距离应符合下列规定：

a. 小学不宜大于 8.00m；

　　b. 中学不宜大于9.00m；

　　④ 教室最后排座椅之后应设横向疏散走道；自最后排课桌后沿至后墙面或固定家具的净距不应小于1.10m；

　　⑤ 中小学校普通教室内纵向走道宽度不应小于0.60m，独立的非完全小学可为0.55m；

　　⑥ 沿墙布置的课桌端部与墙面或壁柱、管道等墙面突出物的净距不宜小于0.15m；

　　⑦ 前排边座椅与黑板远端的水平视角不应小于30°。

　　（3）普通教室内应为每个学生设置一个专用的小型储物柜。

12.2.3　专用教室

1. 科学教室、实验室

　　（1）科学教室和实验室均应附设仪器室、实验员室和准备室。

　　（2）科学教室和实验室的桌椅类型和排列布置应根据实验内容及教学模式确定，并应符合下列规定：

　　实验桌平面尺寸应符合表12-1的规定。

表 12-1　实验桌平面尺寸（m）

类别	长度	宽度
双人单侧实验桌	1.20	0.60
四人双侧实验桌	1.50	0.90
捣式实验桌	1.80	1.25
气垫导轨实验桌	1.50	0.60
教师演示桌	2.40	0.70

　　实验桌的布置应符合下列规定：

　　① 双人单侧操作时，两实验桌长边之间的净距不应小于0.60m；四人双侧操作时，两实验桌长边之间的净距不应小于1.30m；超过四人双侧操作时，两实验桌长边之间的净距不应小于1.50m；

　　② 最前排实验桌的前沿与前方黑板的水平距离不宜小于2.50m；

　　③ 最后排实验桌的后沿与前方黑板之间的水平距离不宜大于11.00m；

　　④ 最后排座椅之后应设横向疏散走道；自最后排实验桌后沿至后墙面或固定家具的净距不应小于1.20m；

　　⑤ 双人单侧操作时，中间纵向走道的宽度不应小于0.70m；四人或多于四人双向操作时，中间纵向走道的宽度不应小于0.90m；

　　⑥ 沿墙布置的实验桌端部与墙面或壁柱、管道等墙面突出物间宜留出疏散走道，净宽不宜小于0.60m；另一侧有纵向走道的实验桌端部与墙面或壁柱、管道等墙面突出物间可不留走道，但净距不宜小于0.15m；

　　⑦ 前排边座座椅与黑板远端的最小水平视角不应小于30°。

　　（3）科学教室

　　① 科学教室宜在附近附设植物培养室，在校园下风方向附设种植园及小动物饲养园。

　　② 冬季获得直射阳光的科学教室应在阳光直射的位置设置摆放盆栽植物的设施。

③ 科学教室内实验桌椅的布置可采用双人单侧实验桌平行于黑板布置，或采用多人双侧实验桌成组布置。

④ 科学教室内应设置密闭地漏。

（4）化学实验室

① 化学实验室宜设在建筑物首层。化学实验室应附设药品室。化学实验室、药品室的朝向不宜朝西或西南。

② 每一化学实验桌的端部应设洗涤池；岛式实验桌可在桌面中间设通长洗涤槽。每一间化学实验室内应至少设置一个急救冲洗水嘴，急救冲洗水嘴的工作压力不得大于 0.01MPa。

③ 化学实验室的外墙至少应设置 2 个机械排风扇，排风扇下沿应在距楼地面以上 0.10～0.15m 高度处。在排风扇室内一侧应设置保护罩，采暖地区应具有保温功能。在排风扇室外一侧应设置挡风罩。实验桌应有通风排气装置，排风口宜设在桌面以上。药品室的药品柜内应设通风装置。

④ 化学实验室、药品室、准备室宜采用易冲洗、耐酸碱、耐腐蚀的楼地面做法，并装设密闭地漏。

（5）物理实验室

① 当学校配置 2 个及以上物理实验室时，其中 1 个应为力学实验室。光学、热学、声学、电学等实验可共用同一实验室，并应配置各实验所需的设备和设施。

② 力学实验室需设置气垫导轨实验桌，在实验桌一端应设置气泵电源插座；另一端与相邻桌椅、墙壁或橱柜的间距不应小于 0.90m。

③ 光学实验室的门窗宜设遮光措施。内墙面宜采用深色，实验桌上宜设置局部照明，特色教学需要时可附设暗室。

④ 热学实验室应在每一实验桌旁设置给水排水装置，并设置热源。

⑤ 电学实验室应在每一个实验桌上设置一组包括不同电压的电源插座，插座上每一电源宜设分开关，电源的总控制开关应设在教师演示桌处。

⑥ 物理实验员室宜具有设置钳台等小型机修装备的条件。

（6）生物实验室

① 生物实验室应附设药品室、标本陈列室、标本储藏室，宜附设模型室，并宜在附近附设植物培养室，在校园下风方向附设种植园及小动物饲养园。标本陈列室与标本储藏室宜合并设置，实验员室、仪器室、模型室可合并设置。

② 当学校有 2 个生物实验室时，生物显微镜观察实验室和解剖实验室宜分别设置。

③ 冬季获得直射阳光的生物实验室应在阳光直射的位置设置摆放盆栽植物的设施。

④ 生物显微镜观察实验室内的实验桌旁宜设置显微镜储藏柜。实验桌上宜设置局部照明设施。

⑤ 生物解剖实验室的给水排水设施可集中设置，也可在每个实验桌旁分别设置。

⑥ 生物标本陈列室和标本储藏室应采取通风、降温、隔热、防潮、防虫、防鼠等措施，其采光窗应避免直射阳光。

⑦ 植物培养室宜独立设置，也可以建在平屋顶上或其他能充分得到日照的地方。种植园的肥料及小动物饲养园的粪便均不得污染水源和周边环境。

（7）综合实验室

① 当中学设有跨学科的综合研习课时，宜配置综合实验室。综合实验室应附设仪器室、准备室；当化学、物理、生物实验室均在邻近布置时，综合实验室可不设仪器室、准备室。

② 综合实验室内宜沿侧墙及后墙设置固定实验桌，其上装设给水排水、通风、热源、电源插座及网络接口等设施。实验室中部宜设 $100m^2$ 开敞空间。

（8）演示实验室

① 演示实验室宜按容纳 1 个班或 2 个班设置。

② 演示实验室课桌椅的布置应符合下列规定：

a. 宜设置有书写功能的座椅，每个座椅的最小宽度宜为 0.55m；

b. 演示实验室中，桌椅排距不应小于 0.90m；

c. 演示实验室的纵向走道宽度不应小于 0.70m；

d. 边演示边实验的阶梯式实验室中，阶梯的宽度不宜小于 1.35m；

e. 边演示边实验的阶梯式实验室的纵向走道应有便于仪器药品车通行的坡道，宽度不应小于 0.70m。

③ 演示实验室宜设计为阶梯教室，设计视点应定位于教师演示实验台桌面的中心，每排座位宜错位布置，隔排视线升高值宜为 0.12m。

④ 演示实验室内最后排座位之后，应设横向疏散走道，疏散走道宽度不应小于 0.60m，净高不应小于 2.20m。

2. 史地教室

（1）史地教室应附设历史教学资料储藏室、地理教学资料储藏室和陈列室或陈列廊。

（2）史地教室的课桌椅布置方式宜与普通教室相同，并宜在课桌旁附设存放小地球仪等教具的小柜。教室内可设标本展示柜。在地质灾害多发地区附近的学校，史地教室标本展示柜应与墙体或楼板有可靠的固定措施。

（3）史地教室设置简易天象仪时，宜设置课桌局部照明设施。

（4）史地教室内应配置挂镜线。

3. 计算机教室

（1）计算机教室应附设一间辅助用房供管理员工作及存放资料。

（2）计算机教室的课桌椅布置应符合下列规定：

① 单人计算机桌平面尺寸不应小于 0.75m×0.65m，前后桌间距离不应小于 0.70m；

② 学生计算机桌椅可平行于黑板排列，也可顺侧墙及后墙向黑板成半围合式排列；

③ 课桌椅排距不应小于 1.35m；

④ 纵向走道净宽不应小于 0.70m；

⑤ 沿墙布置计算机时，桌端部与墙面或壁柱、管道等墙面突出物间的净距不宜小于 0.15m。

（3）计算机教室应设置书写白板。

（4）计算机教室宜设通信外网接口，并宜配置空调设施。

（5）计算机教室的室内装修应采取防潮、防静电措施，并宜采用防静电架空地板，不得采用无导出静电功能的木地板或塑料地板。当采用地板采暖系统时，楼地面需采用与之相适应的材料及构造做法。

4. 语言教室

（1）语言教室应附设视听教学资料储藏室。

（2）中小学校设置进行情景对话表演训练的语言教室时，可采用普通教室的课桌椅，也可采用有书写功能的座椅，并应设置不小于 $20m^2$ 的表演区。

（3）语言教室宜采用架空地板。不架空时，应铺设可敷设电缆槽的地面垫层。

5. 美术教室、书法教室

（1）美术教室

① 美术教室应附设教具储藏室，宜设美术作品及学生作品陈列室或展览廊。

② 中学美术教室空间宜满足一个班的学生用画架写生的要求。学生写生时的座椅为画凳时，所占面积宜为 $2.15m^2$/生；用画架时所占面积宜为 $2.50m^2$/生。

③ 美术教室应有良好的北向天然采光。当采用人工照明时，应避免眩光。

④ 美术教室应设置书写白板，宜设存放石膏像等教具的储藏柜。在地质灾害多发地区附近的学校，教具储藏柜应与墙体或楼板有可靠的固定措施。

⑤ 美术教室内应配置挂镜线，挂镜线宜设高低两组。

⑥ 美术教室的墙面及顶棚应为白色。

⑦ 当设置现代艺术课教室时，其墙面及顶棚应采取吸声措施。

（2）书法教室

① 小学书法教室可兼作美术教室。

② 书法教室可附设书画储藏室。

③ 书法条案的布置应符合下列规定：

a. 条案的平面尺寸宜为 $1.50m×0.60m$，可供 2 名学生合用；

b. 条案宜平行于黑板布置，条案排距不应小于 $1.20m$；

c. 纵向走道宽度不应小于 $0.70m$。

④ 书法教室内应配置挂镜线，挂镜线宜设高低两组。

6. 音乐教室

（1）音乐教室应附设乐器存放室。

（2）各类小学的音乐教室中，应有 1 间能容纳 1 个班的唱游课，每生边唱边舞所占面积不应小于 $2.40m^2$。

（3）音乐教室讲台上应布置教师用琴的位置。

（4）中小学校应有 1 间音乐教室能满足合唱课教学的要求，宜在紧接后墙处设置 2～3 排阶梯式合唱台，每级高度宜为 $0.20m$，宽度宜为 $0.60m$。

（5）音乐教室应设置五线谱黑板。

（6）音乐教室的门窗应隔声，墙面及顶棚应采取吸声措施。

7. 舞蹈教室

（1）舞蹈教室宜满足舞蹈艺术课、体操课、技巧课、武术课的教学要求，并可开展形体训练活动。每个学生的使用面积不宜小于 $6m^2$。

（2）舞蹈教室应附设更衣室，宜附设卫生间、浴室和器材储藏室。

（3）舞蹈教室应按男女学生分班上课的需要设置。

（4）舞蹈教室内应在与采光窗相垂直的一面墙上设通长镜面，镜面含镜座总高度不宜小于 2.10m，镜座高度不宜大于 0.30m。镜面两侧的墙上及后墙上应装设可升降的把杆，镜面上宜装设固定把杆。把杆升高时的高度应为 0.90m，把杆与墙间的净距不应小于 0.40m。

（5）舞蹈教室宜设置带防护网的吸顶灯。采暖等各种设施应暗装。

（6）舞蹈教室宜采用木地板。

（7）当学校有地方或民族舞蹈课时，舞蹈教室设计宜满足其特殊需要。

8. 劳动教室、技术教室

（1）小学的劳动教室和中学的技术教室应根据国家或地方教育行政主管部门规定的教学内容进行设计，并应设置教学内容所需的辅助用房、工位装备及水、电、气、热等设施。

（2）中小学校内有油烟或气味发散的劳动教室、技术教室应设置有效的排气设施。

（3）中小学校内有振动或发出噪声的劳动教室、技术教室应采取减振减噪、隔振隔噪措施。

（4）部分劳动课程、技术课程可以利用普通教室或其他专用教室。高中信息技术课可以在计算机教室进行，但其附属用房宜加大，以配置扫描仪、打印机等相应的设备。

12.2.4　公共教学用房

1. 合班教室

（1）各类小学宜配置能容纳 2 个班的合班教室。当合班教室兼用于唱游课时，室内不应设置固定课桌椅，并应附设课桌椅存放空间。兼作唱游课教室的合班教室应对室内空间进行声学处理。

（2）各类中学宜配置能容纳一个年级或半个年级的合班教室。

（3）容纳 3 个班及以上的合班教室应设计为阶梯教室。

（4）阶梯教室梯级高度依据视线升高值确定。阶梯教室的设计视点应定位于黑板底边缘的中点处。前后排座位错位布置时，视线的隔排升高值宜为 0.12m。

（5）合班教室宜附设 1 间辅助用房，储存常用教学器材。

（6）合班教室课桌椅的布置应符合下列规定：

① 每个座位的宽度不应小于 0.55m，小学座位排距不应小于 0.85m，中学座位排距不应小于 0.90m。

② 教室最前排座椅前沿与前方黑板间的水平距离不应小于 2.50m，最后排座椅的前沿与前方黑板间的水平距离不应大于 18.00m。

③ 纵向、横向走道宽度均不应小于 0.90m，当座位区内有贯通的纵向走道时，若设置靠墙纵向走道，靠墙走道宽度可小于 0.90m，但不应小于 0.60m。

④ 最后排座位之后应设宽度不小于 0.60m 的横向疏散走道。

⑤ 前排边座座椅与黑板远端间的水平视角不应小于 30°。

（7）当合班教室内设置视听教学器材时，宜在前墙安装推拉黑板和投影屏幕（或数字化智能屏幕），并应符合下列规定：

① 当小学教室长度超过 9.00m，中学教室长度超过 10.00m 时，宜在顶棚上或墙、柱上加设显示屏；学生的视线在水平方向上偏离屏幕中轴线的角度不应大于 45°，垂直方向上的仰角不应大于 30°。

② 当教室内自前向后每 6.00～8.00m 设 1 个显示屏时，最后排座位与黑板间的距离不

应大于 24.00m；学生座椅前缘与显示屏的水平距离不应小于显示屏对角线尺寸的 4～5 倍，并不应大于显示屏对角线尺寸的 10～11 倍。

③ 显示屏宜加设遮光板。

（8）教室内设置视听器材时，宜设置转暗设备，并宜设置座位局部照明设施。

（9）合班教室墙面及顶棚应采取吸声措施。

2. 图书室

（1）中小学校图书室应包括学生阅览室、教师阅览室、图书杂志及报纸阅览室、视听阅览室、检录及借书空间、书库、登录、编目及整修工作室，并可附设会议室和交流空间。

（2）图书室应位于学生出入方便、环境安静的区域。

（3）图书室的设置应符合下列规定：

① 教师与学生的阅览室宜分开设置，使用面积应符合相关规定。

② 中小学校的报刊阅览室可以独立设置，也可以在图书室内的公共交流空间设报刊架，开架阅览。

③ 视听阅览室的设置应符合下列规定：

a. 使用面积应符合相关规定；

b. 视听阅览室宜附设资料储藏室，使用面积不宜小于 12.00m²；

c. 当视听阅览室兼作计算机教室、语言教室使用时，阅览桌椅的排列应符合计算机教室、语言教室的规定；

d. 视听阅览室宜采用防静电架空地板，不得采用无导出静电功能的木地板或塑料地板；当采用地板采暖系统时，楼地面需采用与之相适应的构造做法。

④ 书库使用面积宜按以下规定计算后确定：

a. 开架藏书量为 400～500 册/m²；

b. 闭架藏书量为 500～600 册/m²；

c. 密集书架藏书量为 800～1200 册/m²。

⑤ 书库应采取防火、降温、隔热、通风、防潮、防虫及防鼠的措施。

⑥ 借书空间除设置师生个人借阅空间外，还应设置检录及班级集体借书的空间。借书空间的使用面积不宜小于 10.00m²。

3. 学生活动室

（1）学生活动室供学生兴趣小组使用。各小组宜在相关的专用教室中开展活动，各活动室仅作为服务、管理工作和储藏用。

（2）学生活动室的数量宜依据学校的规模、办学特色和建设条件设置，面积应依据活动项目的特点确定。

（3）学生活动室的水、电、气、冷、热源及设备、设施应根据活动内容的需要设置。

4. 体质测试室

（1）体质测试室宜设在风雨操场或医务室附近，并宜设为相连通的 2 间。体质测试室宜附设可容纳一个班的等候空间。

（2）体质测试室应有良好的天然采光和自然通风。

5. 心理咨询室

（1）心理咨询室宜分设为相连通的 2 间，其中有一间宜能容纳沙盘测试，其平面尺寸不宜小于4.00m×3.40m。心理咨询室可附设能容纳1个班的心理活动室。

（2）心理咨询室宜安静、明亮。

6. 德育展览室

（1）德育展览室的位置宜设在校门附近或主要教学楼入口处，也可设在会议室、合班教室附近，或在学生经常经过的走道处附设展览廊。

（2）德育展览室可与其他展览空间合并或连通。

（3）德育展览室的面积不宜小于60m²。

7. 任课教师办公室

（1）任课教师办公室应包括年级组教师办公室和各课程教研组办公室。

（2）年级组教师办公室宜设置在该年级普通教室附近。课程有专用教室时，该课程教研组办公室宜与专用教室成组设置，其他课程教研组可集中设置于行政办公室或图书室附近。

（3）任课教师办公室内宜设洗手盆。

12.2.5 行政办公用房和生活服务用房

1. 行政办公用房

（1）行政办公用房应包括校务、教务等行政办公室、档案室、会议室、学生组织及学生社团办公室、文印室、广播室、值班室、安防监控室、网络控制室、卫生室（保健室）、传达室、总务仓库及维修工作间等。

（2）主要行政办公用房的位置应符合下列规定：

① 校务办公室宜设置在与全校师生易于联系的位置，并宜靠近校门；

② 教务办公室宜设置在任课教师办公室附近；

③ 总务办公室宜设置在学校的次要出入口或食堂、维修工作间附近；

④ 会议室宜设在便于教师、学生、来客使用的适中位置；

⑤ 广播室的窗应面向全校学生做课间操的操场；

⑥ 值班室宜设置在靠近校门、主要建筑物出入口或行政办公室附近；

⑦ 总务仓库及维修工作间宜设在校园的次要出入口附近，其运输及噪声不得影响教学环境的质量和安全。

（3）中小学校设计应依据使用和管理的需要设安防监控中心。安防工程的设置应符合现行国家标准《安全防范工程技术规范》（GB 50348—2018）的有关规定。

（4）网络控制室宜设空调。

（5）网络控制室内宜采用防静电架空地板，不得采用无导出静电功能的木地板或塑料地板。当采用地板采暖时，楼地面需采用相适应的构造。

（6）卫生室（保健室）的设置应符合下列规定：

① 卫生室（保健室）应设在首层，宜临近体育场地，并方便急救车辆就近停靠；

② 小学卫生室可只设1间，中学宜分设相通的2间，分别为接诊室和检查室，并可设观察室；

③ 卫生室的面积和形状应能容纳常用诊疗设备，并能满足视力检查的要求；每间房间的面积不宜小于15m²；

④ 卫生室宜附设候诊空间，候诊空间的面积不宜小于20m²；

⑤ 卫生室（保健室）内应设洗手盆、洗涤池和电源插座；

⑥ 卫生室（保健室）宜朝南。

2. 生活服务用房

（1）中小学校生活服务用房应包括饮水处、卫生间、配餐室、发餐室、设备用房，宜包括食堂、淋浴室、停车库（棚）。寄宿制学校应包括学生宿舍、食堂和浴室。

（2）中小学校的饮用水管线与室外公厕、垃圾站等污染源间的距离应大于 25.00m。

（3）教学用建筑内应在每层设饮水处，每处应按每 40～45 人设置一个饮水水嘴计算水嘴的数量。

（4）教学用建筑每层的饮水处前应设置等候空间，等候空间不得挤占走道等疏散空间。

（5）教学用建筑每层均应分设男、女学生卫生间及男、女教师卫生间；学校食堂宜设工作人员专用卫生间。当教学用建筑中每层学生少于 3 个班时，男、女生卫生间可隔层设置。

（6）卫生间位置应方便使用且不影响其周边教学环境卫生。

（7）在中小学校内，当体育场地中心与最近的卫生间的距离超过 90m 时，可设室外厕所。所建室外厕所的服务人数可依学生总人数的 15% 计算。室外厕所宜预留扩建的条件。

（8）学生卫生间卫生洁具的数量应按下列规定计算：

① 男生应至少每 40 人设 1 个大便器或 1.20m 长大便槽；每 20 人设 1 个小便斗或 0.60m 长小便槽；女生应至少每 13 人设 1 个大便器或 1.20m 长大便槽；

② 每 40～45 人设 1 个洗手盆或 0.60m 长盥洗槽；

③ 卫生间内或卫生间附近应设污水池。

（9）中小学校的卫生间内，厕位蹲位距后墙不应小于 0.30m。

（10）各类小学大便槽的蹲位宽度不应大于 0.18m。

（11）厕位间宜设隔板，隔板高度不应低于 1.20m。

（12）中小学校的卫生间应设前室。男、女生卫生间不得共用一个前室。

（13）学生卫生间应具有天然采光、自然通风的条件，并应安置排气管道。

（14）中小学校的卫生间外窗距室内楼地面 1.70m 以下部分应设视线遮挡措施。

（15）中小学校应采用水冲式卫生间。当设置旱厕时，应按学校专用无害化卫生厕所设计。

12.2.6　主要教学用房及教学辅助用房面积指标和净高

1. 面积指标

（1）主要教学用房的使用面积指标应符合表 12-2 的规定。

表 12-2　主要教学用房的使用面积指标（m²/每座）

房间名称	小学	中学	备注
普通教室	1.36	1.39	—
科学教室	1.78	—	—
实验室	—	1.92	—
综合实验室	—	2.88	—
演示实验室	—	1.44	若容纳 2 个班，则指标为 1.20

房间名称	小学	中学	备注
史地教室	—	1.92	—
计算机教室	2.00	1.92	—
语言教室	2.00	1.92	—
美术教室	2.00	1.92	—
书法教室	2.00	1.92	—
音乐教室	1.70	1.64	—
舞蹈教室	2.14	3.15	宜和体操教室共用
合班教室	0.89	0.90	—
学生阅览室	1.80	1.90	—
教师阅览室	2.30	2.30	—
视听阅览室	1.80	2.00	—
报刊阅览室	1.80	2.30	可不集中设置

注：1. 表中指标是按完全小学每班45人，各类中学每班50人排布测定的每个学生所需使用面积；如果班级人数定额不同时需进行调整，但学生的全部座位均必须在"黑板可视线"范围以内；
2. 体育建筑设施、劳动教室、技术教室、心理咨询室未列入此表，另行规定；
3. 任课教师办公室未列入此表，应按每位教师使用面积不小于5.0m² 计算。

（2）体育建筑设施的使用面积应按选定的体育项目确定。

（3）劳动教室和技术教室的使用面积应按课程内容的工艺要求、工位要求、安全条件等因素确定。

（4）心理咨询室的使用面积要求应符合相关的规定。

（5）主要教学辅助用房的使用面积不宜低于表12-3的规定。

表 12-3　主要教学辅助用房的使用面积指标（m²/每间）

房间名称	小学	中学	备注
普通教室教师休息室	(3.50)	(3.50)	指标为每位教师的使用面积
实验员室	12.0	12.0	
仪器室	18.0	24.0	
药品室	18.0	24.0	—
准备室	18.0	24.0	
标本陈列室	42.0	42.0	可陈列在能封闭管理的走道内
历史资料室	12.0	12.0	
地理资料室	12.0	12.0	
计算机教室资料室	24.0	24.0	
语言教室资料室	24.0	24.0	
美术教室教具室	24.0	24.0	可将部分教具置于美术教室内
乐器室	24.0	24.0	
舞蹈教室更衣室	12.0	12.0	

注：除注明者外，指标为每室最小面积，当部分功能能移入走道或教室时，指标作相应调整。

2. 净高

（1）中小学校主要教学用房的最小净高应符合表 12-4 的规定。

表 12-4 主要教学用房的最小净高（m）

教室	小学	初中	高中
普通教室、史地、美术、音乐教室	3.00	3.05	3.10
舞蹈教室	4.50		
科学教室、实验室、计算机教室、劳动教室、技术教室、合班教室	3.10		
阶梯教室	最后一排（楼地面最高处）距顶棚或上方突出物最小距离为 2.20m		

（2）风雨操场的净高应取决于场地的运动内容。各类体育场地最小净高应符合表 12-5 的规定。

表 12-5 各类体育场地的最小净高（m）

体育场地	田径	篮球	排球	羽毛球	乒乓球	体操
最小净高	9	7	7	9	4	6

注：田径场地可减少部分项目降低净高。

12.2.7 安全、通行与疏散

1. 建筑环境安全

（1）中小学校应装设周界视频监控、报警系统。有条件的学校应接入当地的公安机关监控平台。中小学校安防设施的设置应符合现行国家标准《安全防范工程技术规范》（GB 50348—2018）的有关规定。

（2）中小学校建筑设计应符合现行国家标准《建筑抗震设计规范》（GB 50011—2010）（2024 年版）、《建筑设计防火规范》（GB 50016—2014）（2018 年版）的有关规定。

（3）学校设计所采用的装修材料、产品、部品应符合现行国家标准《建筑内部装修设计防火规范》（GB 50222—2017）、《民用建筑工程室内环境污染控制规范》（GB 50325—2020）的有关规定及国家有关材料、产品、部品的标准规定。

（4）体育场地采用的地面材料应满足环境卫生健康的要求。

（5）临空窗台的高度不应低于 0.90m。

（6）上人屋面、外廊、楼梯、平台、阳台等临空部位必须设防护栏杆，防护栏杆必须牢固、安全，高度不应低于 1.10m。防护栏杆最薄弱处承受的水平推力应不小于 1.5kN/m。

（7）下列用房的楼地面应采用防滑构造做法，室内应装设密闭地漏：

① 疏散通道；

② 教学用房的走道；

③ 科学教室、化学实验室、热学实验室、生物实验室、美术教室、书法教室、游泳池（馆）等有给水设施的教学用房及教学辅助用房；

④ 卫生室（保健室）、饮水处、卫生间、盥洗室、浴室等有给水设施的房间。

（8）教学用房的门窗设置应符合下列规定：

① 疏散通道上的门不得使用弹簧门、旋转门、推拉门、大玻璃门等不利于疏散通畅、安全的门；

② 各教学用房的门均应向疏散方向开启，开启的门扇不得挤占走道的疏散通道；

③ 靠外廊及单内廊一侧教室内隔墙的窗开启后，不得挤占走道的疏散通道，不得影响安全疏散；

④ 二层及二层以上临空外窗的开启扇不得外开。

（9）在抗震设防烈度为 6 度或 6 度以上地区建设的实验室不宜采用管道燃气作为实验用热源。

2. 疏散通行宽度

（1）中小学校每股人流的宽度应按 0.60m 计算。

（2）中小学校建筑的疏散通道宽度最少应为 2 股人流，并应按 0.60m 的整数倍增加疏散通道宽度。

（3）中小学校建筑的安全出口、疏散走道、疏散楼梯和房间疏散门等处每 100 人的净宽度应按表 12-6 计算。同时，教学用房的内走道净宽度不应小于 2.40m，单侧走道及外廊的净宽度不应小于 1.80m。

表 12-6　安全出口、疏散走道、疏散楼梯和房间疏散门每 100 人的净宽度（m）

所在楼层位置	耐火等级		
	一、二级	三级	四级
地上一、二层	0.70	0.80	1.05
地上三层	0.80	1.05	—
地上四、五层	1.05	1.30	—
地下一、二层	0.80	—	—

（4）房间疏散门开启后，每樘门净通行宽度不应小于 0.90m。

3. 建筑物出入口

（1）校园内除建筑面积不大于 200m²，人数不超过 50 人的单层建筑外，每栋建筑应设置 2 个出入口。非完全小学内，单栋建筑面积不超过 500m²，且耐火等级为一、二级的低层建筑可只设 1 个出入口。

（2）教学用房在建筑的主要出入口处宜设门厅。

（3）教学用建筑物出入口净通行宽度不得小于 1.40m，门内与门外各 1.50m 范围内不宜设置台阶。

（4）在寒冷或风沙大的地区，教学用建筑物出入口应设挡风间或双道门。

（5）教学用建筑物的出入口应设置无障碍设施，并应采取防止上部物体坠落和地面防滑的措施。

（6）停车场地及地下车库的出入口不应直接通向师生人流集中的道路。

4. 走道

（1）教学用建筑的走道宽度应符合下列规定：

① 应根据在该走道上各教学用房疏散的总人数，按照相关规范要求计算走道的疏散宽度；

② 走道疏散宽度内不得有壁柱、消火栓、教室开启的门窗扇等设施。

（2）中小学校的建筑物内，当走道有高差变化应设置台阶时，台阶处应有天然采光或照明，踏步级数不得少于3级，并不得采用扇形踏步。当高差不足3级踏步时，应设置坡道。坡道的坡度不应大于1∶8，不宜大于1∶12。

5. 楼梯

（1）中小学校建筑中疏散楼梯的设置应符合现行国家标准《民用建筑设计统一标准》（GB 50352—2019）、《建筑设计防火规范》（GB 50016—2014）（2018年版）和《建筑抗震设计规范》（GB 50011—2010）（2024年版）的有关规定。

（2）中小学校教学用房的楼梯梯段宽度应为人流股数的整数倍。梯段宽度不应小于1.20m，并应按0.60m的整数倍增加梯段宽度，每个梯段可增加不超过0.15m的摆幅宽度。

（3）中小学校楼梯每个梯段的踏步级数不应少于3级，且不应多于18级，并应符合下列规定：

① 各类小学楼梯踏步的宽度不得小于0.26m，高度不得大于0.15m；

② 各类中学楼梯踏步的宽度不得小于0.28m，高度不得大于0.16m；

③ 楼梯的坡度不得大于30°。

（4）疏散楼梯不得采用螺旋楼梯和扇形踏步。

（5）楼梯两梯段间楼梯井净宽不得大于0.11m，大于0.11m时，应采取有效的安全防护措施。两梯段扶手间的水平净距宜为0.10～0.20m。

（6）中小学校楼梯扶手的设置应符合下列规定：

① 楼梯宽度为2股人流时，应至少在一侧设置扶手；

② 楼梯宽度达3股人流时，两侧均应设置扶手；

③ 楼梯宽度达4股人流时，应加设中间扶手，中间扶手两侧的净宽均应满足规范规定；

④ 中小学校室内楼梯扶手高度不应低于0.90m，室外楼梯扶手高度不应低于1.10m；水平扶手高度不应低于1.10m；

⑤ 中小学校的楼梯栏杆不得采用易于攀登的构造和花饰；杆件或花饰的镂空处净距不得大于0.11m；

⑥ 中小学校的楼梯扶手上应加装防止学生溜滑的设施。

（7）除首层及顶层外，教学楼疏散楼梯在中间层的楼层平台与梯段接口处宜设置缓冲空间，缓冲空间的宽度不宜小于梯段宽度。

（8）中小学校的楼梯两相邻梯段间不得设置遮挡视线的隔墙。

（9）教学用房的楼梯间应有天然采光和自然通风。

6. 教室疏散

（1）每间教学用房的疏散门均不应少于2个，疏散门的宽度应通过计算确定；同时，每樘疏散门的通行净宽度不应小于0.90m。当教室处于袋形走道尽端时，若教室内任一处距教室门不超过15m，且门的通行净宽度不小于1.50m时，可设1个门。

（2）普通教室及不同课程的专用教室对教室内桌椅间的疏散走道宽度要求不同，教室内疏散走道的设置应符合各教室设计的规定。

12.2.8　采光

（1）教学用房工作面或地面上的采光系数不得低于表12-7的规定和现行国家标准《建

筑采光设计标准》（GB/T 50033—2013）和《建筑照明设计标准》（GB/T 50034—2024）的有关规定。在建筑方案设计时，其采光窗洞口面积应按不低于表 12-7 窗地面积比的规定估算。

表 12-7 教学用房工作面或地面上的采光系数标准和窗地面积比

房间名称	规定采光系数的平面	采光系统最低值（％）	窗地面积比
普通教室、史地教室、美术教室、书法教室、语言教室、音乐教室、合班教室、阅览室	课桌	2.0	1：5.0
科学教室、实验室	实验桌面	2.0	1：5.0
计算机教室	机台面	2.0	1：5.0
舞蹈教室、风雨操场	地面	2.0	1：5.0
办公室、保健室	地面	2.0	1：5.0
饮水处、厕所、淋浴	地面	2.0	1：10.0
走道、楼梯间	地面	1.0	—

注：表中所列采光系数值适用于我国Ⅲ类光气候区，其他光气候区应将表中的采光系数值乘以相应的光气候区系数。光气候区系数应符合现行国家标准《建筑采光设计标准》（GB/T 50033—2013）的规定。

（2）普通教室、科学教室、实验室、史地、计算机、语言、美术、书法等专用教室及合班教室、图书室均应以自学生座位左侧射入的光为主。教室为南向外廊式布局时，应以北向窗为主要采光面。

（3）除舞蹈教室、体育建筑设施外，其他教学用房室内各表面的反射比值应符合表 12-8 的规定，会议室、卫生室（保健室）的室内各表面的反射比值宜符合表 12-8 的规定。

表 12-8 教学用房室内各表面的反射比值

表面部位	反射比
顶棚	0.70～0.80
前墙	0.50～0.60
地面	0.20～0.40
侧墙、后墙	0.70～0.80
课桌面	0.25～0.45
黑板	0.10～0.20

12.3 设计实例

教学楼实计实例详见本书附图 86 页～100 页，或扫描二维码参看。

附录 1
《房屋建筑学》课程设计

任务书

土木工程专业＿＿＿＿＿级

20＿＿＿年＿＿＿月

×××建筑设计

一、题目

自拟，如康馨花园1号住宅楼建筑设计、光大集团公司办公楼建筑设计等。

二、目的和要求

通过本次设计使学生在初步设计的基础上，能够运用建筑构造设计的基本理论和方法继续完成建筑施工图设计，了解设计的全过程。

施工图设计：要求套型恰当、使用方便、经济合理、造型美观。结构合理，各部分做法正确、完整无遗漏，投影关系正确、无矛盾，符合建筑设计规范要求和房屋建筑制图统一标准。

三、设计条件

（1）基地自定；

（2）技术条件：结构按砖混结构、混凝土框架结构或剪力墙结构考虑。建筑的水、暖、电均由城市集中供应；抗震设防烈度、耐火等级、防水等级等查相关规范确定；

（3）层数及层高

层数：4层及以上；

层高：自定，住宅不低于2.9m，其他建筑不低于3.3m等。

四、方案选择

学生自己选择方案，根据所选房屋的使用性质和各种承重方案的特点，选择合理的承重方案。

五、设计内容及深度要求

本次设计自己确定建筑方案，初步选定主要构件尺寸及布置，明确各部位构造做法。在此基础上按施工图深度要求进行设计。内容如下：

（1）建筑设计总说明、图纸目录、门窗表（电脑绘制）及技术经济指标等。技术经济指标的项目和计算方法依据《住宅设计规范》（GB 50096—2011）和《建筑工程建筑面积计算规范》（GB/T 50353—2013）；建筑设计说明中注明总建筑面积、材料做法等；图纸目录按顺序编排。

（2）平面、立面、剖面施工图绘制（电脑绘制，比例1：100或自选）

平面图：一层平面图、标准层平面图、顶层平面图（自选）、屋顶平面图（比例1：200）；

立面图：以轴线命名，主要立面及侧立面图（根据需要）。

剖面图（选有代表性的墙、柱、门窗处，不剖楼梯）。

（3）楼梯详图（手工绘制，比例1：50或1：60）

包括楼梯平面图和剖面图。

注：集中设计时间为1周时不需绘制。

（4）其他详图（电脑绘制，比例1：50或自选）

厨房、卫生间、盥洗室详图等；

根据自己所选项目的使用功能，有必要绘制的其他建筑施工图；

表示房屋设备的详图，如厨房、厕所、浴室等详图。

数量、比例自定。

六、其他要求

1. 图纸

图纸均采用 A2 图纸（标准尺寸 420mm×594mm）或 A2 加长。

2. 设计时间

集中设计时间为 1（或 2）周。

附录 2
《房屋建筑学》课程设计考核办法

课程设计成绩百分制记分，指导教师根据以下评分标准综合评定，最后换算成五级制。

评分标准

方案		方案合理		20
内容	平面图	内容完整，满足任务书要求，符合相关规范要求	50	20
	立面图			15
	剖面图			10
	详图			5
图纸安排		按图幅大小正确布图		10
创新		有创新意识（平面或立面新颖）		10
学习态度		独立完成，按时提交，按要求修改完善		10
总分				100

符合下列条件者为 60 分以下：

设计成果抄袭他人或请他人代做的；

平、立、剖面图无对应关系的；

方案不合理，图纸不完整，太简单，敷衍应付了事的。

附录3　常用规范、标准目录

城市居住区规划设计规范　GB 50180

城市停车规划规范　GB/T 51149

总图制图标准　GB/T 50103

房屋建筑制图统一标准 GB/T 50001

建筑制图标准　GB/T 50104

建筑结构制图标准　GB/T 50105

建筑模数协调标准　GB/T 50002

建筑工程设计文件编制深度规定（2016 年版）

民用建筑设计通则　GB 50352

无障碍设计规范　GB 50763

建筑工程建筑面积计算规范　GB/T 50353

无障碍设计规范　GB 50763

绿色建筑评价标准　GB/T 50378

民用建筑绿色设计规范　JGJ/T 229

民用建筑热工设计规范　GB 50176

建筑照明设计标准　GB 50034

建筑设计防火规范　GB 50016

建筑内部装修设计防火规范　GB 50222

汽车库、修车库、停车场设计防火规范　GB 50067

建筑地面设计规范　GB 50037

地下工程防水技术规范　GB 50108

屋面工程技术规范　GB 50345

种植屋面工程技术规程　JGJ 155

住宅设计规范　GB 50096

住宅建筑规范　GB 50368

老年人居住建筑设计规范　GB 50340

老年人照料设施建筑设计标准　JGJ 450

宿舍建筑设计规范　JGJ 36

办公建筑设计规范　JGJ 67

旅馆建筑设计规范　JGJ 62

中小学校设计规范　GB 50099

商店建筑设计规范　JGJ 48

图书馆建筑设计规范　JGJ 38

档案馆建筑设计规范　JGJ 25

博物馆建筑设计规范　JGJ 66

剧场建筑设计规范　JGJ 57

电影院建筑设计规范　JGJ 58

体育建筑设计规范　JGJ 31

综合医院建筑设计规范　GB 51039

疗养院建筑设计规范　JGJ 40

饮食建筑设计标准　JGJ 64

托儿所、幼儿园建筑设计规范　JGJ 39

幼儿园建设标准　建标 175

车库建筑设计规范　JGJ 100

城市公共厕所设计标准　CJJ 14

电梯制造与安装安全规范　GB 7588

电梯主参数及轿厢、井道、机房的型式与尺寸　第 1 部分：Ⅰ、Ⅱ、Ⅲ、Ⅵ类电梯　GB/T 7025.1

电梯主参数及轿厢、井道、机房的型式与尺寸　第 2 部分：Ⅳ类电梯　GB/T 7025.2

电梯主参数及轿厢、井道、机房的型式与尺寸　第 3 部分：Ⅳ类电梯　GB/T 7025.3

液压电梯　JG 5071

民用建筑节能条例

民用建筑节能管理规定

建筑气候区划标准　GB 50178

公共建筑节能设计标准　GB 50189

严寒和寒冷地区居住建筑节能设计标准　JGJ 26

夏热冬冷地区居住建筑节能设计标准　JGJ 134

夏热冬暖地区居住建筑节能设计标准　JGJ 75

温和地区居住建筑节能设计标准（征求意见稿）

工业建筑节能设计统一标准　GB 51245

既有居住建筑节能改造技术规程　JGJ/T 129

居住建筑节能检测标准　JGJ/T 132

建筑外门窗气密、水密、抗风压性能分级及检测方法　GB/T 7106

外墙外保温工程技术标准　JGJ 144

外墙内保温工程技术规程　JGJ/T 261

建筑结构可靠度设计统一标准　GB 50086

建筑结构荷载规范　GB 50009

混凝土结构设计规范　GB 50010

建筑地基基础设计规范　GB 50007

砌体结构设计规范　GB 50003

建筑抗震设计规范　GB 50011

参考文献

[1] 中华人民共和国住房和城乡建设部. 建筑防火通用规范：GB 55037—2022[S]. 北京：中国建筑工业出版社，2023.

[2] 中华人民共和国住房和城乡建设部. 房屋建筑制图统一标准：GB/T 50001—2017[S]. 北京：中国建筑工业出版社，2017.

[3] 中华人民共和国住房和城乡建设部. 建筑制图标准：GB/T 50104—2010[S]. 北京：中国建筑工业出版社，2010.

[4] 中华人民共和国住房和城乡建设部. 建筑模数协调标准：GB/T 50002—2013[S]. 北京：中国建筑工业出版社，2014.

[5] 中华人民共和国住房和城乡建设部. 民用建筑热工设计规范：GB 50176—2016[S]. 北京：中国建筑工业出版社，2016.

[6] 中华人民共和国住房和城乡建设部. 民用建筑设计统一标准：GB 50352—2019[S]. 北京：中国建筑工业出版社，2005.

[7] 中华人民共和国住房和城乡建设部. 建筑设计防火规范：GB 50016—2014(2018 年版)[S]. 北京：中国建筑工业出版社，2015.

[8] 中华人民共和国住房和城乡建设部. 无障碍设计规范：GB 50763—2012[S]. 北京：中国建筑工业出版社，2012.

[9] 中华人民共和国住房和城乡建设部. 建筑工程设计文件编制深度规定 2016 年版[S]. 北京：中国建筑工业出版社，2016.

[10] 建筑设计资料集编委会. 建筑设计资料集[M]. 3 版. 北京：中国建筑工业出版社，2014.

[11] 中华人民共和国住房和城乡建设部. 住宅设计规范：GB 50096—2011[S]. 北京：中国建筑工业出版社，2011.

[12] 中华人民共和国住房和城乡建设部. 住宅建筑规范：GB 50368—2005[S]. 北京：中国建筑工业出版社，2011.

[13] 中华人民共和国住房和城乡建设部. 办公建筑设计规范：JGJ 67—2019[S]. 北京：中国建筑工业出版社，2006.

[14] 中华人民共和国住房和城乡建设部. 宿舍建筑设计规范：JGJ 36—2016[S]. 北京：中国建筑工业出版社，2016.

[15] 中华人民共和国住房和城乡建设部. 旅馆建筑设计规范：JGJ 62—2014[S]. 北京：中国建筑工业出版社，2014.

[16] 中华人民共和国住房和城乡建设部. 中小学校设计规范：GB 50099—2011[S]. 北京：中国建筑工业出版社，2011.

[17] 中华人民共和国住房和城乡建设部. 建筑节能与可再生能源利用通用规范：GB 55015—2021[S]. 北京：中国建筑工业出版社，2022.

[18] 中华人民共和国住房和城乡建设部. 严寒和寒冷地区居住建筑节能设计标准：JGJ 26—2018[S]. 北京：中国建筑工业出版社，2018.

[19] 中华人民共和国住房和城乡建设部. 公共建筑节能设计标准：GB 50189—2015[S]. 北京：中国建筑工业出版社，2015.

［20］ 中华人民共和国住房和城乡建设部．夏热冬冷地区居住建筑节能设计标准(局部修订条文征求意见稿)［S］．北京：中国建筑工业出版社，2020．

［21］ 中华人民共和国住房和城乡建设部．夏热冬暖地区居住建筑节能设计标准：JGJ 75—2012［S］．北京：中国建筑工业出版社，2012．

［22］ 中华人民共和国住房和城乡建设部．温和地区居住建筑节能设计标准：JGJ 475—2019［S］．北京：中国建筑工业出版社，2019．

［23］ 中华人民共和国住房和城乡建设部．建筑外门窗气密、水密、抗风压性能检测方法：GB/T 7106—2019［S］．北京：中国建筑工业出版社，2019．

［24］ 中华人民共和国住房和城乡建设部．工业建筑节能设计统一标准：GB 51245—2017［S］．北京：中国建筑工业出版社，2017．

［25］ 中华人民共和国住房和城乡建设部．建筑抗震设计规范：GB 50011—2010(2016 年版)［S］．北京：中国建筑工业出版社，2016．

［26］ 中华人民共和国住房和城乡建设部．混凝土结构设计规范：GB 50010—2010(2015 年版)［S］．北京：中国建筑工业出版社，2010(2016 年版)．

［27］ 陈晓霞．房屋建筑学［M］．2 版．北京：机械工业出版社，2022．

［28］ 同济大学、西安建筑科技大学、东南大学、重庆大学．房屋建筑学［M］．5 版．北京：中国建筑工业出版社，2016．

［29］ 王海军．房屋建筑学［M］．西安：西安交通大学出版社，2014．

［30］ 尚晓峰．房屋建筑学［M］．武汉：武汉大学出版社，2015．

［31］ 史铜柱．河南科技大学松园宿舍楼设计［D］．郑州：郑州科技学院，2018．

［32］ 李必瑜，王雪松．房屋建筑学［M］．5 版．武汉：武汉理工大学出版社，2014．

［33］ 单立欣，穆丽丽．建筑施工图设计［M］．北京：机械工业出版社，2015．

［34］ 中华人民共和国住房和城乡建设部．建筑与市政无障碍通用规范 GB 55019—2021［S］．北京：中国建筑工业出版社，2021．

配套教材为《河南省"十四五"普通高等教育规划教材》

房屋建筑学
课程设计指南（含建筑施工图）
（第 2 版）

主　编　陈晓霞　吴双双　安巧霞

副主编　申志灵　荣海利　张艺霞

参　编　冯　超　许蓝月　康金华

中国建材工业出版社

北　京

目　　录

8.3 设计实例

建筑设计总说明（一）

1 设计依据：
1.1 有关部门审批通过的详规及规划建筑方案。
1.2 经甲方确认的设计方案。
甲方提供的设计委托书及双方签订的设计合同文件。
1.3 国家现行主要的有关建筑设计规范：
《建筑设计防火规范》GB50016—2014(2018年版)
《建筑抗震设计规范》GB50011—2010（2016年版）
《民用建筑设计统一标准》GB50352—2019
《住宅建筑规范》GB50368—2005
《住宅设计规范》GB50096—2011
《夏热冬冷地区居住建筑节能设计标准》（寒冷地区75%）DBJ41/T184—2020
《屋面工程技术规范》GB50345—2012
《地下防水技术规范》GB50108—2008（DBJ41/T184—2020）
《建筑内部装修设计防火规范》GB50222—2017
《河南省房屋建筑和市政工程综合评价标准》DBJ41/T109—2020
《民用建筑工程室内环境污染控制规范》GB50325—2020
《建筑工程设计文件编制深度规定》（2017年版）
1.4 国家标准地方标准图集（详见建施—02表格）
2 工程概况：
2.1 工程项目名称：XXXX住宅楼。
2.2 建设单位：XXXXXXXXX。
2.3 建设地点：XXXXXXXXXX，具体位置详见小区总平面规划图
2.4 结构形式及设防烈度列举：剪力墙结构，抗震设防烈度为8度。
2.5 总建筑面积：3879.93m²，其中地下室建筑面积：727.35m²；地上住宅建筑
标准层建筑面积3152.58m²（含人防建筑面积17.36m²）。
2.6 建筑基底面积：336.20m²。
2.7 建筑高度和室内外高差：建筑高度31.900m（室内地坪至屋面面层），总建筑高度
33.100m（室内地坪至女儿墙）为66.500。室内外高差0.30m。室内地坪标高±0.000绝对标高
为女儿墙。
2.8 建筑层数及建筑使用功能：地下两层，地上十一层。地下二层为人防，地下一层为储
藏间，地下一层为楼梯间。地下二层层高为3m，地下一层层高。
3.3m。地上层高均为2.9m。
2.9 建筑分类：本工程属二类高层住宅建筑，工程级别为三级。
2.10 耐火等级：地下一级、地上二级。
2.11 防水等级：屋面防水等级为Ⅰ级；地下室防水等级为二级，地下室底板设计抗渗等
级P6。
2.12 建筑使用年限：合理使用50年（正常使用、正常维护）。
2.13 人防概况：人防工程设于本楼车库，3#、5#、6#、7#、12#、13#住宅楼地下
二层内，人防设计由地方分别委有人防资质的设计单位进行设计，人防部分按平面图及关
键部位节点详图见人防施工图。
3 设计：
3.1 本工程设计范围包括本栋楼建筑、结构、给排水、电气、暖通施工图，不含总图、室外

景观、室外道路管线、室内二次装修及人防工程等。
3.2 本套图纸所附总图仅为平面位置示意图。
4 图纸标注有关事项：
4.1 总平面图尺寸单位及标高尺寸单位为米（m），其金图纸尺寸单位为毫米（mm）。
4.2 各层标注标高为完成面高度（建筑标高），屋面、雨篷及窗洞口标为结构标高。
5 地下室工程：
5.1 地下室防水等级为二级。防水做法详见建筑构造统一做法表。
5.2 地下室有关防水构造要求应严格按现行《地下防水技术规范》及标准图
12YJ2《地下工程防水》中有关说明及节点进行构造。地下工程防水砼抗渗等级P6。
5.3 地下室防水做法。防水层应与室外地坪300。防水混凝土的施工缝、穿墙管道等处
留洞、转角及后浇带等细部位按建筑构造应按现行《地下防水工程质量验收规范》GB50208处
理。
6 墙体工程：
6.1 墙体做法：地下室内墙为钢筋混凝土墙，墙身详见施工图，内部填充为加气混凝土
块砌墙，厚度详平面图；管道井、风井材料及厚度详平面图。地上各层内墙详施工图，外墙
填充墙以加气混凝土砌墙砌墙，厚度详平面图及节点做法。卫生间与地面线均
设素混凝土挡板，翻起地面至结构高出线以上200mm（素混凝土翻起至砼同楼板），素混凝土与楼
板整体现浇，下沉式卫生间防水翻起均以现浇混凝土挡台，翻起高度至结构高线以上500。
6.2 加气混凝土的施工工艺及各相关构造做法参照标准图集12YJ3—3有关节点。两种不
同材料墙体在交接处设宽200宽0.7@15热镀锌钢丝网回扣拉，网中间小于400mm。
6.3 墙体留洞及封堵：钢筋混凝土内的留洞见结构及设备图，封堵详见结构和设备图。
砌块墙体预留洞需经各专业无误后再实砌。其他专业无法注的墙体砌砼用C20细石混凝土填充。
6.4 墙身防潮层：在室内地坪下60火烧20厚1：2.5水泥砂浆内加3%～5%防水剂（在比标
高为钢筋混凝土砌墙时可不做）当室内垫化砼防潮层改置重叠都800，并在高低差填土一
侧墙身做20厚1：2水泥砂浆防潮层，如垫土一侧为室外，还应抹1.5厚聚氨酯防水涂料。
6.5 当墙砌为钢筋混凝土墙时，其与墙体交接处面砼5厚聚板挂φ5厚板挂钢钉一层（耐火
极限同料所在墙体），同时在交接处及墙体材料接缝面铺钉一层钢网丝，网边宽度300，再粉
刷。
6.6 凡剪力墙、柱内孔径尺寸<200时，采用混凝土填心，混凝土整体浇。
6.7 凡与钢筋混凝土墙体接触的加气混凝土砌块墙，墙身定位详墙顶平面图及节点详图。
7 屋面工程：
7.1 本工程屋面防水等级为Ⅰ级，屋面做法详见建筑构造统一做法表。
7.2 屋面工程有关部位构造及做法请在客户按照现行《屋面工程技术规范》
GB50345及本套图纸12YJ5—1《平面图》节点进行处理。
7.3 屋面排水系统按详图要求。防水挑平层应做分格，其纵横间距<6m，缝宽
10mm并填嵌封材料。屋面防水层、防水卷材具体做法详见室外工程做法表。
7.4 当雨水管过穿墙时，应做厚的防水处理。防水层反包高度不小于250mm，各种
管通出屋面详12YJ5—1页A21。
7.5 高屋面防水与低屋面时，雨水管出水口较安平屋顶，且下部出水处设置混凝土水溅
溅。
7.6 烟道、通风道等的出口设置详见在上人屋面，住户平台时，应高出屋面平台表面2m以当用
图4m公有门窗时。0.6m。
7.7 屋面设备基础做法见12YJ5—1—页A14。

7.8 成品厨房排烟烟道及卫生间排气道出屋面处，处须与屋面土建施工配合，且有专业生
产厂家配合施工单位安装。
8 门窗工程：
8.1 建筑门窗应严格执行现行《建筑玻璃应用技术规程》JGJ113、《铝合金门窗工程技术
规范》JGJ214、和国家及地方主管部门的有关规定。建筑物下列部位采用安全玻璃：①单
块面积大于1.5m²的窗玻璃；②玻璃距最终装修面小于500mm的落地窗；③七层以
上与外门窗；④玻璃阳台栏板；⑤易受撞击、冲击而造成人体伤害的其他部位。
8.2 住宅外门窗采用断桥铝合金框（6Low-E+12氩气+6）门窗（详门窗表），整窗传
热系数K<2.0[W/(m²·K)]，中空玻璃露点<-40℃。
8.3 门窗的立面形式、尺寸、开启方式见门窗详图表，门窗数量见门窗表，门窗工尺寸应按
照据修厚度予以调整。门窗制作安装应由实测定各门窗洞尺寸及数量，以防止造成误差（特别应考虑保温层厚度对外窗的影响）后再加工。安装时请用户注意。
8.4 防火门窗应由有关资质的专业厂家组织生产。
8.5 防火门应选取有有相关资质的专业厂家产品。
8.6 建筑外门窗的风压性能、气密性能、水密性能、保温性能、隔声性能等级指标应满足下
表要求。

分级指标值	等级	指标值	备注	保温性能	等级	指标值	备注
抗风压值 P3(kPa)	5	>3	计算确定（不小于P0）	保温系数值K[W/(m²·K)]	7	1.6<K<2.0	节能标准
水密性能 ΔP(Pa)	3	≥250		空气隔声性能Rw(dB)		>35	
气密性 q[m³/(m·h)]	8	<6	节能标准				

9 外装修工程：
9.1 外装修设计和做法索引见①立面图，外墙详图见《建筑构造统一做法表》。
9.2 涂料外墙水平分缝、外凸的水平线脚、外门窗洞口均做滴水线，有保温层做法参
见12YJ3—1第A17页详图，无保温层做法参见12YJ3—1第A9页详图。无窗套
窗口做法详12YJ3—1第A11页，墙细部做法参见12YJ3—1第A17页详图，位置及宽度参
见立面图。勘制做法参12YJ3—1第A14页。石材做法脚做法参见12YJ3—1第K7页
详点参考：石材女儿墙做法参见12YJ3—1第K7页详点2；石材女儿墙顶做法参见12YJ3—1第
K7页详点3；石材窗上下口处做法详见12YJ3—1第K8页详点1、2。
9.3 外墙UPVC雨水管、空调冷凝水管道等与该部位墙面颜色相同的外墙涂料两面。雨篷、空调、阳台及其他外露构件
管件经过防锈处理后均与该部位墙面颜色相同的外墙涂料两面。雨篷、阳台及其他外露构件
管件经过防锈处理后应与该部位墙面颜色相同。除特殊表示外，屋面雨水立管应采用与墙面
颜色。空调凝水管直接室外。
9.4 由生产商进行二次设计的立面造型、装修做法及铝塑板等经建设单位与设计单位确认后向建
设单位申报方可进行施工。石材面墙要求现场实样先做放大样，确认后再进一步施工。
9.5 外装修选用的各项材料均由施工单位负责提供材料样，大面积施工，应由施工单位或材
料应商免费以局部样，表面颜色均应表面效果及现场实际情况先做样确保再行施工，设计单位确认后，方可进行下一步施工。除外材样表示外，其他做法
样起见做样。
9.6 外墙外保温工程应由具有相关资质的施工单位保提供技术措施，对保温层和饰面层
面安装及固定的安全可靠性负责，并同《岩棉薄抹灰外墙外保温工程技术标准》
GJ/T480—2019的要求及《现浇混凝土内置保温墙体技术规程》

DBJ41/T186—2017的相关要求。
9.7 外墙饰面应保证基层、找平层找平、应平整，面层粘贴牢靠，面层饰面材料抗裂分格缝的设置措施施应沿外保温厂家配合施工单位施工。
9.8 施工单位施工首应对照立面和墙面部位，核实外墙饰面材料各分色的分布，避免出现不
同种类和色彩的材质及在建筑立面阳角交接处的情况。如发现施工图中的标示有出入时，应及时
通知设计人员进行处理。
10 内装修工程：
10.1 室内装修详见建筑构造统一做法表。
10.2 楼地面部分必执行现行《建筑地面设计规范》GB50037，楼地面应交接处和地平
高度变化处，除地面下沉台阶外，均位于齐平门扇开启面的室内一侧。
10.3 凡有卫生间面应防水层。卫生间、阳台室内做法时，保温层沿四周墙体翻起300高，住宅户内有水房间在
门口处应点补贴砖，且必要时再翻起宽度的长度不应小于500mm，向两侧延至的宽度不应小于
200mm。地面高1m半径内1%坡向地漏。不得出现倒坡或局部积水。
10.4 室内需由安装成品楼地面，由厨户二次装修完成。
10.5 电梯基坑：集水坑、截水沟、普通井内壁采用20厚1：2.5防水砂浆（内掺3%防
水剂）抹面。
10.6 室内墙体阳角细部做法详见12YJ7—页62—节点1、2、3。
11 室内装饰工程：
11.1 电梯型号处须在土建施工确定，以便调整及校正与电梯井道、机房的有关尺寸。
其井道、门厅、机坑、机房预留洞、预埋件等构造处须结合电梯厂家要求安装施工。
11.2 本工程电梯参数如下：

	台数（台）	载重（kg）	最小载速（m/s）	基坑深度（mm）	井道净尺寸（mm）	停层数
担架电梯兼无障碍电梯（无机房型电梯）	1台	1000	1	1350	2200×2200	-2～11F

担架电梯均按要求设置。楼梯扇宽不应小于1.6m，进深不应小于1.5m。

11.3 灯具、送、排风等影响美观的器具，经经建设单位与设计单位确认样品后，方可选购
和批量加工、安装。
11.4 厨房烟道进尺寸（320×250）预留洞口尺寸（420×350），选用
16J916—1页6—A—C—12。
11.5 厨房有完整封闭烟道。
11.6 厨房炉灶旁方管留抽油烟机位置，并在燃气热水器相应位置油烟道口。
12 消防：
12.1 本工程应严格按现行《建筑设计防火规范》GB50016有关要求。本工程为二
类高层住宅建筑，耐火等级地上二级。
12.2 防火墙：建筑物之间防火间距等详见总平面图示意图。
12.3 消防车道、消防救援场地入口等：总平面示意图见建施—00。本建筑沿消防道进设
消防车登高操作面，外墙大于5m；在本建筑侧设置消防应援场地10m，长不小于一个登高操作面长度；
场地消防车、消防车与本建筑外墙结构、管道和附点均满足消防救援车的压力。
12.4 防火分区：地下二类消防，防火分区面积小于500m²，划为一个防火分区。地
下一层为储藏间，防火分区面积小于500m²。

会签 COORDINATION
建筑 ARCH / 结构 STRUCT
给排水 PLUMBING / 暖通 HVAC
电气 ELEC / 总图 PLANNING
附注 DESCRIPTIONS
单位出图专用章 SEAL
个人执业专用章 SEAL
设计单位 DESINGER
建设单位 CLIENT
工程名称 PROJECT
子项名称 SUB-PROJECT 住宅楼
审定 APPROVED BY
审核 EXAMINED BY
所长 DIRECTOR
项目负责人
专业负责人 CHIEF ENGI.
校对 CHECKED BY
设计 DESIGNED BY
图纸名称 TITLE 图纸目录 建筑设计总说明（一）
工程编号 PROJECT NO.
设计专业 DISCIPLINE 建筑
设计阶段 DESIGN PERIOD 施工图
图纸张数 DRAWING PAGE
图纸编号 DRAWING NO. 01
日期 DATE
版别 EDITION NO. A

建 筑 设 计 总 说 明 （二）

每个防火分区均设有不少于两个直通室外的安全出口。地下封闭楼梯间直通室外且在首层最高处设有不小于2.0m²的可开启外窗；地上住宅部分每层为一个防火分区，每个防火分区面积均小于1500m²。

12.5 地上住宅部分每户为一个防火单元，建筑外墙上、下层开口实体墙高度大于1.2m，住宅建筑外墙上相邻户开口之间墙体宽度不小于1.0m。

12.6 住宅的户门和安全出口的净宽度不应小于0.9m，疏散走道和首层疏散外门的净宽度不应小于1.1m。

12.7 地下楼梯间与封闭楼梯间、地上楼梯间采用敞开楼梯间，楼梯间直接出屋面。

12.8 住宅每层设室内消火栓、管道井采用丙级防火门；住宅门采用乙级防火门；楼梯间门为乙级防火门，图中有单独注明处除外。门窗平面布置以户型家具布置大样图为准。

12.9 本工程采用2台电梯，电梯层间的耐火极限不应低于1小时，并应符合现行国家标准《电梯层门耐火完整性、隔热性和热流通量测定法》GB/T27903规定的完整性和隔热性要求；消防电梯应满足《消防电梯制造与安装安全规范》GB26465-2011的规定。

12.10 常闭防火门应能在火灾时自行关闭，并具有信号反馈功能。①常开防火门应能在发生火灾时自动关闭，并具有信号反馈功能。②常闭防火门应在明显位置设置"保持防火门关闭"等提示标志。③除管井检修门和住宅户门外，防火门应具有自行关闭功能。双扇防火门应具有按顺序自行关闭的功能。④设置在建筑变形缝附近时，防火门应设置在楼层数较多的一侧，且门扇开启后不应跨越变形缝，并应向楼层数较多的一侧开启。⑤防火门关闭后应具有防烟密闭的功能。⑥设置常开的防火门，当发生火灾时，应具有自行关闭和信号反馈的功能。防火窗应符合现行国家标准《防火窗》GB12955的规定。⑥防火窗应符合现行国家标准《防火窗》GB16809的有关规定。

12.11 防火墙：防火墙应从楼板基层底面至梁、楼板或屋面板底面基层。防火墙应直接设置在建筑的基础或框架梁等承重结构上，框架、梁等承重结构的耐火极限不应低于防火墙的耐火极限要求；防火墙横截面中心线水平距离天窗端面小于4.0m，且屋面为不燃性屋面时，防火墙之间的水平距离可不限。防火墙的构造应能在防火墙任意一侧的屋架、梁、楼板等受到火灾的影响而破坏时，不会导致防火墙倒塌。

12.12 凡管道等穿越防火墙、楼板、墙体，待管线安装后，均须用相当于楼板或墙耐火极限的不燃材料二次堵封：管道井壁间砌筑封堵。

12.13 除排风机井外，管并接管线安装完毕后，在每层楼板处用相当于楼板耐火极限的不燃材料二次堵封：管道井壁间砌筑封堵。

12.14 管道与坚向风、水平通道与安装穿越隔墙、隔墙孔处的缝隙，均采用防火封堵材料（矿棉）密实填实，并采取防水、防潮措施。

12.15 二次装修的材料和做法应符合国家现行规范《建筑内部装修防火设计规范》GB50222严格规定采用施工。

12.16 住宅建筑内不应布置经营、存储和使用甲、乙类火灾危险性的商店、车间和仓库；严禁布置产生噪声、震动和污染环境卫生的商店、车间和娱乐场所。

12.17 保温系统应满足现行规范《建筑设计防火规范》GB50016第6.7节有关要求。

13 建筑节能设计

详见甲方节能专篇。

14 无障碍设计

14.1 本工程建筑性质为住房建筑，执行《无障碍设计规范》GB50763-2012，无障碍设计部位有：建筑入口（含室外地面坡道和扶手、平台、入口门厅、走道），电梯。

14.2 残疾人通过的门应安装视线观察窗、关扶把手和关门拉手；门扇下方应350高的护门板，门扇开门把手处应留有不小于宽度的墙面；室外地面高差大于15mm时以斜面通过为准。无障碍坡道披道坡度1:20，披道做法见12YJ12第25页详图4。

14.3 电梯候梯厅无障碍设计参12YJ12第35页详图2。

14.4 无障碍电梯轿箱内设有扶手、镜子、显示与音响等设施，做法见【建业住宅产品标准化部件——电梯】。

14.5 无障碍住房、设施应满足《无障碍设计规范》GB50763-2012的有关要求。

14.6 本工程无障碍住房设计后期统一考虑。

15 室内环境

15.1 电梯井道等邻居住空间的墙及楼板采用隔声降噪处理，做法：50mm空隙+100mm砌块墙体。

15.2 水、暖、电气管线穿过楼板和墙体时，应采取密封隔声措施。

15.3 楼板的计权标准化撞击声压级不大于75dB。

15.4 空气声计权隔声量45dB（分隔住宅和非居住用途空间的楼板不小于51db）分户墙不小于45db，外墙不小于30db，户门不小于25db。

15.5 卧室、起居室、客厅、明卫生间的直接采光开口面积不小于该房间地板面积的1/20；厨房的直接开启开口面积不应小于该房间地板面积的1/10，且不小于0.6m²。

15.6 厨房、卫生间的地下方应设楼板固定百叶，设置30mm的进风隔断。

15.7 住宅室内空气污染物浓度和浓度应满足现行国家标准《民用建筑工程室内环境污染控制规范》GB50325的相关要求。

住宅室内空气污染物限值

污染物名称	活度、浓度限值	污染物名称	活度、浓度限值	污染物名称	活度、浓度限值
氡	≤150Bq/m³	氨	≤0.15mg/m³	TVOC	≤0.45mg/m³
甲醛	≤0.07mg/m³	苯	≤0.15mg/m³		
	≤0.06mg/m³	甲苯	≤0.20mg/m³		

15.8 室内装修材料应符合现行国家标准《民用建筑工程室内环境污染控制规范》GB50325的相关要求。

15.9 预埋花砖及所有木构件与混凝土或砌体接触处均应进行防腐处理，所有外露铁件均作防锈处理。

16 安全防护：

16.1 当外窗窗台距地面的净高低于900mm时，应设防护措施，防护高度见相关节点，当台阶凸窗台，应设防护；防护高度从台面自面算起不应低于900mm；当封闭阳台的窗台低于楼面、地面的净高低于900mm（民用建筑设计通则）规定时，应设防护措施，防护高度为墙身平台。作为防护措施的护栏杆不应横向或斜向有易于攀爬的构造形式，垂直杆件净距不应大于110mm。

16.2 阳台、楼廊、室内回廊、内天井及室外楼梯等临空高度处设150mm(宽)x100mm(高)安全护口。上部杆杆净距不应低于1100mm，栏杆不得设置横向或斜向有易于攀爬的构造形式，垂直杆件净距不应大于110mm排口。

16.3 楼梯间扶手高度应大于900mm；楼梯平段杆件长度大于500mm时，其扶手高度不应低于1050mm。楼梯栏杆扶手高度应自踏步前缘线算起，栏杆垂直杆件净距不应大于110mm排口。楼梯井宽度大于110mm时，必须采取防止儿童攀爬的措施。

16.4 当住宅的公共出入口处设有阳台、外廊及开敞楼梯平台的下部时，应采取防止物体坠落伤人的安全措施。

16.5 一层外窗和户门加装安全防护措施时，具体形式由建设方决定。如外窗安装防护措施时，应设可开启扇做为逃生疏散窗口。

16.6 一层外窗和户门加装安全防护措施时，具体形式由建设方决定。如外窗安装防护措施时，应设可开启扇做为逃生疏散窗口。

16.7 单元出口或门厅采用玻璃门时，应设置安全警示标志。

17 其他：

17.1 单元入口处安全防护门，防护门应保证在任何时候能从内部徒手开启。

17.2 单元主要入口处设成品信报箱，由建设单位自理；设有单元安全防护门的住宅，信报箱的按道应合理设置在门徒出内。信报箱的设置应符合现行《住宅信报箱工程技术规范》GB50631规定。

17.3 厨房、卫生间器具均为成品，厨房、卫生间平面布置见户型家具布置大样图。

17.4 地下室设备管道暗面完成后净高不应小于2.0m。

17.5 二次装修时，不得随意改变原设计并不得拆除破坏环体结构，如有必须须经设计单位同意。二次装修设计施工应严格执行现行《建筑内部装修设计防火规范》GB50222。

18 施工注意事项

18.1 管道堵过楼板、墙隔处，应采用非燃烧材料将周围的空隙堵实填塞。

18.2 预埋件、预留孔洞图中未注明者，施工时应与结构、水、暖、电专业配合确认无误后方可施工。

18.3 空调管堵洞2%的坡度，披向室外。所有管线穿过的隔墙、管井及楼板处均须用非燃烧材料将周围填塞密实。

18.4 本设计未考虑冬季施工，遇冬季必须用冬季施工应采取措施。

18.5 本工程采用工业化生产的商品混凝土及商品砂浆，严禁施工现场搅拌混凝土及砂浆施工。

18.6 土建图施工时应按土建及设备各专业图密配合切配合。如有应变应及时通知有关人员待变更下至后方可施工。

18.7 本工程使用砂浆采用预拌砂浆。

18.8 选用材料须符合国家规范和建筑规定，严禁选用国家和地方明令限制和淘汰的产品。

18.9 本施工图根据业主及做法及大样以注明建筑材料之构造层次，施工单位除按图纸及说明外，同时按国家现行的建筑施工规范和工程验收规范施工。

19

本工程施工应在党图纸审查、消防审查、规划审批手续等齐全关手时效后，方可施工。

20

本说明中未尽事宜应宜参照现行国家相关规范、规程及标准采用。

21

住宅经济技术指标，依据现行规范《住宅设计规范》GB50096面积计算。实际面积以房产部门实测的面积为准。经济指标仅供参考，不作为甲方计算依据。

22

本工程绿色建筑设计请详技术措施。如有相关内容详见绿色建筑设计专篇。

技术经济指标

住宅楼各建筑面积：2996.38m²（不包括地下面积和阳台面积）	住宅楼总套内使用面积：2131.14m²				
户型	套型总建筑面积	套型建筑面积	套内使用面积	套型阳台面积	比值	套数
A1户型	143.34m²	136.24m²	96.87m²	7.10m²	0.711	22

注：阳台按半面积计算

标准图名称索引

序号	图集编号	图集名称	页数	类型
1	12YJ-12	12系列工程建筑标准设计图集	4	省标
2	16J916-1	住宅排气道	1	国标

绿色建筑设计专篇（一）

一、设计依据：

1 依据标准

《河南省居住建筑节能设计标准（寒冷地区75%）》（DBJ41/T184-2020）
《民用建筑设计通则》GB50176-2016
《河南省绿色建筑评价标准》DBJ41/T109-2020
《民用建筑隔声设计规范》GB50118-2010
《建筑采光设计标准》GB/T50033-2013
《建筑照明设计标准》GB50034-2013
《电力工程电缆设计规范》GB50217-2007
其他现行国家有关规范规程、标准和规定

2 评价依据：《河南省绿色建筑评价标准》DBJ41/T109-2020

3 建筑项目主要特征表

名称	建筑类别	耐火等级	抗震设防烈度	结构类型	建筑层数	建筑高度	总建筑面积
17#楼住宅楼	二类高层住宅	一级	8度	剪力墙	地下2层 地上11层	31.900m	3879.93m²

4 本工程满足《河南省绿色建筑评价标准》DBJ41/T109-2020中对建筑全寿命周期内的安全耐久、健康舒适、生活便利、资源节约、环境宜居、提高与创新等5类指标中控制项要求。

本工程绿色建筑目标为：基本级绿色建筑。

二、安全耐久

1 采用基于性能的抗震设计方法并合理提高建筑的抗震性能。

2 采用耐久性好的建筑结构材料。

3 采用具有安全防护功能的产品或配件。

4 室外地面或路面设置防滑措施。

5 采用人车分流系统，且步行和自行车交通有充足照明。

6 采取提升建筑适变性的措施。

7 采取提升建筑部件耐久性的措施。

8 提高建筑结构材料的耐久性。

9 合理采用耐久性好、易维护的装饰装修建筑材料。

三、健康舒适

1 控制室内主要空气污染物的浓度。

2 选用的装饰装修材料应满足国家现行绿色产品评价标准中对有害物质限量的要求；选用满足要求的装饰装修材料达到3类及以上。

3 直饮水、集中供水、游泳池水、采暖空调系统用水、景观水体的水质满足国家现行有关标准的要求。

4 生活饮用水水池、水箱等储水设施采取措施满足卫生要求。

5 所有给水排水管道、设备、设施设置明确、清晰的永久性标识。

6 采取措施优化主要功能房间的室内声环境；噪声级达到现行国家标准《民用建筑隔声设计规范》GB50118中的低限标准限值和高要求标准。

7 主要功能房间的隔声性能良好。

8 充分利用天然光。

9 具有良好的室内热湿环境。

10 优化建筑空间和平面布局，改善自然通风效果。

11 设置可调节遮阳设施，改善室内热舒适。

四、生活便利

1 场地与公共交通站点联系便捷。

2 建筑室内外公共区域满足全龄化设计要求。

3 提供便利的公共服务。

4 城市绿地、广场及公共运动场地向周边免费开放，步行可达。

5 合理设置健身场地和空间。

6 设置分类、分级用能自动远传计量系统，且设置能源管理系统实现对建筑能耗的监测、数据分析和管理。

7 设置PM10、PM2.5、CO2浓度的空气质量监测系统，且具有存储至少一年的监测数据功能。

8 设置用水远传计量系统，水质在线监测系统。

9 具有智能化服务系统。

五、资源节约

1 节约集约利用土地。

2 合理开发利用地下空间。

3 采用机械式停车设施、地下停车库或地面停车楼方式。

4 优化建筑围护结构热工性能。

5 采取措施降低部分负荷、部分空间使用下的供暖、通风与空调系统的末端系统及输配系统的能耗。

6 采用节能型电气设备及节能控制措施。

7 采取措施降低建筑能耗。

8 结合当地气候和自然资源条件合理利用可再生能源。

9 使用较高用水效率等级的卫生器具。

10 绿化灌溉及空调冷却水系统采用节水设备或技术。

11 结合雨水综合利用设施营造室外景观水体。室外景观水体利用雨水的补水量大于水体蒸发量的60%，且采用保障水循环水质的生态水处理技术。

12 使用非传统水源。

13 建筑所在区域统筹土建工程与装修工程一体化设计及施工。

14 合理选用建筑结构材料与构件。

15 建筑装修选用工业化内装部品。

16 选用可再循环材料、可再利用材料及利废建材。

17 采用绿色建材。

六、环境宜居

1 充分保护或修复场地生态环境，合理布局建筑及景观。

2 规划场地地表和屋面雨水径流，对场地雨水实施外排总量控制。

3 充分利用场地空间设置绿化用地。

4 室外吸烟区位置布局合理。

5 利用场地或景观设置雨水调蓄设施。

6 场地内的环境噪声优于现行国家标准《声环境质量标准》GB3096的要求。

7 建筑及照明设计避免产生光污染。

8 场地内风环境有利于室外行走、活动舒适和建筑的自然通风。

9 采取措施降低热岛强度。

会签 COORDINATION
建筑 结构
ARCH. STRUCT.
给排水 暖通
PLUMBING HVAC
电气 总图
ELEC. PLANNING
附注 DESCRIPTIONS

单位出图专用章 SEAL
个人执业专用章 SEAL
设计单位 DESIGNER
建设单位 CLIENT
工程名称 PROJECT
子项名称 SUB-PROJECT 住宅楼
审定 APPROVED BY
审核 EXAMINED BY
所长 DIRECTOR
项目负责人 CAPTAIN
专业负责人 CHIEF ENGI.
校对 CHECKED BY
设计 DESIGNED BY

图纸名称 TITLE
建筑设计总说明（二）
绿色建筑设计专篇（一）

工程编号 PROJECT NO.
设计专业 DISCIPLINES 建筑
图纸张数 DRAWING PAGE
设计阶段 DESIGN PERIOD 施工图
图纸编号 DRAWING NO. 02
日期 DATE
版别 EDITION NO. A

绿色建筑设计专篇（二）

七、提高与创新

1. 绿色建筑评价时，应按本章规定对提高与创新项进行评价。
2. 提高与创新项得分为分项得分之和，当得分大于100分时，应取为100分。
3. 采取措施进一步降低建筑供暖空调系统的能耗。
4. 采用适宜地区特色的建筑风貌设计，因地制宜传承建筑文化。
5. 采用符合工业化建造要求的结构体系与建筑构件。
6. 进行建筑碳排放计算分析，采取措施降低单位建筑面积碳排放强度。
7. 按照绿色施工的要求进行施工与管理。

建筑节能设计专篇

一、设计依据：
《民用建筑热工设计规范》GB50176-2016
《建筑节能工程施工质量验收规范》GB50411-2007
《外墙外保温工程技术规程》JGJ144-2019
《河南省居住建筑节能设计标准（寒冷地区75%）》(DBJ41/T184-2020)
《建筑幕墙、门窗通用技术条件》（GB/T31433-2015）
《建筑外窗保温性能分级及检测方法》（GB/T8484-2020）
《现浇混凝土内置保温墙体技术规程》DBJ41/T186-2017
《建筑设计防火规范》GB50016-2014(2018年版)第6.7节有关条文

二、设计采用外墙保温体系：
外墙保温体系采用保温体系：现浇混凝土内置保温体系（A级）。

三、建筑概况：
1. 建筑性质：二类高层住宅。
2. 建筑物名称：XXXXXXXXXXX住宅楼。XXXXXXXXXXXXXXXXXXX，具体部位详见小区总平面规划图。
3. 建筑面积：地上建筑面积3152.58m²；地下面积727.35m²。
4. 建筑层数：地上11层，屋顶局部楼梯间；地下2层。
5. 建筑总高度：33.100m。
6. 建筑地点及气候分区：河南省——安阳市；寒冷地区B区。

四、计算软件及版本
清华斯维尔建筑节能计算分析软件BECS2020

五、节能设计
1. 节能设计以居住建筑75%。气候分区为寒冷B区。
2. 节能设计各项指标及节能措施详见节能设计表。
3. 保温系统应满足规范《建筑设计防火规范》第6.7节有关条文要求。
4. 建筑外墙采用保温材料与两侧墙体构成无空腔复合保温构造，该结构保温材料的燃烧极限应满足《建筑设计防火规范》第5.1.2条的规定，保温材料两侧墙体应采用无机材料且厚度均不小于50mm。
5. 外墙
剪力墙部分：钢筋混凝土墙+厚度50mmXPS保温板+50厚混凝土保护层（A级）
填充墙部分：300（200）厚自保温加气混凝土砌块（A级）

保温结构一体化施工要求：外墙保温一体化应由专业厂家二次设计、施工，并应符合《现浇混凝土内置保温墙体技术规程》DBJ41/T186-2017的相关要求。

6. 屋面：100厚挤塑聚苯板（B1级）。
7. 分隔采暖与非采暖空调房间：30厚无机轻集料保温浆料（A级）。
8. 外窗：断桥铝合金框（6Low-E+12氩气+6）/（架）；传热系数2.0W/(m²·K)。

六、建筑节能设计中的其他要求

1. 外墙热桥部位——混凝土梁、柱、剪力墙、女儿墙、混凝土构件(空调板、飘窗台板、雨蓬等)必须按设计要求做好保温。
2. 外窗（含阳台门）的气密性性能等级不应低于国家标准《建筑幕墙、门窗通用技术条件》（GB/T31433-2015）规定的6级，其气密性性能分级指标值：
单位缝长空气渗透量为：1.0<q1≤1.5[m³/m·h]
单位面积空气渗透量为：3.0<q2≤4.5[m³/m²·h]。
3. 建筑外门抗风压性能应不低于5级（抗风压性应大于3.0<P3<3.5），外门的气密性不应低于6级，水密性能分级应为3级。
4. 外门窗与门窗洞口之间的缝隙，应采用聚氨酯等高效保温材料填实，并密封胶封严密，不得用水泥砂浆填塞。
5. 外窗（门）洞口采用墙体的制做外墙20厚无机保温砂浆，防止外门窗结露。
6. 建筑外围护结构各部位做法及其参数详见节能设计表。

七、结论
住宅部分按《河南省居住建筑节能设计标准（寒冷地区75%）》(DBJ41/T184-2020)，结果不满足标准中围护结构热工性能限值要求，按标准规定进一步对围护结构性能进行权衡判断，经综合权衡满足要求。

八、注意事项
建设及施工单位应选用正规厂家的合格产品，严格按节能设计的要求施工，确保工程施工符合节能标准和节能验收的要求。

河南省寒冷地区居住建筑建筑专业节能设计表（≥4层的建筑）

建筑体型系数	限值	0.33		建筑层数		11F/2F	外墙保温材料及选用的外墙保温系统	剪力墙部分：200厚钢筋混凝土+50厚挤塑聚苯板+50厚石质砌块填充墙部分：300（200）厚自保温加气混凝土砌块保温系统；现浇混凝土内置保温体系
	设计值	0.37		(地上/地下)				
窗墙面积比	限值	东 0.35	南 0.50 北 0.30	室内计算温度（℃）	18	室内计算温度（℃）	10.12	
	设计值	0.07	0.47 0.07 0.38	4.2.15 冬季室内计算温度（℃）	1.3	最不利朝向室内面温度（℃）	14.33	

围护结构部位		限值	设计值	保温层材料及厚度燃烧性能等级	保温层材料导热系数及修正系数
屋面		0.30	0.29	挤塑聚苯板，100mm，B1级	0.030 1.10
外墙		0.45	0.48	200厚钢筋混凝土+50厚挤塑聚苯板+50厚石质	0.030 1.10 / 0.10 1.25
凸窗不透明板	顶板	0.45	—	—	
	底板		—	—	
	侧板		—	—	
架空或外挑楼板		0.45	—	—	
非采暖地下室顶板（上部为采暖房间时）		0.50	0.49	挤塑聚苯板，50mm，B1级	0.030 1.10
分隔采暖与非采暖空间的隔墙	隔墙		1.35	无机轻集料砂浆，30厚，A级	0.070 1.25
分隔采暖与非采暖空间温差大于5K的楼板	楼板	1.5			
分隔采暖房间与非采暖房间的户门		2.0	1.8	安全保温防火室门	
阳台门下部门芯板		1.7			
地面周边地面		1.50	1.67	挤塑聚苯板，50mm，B1级	0.030 1.00
地下室外墙（与土壤接触的墙）		1.60	1.70	挤塑聚苯板，50mm，B1级	0.030 1.00

朝向	窗墙面积比（取用CW）	传热系数K值 W/(m²·K)（东西向）		SHGC（东西向）	传热系数K值 W/(m²·K)（夏季 南北向）		SHGG（夏季 南北向）	窗框材料及窗玻璃品种、规格、中空玻璃层数
		限值	设计值		限值	设计值		
东 南 西	CW<0.30	2.2	1.9	2窗	—	2窗	—	断桥铝合金框（6Low-E+12氩气+6）中空玻璃露点：-40℃
	0.30<CW≤0.40	2.0	1.7	2窗	0.55	凸窗	0.42	
	0.40<CW≤0.50				0.50		0.42	
天窗	(K*)	1.8	0.45		—		—	
天窗及坡屋顶面积与屋面的比值		0.15						
采光系数满足要求的面光系数Tr		0.45						
采光 位置		0.50		有采光功能的主要功能房间，室内自然光照度不低于300lx的小时数				限值 0.4 设计值 —
外窗及敞开式阳台门气密性（GB/T31433）		≥6级	6		建筑幕墙气密性（GB/T 21086）	≥3级		

		限值	设计值		保温层材料及厚度燃烧性能等级	保温层材料导热系数及修正系数
凸窗（含窗口门洞的）的外侧及与相邻结构的防火分隔、保温、门窗等、门窗下部、门窗下门框	栏板		0.386	200厚自保温加气混凝土砌块，A级	0.100 1.25
	传热系数K值 W/(m²·K)	0.72	0.292	挤塑聚苯板，100mm，B1级	0.030 1.10
			3.54	100厚挤塑聚苯板	1.740 1.00
		3.1	0.45	窗框材料及窗玻璃品种、规格、中空玻璃层数 断桥铝合金框（6Low-E+12氩气+6）中空玻璃露点：-40℃	

是否符合标准规定性指标要求 是□ 否☑

权衡判断时 围护结构的传热工性能不低于下表的限值		窗墙面积比				外墙	架空或外挑楼板	外窗	天窗	屋面	地面	地下室外墙
		东	南	西	北			传热系数K值 W/(m²·K)			保温层材料导热系数及修正系数 [(m²·K)/W]	
	限值	0.45	0.60	0.45	0.40	0.60	2.5	2.5	0.30	1.50	1.60	
	设计值	0.01	0.56	—	0.20	0.48	2.0	—	0.29	1.67	1.70	
建筑的供暖耗热	参照建筑 kW·h/(m²·a)			10.13				设计建筑 kW·h/(m²·a)			10.17	

建 筑 构 造 统 一 做 法 表 (一)

项目	做法名称选用图集号	集图现有构造做法	使用部位	备注
坡道	花岗石板面层坡道 参12YJ1-坡3/157页	1. 25厚毛面花岗岩板 2. 30厚1:3干硬性水泥砂浆 3. 60厚C15混凝土 4. 300厚1:7灰土 5. 素土夯实	室外无障碍坡道 住宅单元入户	采用：20厚无障碍坡道，不设护栏（花岗岩板厚度：有行台阶70、坡道25）
台阶、平台	石质板面层台阶 参12YJ1-台6/155页	1. 25厚石质板面层踏步及踏脚板，水泥砂浆擦缝 2. 30厚1:3干硬性水泥砂浆 3. 60厚C15混凝土（厚度不包括台阶三角部分） 4. 300厚1:7灰土 5. 素土夯实 6. 素土夯实	入口台阶、平台	600x350(150)X40大级面芝麻黑白口岗岩板（易磨碎）板材，600X600X40火烧面芝麻白花岗岩台面及侧板
散水	草坪散水 参12YJ1-散9/153页	1. 300厚种植土，植草皮 2. 300厚C15混凝土 3. 150厚3:7灰土 4. 素土夯实，向外放坡5%	建筑物周边地下车库范围外的散水	1000mm散水宽，建筑散水埋入地下200~300mm，上铺200厚绿化种植土，要求保铺有坡度，向外放坡5%
楼1	陶瓷防滑地砖楼面 参12YJ1-楼201/32页（降板50）	1. 10厚地砖铺平抹缝，勾缝剂勾缝（用户自理） 2. 20厚1:3干硬性水泥砂浆（用户自理） 3. 素水泥浆一道 4. 二道聚氨酯防水涂料平层表面找毛 5. 现浇钢筋混凝土楼板	封闭阳台	
楼2	陶瓷防滑地砖楼面 参12YJ1-楼201/32页（降板30）	1. 10厚地砖铺平抹缝，勾缝剂勾缝（精装完成） 2. 20厚1:3干硬性水泥砂浆（精装完成） 3. 素水泥浆一道 4. 现浇钢筋混凝土楼板	三层以上电梯前室（含地下）、地下电梯厅、电梯机房、一层大堂	参照建业集团装饰相关标准执行 范图参考措施38
楼3	陶瓷防滑地砖楼面 参12YJ1-楼201/32页（降板60）	1. 10厚地砖铺平抹缝，勾缝剂勾缝（精装完成） 2. 20厚1:3干硬性水泥砂浆找平表面拉毛用拉毛层干预管子 3. 素水泥浆一道 4. 现浇钢筋混凝土楼板	一层电梯厅、公共走道、地砖防滑 二层电梯间上电梯前室、公共走道	参照建业集团装饰相关标准执行 范图参考措施38
楼4	细石混凝土防水楼面 (12YJ1-楼102/25页)（降板60）	1. 20厚1:2水泥砂浆内掺防水剂 2. 素水泥浆一道 3. 现浇钢筋混凝土楼板打底找平层	水暖管井	
楼5	水泥砂浆楼面 参12YJ1-楼101/24页（降板30）	1. 20厚1:2水泥砂浆抹压光 2. 素水泥浆一道 3. 现浇钢筋混凝土楼板	三层以上楼梯间 地下储藏间及设备机房等功能间	1. 楼梯踏步加中8护角钢筋，锚固及防腐参做法参12YJ8第68页节点图。 2. 铺抛光砖参做法参12YJ8第69页节点A1
楼6	钢筋混凝土楼面	现浇钢筋混凝土楼板打底找平层	电井	
楼7	水泥砂浆楼面 参12YJ1-楼101/24页	1. 20厚1:2水泥砂浆抹压光 2. 素水泥浆一道 3. 现浇钢筋混凝土楼板	空调板	

会签 COORDINATION
建筑 ARCH. | 结构 STRUCT.
给排水 PLUMBING | 暖通 HVAC
电气 ELEC. | 总图 PLANNING

附注 DESCRIPTIONS
单位出图专用章 SEAL
个人执业专用章 SEAL
设计单位 DESIGNER
建设单位 CLIENT
工程名称 PROJECT
子项名称 SUB-PROJECT 住宅楼
审定 APPROVED BY
审核 EXAMINED BY
所长 DIRECTOR
项目负责人 CAPTAIN
专业负责人 CHIEF ENG.
校对 CHECKED BY
设计 DESIGNED BY

图纸名称 TITLE 绿色建筑设计专篇（二）建筑节能设计专篇 建筑构造统一做法表（一）
工程编号 PROJECT NO.
设计专业 DISCIPLINE 建筑
图纸张数 DRAWING PAGE
设计阶段 DESIGN PERIOD 施工图
图纸编号 DRAWING NO. 03
日期 DATE | 版别 EDITION NO. A

建筑构造统一做法表（二）

项目		做法名称选用图集号	集团现有构造做法	使用部位	备注
楼面	楼8	陶瓷防滑地砖地面防水楼面 参12YJ1-楼201（F）/33页 （降板80+20）	1. 10厚防滑地砖铺实拍干，稀水泥砂浆擦缝（用户自理） 2. 30厚1:3干硬性水泥砂浆 3. 1.5厚单组分水性聚氨酯涂膜防水涂料，四周墙面高出300mm 4. 最薄处20厚1:3水泥砂浆找平，找坡≥0.5%坡向地漏 5. 素水泥浆一道 6. 现浇钢筋混凝土楼板	洗衣机阳台	上翻起点为该防水面
	楼9	地砖、面砖、防水楼面（参12YJ1-楼409F/55页）（降板120+20/150+20）	1. 10厚防滑地砖铺实拍干，稀水泥砂浆擦缝（用户自理） 2. 20厚1:3干硬性水泥砂浆（用户自理） 3. 1.5厚单组分水性聚氨酯涂膜防水涂料，四周墙面高出300mm 4. 最薄处50厚C15细石混凝土（上下配Φ3@50钢筋两片，中间敷敷热管）找平，找坡≥0.5%坡向地漏 5. 0.2厚真空镀铝聚酯薄膜 6. 20厚挤塑聚苯乙烯泡沫塑料板，密度≥32kg/m³（用于一层时50厚） 7. 1.5厚单组分水性聚氨酯涂膜防水涂料，四周墙面高出300mm 8. 现浇钢筋混凝土楼板打磨平整	住宅卫生间	1.一层采用50mm厚挤塑聚苯乙烯保温满足非采暖地下室顶板节能限值要求，相应调整首层楼面降板高度170mm。 2.上翻起点为该防水面
	楼10	地砖、面砖楼面 参12YJ1-楼409/55页 （降板100/130）	1. 10厚防滑地砖铺实拍干，勾缝剂勾缝（用户自理） 2. 20厚1:3干硬性水泥砂浆（用户自理） 3. 素水泥浆一道 4. 50厚C15细石混凝土（上下配Φ3@50钢筋两片，中间敷敷热管） 5. 0.2厚真空镀铝聚酯薄膜 6. 20厚挤塑聚苯乙烯泡沫塑料板，密度≥32kg/m³（用于一层时50厚） 7. 现浇钢筋混凝土楼板打磨平整	住宅一层房间	一层采用50mm厚挤塑聚苯乙烯保温层满足非采暖地下室顶板节能限值要求，相应调整首层楼面降板高度130mm。
	楼11	地砖、面砖、防水楼面 参12YJ1-楼409/55页 （降板100/130）	1. 10厚防滑地砖铺实拍干，稀水泥砂浆擦缝 2. 20厚1:3干硬性水泥砂浆 3. 1.5厚单组分水性聚氨酯涂膜防水涂料，四周墙面高出300mm 4. 50厚C15细石混凝土（上下配Φ3@50钢筋两片，中间敷敷热管） 5. 0.2厚真空镀铝聚酯薄膜 6. 20厚挤塑聚苯乙烯泡沫塑料板，密度≥32kg/m³（用于一层时50厚） 7. 现浇钢筋混凝土楼板打磨平整	厨房	1.一层采用50mm厚挤塑聚苯乙烯保温层满足非采暖地下室顶板节能限值要求，相应调整首层楼面降板高度130mm。 2.上反起点为该防水面
内墙	内墙1	水泥砂浆墙面 参12YJ1-内墙1B/77页	1. 刷专用界面剂一道 2. 9厚1:3水泥砂浆 3. 6厚1:2水泥砂浆抹平	各层设备管井、厨房、主卧地下室	设备井墙面水泥砂浆找光；厨房墙面水泥砂浆拉毛
	内墙2	水泥砂浆防水墙面 参12YJ1-内墙2/77页	1. 刷专用界面剂一道 2. 10厚聚合物水泥防水涂料 3. 9厚1:2水泥砂浆抹平	住宅卫生间	卫生间墙面水泥砂浆拉毛
	内墙3	面砖墙面 参12YJ1-内墙6B/80页	1. 刷专用界面剂一道 2. 9厚1:3水泥砂浆 3. 素水泥浆一道（用专用粘贴剂粘结时无此工序） 4. 3~4厚1:1水泥砂浆加水重20%建筑胶粘结层 5. 4~5厚面砖，白水泥浆擦缝或填缝剂勾缝	门厅、一层电梯厅	参照建业集团装饰相关标准执行

建筑构造统一做法表（二）

项目		做法名称选用图集号	集团现有构造做法	使用部位	备注
内墙	内墙4	涂料墙面 参12YJ1-内墙3B/78页 参12YJ1-涂304/108页	1. 刷专用界面剂一道 2. 9厚1:1.6水泥石灰砂浆 3. 6厚1:0.5:3水泥石灰砂浆抹平（楼梯间、公共走道等部位刷伍入玻纤网，规格≥160g/m²） 4. 满刮腻子一遍，砂纸磨平 5. 涂料两遍	楼梯间、配电间、电梯机房等设备间、除首层以外的楼梯间首室、候梯厅、公共走道	参照建业集团装饰相关标准执行
	内墙5	混合砂浆墙面 参12YJ1-内墙3B/78页	1. 刷专用界面剂一道 2. 9厚1:1:6水泥石灰砂浆 3. 6厚1:0.5:3水泥石灰砂浆抹平（压入玻纤网，规格≥160g/m²）	住宅客厅、卧室、书房、餐厅等主要房间	
	内墙6	混合砂浆墙面 参12YJ1-内墙3B/78页	1. 刷专用界面剂一道 2. 9厚1:1:6水泥石灰砂浆 3. 6厚1:0.5:3水泥石灰砂浆抹平	其他内墙	
	内墙7	保温砂浆墙面	1. 刷专用界面剂一道 2. 30厚无机保温砂浆 3. 3厚抗裂界面砂浆，中间压入碱玻纤网一层（仅饰面层为涂料时使用） 4. 饰材对大内墙涂料两遍	套内与公共部位的隔墙	范围详见建施3B
踢脚	踢脚1	面砖踢脚 参12YJ1-幕3B/61页	1. 刷专用界面剂一道 2. 9厚1:3水泥砂浆 3. 素水泥浆一道（用专用胶粘剂粘贴时无此工序） 4. 3~4厚1:1水泥砂浆加水重20%建筑胶粘结层 5. 5~7厚面砖，水泥浆擦缝或填缝剂填缝	楼梯间（含地下）、候梯厅、门厅、以上公共走道	参照建业集团装饰相关标准执行
	踢脚2	水泥砂浆踢脚 参12YJ1-内墙1B/59页	1. 刷专用界面剂一道 2. 9厚1:3水泥砂浆 3. 6厚1:2水泥砂浆抹平	除以上外其余部位内墙面方面砖时应不设踢脚	户内踢脚暗藏，踢脚高均为100
顶棚	顶1	轻钢龙骨石膏装饰顶棚 参12YJ1-棚2/94页	1. 轻钢龙骨吊顶（主龙骨中距900~1000，次龙骨 中距450，撑龙骨中距900） 2. 9.5厚石膏板，自攻螺钉钉牢，孔眼用腻子填平 3. 刮腻子两遍磨光（无饰涂料） 4. 乳胶漆两遍	首层门厅、电梯厅，其他需要吊顶的房间	参照建业集团装饰相关标准执行
	顶2	涂料顶棚	1. 现浇钢筋混凝土板底刮腻子打磨平整 2. 满刮腻子一遍找平 3. 刮底涂一遍 4. 面层两遍	除一层电梯厅以外的各层电梯间、走道、楼梯间（含楼梯段底板）门厅、电梯机房	
	顶3	涂料顶棚	1. 现浇钢筋混凝土板底刮腻子打磨平整 2. 刮腻子一遍找平 3. 喷涂底、中、面层浆料（底涂一遍、中涂一遍、面涂二遍）	室外核心筒道扇、空调板等其他裸露顶棚	
	顶4	防潮顶棚	1. 现浇钢筋混凝土板底刮腻子打磨平整 2. 刷1.0厚（JSA）聚合物水泥防水涂料（I型）	住宅卫生间	顶棚平整度应符合相关验收标准质量
	顶5	钢筋混凝土顶棚	1. 现浇钢筋混凝土板底刮腻子打磨平整	设备管井	
	顶6	腻子顶棚	1. 现浇钢筋混凝土板底刮腻子打磨平整 2. 2.0厚壳坦型腻子分遍刮平	其余顶棚	
外墙	外墙1	干挂花岗岩外墙面 参12YJ1-外墙13A/123页 （无外保温外墙）	1. 15厚1:3水泥砂浆找平层 2. 刷1.2厚单组分水性聚氨酯涂膜防水涂料（I型） 3. 墙体固定安装挂钩连接点光亮（与墙体连接处作防水密封处理） 4. 按石材系统安装规配金属挂钢结构 5. 25~30厚石材板，用硅酮密封胶嵌缝	详见节点详图及单体外立面设计（门厅部位）	有资质厂家设计安装单位面积锚栓数量不应于5个/m²

图签栏

会签 COORDINATION

建筑 ARCH. / 结构 STRUCT.
给排水 PLUMBING / 暖通 HVAC
电气 ELEC. / 总图 PLANNING
附注 DESCRIPTIONS

单位出图专用章 SEAL

个人执业专用章 SEAL

设计单位 DESIGNER

建设单位 CLIENT

工程名称 PROJECT

子项名称 SUB-PROJECT　住宅楼

审 定 APPROVED BY
审 核 EXAMINED BY
所 长 DIRECTOR
项目负责人 CAPTAIN
专业负责人 CHIEF ENGI.
校 对 CHECKED BY
设 计 DESIGNED BY

图纸名称 TITLE　建筑构造统一做法表（二）

工程编号 PROJECT NO.
设计专业 DISCIPLINE　建筑　图纸张数 DRAWING PAGE
设计阶段 DESIGN PERIOD　施工图　图纸编号 DRAWING NO.　04
日 期 DATE　版别 EDITION NO.　A

建筑构造统一做法表（三）

项目		做法名称 选用图集号	集团现有构造做法	使用部位	备注
外墙	外墙2	涂料外墙面 （结构保温一体化）	1.刷专用界面剂一道 2. 9厚1:3水泥砂浆 3. 6厚1:2.5水泥砂浆抹平 4. 5厚干粉类聚合物水泥防水砂浆找平中间压入一层耐碱玻璃纤维网 5.柔性耐水腻子 6.涂料饰面	详见节点详图及单体外立面设计	
	外墙3	涂料外墙面 （岩棉板外保温） （参见12YJ3-1 A型）	1. 15厚聚合物水泥防水砂浆找平 2. h厚岩棉板保温层，两表面及侧面涂刷界面剂，配备胶粘剂粘贴 3. 6厚抹面胶浆，压入耐碱玻璃纤维网一层 4.锚固锚钉 5. 3厚抹面胶浆，压入耐碱玻璃纤维网一层 6.柔性耐水腻子 7.涂料饰面	外墙、女儿墙反坎造型墙面及岩棉板线脚部位 主体保温线视具体尺寸户型放大详见门节点图反单体外立面设计	岩棉板干密度应≥140kg/m³ 岩棉板的导热系数不应大于0.040 W(M·K)
	外墙4	涂料外墙面 （外墙不做外保温） （参见12YJ1外墙6B/117页）	1.刷界面剂一道 2. 9厚1:3水泥砂浆 3. 6厚1:2.5水泥砂浆抹平 4. 5厚干粉类聚合物水泥防水砂浆，压入耐碱玻璃纤维网 5.柔性耐水腻子 6.涂料饰面	饰面为涂料的自保温加气块外墙，女儿墙及空调搁板侧面。详见户型放大、节点及立面图标注	外墙弹性小拉毛涂料。
	外墙5	涂料外墙面 （无机保温砂浆外保温）	1. 9厚聚合物水泥防水砂浆找平 2. 20厚无机保温砂浆分层抹压 3. 3厚抹面胶浆压实，中间压入耐碱玻璃纤维网一层 4.柔性耐水腻子 5.涂料饰面	女儿墙内侧及压顶，空调搁板面层，窗口等细部	无机轻集料砂浆的导热系数不应大于0.070 W(M·K)
屋面	屋1	细石混凝土保护层（保温上人屋面） （参12YJ1—屋103/138页）	1.保护层: 40厚C20细石混凝土，内配Φ4@200×200钢筋网片 2.隔离层: 0.4厚聚乙烯膜一层 3.防水层: 3mm+3mm厚SBS改性沥青聚酯胎防水卷材加基层处理剂 4.找平层: 30厚C20细石混凝土找坡料层 5.保温层: 100厚挤塑聚苯乙烯泡沫塑料板 6.找平层: 20厚1:2.5水泥砂浆找平层 7.找坡层: 1:8水泥憎水膨胀珍珠岩找坡，2%坡度，最薄处20厚 8.结构: 现浇钢筋混凝土屋面	46.300标高上人屋面	
	屋2	水泥砂浆保护层屋面（保温不上人屋面）参12YJ1—保温105/140页	1.保护层: 20厚1:2.5水泥砂浆保护层 2.隔离层: 0.4厚聚乙烯膜一层 3.防水层: 3mm+3mm厚SBS改性沥青聚酯胎防水卷材加基层处理剂 4.找平层: 30厚C20细石混凝土找坡料层 5.保温层: 100厚挤塑聚苯乙烯泡沫塑料板 6.找平层: 20厚1:2.5水泥砂浆找平层 7.找坡层: 1:8水泥憎水膨胀珍珠岩找坡，2%坡度，最薄处20 8.结构: 现浇钢筋混凝土屋面	2.600标高不上人屋面 3.400标高不上人屋面 51.000标高不上人屋面	2.600标高不上人屋面 3.400标高不上人屋面防水改为4mm厚SBS改性沥青聚酯胎防水卷材加基层处理剂
	屋3	无保温不上人屋面 （小屋面）	1.保护层: 20厚1:2水泥砂浆赶光压光，找坡1% 2.防水层: 1.5厚沥青防水涂料二遍150 3.结构: 现浇钢筋混凝土屋面	雨篷、外露空调板等	

建筑构造统一做法表（三）

项目		做法名称 选用图集号	集团现有构造做法	使用部位	备注
排水管	管1	屋面雨水立管 12YJ5-1-E2	DN100UPVC管，UPVC管卡固定	主体大屋面	
	管2	阳台雨水立管 12YJ6/第71页	DN75UPVC管，UPVC管卡固定	阳台排水管	
	管3	空调冷凝水立管 12YJ6/第77页	DN50UPVC管，UPVC管卡固定	空调冷凝水管	
栏杆	栏杆1	锌钢（方钢）栏杆	栏杆立面形式详见建筑节点详图，防护栏杆顶端喝施加水平方向荷载值不小于1.0kN/m，安全防护栏杆水平高度超过3.6m时栏杆强度加强	楼梯、阳台、护窗、上人屋面栏杆设备平台、连廊、空调板栏杆	强度的增加通过改变受杆件截面尺寸或塑厚及立柱根部采用四颗膨胀螺栓锚固定的安装方式。具体详见节点详图
	栏杆2	可开启铝型材栏杆	见节点详图	空调格栅栏杆	
油漆	漆1	金属面油漆 参12YJ1-油204/106页	1.清理金属面防锈 2.防锈漆二遍 3.刮腻子、磨光 4.磁漆两遍	栏杆等金属构件	面漆颜色见节点详图
	漆2	木质面油漆 参12YJ1-油102/103页	1.木基层清理、除污、打磨等 2.刮腻子、磨光 3.底漆一遍 4.磁漆两遍	建业集团版饰相关标准	凡与墙体接触木钢构件，满涂防腐油
地下室防水	地防1	地下室底板防水 参12YJ1-地防1（水）/12页	1.楼面做法 2.防水钢筋混凝土底板，抗渗等级≥P6 3.50厚C20细石混凝土保护层 4.点厚350号石油沥青油毡一层 5.1层4厚SBS改性沥青聚酯胎防水卷材（Ⅱ型） 6.刷基层处理剂 7.20厚1:2.5水泥砂浆找平 8.100厚C15混凝土垫层 9.素土夯实或素土夯实	地下室底板	
	地防2	地下室墙身防水 参12YJ1-地防1（Q）/12页	1.钢筋混凝土结构自防水打光，抗渗等级≥P6 2.刷基层处理剂一遍 3. 1层4厚SBS改性沥青聚酯胎防水卷材（Ⅱ型） 4. 50厚挤塑聚苯乙烯保温板，密度≥32kg/m³ 5. 2:8石灰土层夯实，分段厚度等（宽度800且应留凹入墙）	地下室外墙	
朴光地面	地2	细石混凝土地面 （参12YJ1-地102/25页）	1. 30厚C20细石混凝土，表面1:1水泥砂浆随拌抹光 2.素水泥浆一道 3. 100厚C20细石混凝土，内配双向Φ6@200钢筋网片 4. 60厚C15混凝土（厚度不包括凹折三角部分） 5. 300厚7:3碎石 6.素土夯实	非机动车库通道	

注:
1. 各部位结构楼板相对建筑完成面的降板高度未详尽处详见降板标注图。
2. 对于楼面"（降80+20）"是指结构降度为100mm，建筑完成面厚度为60~80mm，建筑完成面门口处的内外高差20mm。
3. 对卫生间、厨房等有防水构造和水池施池的房间，通门洞口处点应采取防水层向外水平折起措施，门口处向外挑宽度不宜小于500mm，向外两侧挑宽度不宜小于200mm。
4. 若需采用预拌砂浆时，做法应12YJ-1工程用料小册中的相应说明第4.2.3条要求代表。
5. 有雨水口屋面等加气混凝土填充墙根部做200mm高重混凝土（强度等级同楼面相同）导墙。
6. 石材幕墙、玻璃幕墙、铝板幕墙构造详参12YJ6及B2及B3及91及98及105。
7. 本图明尺寸单位均为毫米。
8. 无注明尺寸单位均为毫米（mm）。
9. 构造选材标标准: 河南省工程建设标准设计12系列工程建设标准设计图集《建筑专业》、《外墙外保温工程技术标准》（JGJ144-2019）以及建业集团自定的设计标准。
10. 地下室配高低配电室、变配电室、消防控制室等，地面与土建接触的面水防涂一遍1.5厚单组分水性聚氨酯涂膜防水涂料六遍，侧墙与土建接触的内墙防水防涂，将"9+6厚水泥砂浆抹灰及灵拟改1.5厚。刷2:水泥砂浆表干（掺水泥重量3%同楼面）"。
11. 对同式空调机位底板饰料取涂，对空调机位内部墙面及涂刷。1~4F采用同周外墙同色涂料平滑，5F~顶层直接抹实。

类型	设计编号	洞口尺寸(mm)	数量	图集名称	备注
防火门	FM丙0919	900X1900	24	甲方定制	喷塑钢制丙级防火门(常闭)，门下设200高门槛
	FM乙1021	1000X2100	19	甲方定制	储藏间门，喷塑钢制乙级防火门(常闭)
	FM乙1121	1100X2100	3	甲方定制	喷塑钢制乙级防火门(常闭)
	FM乙1221	1200X2100	2	甲方定制	喷塑钢制乙级防火门(常闭)
	FM乙1221a	1200X2100	3	甲方定制	喷塑钢制乙级防火门(常开)
	FM甲1021	1000X2100	1	甲方定制	喷塑钢制甲级防火门(常闭)
	FM甲1221	1200X2100	6	甲方定制	储藏间门，喷塑钢制甲级防火门(常闭)
	FM甲1221a	1200X2100	1	甲方定制	喷塑钢制甲级防火门(常开)
户门	HM1221	1200X2100	22	甲方定制	成品防盗，符合保温要求的乙级防火门(钢木复合装甲门)，专业厂家制作，门传热系数K≤1.80[W/(m²·K)]
普通门	LTLM1623	1600X2300	44		断桥铝合金框(6Low-E+12氩气+6)推拉门，整窗传热系数K≤2.00[W/(m²·K)]，用户自理
	LTLM2423	2400X2300	22		断桥铝合金框(6Low-E+12氩气+6)推拉门，整窗传热系数K≤2.00[W/(m²·K)]，用户自理
	M0823	800X2300	44		平开木夹板门
	M0923	900X2300	88		平开木夹板门，门下留30缝隙，用户自理
	TLM1623	1600X2300	22		断桥铝合金框推拉门，用户自理
百叶窗	BYC0919	900X1900	2		铝合金百叶窗(可开启)
	BYC0923	900X2300	20		铝合金百叶窗(可开启)
	BYC1219	1200X1900	4		铝合金百叶窗(可开启)
	BYC1223	1200X2300	18		铝合金百叶窗(可开启)
电梯门	DTM1122	1100X2200	24	甲方定制	
地下室窗	C1218	1200X1800	2	详大样图	断桥铝合金(5+9A+5)外平开窗
	C1518	1500X1800	2	详大样图	断桥铝合金(5+9A+5)外平开窗
普通窗	LC0614	600X1400	22	详大样图	断桥铝合金框(6Low-E+12氩气+6)外平开窗，整窗传热系数K≤2.00[W/(m²·K)]
	LC0914	900X1400	63	详大样图	断桥铝合金框(6Low-E+12氩气+6)外平开窗，整窗传热系数K≤2.00[W/(m²·K)]
	LC1211	1200X1100	11	详大样图	断桥铝合金框(6Low-E+12氩气+6)外平开窗，整窗传热系数K≤2.00[W/(m²·K)]
	LC1316	1300X1600	1	详大样图	断桥铝合金框(6Low-E+12氩气+6)外平开窗，整窗传热系数K≤2.00[W/(m²·K)]
	LC1514	1500X1400	22	详大样图	断桥铝合金框(6Low-E+12氩气+6)外平开窗，整窗传热系数K≤2.00[W/(m²·K)]
	LC1517	1500X1700	22	详大样图	断桥铝合金框(6Low-E+12氩气+6)外平开窗，整窗传热系数K≤2.00[W/(m²·K)]
	LC5719	5700X1900	2	详大样图	断桥铝合金框(6Low-E+12氩气+6)外平开窗，整窗传热系数K≤2.00[W/(m²·K)]
	LC5722	5700X2200	18	详大样图	断桥铝合金框(6Low-E+12氩气+6)外平开窗，整窗传热系数K≤2.00[W/(m²·K)]
	LC3017	(700+2300)X1700	22	详大样图	断桥铝合金框(6Low-E+12氩气+6)外平开窗，整窗传热系数K≤2.00[W/(m²·K)]
	LC3019	(1000+2000)X1900	4	详大样图	断桥铝合金框(6Low-E+12氩气+6)外平开窗，整窗传热系数K≤2.00[W/(m²·K)]
	LC3022	(1000+2000)X2200	18	详大样图	断桥铝合金框(6Low-E+12氩气+6)外平开窗，整窗传热系数K≤2.00[W/(m²·K)]
组合门窗	DYM-1	3000X3460	1	详大样图	断桥铝合金框(6Low-E+12氩气+6)平开门，整窗传热系数K≤2.00[W/(m²·K)]
	LMLC5719	5700X1900	2	详大样图	断桥铝合金框(6Low-E+12氩气+6)外平开组合窗，整窗传热系数K≤2.00[W/(m²·K)]

说明：
1. 门窗立面详图中，H表示楼层完成面标高。
2. 门窗开启线表示方法：实线表示向外开启，虚线表示向内开启，实线加粗表示双向开启，箭头表示推拉窗，" // "表示固定窗。
3. 门窗生产厂家负责提供最终设计安装详图，并配套提供五金配件，暖理样件位置要求产品而定，但每组不得少于两个。
4. 外平开窗应加强牢固回缩扇，防脱具体措施。
5. 安全玻璃的选用应遵照《建筑玻璃应用技术规程》JG113-2015、《铝合金门窗工程技术规范》JGJ214-2010和《建筑安全玻璃管理规定》(发改运行[2003]2116)。建筑物下列部位采用安全玻璃：①单块面积大于1.5m²的窗玻璃；②距可踏面小于0.5m的窗玻璃；③七层及七层以上外窗；④玻璃阳台栏板；⑤建筑物的出入口、门厅等；⑥室内隔断、浴室围护；⑦大于0.5m²的门玻璃；⑧易遭受撞击、冲击而造成人体伤害的其他部位。
6. 一层外窗做好防盗措施。
7. 门窗框料应满足强度及稳定性要求，活动扇加纱窗，门窗物理性能指标详见建筑总说明。
8. 定制门窗时应重新复核数量，为确保窗的安全使用，制造商应进行淬化设计，进行抗风压计算。门窗立面型式经甲方认可后再行安装。

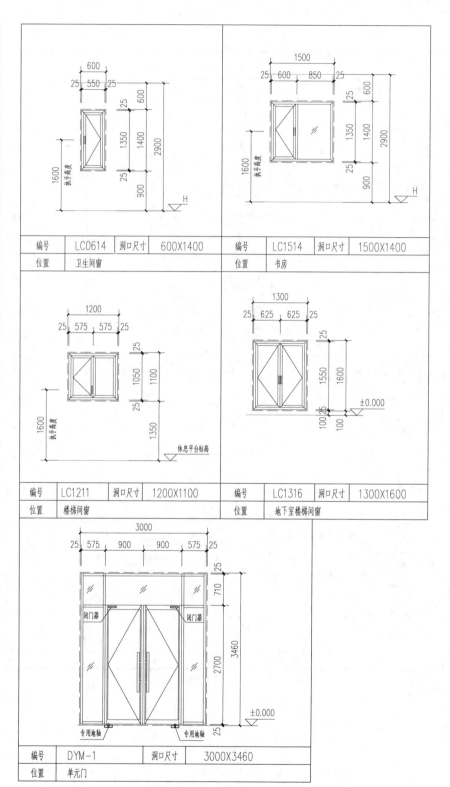

编号	LC0614	洞口尺寸	600X1400
位置	卫生间窗		

编号	LC1514	洞口尺寸	1500X1400
位置	书房		

编号	LC1211	洞口尺寸	1200X1100
位置	楼梯间窗		

编号	LC1316	洞口尺寸	1300X1600
位置	地下室楼梯间窗		

编号	DYM-1	洞口尺寸	3000X3460
位置	单元门		

门窗详图（一）

会签 COORDINATION
建筑 ARCHI | 结构 STRUCT.
给排水 PLUMBING | 暖通 HVAC
电气 ELEC | 总图 PLANNING
附注 DESCRIPTIONS
单位出图专用章 SEAL
个人执业专用章 SEAL
设计单位 DESINGER
建设单位 CLIENT
工程名称 PROJECT
子项名称 SUB-PROJECT 住宅楼
审定 APPROVED BY
审核 EXAMINED BY
所长 DIRECTOR
项目负责人 CAPTAIN
专业负责人 CHIEF ENGI.
校对 CHECKED BY
设计 DESIGNED BY
图纸名称 TITLE 门窗表及门窗详图（一）
工程编号 PROJECT NO.
设计专业 DISCIPLINE 建筑
图纸张数 DRAWING PAGE
设计阶段 DESIGN PERIOD 施工图
图纸编号 DRAWING NO. 06
日期 DATE
版别 EDITION NO. A

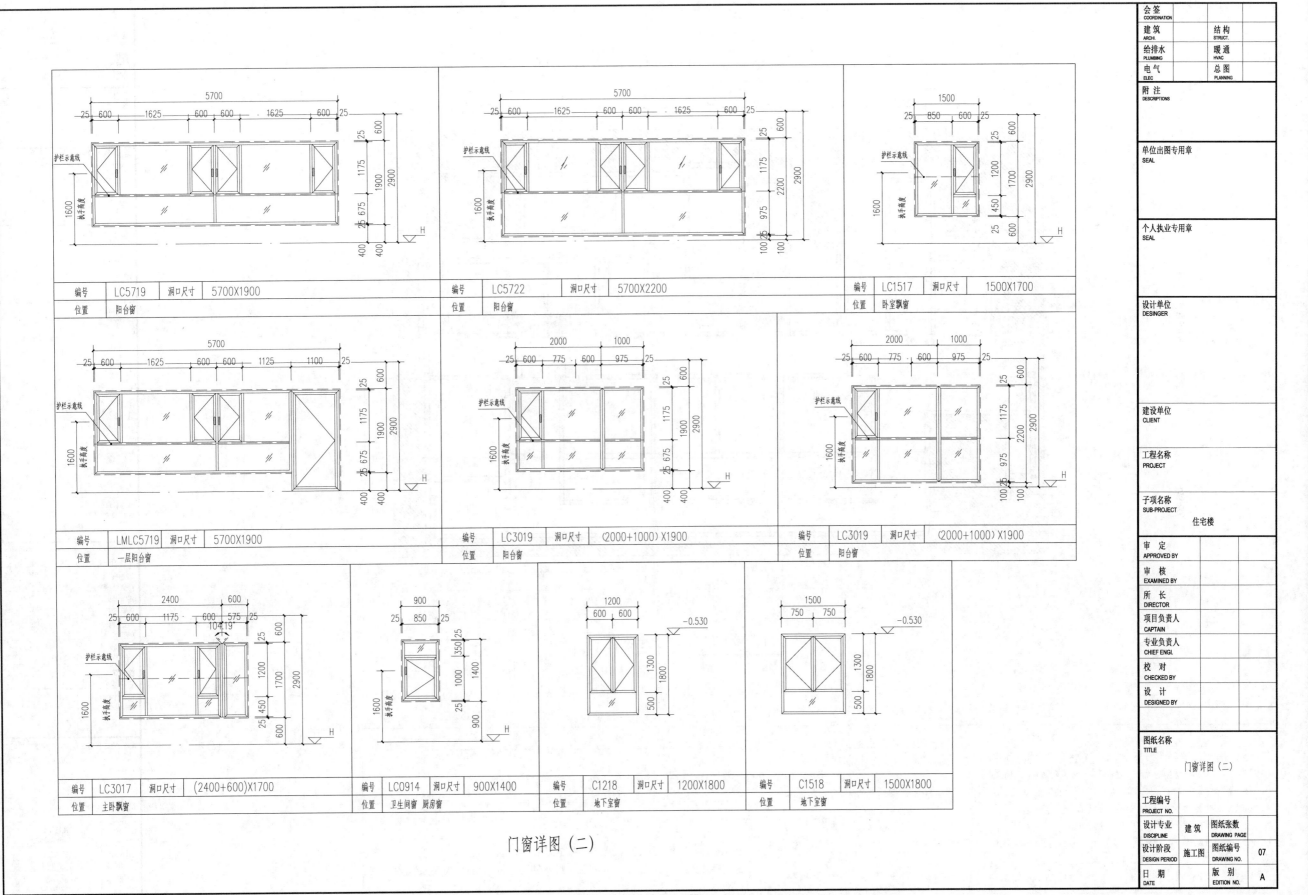

编号	LC5719	洞口尺寸	5700X1900
位置	阳台窗		

编号	LC5722	洞口尺寸	5700X2200
位置	阳台窗		

编号	LC1517	洞口尺寸	1500X1700
位置	卧室飘窗		

编号	LMLC5719	洞口尺寸	5700X1900
位置	一层阳台窗		

编号	LC3019	洞口尺寸	(2000+1000)X1900
位置	阳台窗		

编号	LC3019	洞口尺寸	(2000+1000)X1900
位置	阳台窗		

编号	LC3017	洞口尺寸	(2400+600)X1700
位置	主卧飘窗		

编号	LC0914	洞口尺寸	900X1400
位置	卫生间窗 厨房窗		

编号	C1218	洞口尺寸	1200X1800
位置	地下室窗		

编号	C1518	洞口尺寸	1500X1800
位置	地下室窗		

门窗详图（二）

会签 COORDINATION	
建筑 ARCHI.	结构 STRUCT.
给排水 PLUMBING	暖通 HVAC
电气 ELEC	总图 PLANNING

附注 DESCRIPTIONS

单位出图专用章 SEAL

个人执业专用章 SEAL

设计单位 DESINGER

建设单位 CLIENT

工程名称 PROJECT

子项名称 SUB-PROJECT

住宅楼

审定 APPROVED BY	
审核 EXAMINED BY	
所长 DIRECTOR	
项目负责人 CAPTAIN	
专业负责人 CHIEF ENGL.	
校对 CHECKED BY	
设计 DESIGNED BY	

图纸名称 TITLE

门窗详图（二）

工程编号 PROJECT NO.		
设计专业 DISCIPLINE	建筑	图纸张数 DRAWING PAGE
设计阶段 DESIGN PERIOD	施工图	图纸编号 DRAWING NO. 07
日期 DATE		版别 EDITION NO. A

7

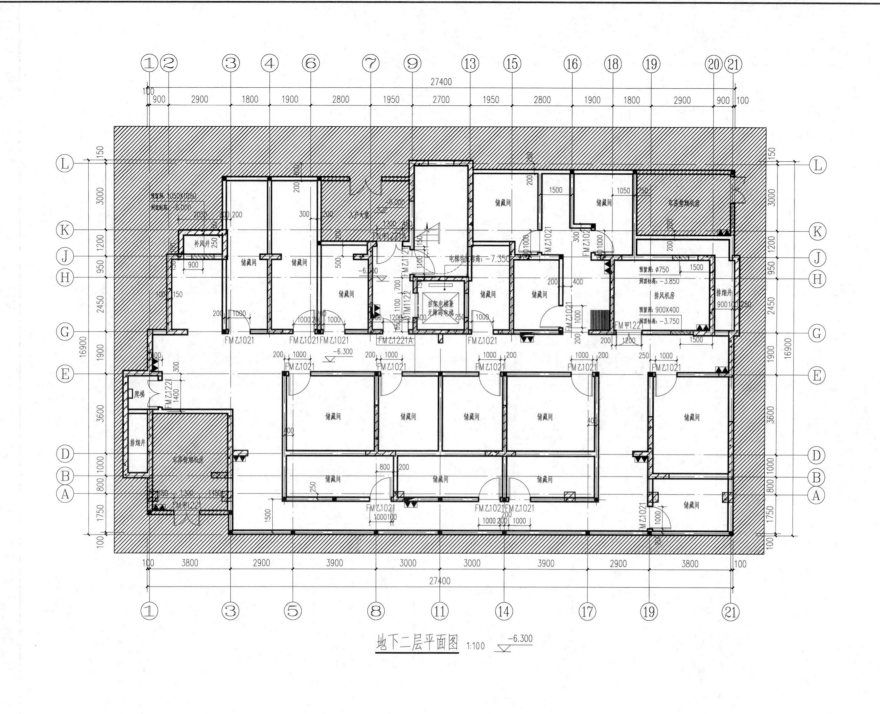

地下二层平面图 1:100 ▽ -6.300

会签 COORDINATION

建筑 ARCHI.	结构 STRUCT.
给排水 PLUMBING	暖通 HVAC
电气 ELEC	总图 PLANNING

附注 DESCRIPTIONS

单位出图专用章 SEAL

个人执业专用章 SEAL

设计单位 DESINGER

建设单位 CLIENT

工程名称 PROJECT

子项名称 SUB-PROJECT　住宅楼

审 定 APPROVED BY	
审 核 EXAMINED BY	
所 长 DIRECTOR	
项目负责人 CAPTAIN	
专业负责人 CHIEF ENGI.	
校 对 CHECKED BY	
设 计 DESIGNED BY	

图纸名称 TITLE　地下二层平面图

工程编号 PROJECT NO.

设计专业 DISCIPLINE　建筑　图纸张数 DRAWING PAGE

设计阶段 DESIGN PERIOD　施工图　图纸编号 DRAWING NO.　08

日 期 DATE　版 别 EDITION NO.　A

说 明

1. 外墙填充部分为250厚钢筋混凝土墙,所有未标注的内隔墙为100厚、200厚加气混凝土砌块墙,除注明外均轴线居中。
2. 图中填充部分墙体为钢筋混凝土墙或柱,剪力墙的厚度、位置及长度以结施平面图为准。
3. 所有设备用房及管井门均设C20素混凝土挡台,同墙宽,高度200,此类设备房间门仅供人员检修时使用,平时不开启。
4. 储藏间内禁止布置存放和使用火灾危险性等级为甲、乙、丙类的物品。
5. 地下室外墙各设备穿墙套管定位及做法详见各专业图纸。
6. 地下室耐火等级为一级。本层建筑面积402.47m²,划为一个防火分区,防火分区面积不大于500m²。
7. 风井预留洞及室内设备预留洞施工时请结合暖通施工图对照施工。
8. 地下室设备专业管道交叉的地方,应保证最低处净高不小于2.0m。

说 明

9. 阴影部分另详车库施工图。
10. 热力小间、水暖井等地漏及排水未说明材质、路径及定位者,详见水施。

图 例 表

图例	名称	备注
	暖通留洞	留洞尺寸标高详见平面标注,平面定位为洞中心距墙边(轴线)。
	集水坑	900mm(长)x900mm(宽)x1200mm(深相对楼地面),上设900x900铸铁箅子,内设检修爬梯。

27400

8

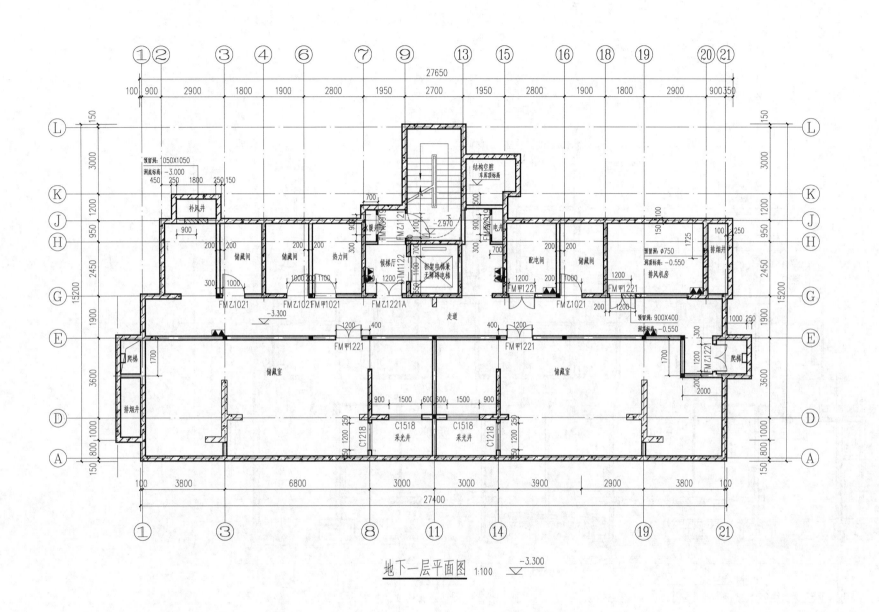

地下一层平面图 1:100 ▽ -3.300

会 签
COORDINATION

建 筑 ARCHI. | 结 构 STRUCT.
给排水 PLUMBING | 暖 通 HVAC
电 气 ELEC | 总 图 PLANNING

附 注
DESCRIPTIONS

单位出图专用章
SEAL

个人执业专用章
SEAL

设计单位
DESINGER

建设单位
CLIENT

工程名称
PROJECT

子项名称
SUB-PROJECT

住宅楼

审 定 APPROVED BY
审 核 EXAMINED BY
所 长 DIRECTOR
项目负责人 CAPTAIN
专业负责人 CHIEF ENGI.
校 对 CHECKED BY
设 计 DESIGNED BY

图纸名称
TITLE

地下一层平面图

工程编号
PROJECT NO.

设计专业 DISCIPLINE | 建筑 | 图纸张数 DRAWING PAGE
设计阶段 DESIGN PERIOD | 施工图 | 图纸编号 DRAWING NO. | 09
日 期 DATE | | 版 别 EDITION NO. | A

说 明

1. 外墙填充部分为250厚钢筋混凝土墙，所有未标注的内隔墙为100厚，200厚加气混凝土砌块墙，除注明外均轴线居中。
2. 图中填充部分墙体为钢筋混凝土墙或柱，剪力墙的厚度、位置及长度以结施平面图为准。
3. 所有设备用房及管井门均设C20素混凝土挡台，同墙宽，高度200，此类设备房间门仅供人员检修时使用，平时不开启。
4. 储藏间内禁止布置存放和使用火灾危险性等级为甲、乙、丙类的物品。
5. 地下室外墙各设备穿墙套管定位及做法详见各专业图纸。
6. 地下室耐火等级为一级。本层建筑面积324.88m²，划为一个防火分区，防火分区面积不大于500m²。
7. 风井预留洞及室内设备预留洞施工时请结合暖通施工图对照施工。
8. 地下室设备专业管道交叉的地方，应保证最低处净高不小于2.0m。

说 明

9. 阴影部分另详车库施工图。
10. 热力小间、水暖井等地漏及排水未说明材质、路径及定位者，详见水施。

图 例 表

图例	名称	备注
▨	暖通留洞	留洞尺寸标高详见平面标注，平面定位为洞中心距墙边（轴线）。

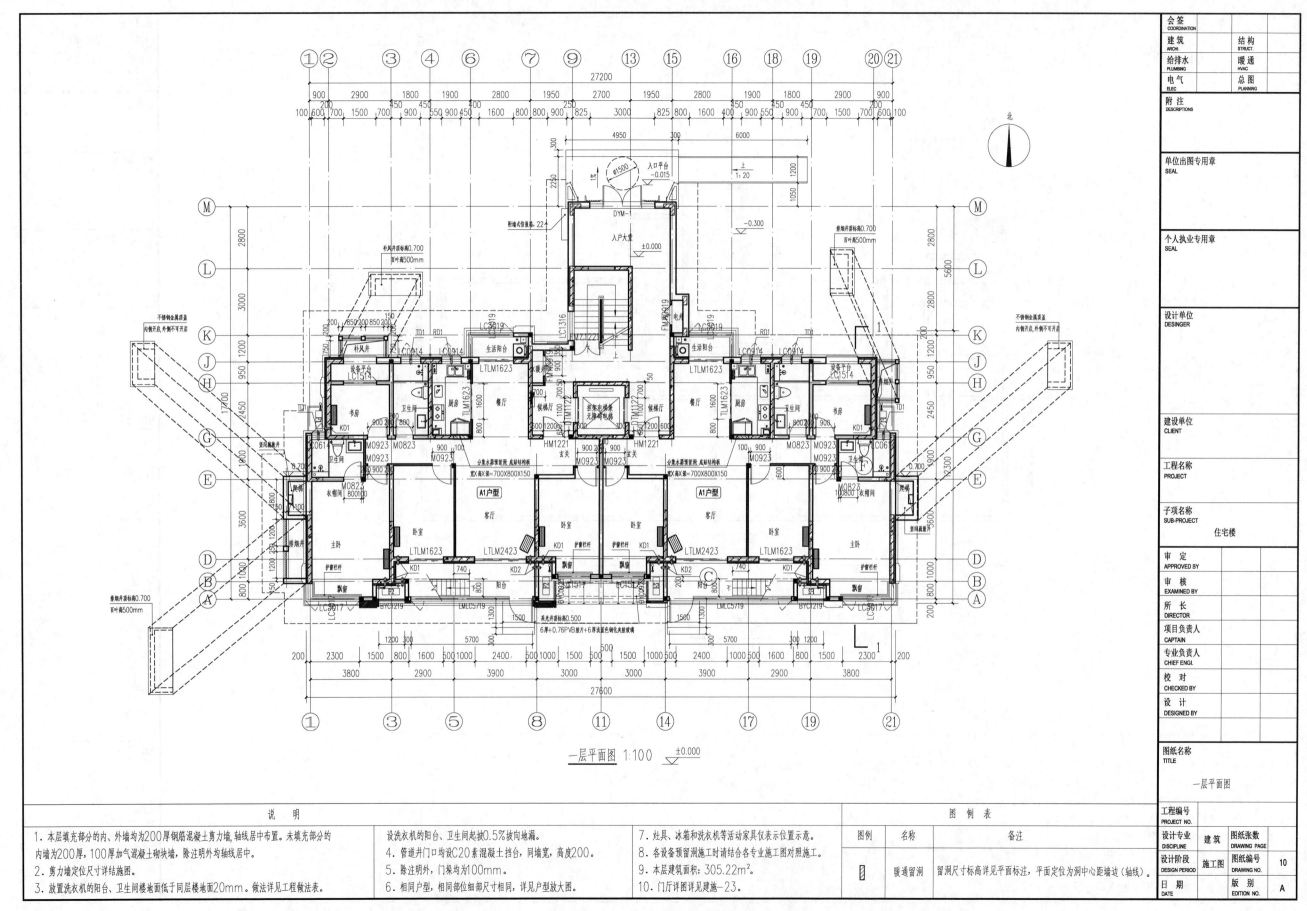

一层平面图 1:100 ±0.000

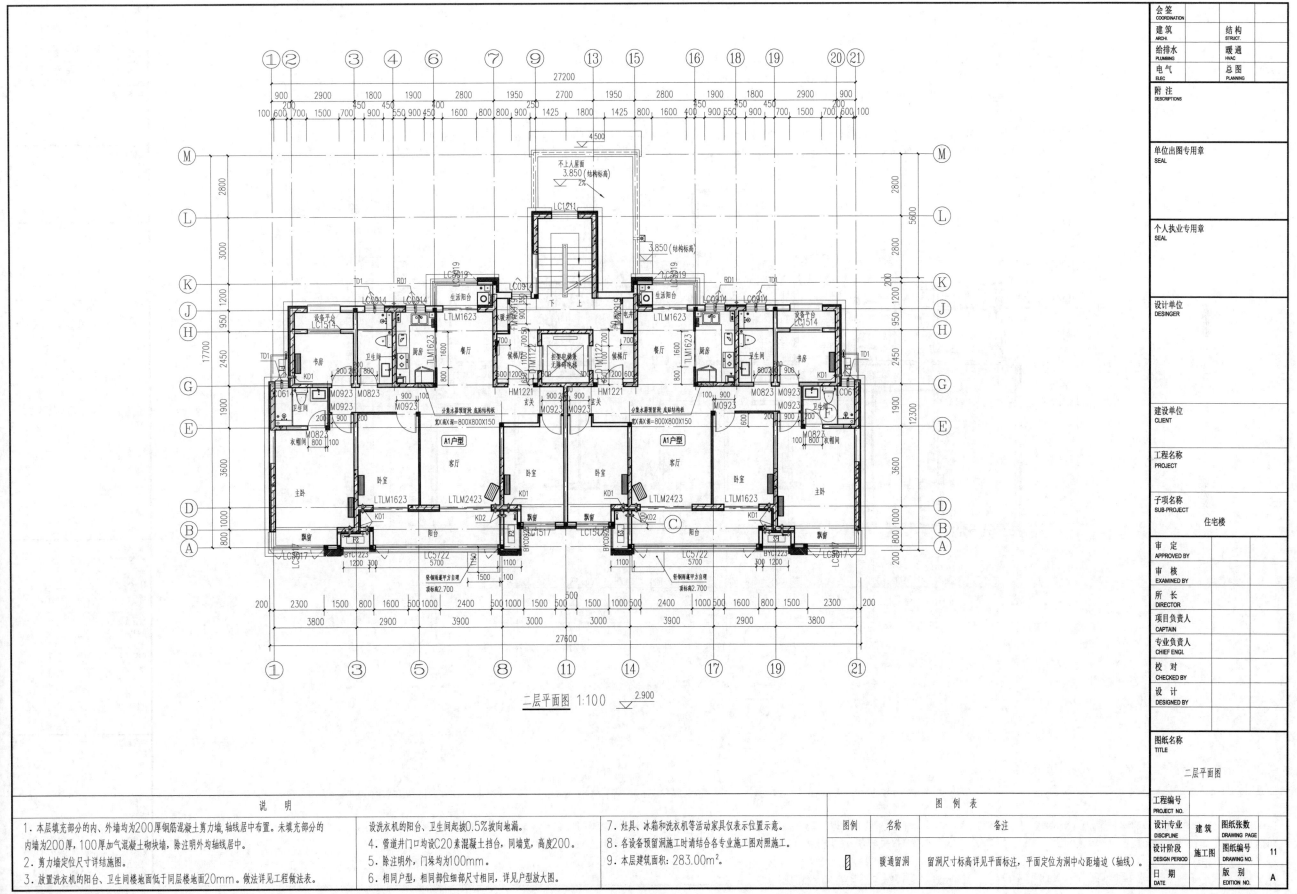

二层平面图 1:100 ▽ 2.900

说　明	图　例　表			
1. 本层填充部分的内、外墙均为200厚钢筋混凝土剪力墙，轴线均中布置。未填充部分的内墙为200厚，100厚加气混凝土砌块墙，除注明外均轴线居中。 2. 剪力墙定位尺寸详见结施图。 3. 放置洗衣机的阳台、卫生间地面低于同层楼地面20mm。做法详见工程做法表。	图例	名称	备注	

工程编号 PROJECT NO.

设计专业 DISCIPLINE　建筑　图纸张数 DRAWING PAGE

设计阶段 DESIGN PERIOD　施工图　图纸编号 DRAWING NO.　11

日期 DATE　　版别 EDITION NO.　A

11

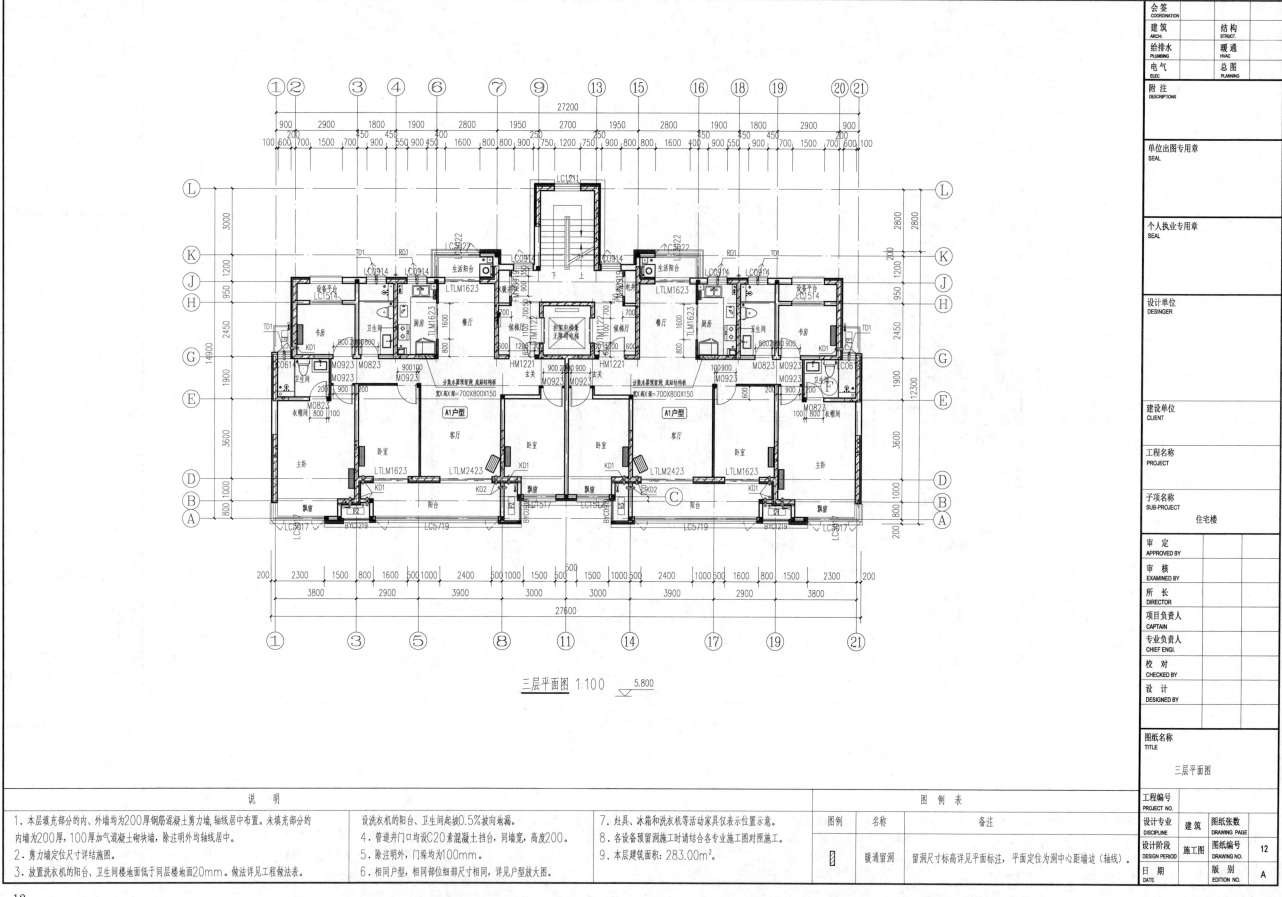

三层平面图 1:100 ▽ 5.800

附 注
DESCRIPTIONS

单位出图专用章
SEAL

个人执业专用章
SEAL

设计单位
DESINGER

建设单位
CLIENT

工程名称
PROJECT

子项名称
SUB-PROJECT 住宅楼

审 定
APPROVED BY

审 核
EXAMINED BY

所 长
DIRECTOR

项目负责人
CAPTAIN

专业负责人
CHIEF ENGI.

校 对
CHECKED BY

设 计
DESIGNED BY

图纸名称
TITLE 三层平面图

说 明

1. 本层填充部分的内、外墙均为200厚钢筋混凝土剪力墙, 轴线居中布置。未填充部分的内墙为200厚, 100厚加气混凝土砌块墙, 除注明外均轴线居中。

2. 剪力墙定位尺寸详结施图。

3. 放置洗衣机的阳台、卫生间楼地面低于同层楼地面20mm。做法详见工程做法表。

4. 设洗衣机的阳台、卫生间起坡0.5%坡向地漏。

5. 管道井门口均设C20素混凝土挡水, 同墙宽, 高度200。

6. 除注明外, 门垛均为100mm。

7. 相同户型, 相同部位细部尺寸相同, 详见户型放大图。

7. 灶具、冰箱和洗衣机等活动家具仅表示位置示意。

8. 各设备预留洞施工时请结合各专业施工图对照施工。

9. 本层建筑面积: 283.00m²。

图 例 表

图例	名称	备注
⌀	暖通留洞	留洞尺寸标高详见平面标注, 平面定位为洞中心距墙边(轴线)。

工程编号 PROJECT NO.		设计专业 DISCIPLINE	建筑	图纸张数 DRAWING PAGE	
		设计阶段 DESIGN PERIOD	施工图	图纸编号 DRAWING NO.	12
		日 期 DATE		版 别 EDITION NO.	A

12

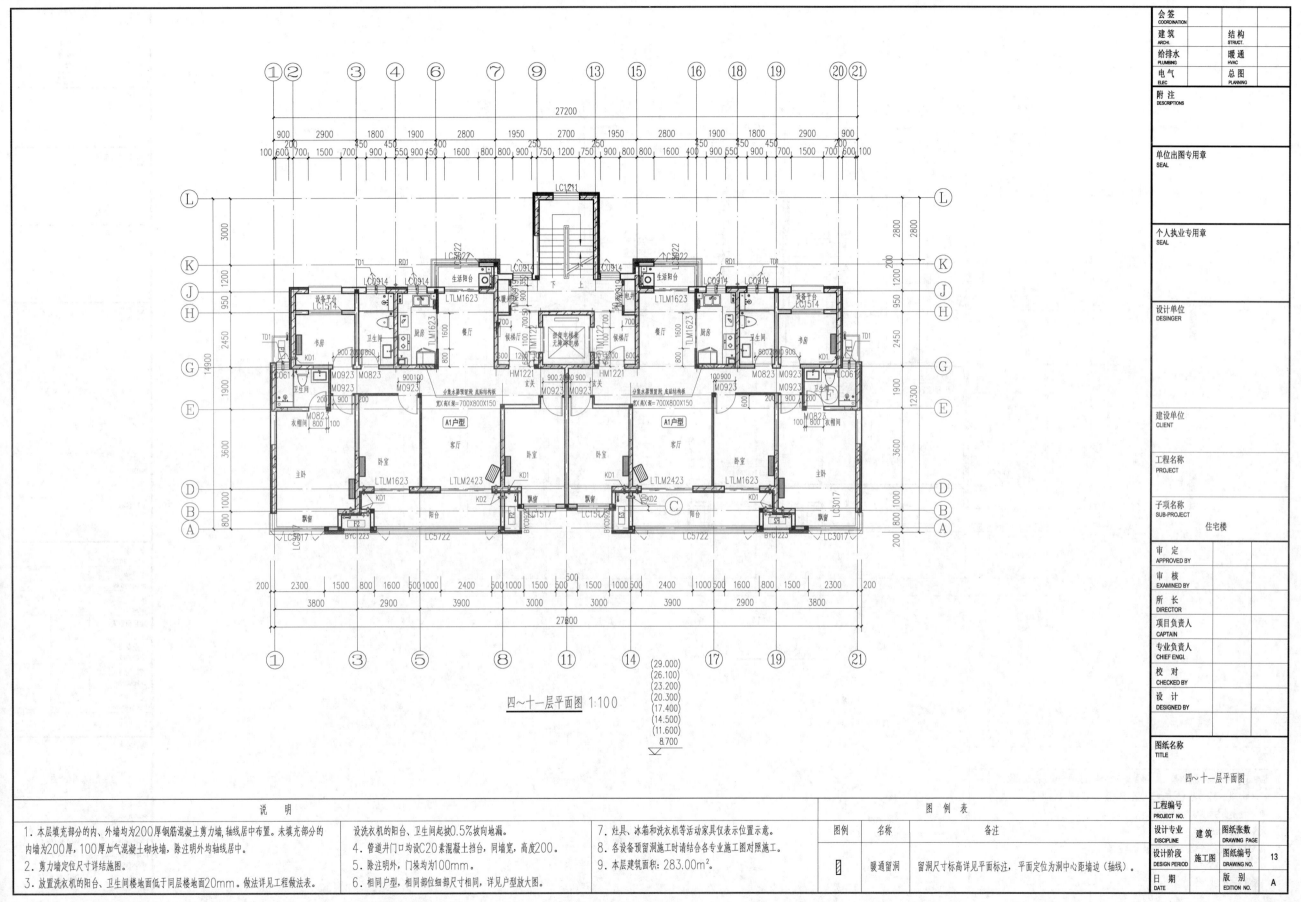

四~十一层平面图 1:100

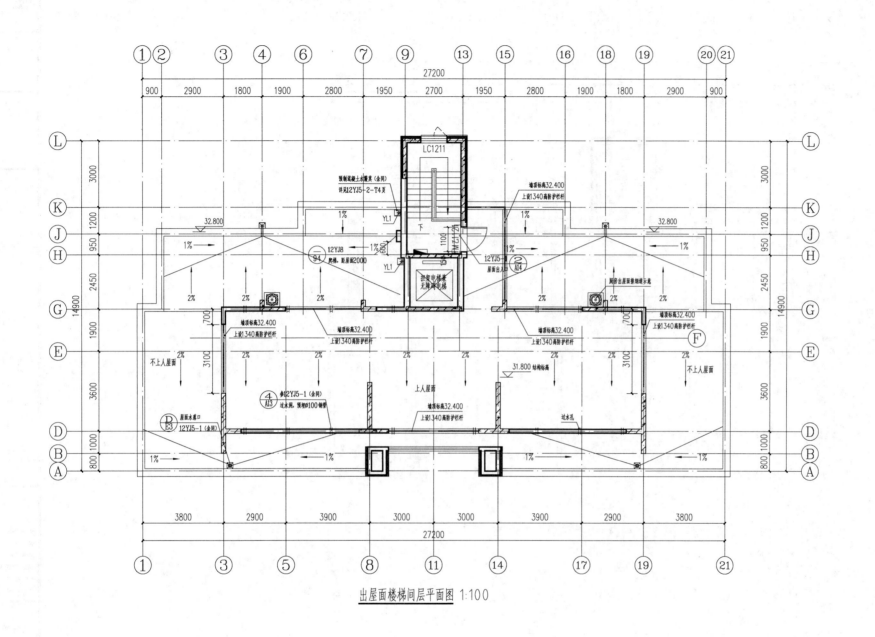

出屋面楼梯间层平面图 1:100

说 明

1. 图中填充部分为钢筋混凝土墙,具体断面及定位见结施图。外墙填充墙采用300厚自保温加气块墙,其余墙体均为200厚加气混凝土砌块墙,未注明的均座轴线中。
2. 屋面所注标高为结构板顶标高。
3. 屋面为有组织外排水。
4. 落水管立管、空调冷凝水立管颜色同外墙颜色。
5. 女儿墙厚度详见节点详图。
6. 本层建筑面积:17.36m²

14

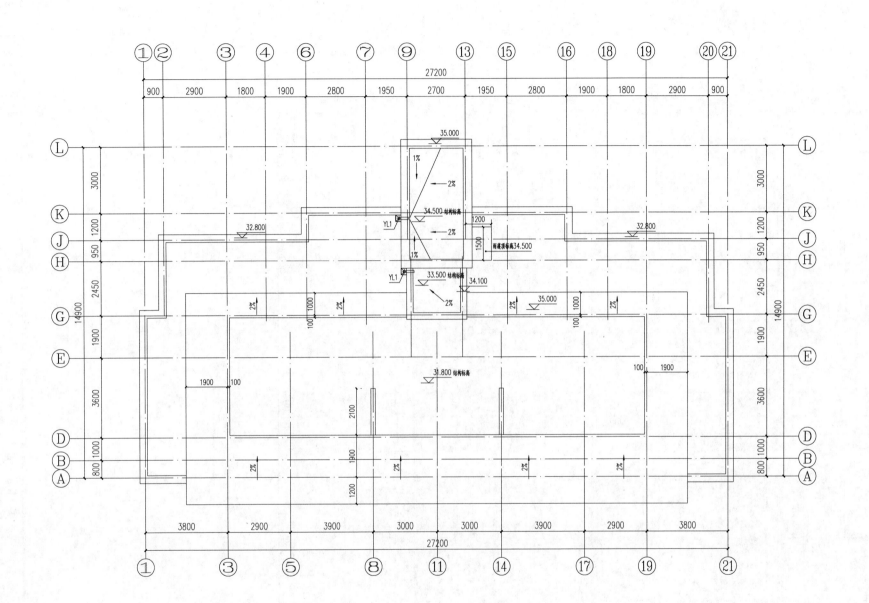

出屋面楼梯间屋顶平面图 1:100

说 明

1. 屋面所注标高为结构板顶标高。
2. 屋面为有组织外排水。
3. 落水管立管、空调冷凝水立管颜色同外墙颜色。
4. 女儿墙厚度详见节点详图。

15

①～㉑轴立面图

㉑~①轴立面图 1:100

冷灰色百叶

仿白麻岩彩真石漆

仿白麻真石漆

冷灰色真石漆

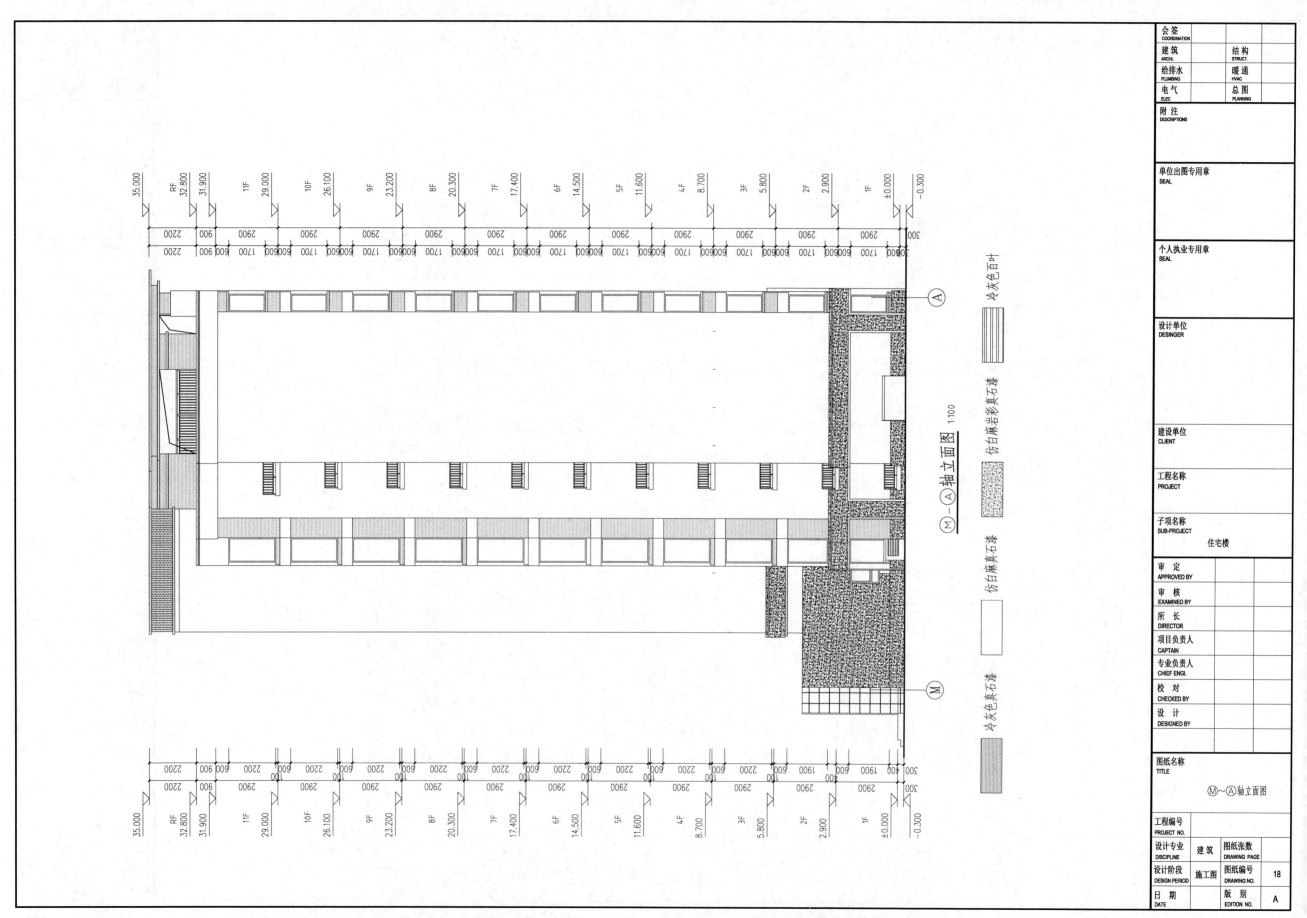

Ⓜ~Ⓐ轴立面图 1:100

冷灰色真石漆

仿白麻真石漆

仿白麻岩彩真石漆

冷灰色百叶

会签 COORDINATION		
建筑 ARCHI.		结构 STRUCT.
给排水 PLUMBING		暖通 HVAC
电气 ELEC		总图 PLANNING
附注 DESCRIPTIONS		

单位出图专用章 SEAL	

个人执业专用章 SEAL	

设计单位 DESINGER	

建设单位 CLIENT	

工程名称 PROJECT	

子项名称 SUB-PROJECT	住宅楼

审 定 APPROVED BY	
审 核 EXAMINED BY	
所 长 DIRECTOR	
项目负责人 CAPTAIN	
专业负责人 CHIEF ENGI.	
校 对 CHECKED BY	
设 计 DESIGNED BY	

图纸名称 TITLE	Ⓜ~Ⓐ轴立面图

工程编号 PROJECT NO.			
设计专业 DISCIPLINE	建筑	图纸张数 DRAWING PAGE	
设计阶段 DESIGN PERIOD	施工图	图纸编号 DRAWING NO.	18
日 期 DATE		版 别 EDITION NO.	A

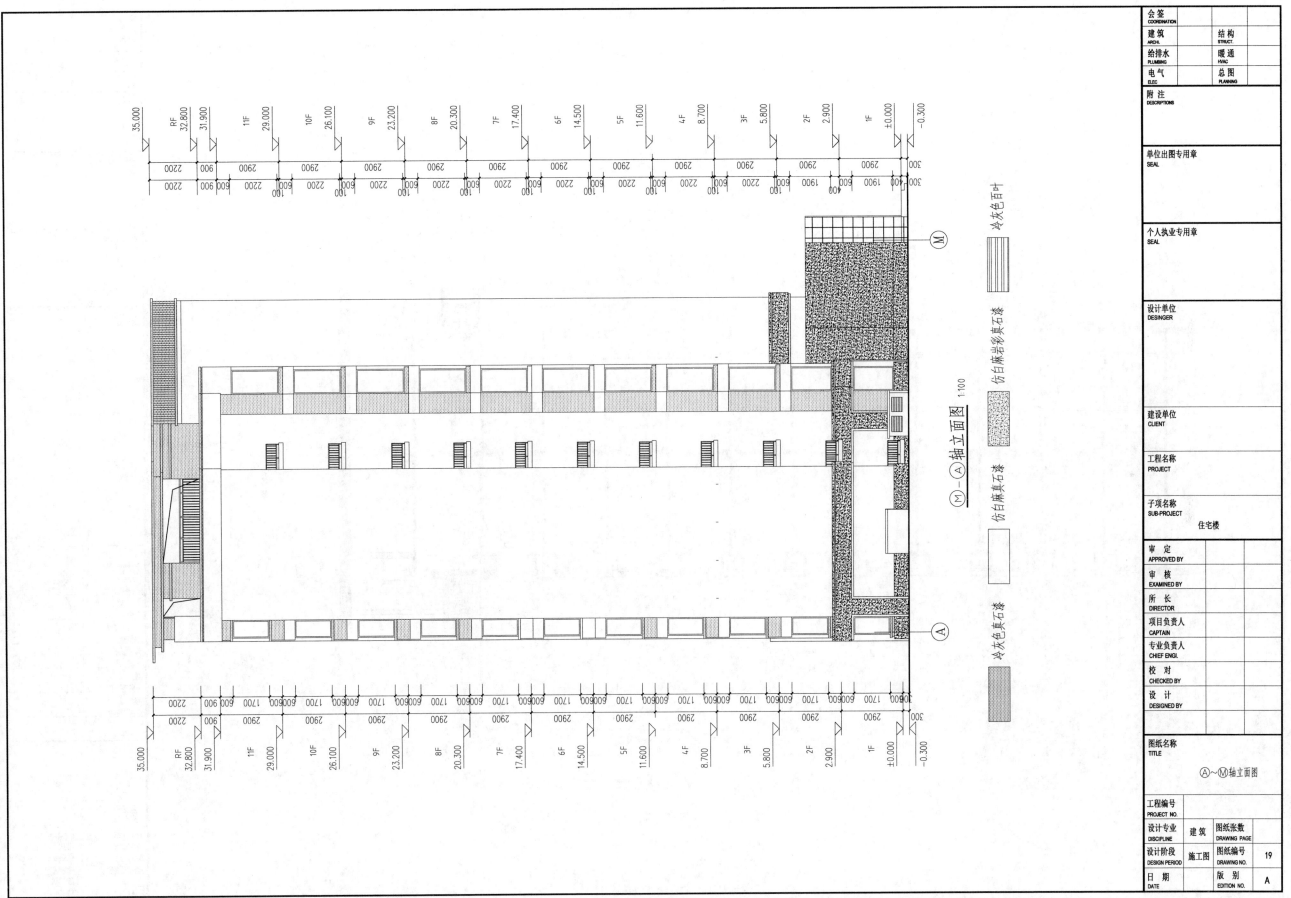

Ⓜ—Ⓐ轴立面图 1:100

冷灰色真石漆

仿白麻真石漆

仿白麻岩影真石漆

冷灰色百叶

Ⓐ～Ⓜ轴立面图

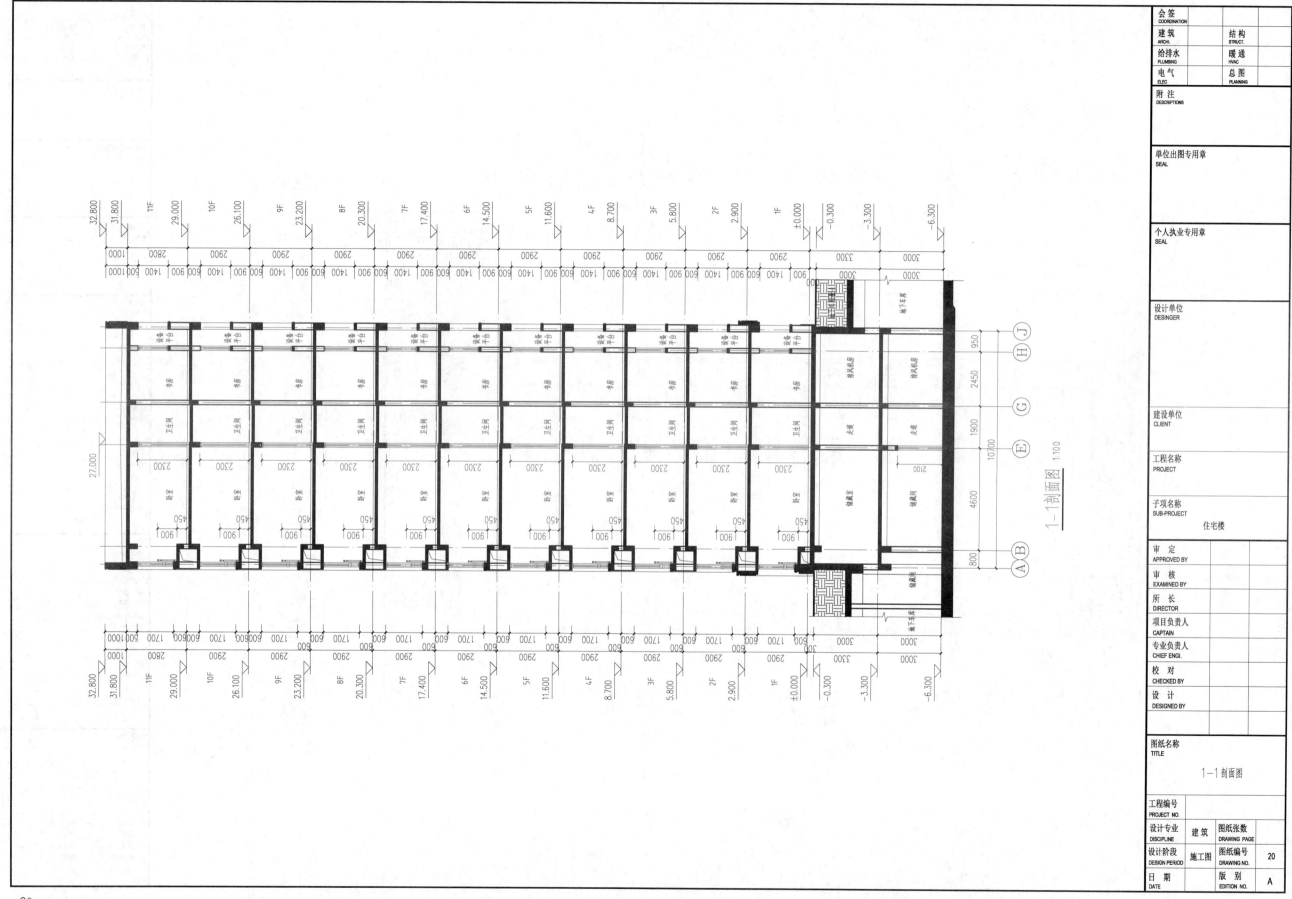

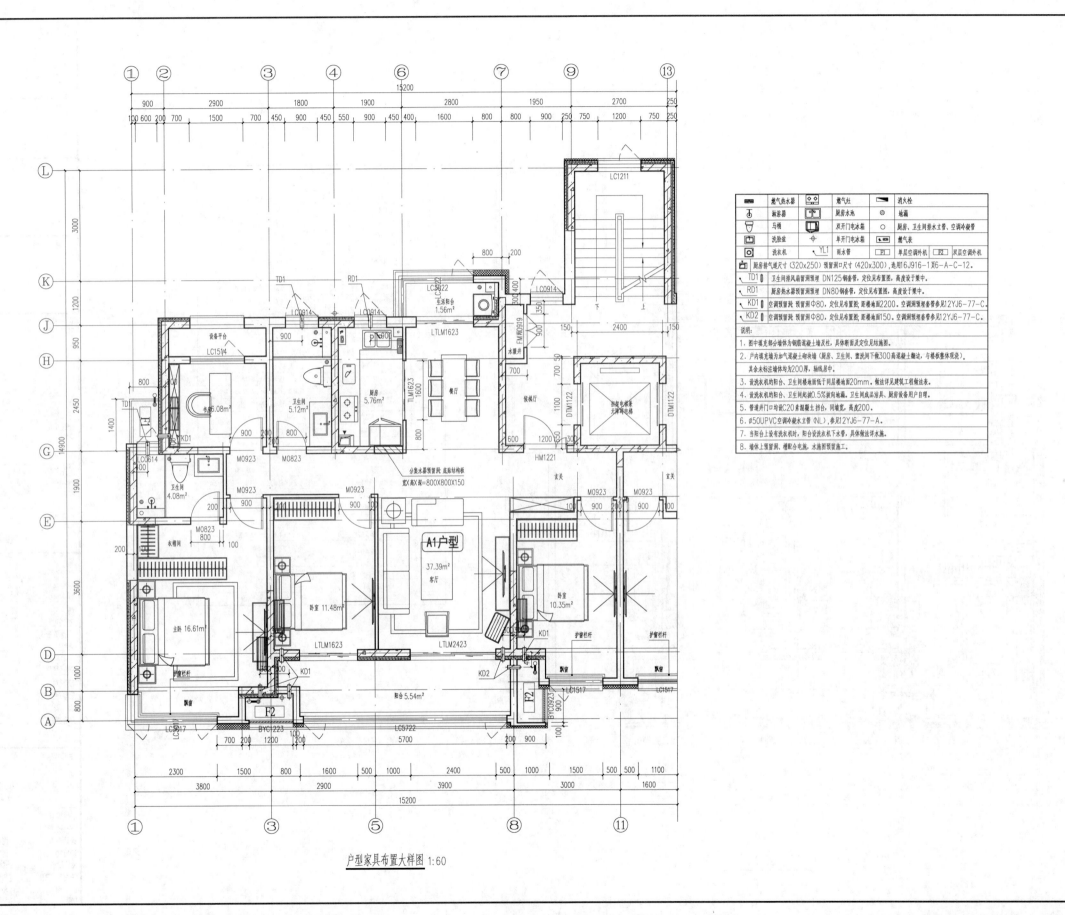

户型家具布置大样图 1:60

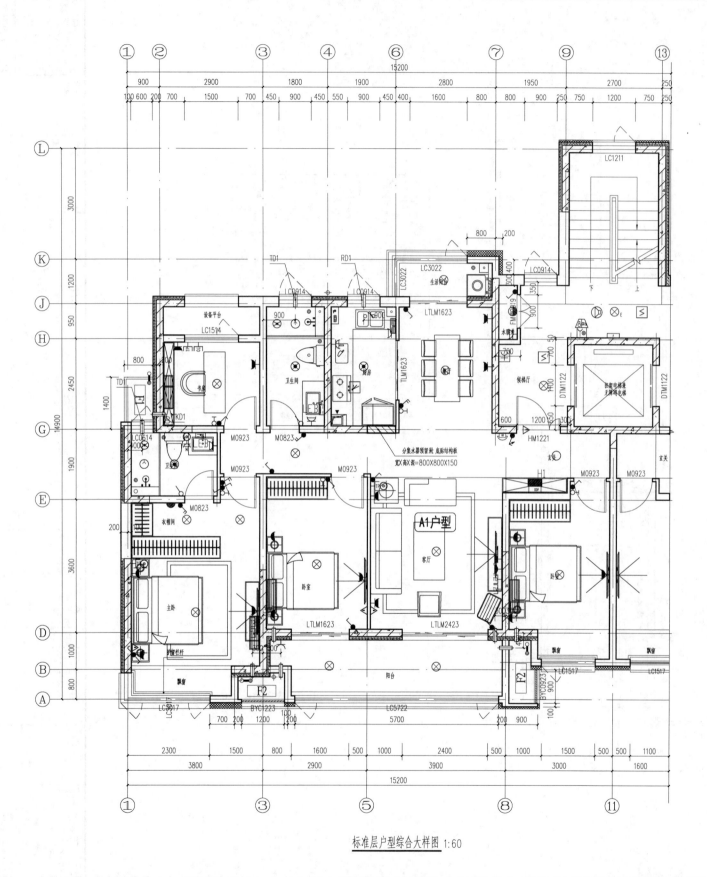

标准层户型综合大样图 1:60

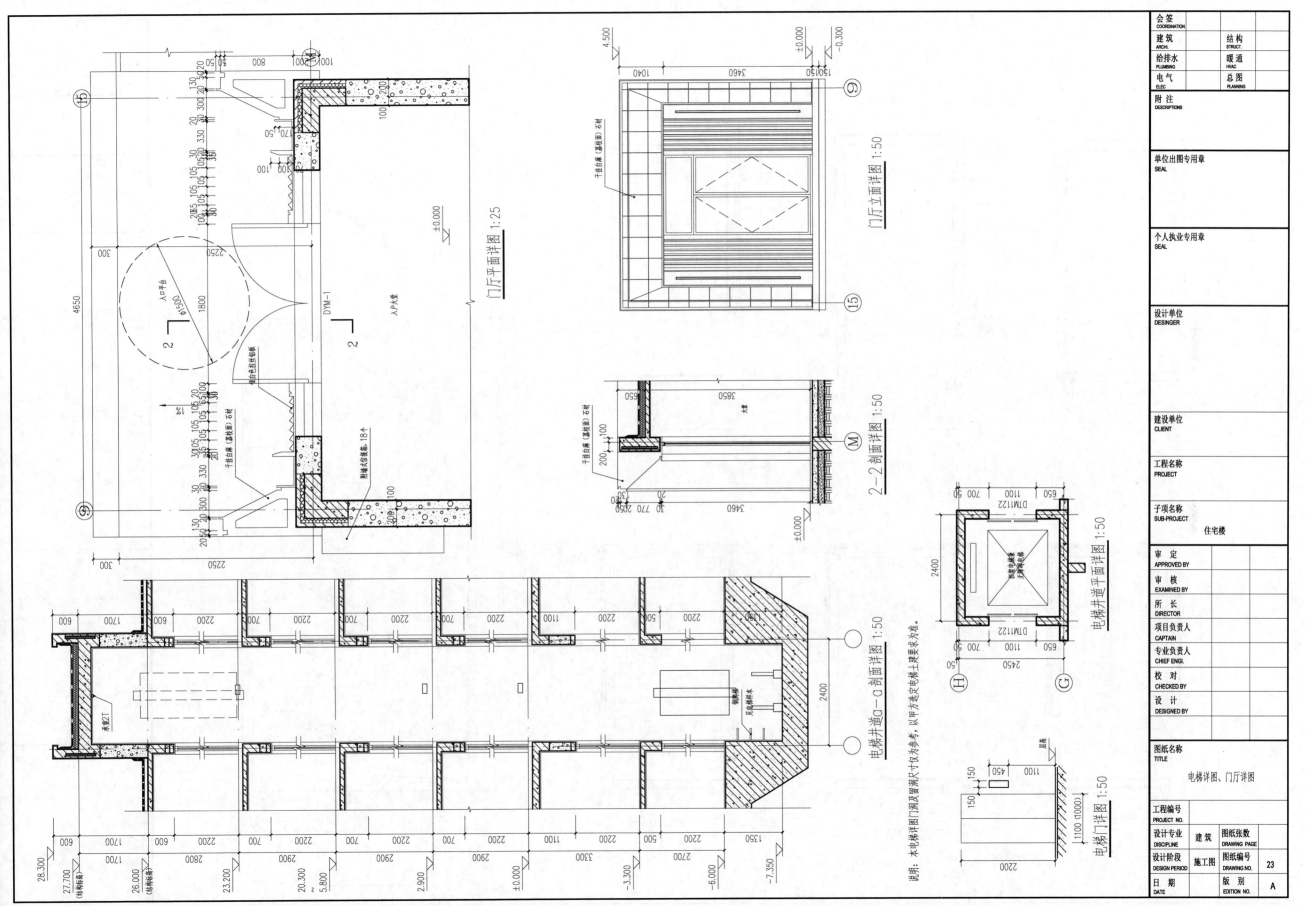

门厅平面详图 1:25

门厅立面详图 1:50

2-2剖面详图 1:50

电梯井道a-a剖面详图 1:50

电梯井道平面详图 1:50

电梯门详图 1:50

说明: 本电梯详图门洞及留洞尺寸仅为参考,以甲方选定电梯土建要求为准。

会签 COORDINATION		
建筑 ARCHI.		结构 STRUCT.
给排水 PLUMBING		暖通 HVAC
电气 ELEC		总图 PLANNING
附注 DESCRIPTIONS		

单位出图专用章 SEAL

个人执业专用章 SEAL

设计单位 DESINGER

建设单位 CLIENT

工程名称 PROJECT

子项名称 SUB-PROJECT
住宅楼

审定 APPROVED BY	
审核 EXAMINED BY	
所长 DIRECTOR	
项目负责人 CAPTAIN	
专业负责人 CHIEF ENGI.	
校对 CHECKED BY	
设计 DESIGNED BY	

图纸名称 TITLE
电梯详图、门厅详图

工程编号 PROJECT NO.

设计专业 DISCIPLINE	建筑	图纸张数 DRAWING PAGE	
设计阶段 DESIGN PERIOD	施工图	图纸编号 DRAWING NO.	23
日期 DATE		版别 EDITION NO.	A

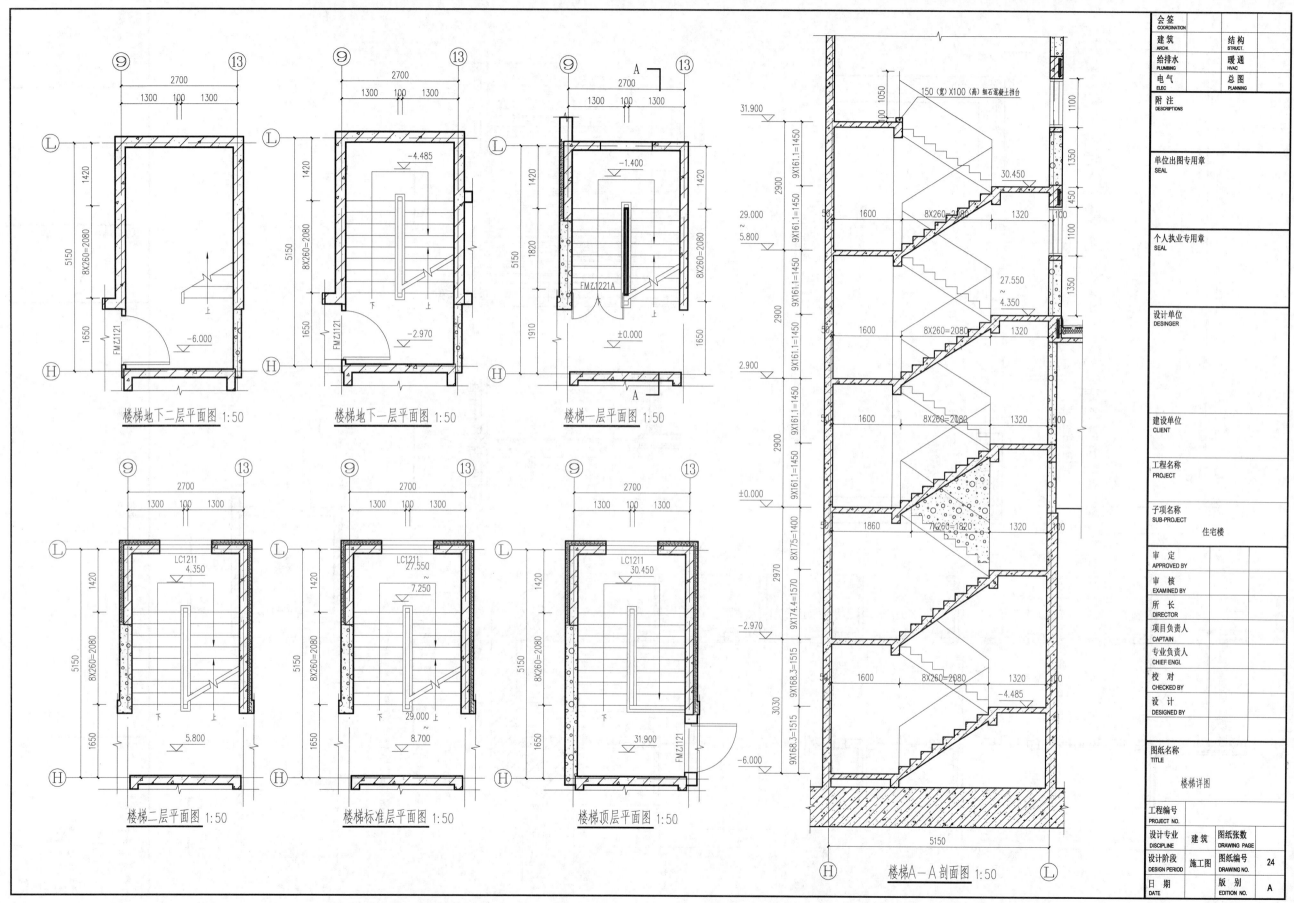

楼梯地下二层平面图 1:50

楼梯地下一层平面图 1:50

楼梯一层平面图 1:50

楼梯二层平面图 1:50

楼梯标准层平面图 1:50

楼梯顶层平面图 1:50

楼梯A—A剖面图 1:50

150（宽）X100（高）细石混凝土挡台

会签 COORDINATION			
建筑 ARCHI.		结构 STRUCT.	
给排水 PLUMBING		暖通 HVAC	
电气 ELEC		总图 PLANNING	
附注 DESCRIPTIONS			

单位出图专用章 SEAL

个人执业专用章 SEAL

设计单位 DESINGER

建设单位 CLIENT

工程名称 PROJECT

子项名称 SUB-PROJECT　住宅楼

审定 APPROVED BY	
审核 EXAMINED BY	
所长 DIRECTOR	
项目负责人 CAPTAIN	
专业负责人 CHIEF ENGI.	
校对 CHECKED BY	
设计 DESIGNED BY	

图纸名称 TITLE

楼梯详图

工程编号 PROJECT NO.			
设计专业 DISCIPLINE	建筑	图纸张数 DRAWING PAGE	
设计阶段 DESIGN PERIOD	施工图	图纸编号 DRAWING NO.	24
日期 DATE		版别 EDITION NO.	A

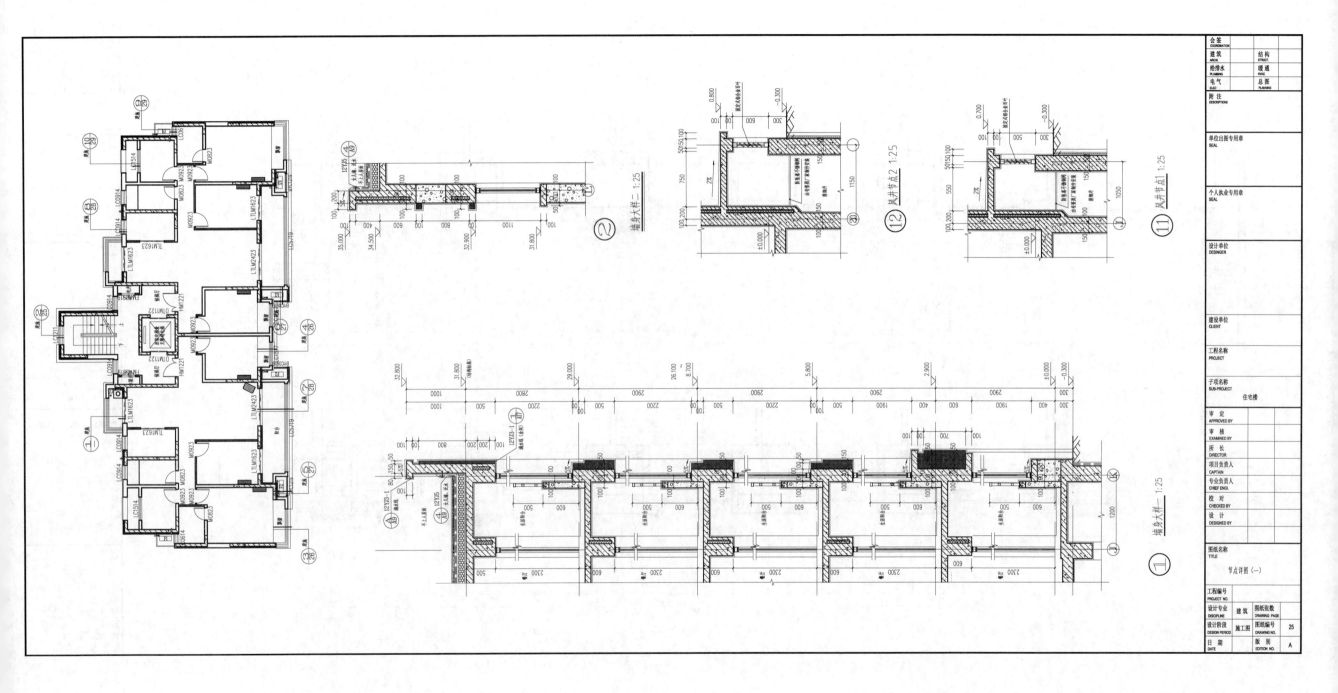

节点详图(一)

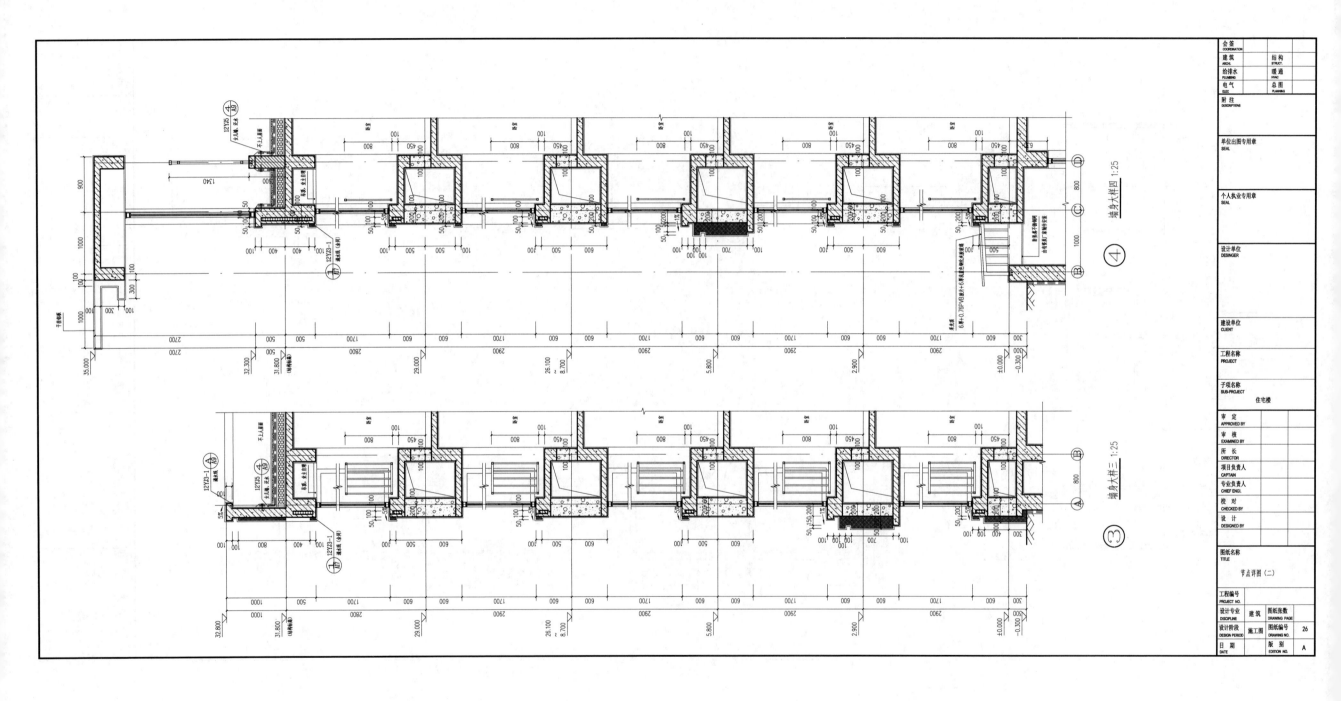

墙身大样四 1:25 ④

墙身大样三 1:25 ③

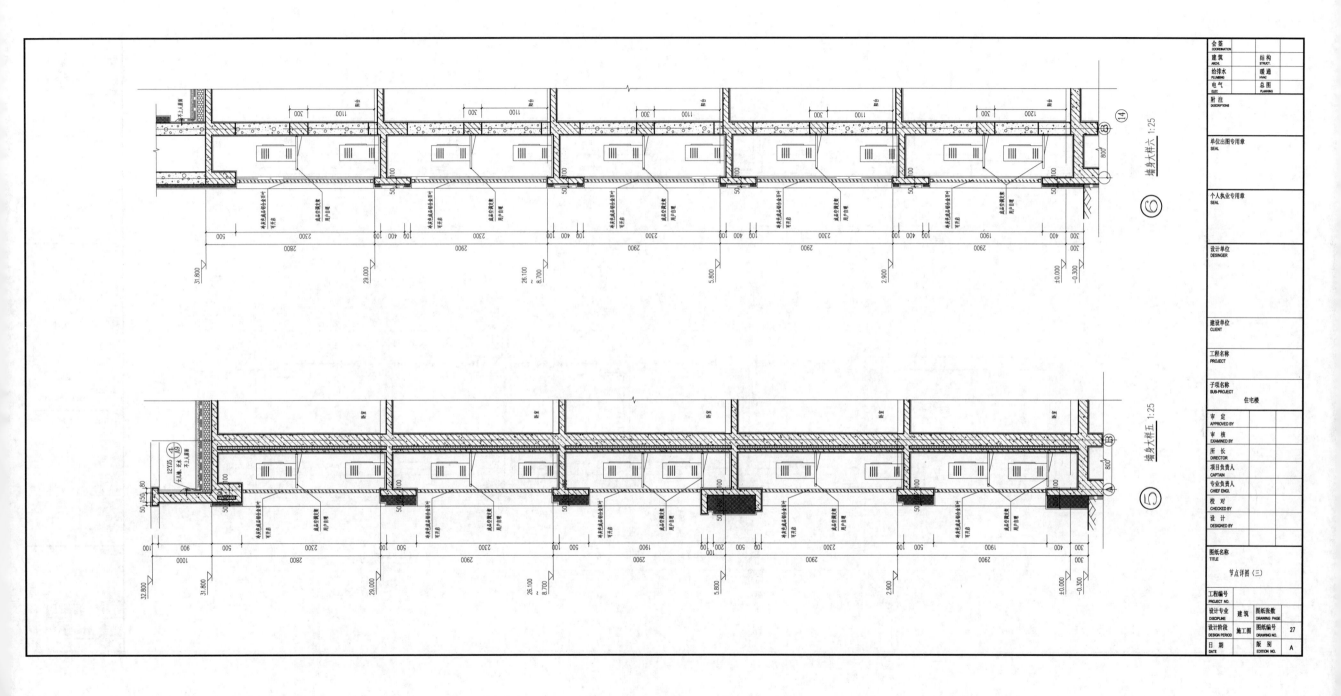

墙身大样六 1:25

墙身大样五 1:25

节点详图（三）

27

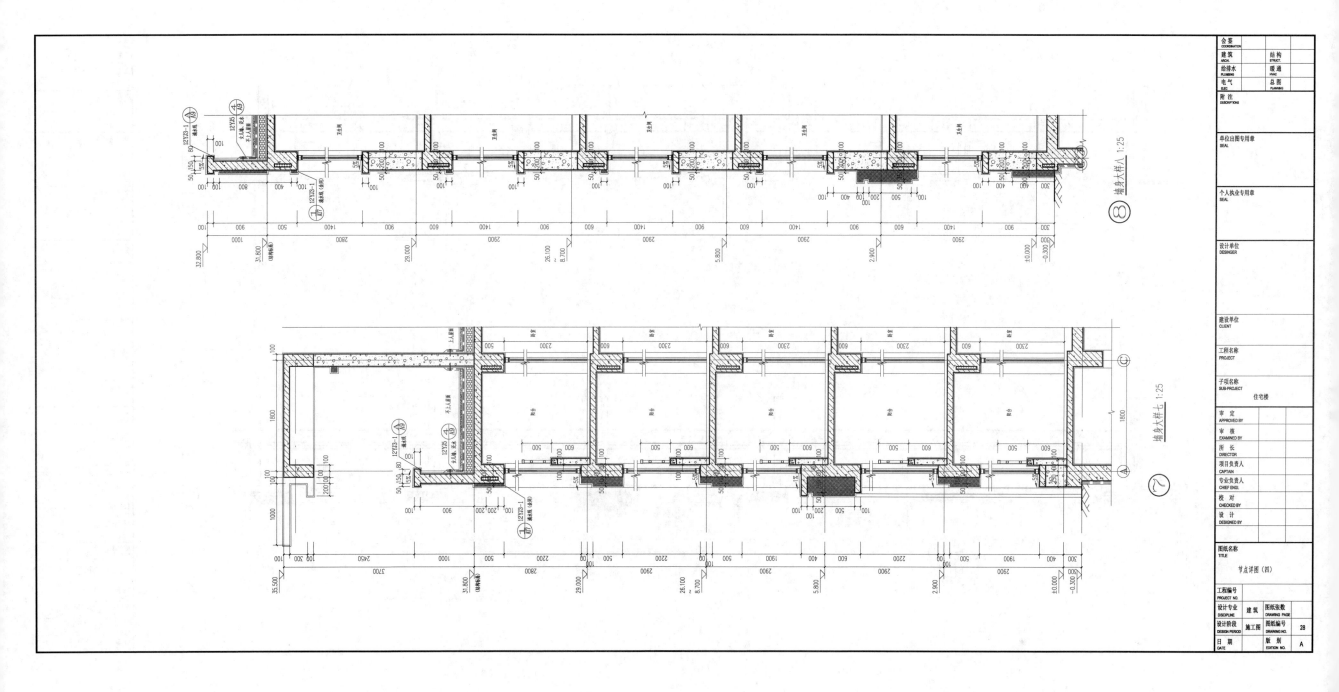

墙身大样八 1:25 ⑧

墙身大样七 1:25 ⑦

节点详图（四）

28

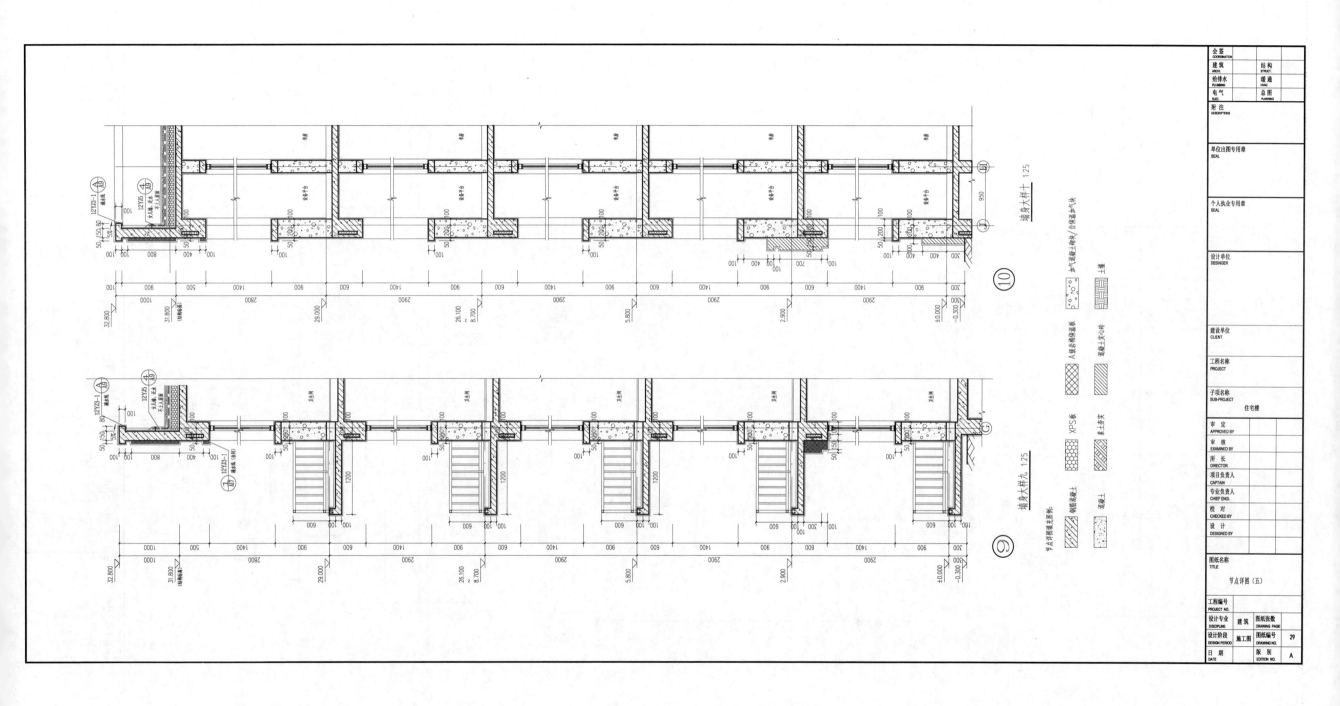

墙身大样十 1:25

墙身大样九 1:25

节点详图(五)

29

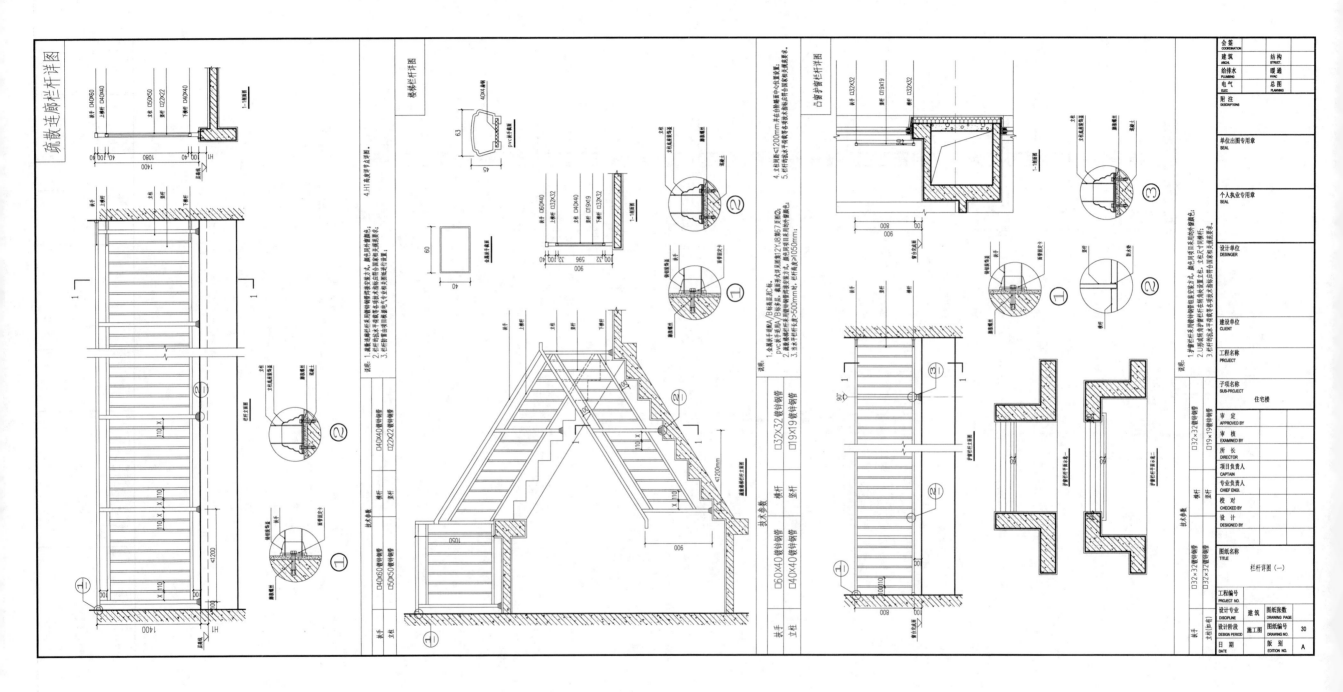

栏杆详图（一）

30

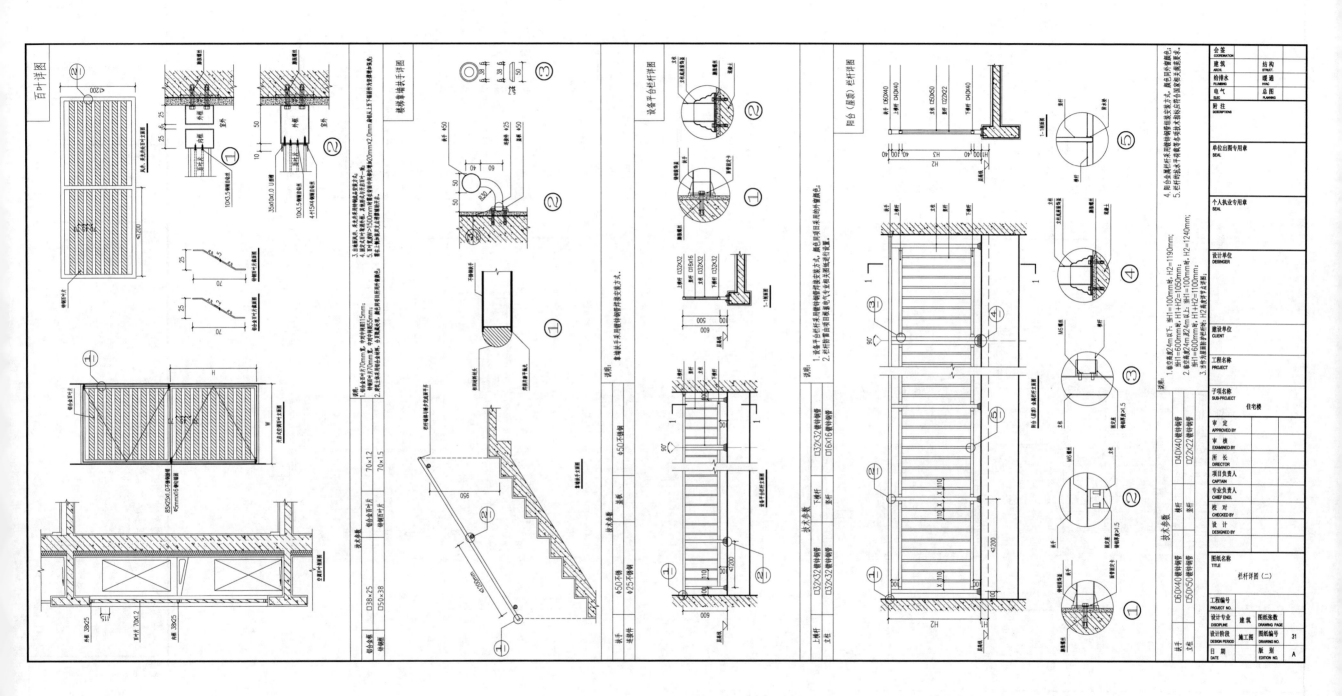

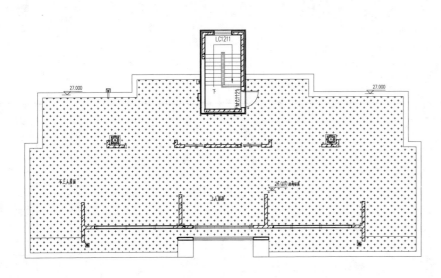

出屋面楼梯间层保温范围示意图 1:150

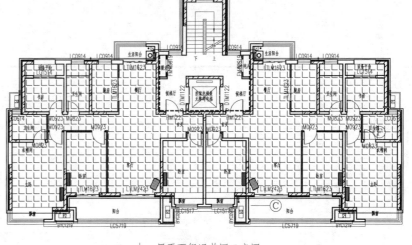

三～十一层平面保温范围示意图 1:150

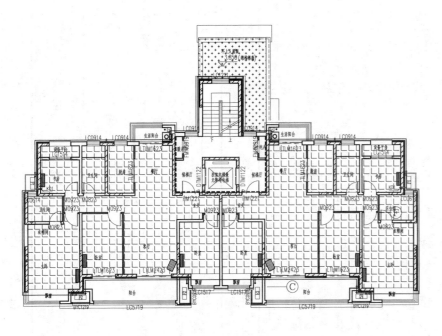

二层平面保温范围示意图 1:150

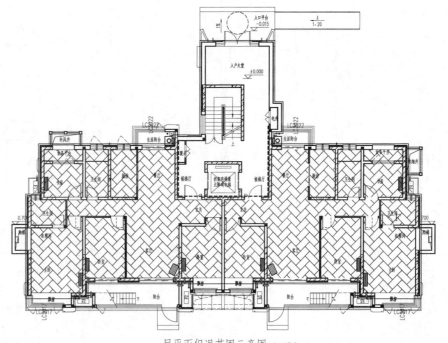

一层平面保温范围示意图 1:150

保温图例

	100厚外墙保温一体化/A级 涂料/干挂石材墙面
----	30厚无机轻集料保温砂浆/A级 采暖与非采暖隔墙
	100厚挤塑聚苯板/B1级 平屋面

	50厚挤塑聚苯板/B1级 一层采暖空间楼板
	20厚挤塑聚苯板/B1级 二层及以上采暖空间楼板

其他保温措施说明

地下室外墙	50厚挤塑聚苯板/B1级
窗口	20厚无机保温砂浆/A级

门窗洞口保温详图(窗两侧为剪力墙时设置)

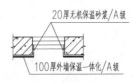

20厚无机保温砂浆/A级

100厚外墙保温一体化/A级

会签 COORDINATION

建筑 ARCHI. / 结构 STRUCT.
给排水 PLUMBING / 暖通 HVAC
电气 ELEC / 总图 PLANNING

附注 DESCRIPTIONS

单位出图专用章 SEAL

个人执业专用章 SEAL

设计单位 DESINGER

建设单位 CLIENT

工程名称 PROJECT

子项名称 SUB-PROJECT　住宅楼

审定 APPROVED BY
审核 EXAMINED BY
所长 DIRECTOR
项目负责人 CAPTAIN
专业负责人 CHIEF ENGI.
校对 CHECKED BY
设计 DESIGNED BY

图纸名称 TITLE　保温范围示意图

工程编号 PROJECT NO.
设计专业 DISCIPLINE　建筑　图纸张数 DRAWING PAGE
设计阶段 DESIGN PERIOD　施工图　图纸编号 DRAWING NO.　32
日期 DATE　版别 EDITION NO.　A

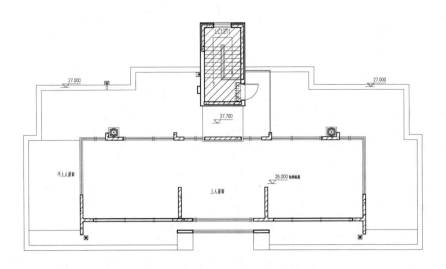

出屋面楼梯间层结构降板示意图 1:150

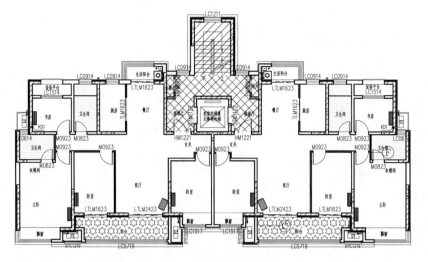

三~十一层平面结构降板示意图 1:150

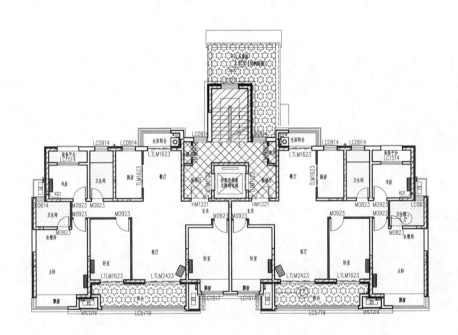

二层平面结构降板示意图 1:150

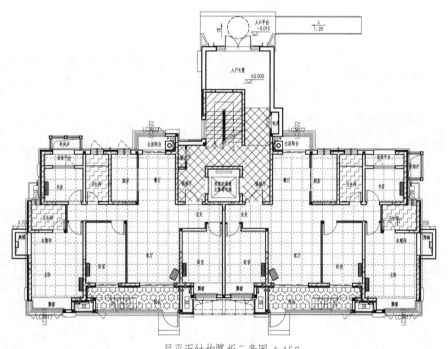

一层平面结构降板示意图 1:150

降板图例:					
	H-0.100		H-0.050		H-0.140
	除一层户内一般房间、洗衣阳台、生活阳台		无洗衣机阳台		二层以上卫生间
	H-0.130		H-0.030		
	一层户内一般房间		楼梯间、电梯机房、地下储藏室及设备机房、地下非机动车车库及非机动车坡道、一层大堂及公共走道		
	H-0.060		H-0.170		
	一层及以上公共走道电梯厅（敷设管道处）、设备管井		一层卫生间		

会签 COORDINATION

建筑 ARCHI.		结构 STRUCT.	
给排水 PLUMBING		暖通 HVAC	
电气 ELEC		总图 PLANNING	

附注 DESCRIPTIONS

单位出图专用章 SEAL

个人执业专用章 SEAL

设计单位 DESINGER

建设单位 CLIENT

工程名称 PROJECT

子项名称 SUB-PROJECT 住宅楼

审定 APPROVED BY	
审核 EXAMINED BY	
所长 DIRECTOR	
项目负责人 CAPTAIN	
专业负责人 CHIEF ENGI.	
校对 CHECKED BY	
设计 DESIGNED BY	

图纸名称 TITLE

结构降板示意图

工程编号 PROJECT NO.

设计专业 DISCIPLINE	建筑	图纸张数 DRAWING PAGE	
设计阶段 DESIGN PERIOD	施工图	图纸编号 DRAWING NO.	33
日期 DATE		版别 EDITION NO.	A

9.3 设计实例

设计任务书

项目概况

1. 工程名称：某社区服务中心。
2. 建设单位：某有限公司。
3. 建设内容：详见设计要求。
4. 建筑面积：约5456m²。
5. 建设地点：北方某市。
6. 建筑风格：现代风格，庄重简洁。

总图规划

1. 规划用地面积5066m²。
2. 本地块容积率<1.2。
3. 本地块建筑控制高度<24m。
4. 本地块建筑密度<40%。
5. 本地块绿地率>25%。

建筑设计要求：

1. 建筑平面形式建议采用一字型，对称式，南入口。
2. 建筑层数为地上5层，地下1层。每层建筑面积约1000m²。
3. 建筑层高根据房间功能确定，每层层高不低于3.3m。
4. 建筑功能分区，地上五层为食堂、餐厅、办公大厅、办公室、会议室等。地下一层为设备用房。卫生间、会议室建议放在北面，根据实际情况而定。
5. 办公楼使用人数约为150人。
6. 合理布置房间进深开间，每间办公室房间面积在20m²左右。

设计方案：

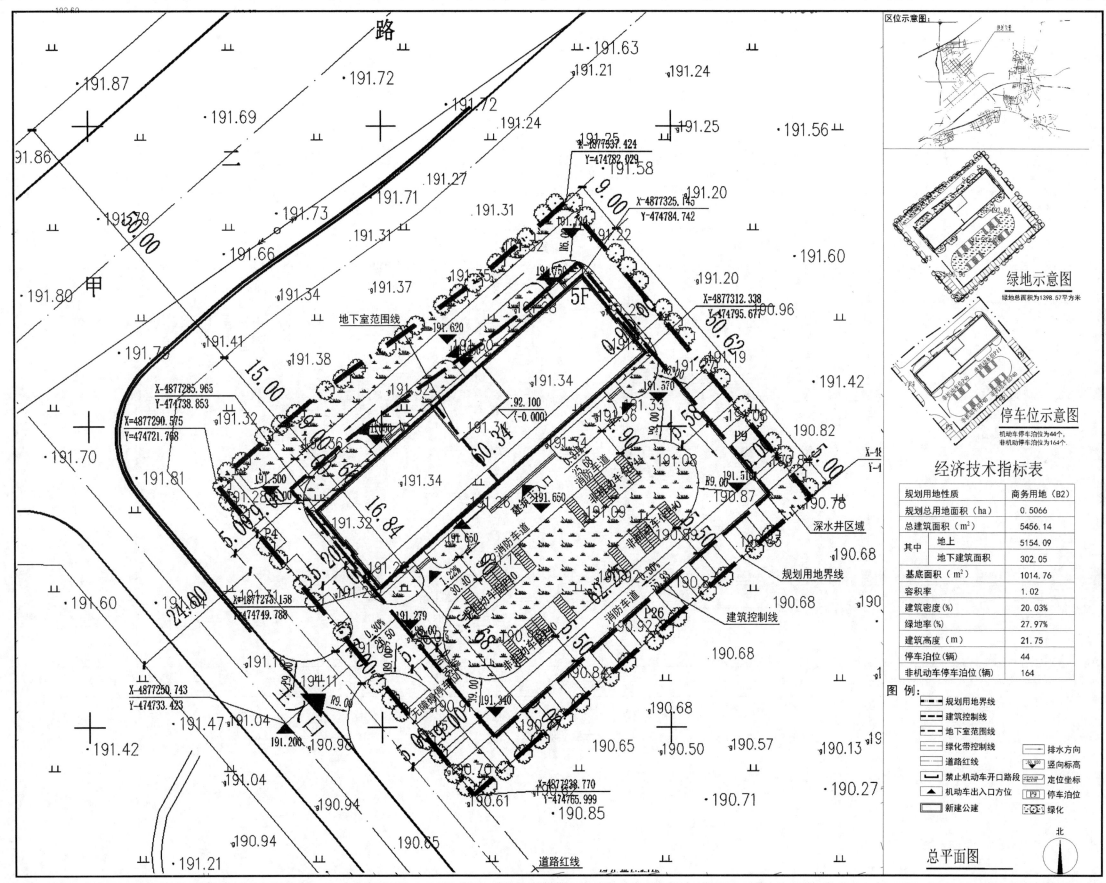

区位示意图：

绿地示意图

绿地总面积为1398.57平方米

停车位示意图

机动车停车泊位为44个，
非机动车停车泊位为164个。

经济技术指标表

规划用地性质		商务用地（B2）
规划总用地面积（ha）		0.5066
总建筑面积（m²）		5456.14
其中	地上	5154.09
	地下建筑面积	302.05
基底面积（m²）		1014.76
容积率		1.02
建筑密度（%）		20.03%
绿地率（%）		27.97%
建筑高度（m）		21.75
停车泊位（辆）		44
非机动车停车泊位（辆）		164

图 例：

规划用地界线
建筑控制线
地下室范围线
绿化带控制线
道路红线
禁止机动车开口路段
机动车出入口方位
新建公建

排水方向
竖向标高
定位坐标
停车泊位
绿化

总平面图

北

35

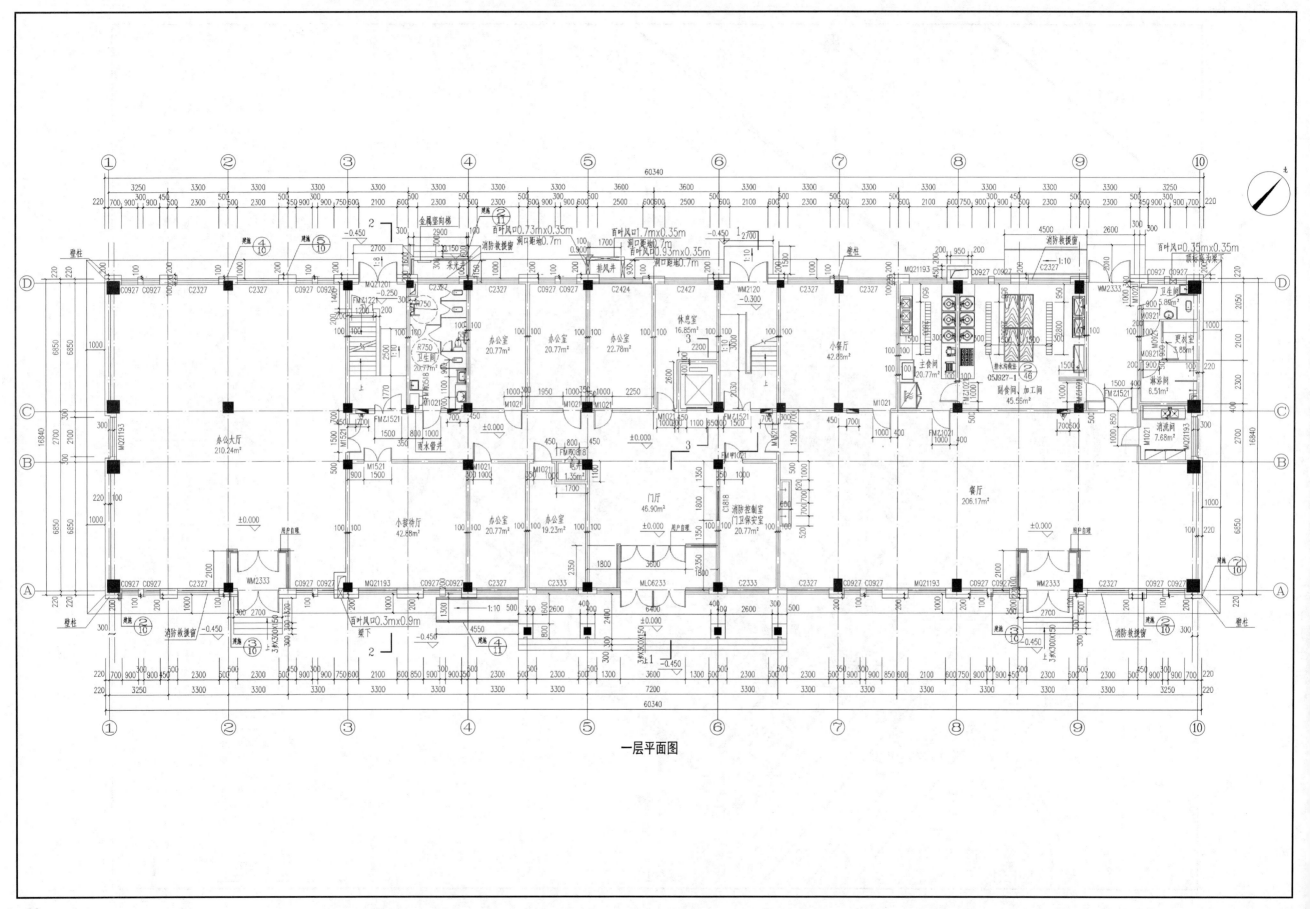

一层平面图

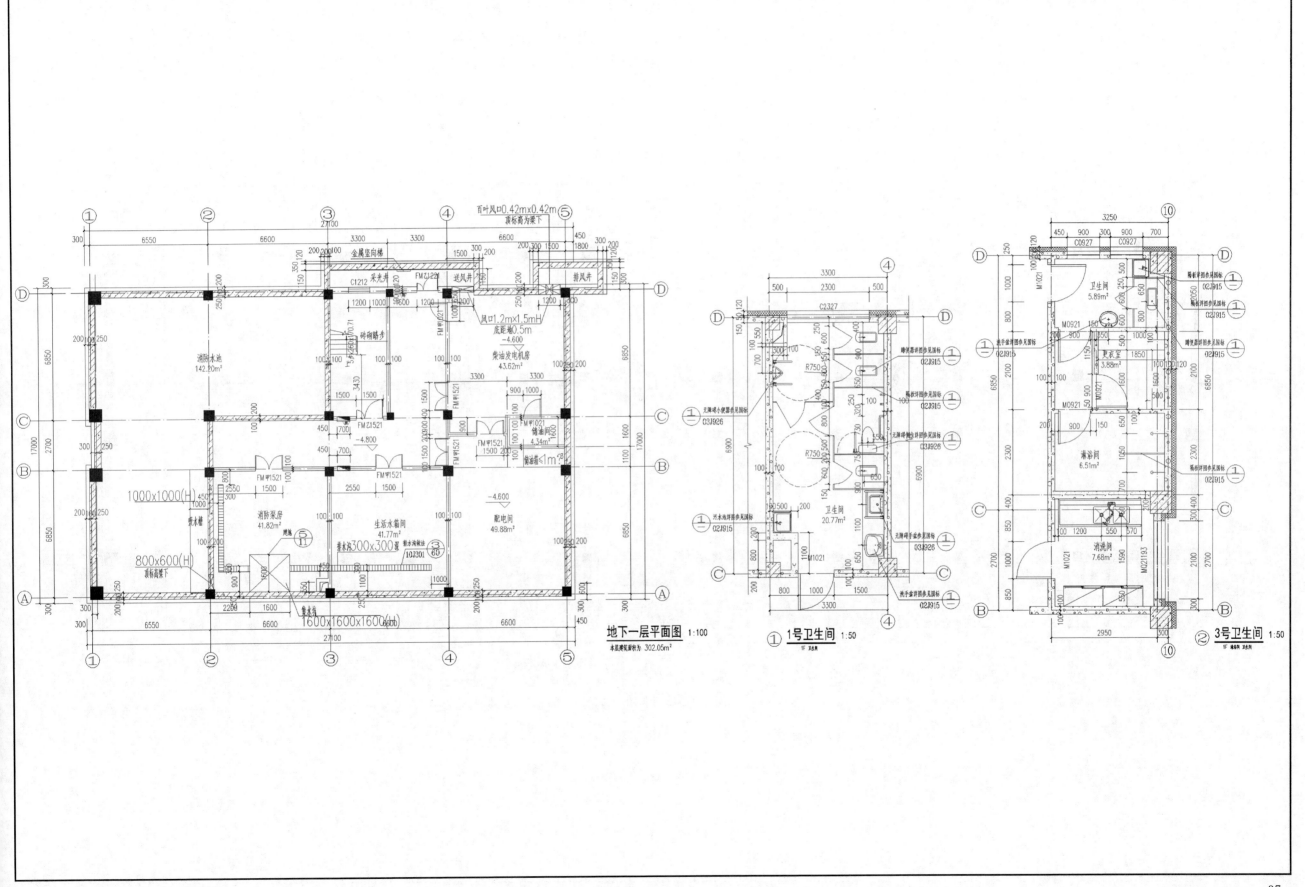

地下一层平面图 1:100
本层建筑面积为: 302.05m²

① 1号卫生间 1:50
1F 卫生间

② 3号卫生间 1:50
1F 卫生间 卫生间

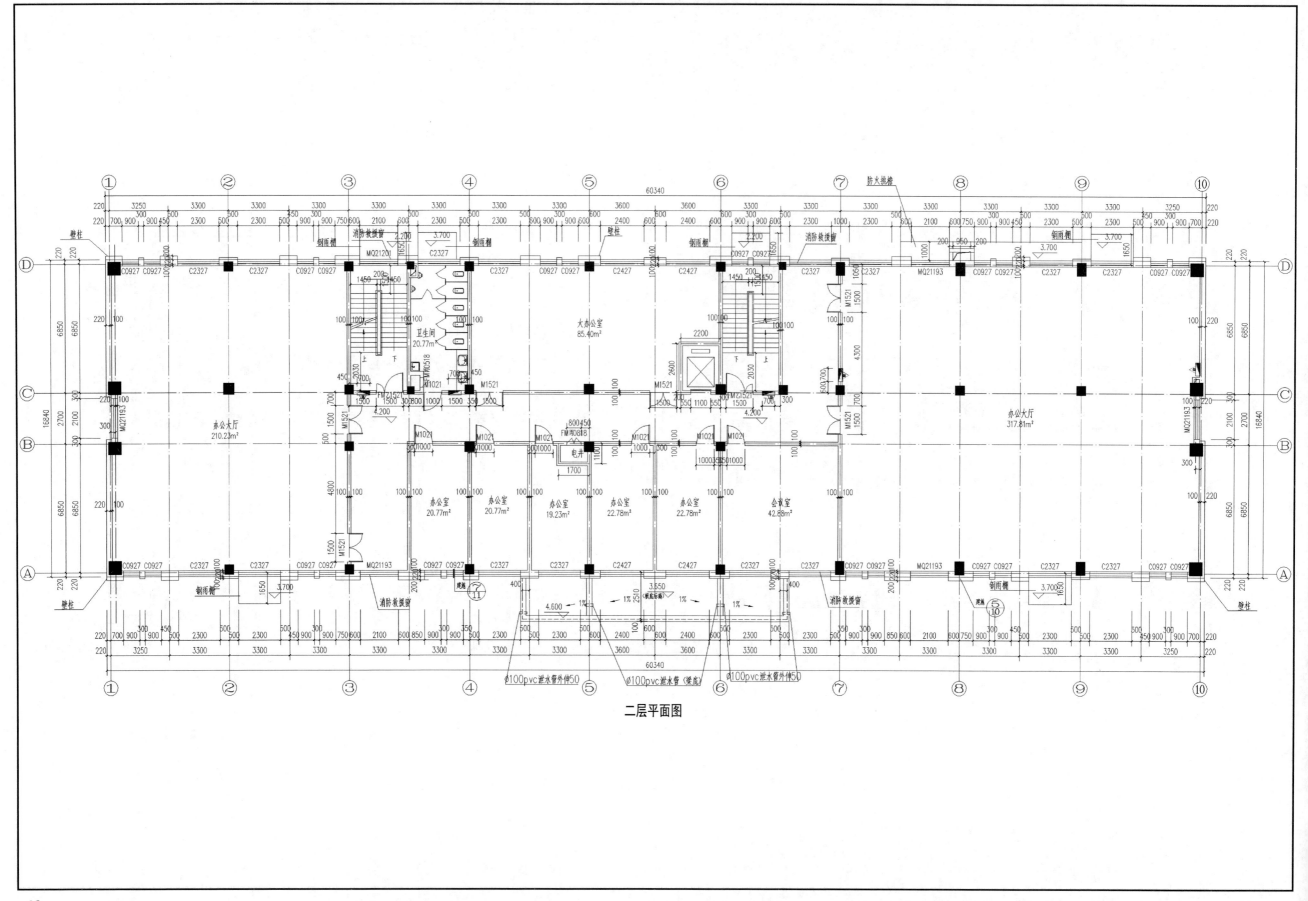

二层平面图

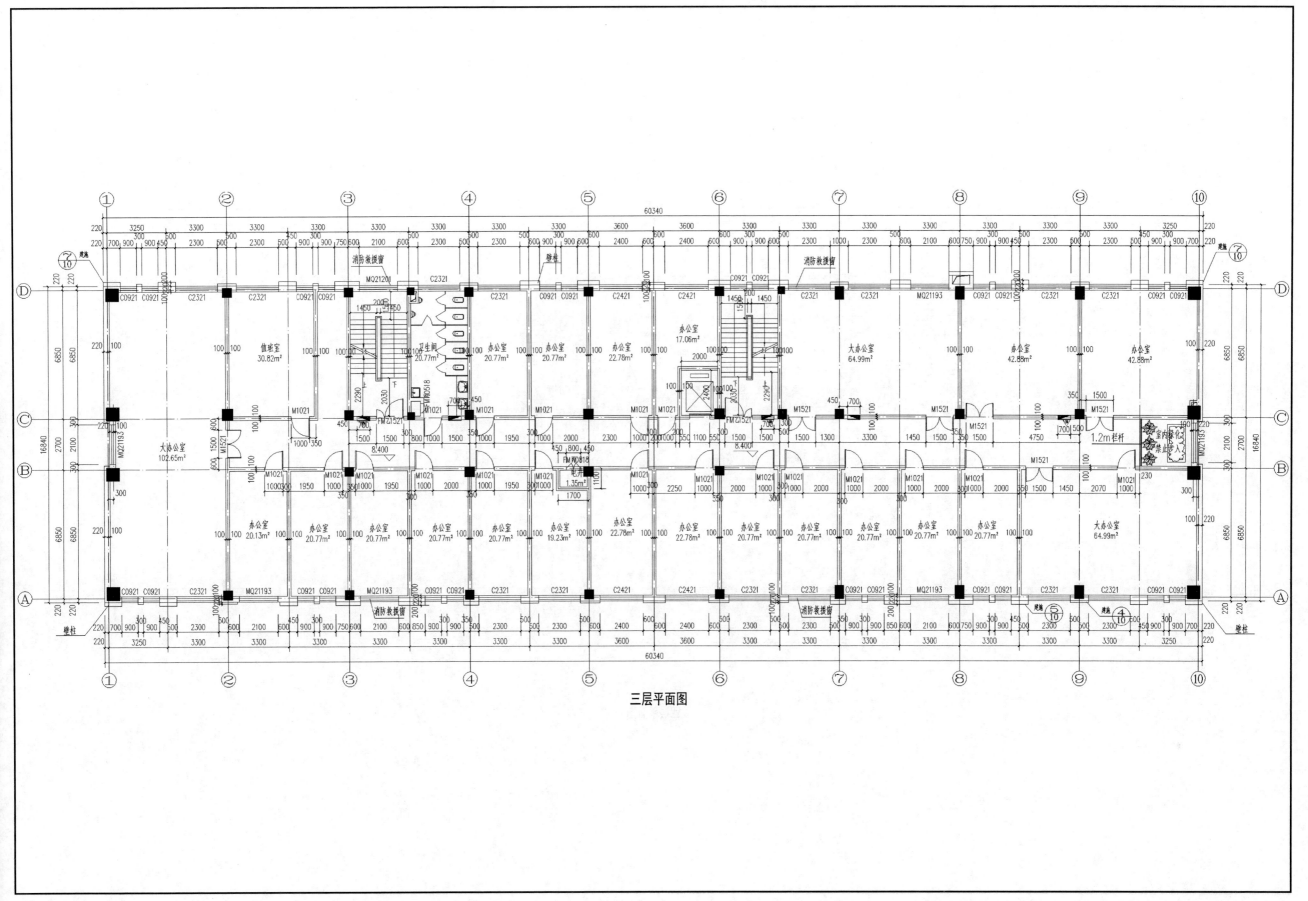

三层平面图

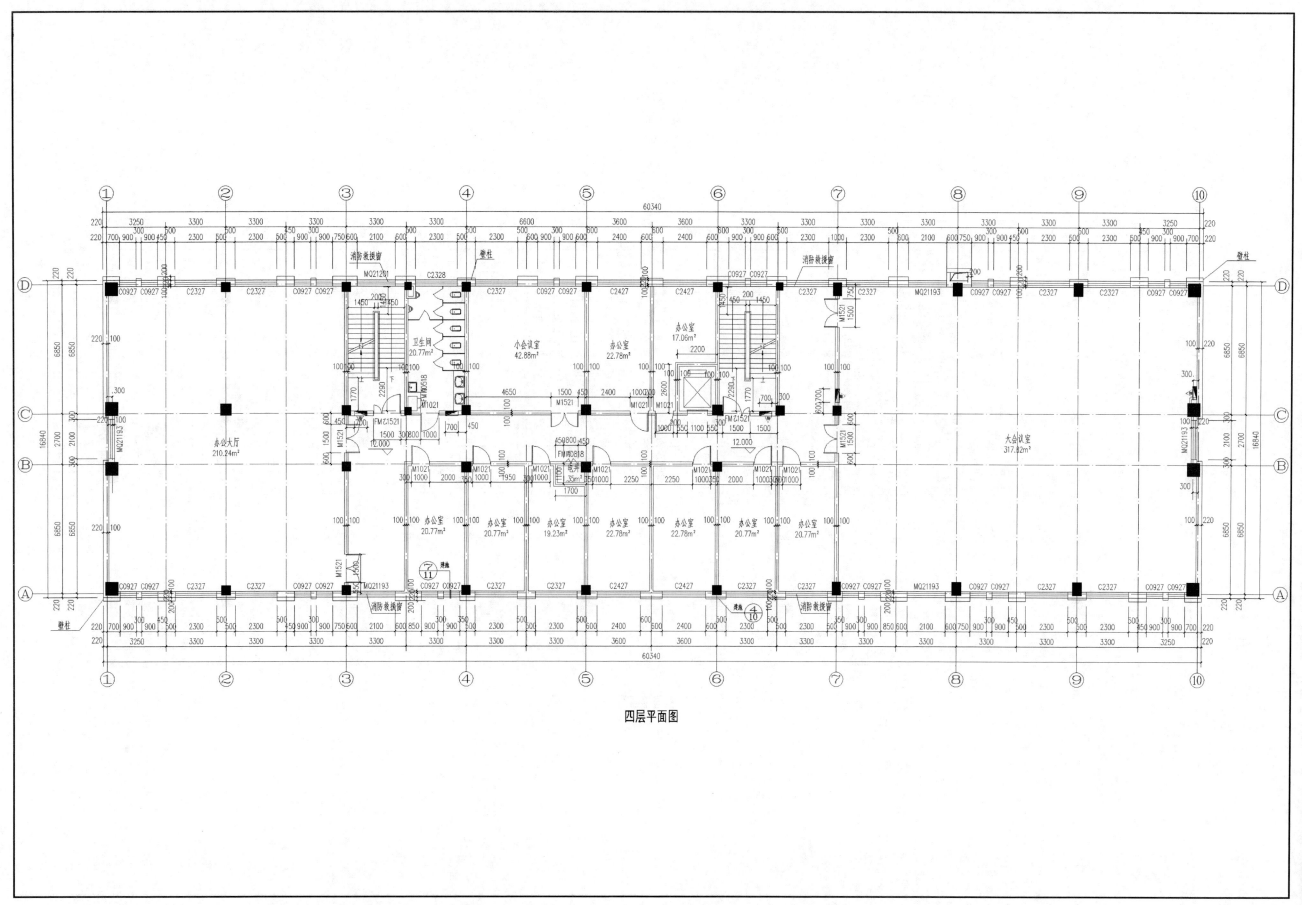

四层平面图

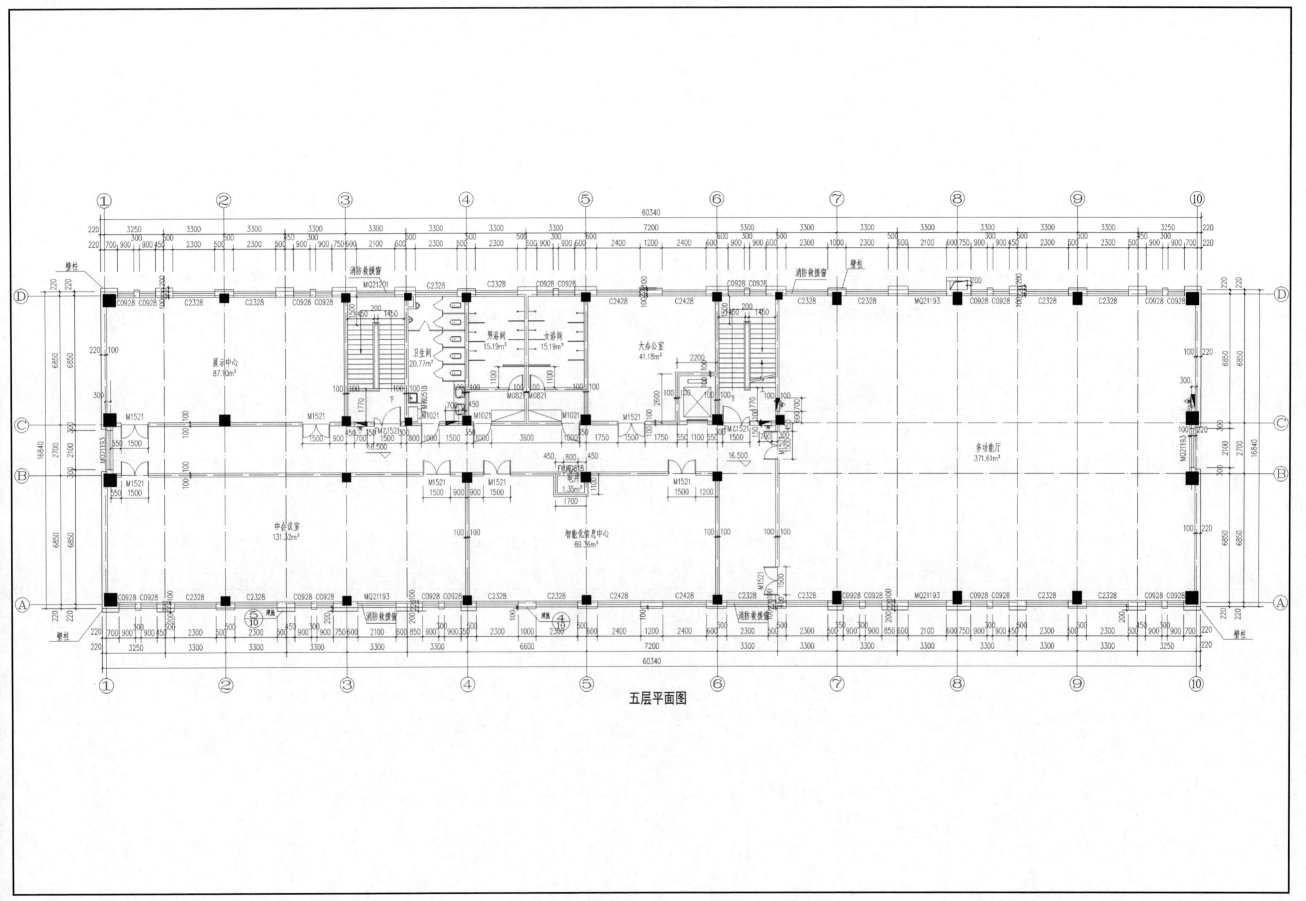

五层平面图

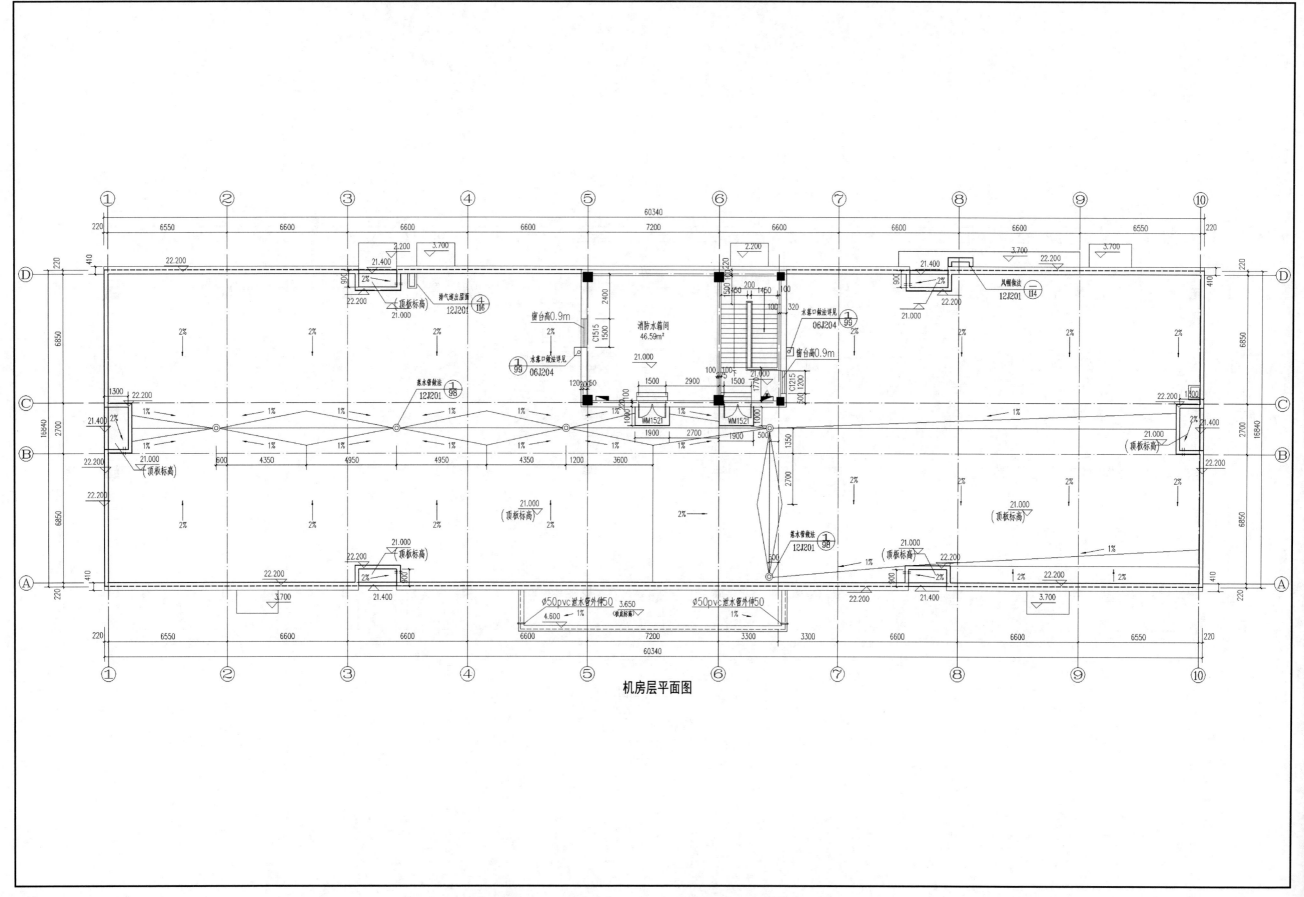

机房层平面图

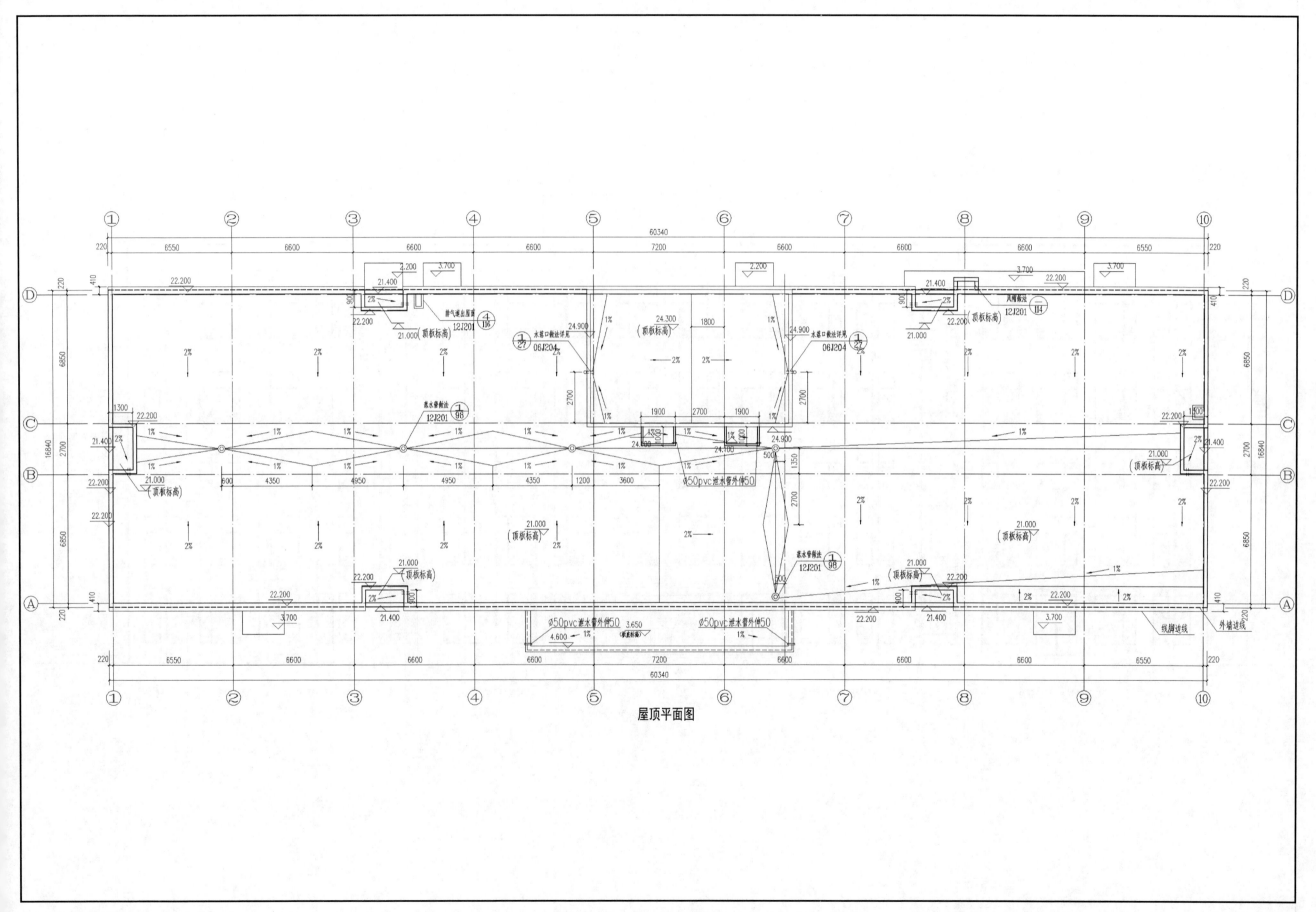

屋顶平面图

43

①~⑩轴立面图

⑩~①轴立面图

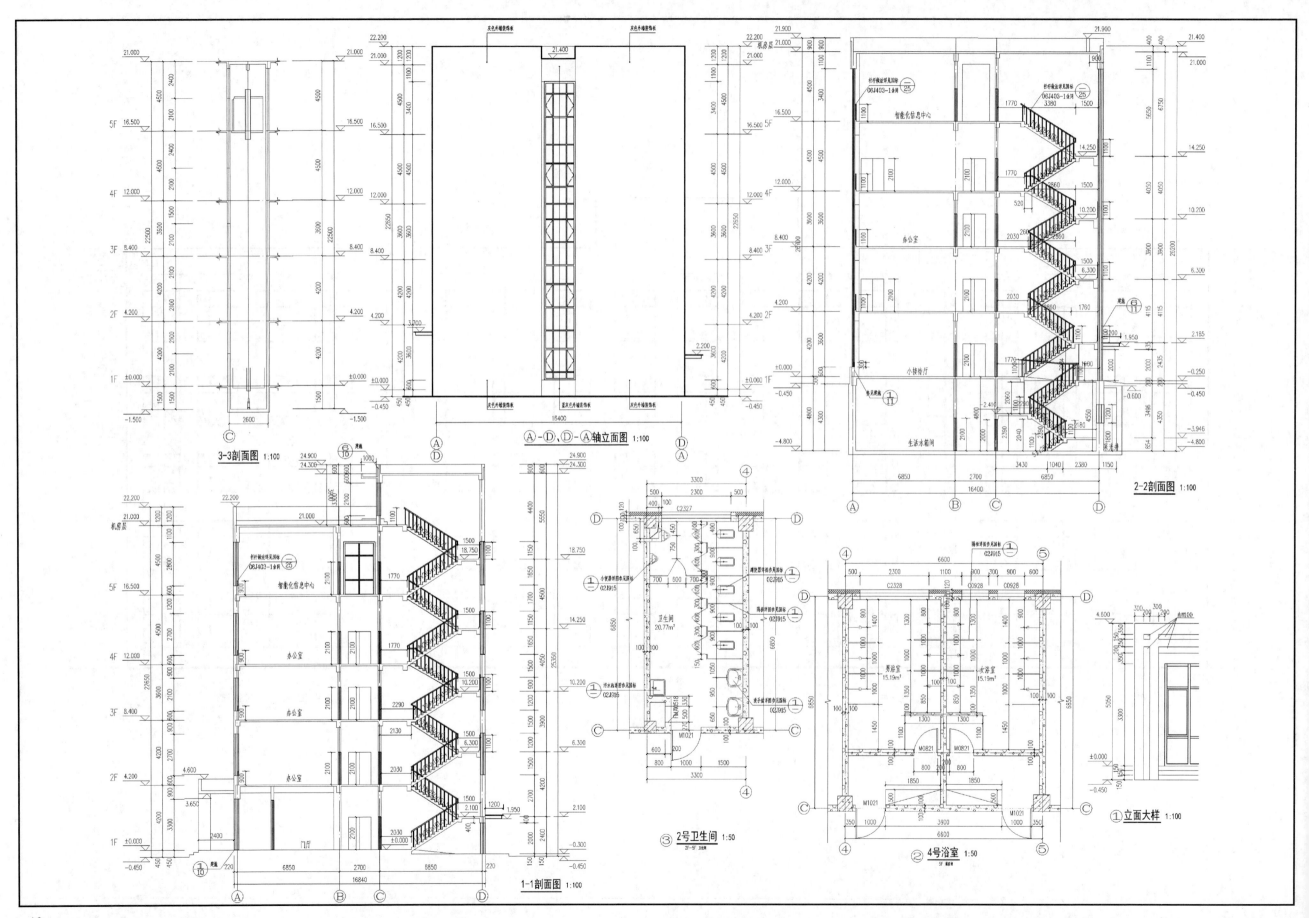

3-3剖面图 1:100

Ⓐ-Ⓓ、Ⓓ-Ⓐ轴立面图 1:100

2-2剖面图 1:100

智能化信息中心

办公室

办公室

办公室

门厅

1-1剖面图 1:100

③ 2号卫生间 1:50

卫生间 20.77m²

② 4号浴室 1:50

男浴室 15.19m²

女浴室 15.19m²

① 立面大样 1:100

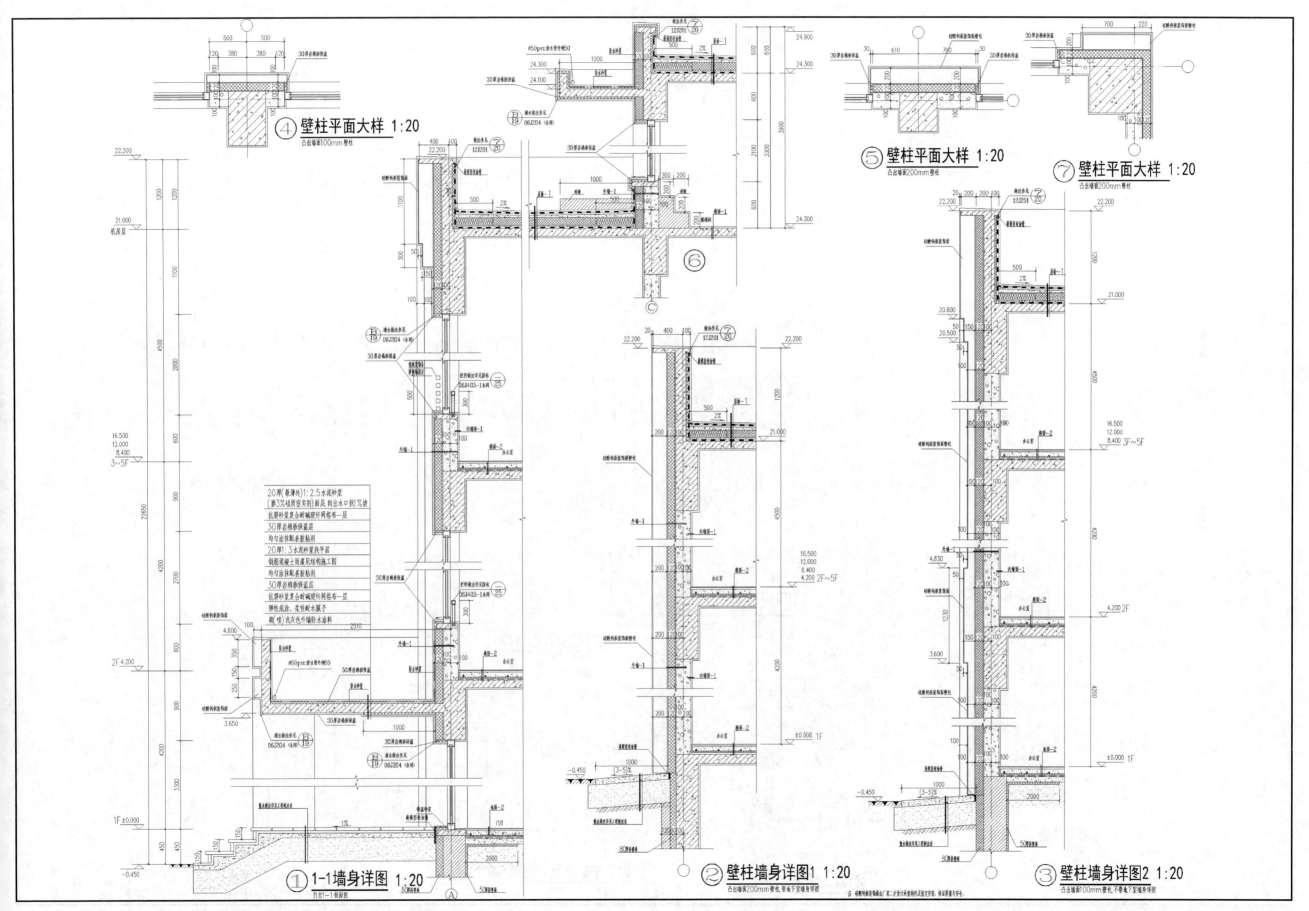

④ 壁柱平面大样 1:20
凸出墙面100mm壁柱

⑤ 壁柱平面大样 1:20
凸出墙面200mm壁柱

⑦ 壁柱平面大样 1:20
凸出墙面200mm壁柱

20厚(最薄处)1:2.5水泥砂浆
(掺3%硅质密实剂)面层 向出水口拐1%坡
抗裂砂浆复合耐碱玻纤网格布一层
30厚岩棉板保温层
均匀涂抹界面胶粘剂
20厚1:3水泥砂浆找平层
钢筋混凝土雨篷见结构施工图
均匀涂抹界面胶粘剂
30厚岩棉板保温层
抗裂砂浆复合耐碱玻纤网格布一层
弹性底涂、柔性耐水腻子
刷(喷)洗灰色外墙防水涂料

① 1-1墙身详图 1:20
引自1-1剖面图

② 壁柱墙身详图1 1:20
凸出墙面200mm壁柱,带地下室墙身详图

③ 壁柱墙身详图2 1:20
凸出墙面100mm壁柱,不带地下室墙身详图

47

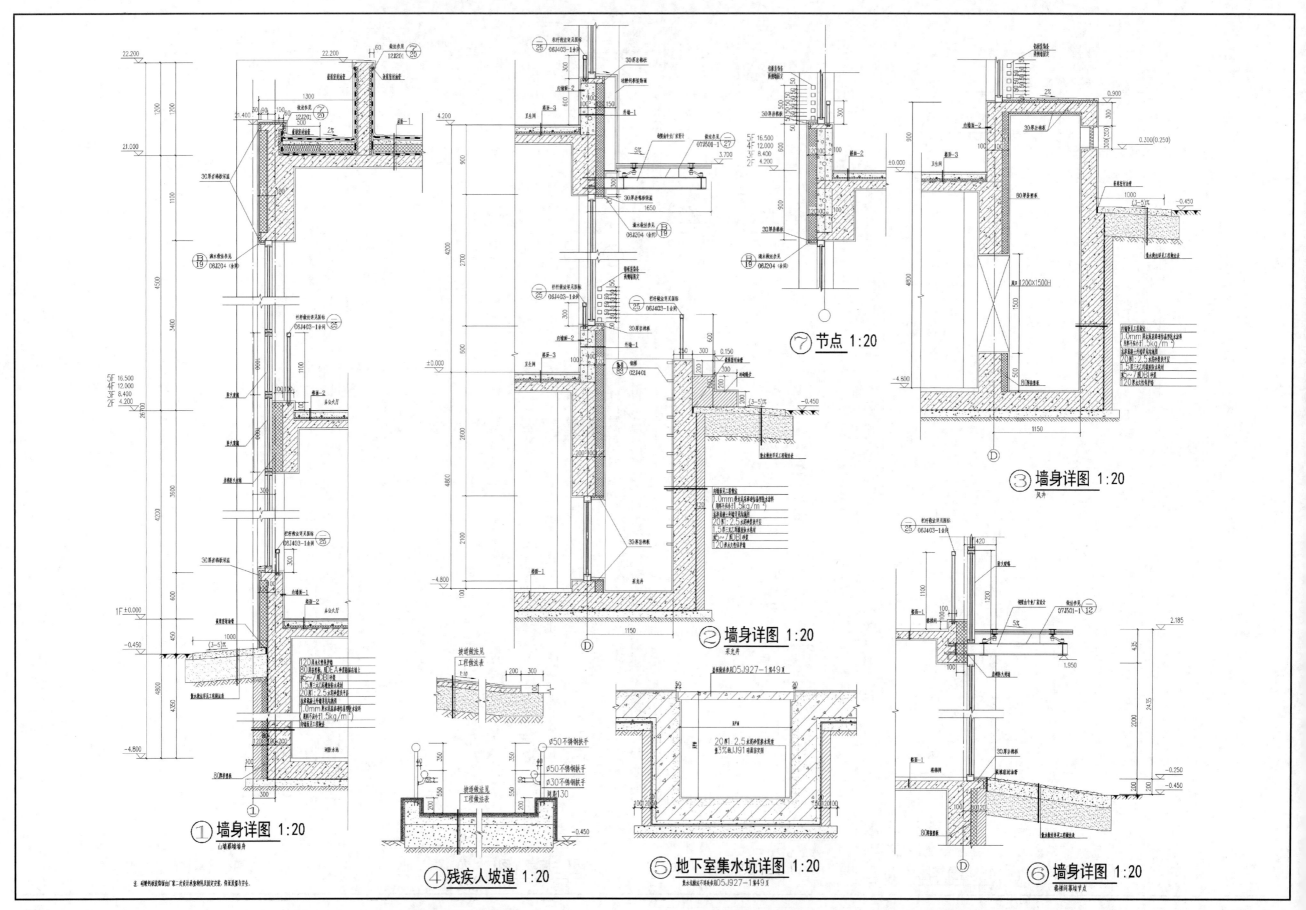

① 墙身详图 1:20
山墙幕墙墙身

④ 残疾人坡道 1:20

⑤ 地下室集水坑详图 1:20
集水坑做法见05J927-1第49页

② 墙身详图 1:20
采光井

⑦ 节点 1:20

③ 墙身详图 1:20
风井

⑥ 墙身详图 1:20
楼梯间幕墙节点

10.3 设计实例

10.3.1 任务书

1. 设计性质及任务

（1）设计性质

课程设计是全面检验和巩固房屋建筑学课程学习效果的一种有效方式，通过课程设计，使学生熟悉建筑设计的基本过程及建筑构造的原理和构造方法，研究确定建筑方案，完成建筑设计的平、立、剖面及细部构造图的绘制，并编写设计说明。在课程设计的过程中，综合运用和加深理解所学专业课的基本理论、基本知识和基本技巧，培养和锻炼学生设计、绘图、编写说明的能力，为学生更好的学习其他课程，毕业后更好地适应社会的发展变化打下良好的基础。

（2）设计任务

通过本课程设计，培养学生综合运用建筑设计原理知识分析问题和解决问题的能力。了解各类建筑设计的国家规范和地方标准、建筑构配件的通用图集及各类建筑设计资料集等，如《房屋建筑制图统一标准》（GB/T 50001）、《建筑制图标准》（GB/T 50104）、《民用建筑设计统一标准》（GB 50352）、《建筑设计防火规范》（GB 50016）和《建筑设计资料集》等，并能在设计中正确使用。了解一般民用建筑的设计原理和方法，了解建筑平面设计、剖面设计及立面设计的方法和步骤。正确运用平面设计原理进行平面设计、平面组合，并正确运用所学知识进行剖面设计，运用建筑美学法则进行建筑体型及立面设计，培养构造节点设计的能力及绘制建筑施工图的能力。

2. 设计要求

（1）设计资料

1）水文资料：常年地下水位在自然地面以下 8m 处，水质对混凝土无侵蚀作用。

2）地质条件：

① 建筑场地平坦，地质构造简单，属亚黏土，地耐力可按 150kPa 考虑。

② 抗震设防烈度：7 度。

③ 气象资料：a. 冬季取暖，室外计算温度−9℃。夏季通风，室外计算温度 31℃。最热月平均气温 27℃，最低月平均气温−2℃。b. 全年主采导向为东地风，夏季为北风，冬季平均风速为 3.5m/s，夏季为 2.8m/s，风荷载为 350N/m²。c. 年降雨量为 631.8mm，日最大降雨量为 109.6mm，小时最大降雨量为 79mm。d. 室外相对温度，冬季为 49%，夏季为 56%。e. 土壤最大冻结深度为 180mm，最大积雪厚度为 200mm，雪荷载为 250N/m²。

④ 建筑地点：本工程拟建地段地势平坦，地质良好。

（2）具体设计要求

具体设计要求见表 10-4。

表 10-4　具体设计要求

题目		某高校学生宿舍楼
规模		建筑面积为 5000m² 左右
拟建位置		见附图
结构、等级、层数		框架结构，层数为 5~6 层，层高 3.3m
建筑标准		①建筑等级Ⅱ级；②防火等级Ⅱ级；③采光等级Ⅱ级；④建筑结构安全等级为二级；⑤抗震设防烈度为 7 度
房间组成	居室	每层设若干间居室，每居室平均居住 4~6 人，设双层铺，并应考虑储柜面积
	公共活动室	每层设一间文娱活动室，每间 60m² 左右，墙应按要求设砖垛
	公共厕所及盥洗间	厕所及盥洗间可分散设置（套间）或集中设置；当集中设置时，其卫生设备的数量按人数计算，淋浴喷头的数量为：男生按 15 人/个，女生按 10 人/个；洗衣水龙头按 10 人/个计算
	其他	室内外高差为 600mm；有组织外排水，屋面可以考虑上人；城建部门要求：兼顾主干道立面（东立面）

3. 设计内容

根据任务书进行宿舍建筑设计。具体内容及要求如下：

（1）建筑设计说明

建筑设计说明主要包括工程概况、设计标准、建筑做法说明等。

（2）建筑平面图（包括但不限于：底层平面图、标准层平面图和屋顶平面图，比例 1∶100）

画出各房间、门窗、卫生间等，标注房间名称或编号（家具及卫生设施不需要画）。具体包括以下内容：

① 外部尺寸三道尺寸（总尺寸、轴线尺寸、门窗洞口等细部尺寸）及底层室外台阶、坡道、散水、明沟等尺寸；

② 内部尺寸内部门窗洞口、墙厚、柱大小等细部尺寸；

③ 标注室内外地面标高、各层楼面标高；

④ 各种符号，标注定位轴线及编号、门窗编号、剖切符号、详图索引符号等；

⑤ 楼梯应按比例绘出楼梯踏步、平台、栏杆扶手及上下楼方向；

⑥ 注写图名和作图比例；

⑦ 屋面采用有组织外排水，按上人屋面设计。

（3）建筑立面图（正立面图、背立面图和侧立面图，比例 1∶100）

画出室外地平线、建筑外轮廓、勒脚、台阶、门、窗、雨篷、雨水管及墙面分格线的形式和位置；标注室外地面、台阶、窗台、雨篷、檐口、屋顶等处完成面的标高；标注建筑物两端或分段的定位轴线及编号，各部分构造、装饰节点详图的索引符号，注明外墙装修材料、颜色和做法；注写图名（以轴线命名）和比例；正立面兼顾主干道立面。

（4）建筑剖面图（剖切主楼梯的剖面图，1∶100）

画出剖切到的或看到的墙体、柱及门窗；标注室内外地面、各层楼面与楼梯平台面、檐口底面或女儿墙顶面等处的标高；标注建筑总高、层高和门窗洞口等细部尺寸；标注墙或柱的定位轴线及编号、轴线尺寸、详图索引符号，注写图名和比例。

（5）建筑详图（比例 1∶10~1∶60），要求绘制楼梯详图、外墙身详图及其他主要节点详图。

4. 参考资料

房屋建筑学（教材）；建筑构造；民用建筑防火规范及设计规范；《建筑制图标准》（GB 50104）；建筑设计标准图集；宿舍楼建筑设计规范；《民用建筑设计统一标准》（GB 50352）。

10.3.2 附图

总平面示意图如图 10-1 所示。

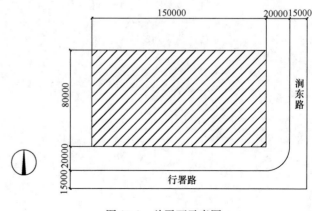

图 10-1　总平面示意图

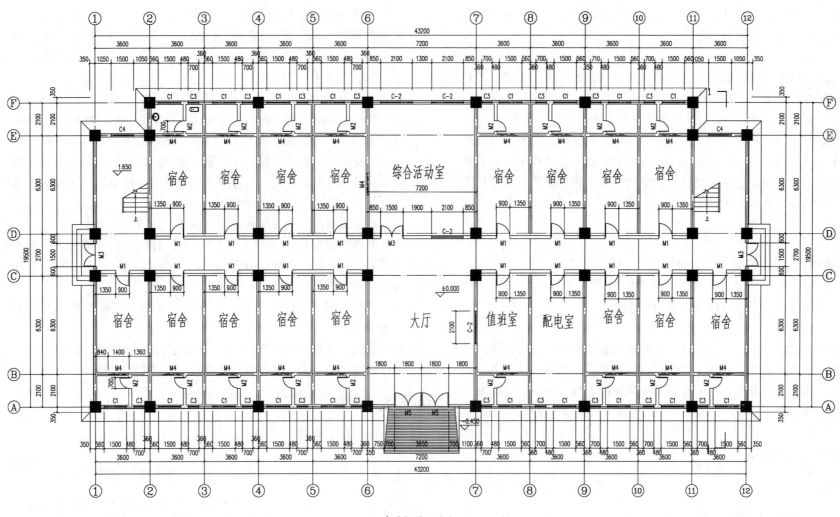

底层平面图 1:100

工程名称						
姓名		指导老师		图名	底层平面图	图号 建施-02
班级						日期 2018.05.23
学号		审核				图幅 A1

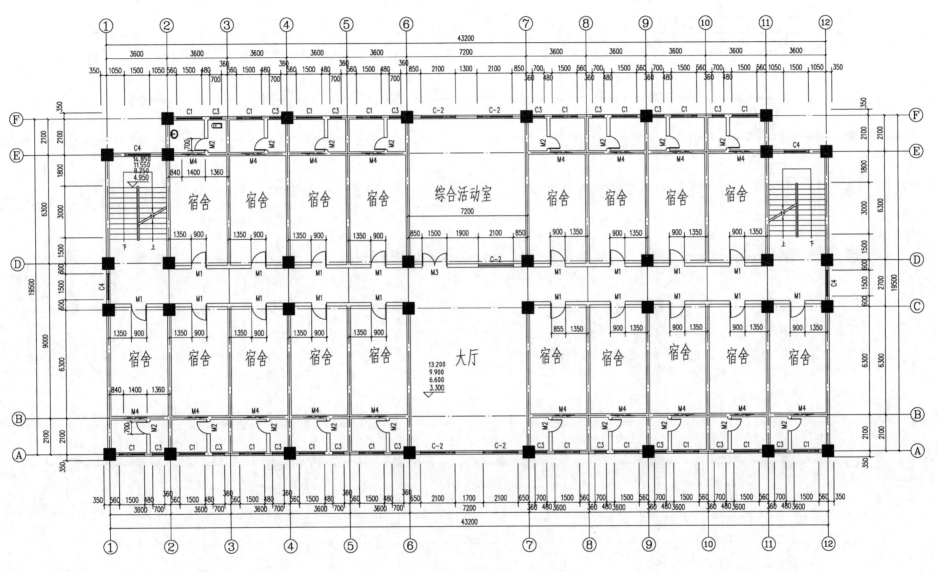

标准层平面图 1:100

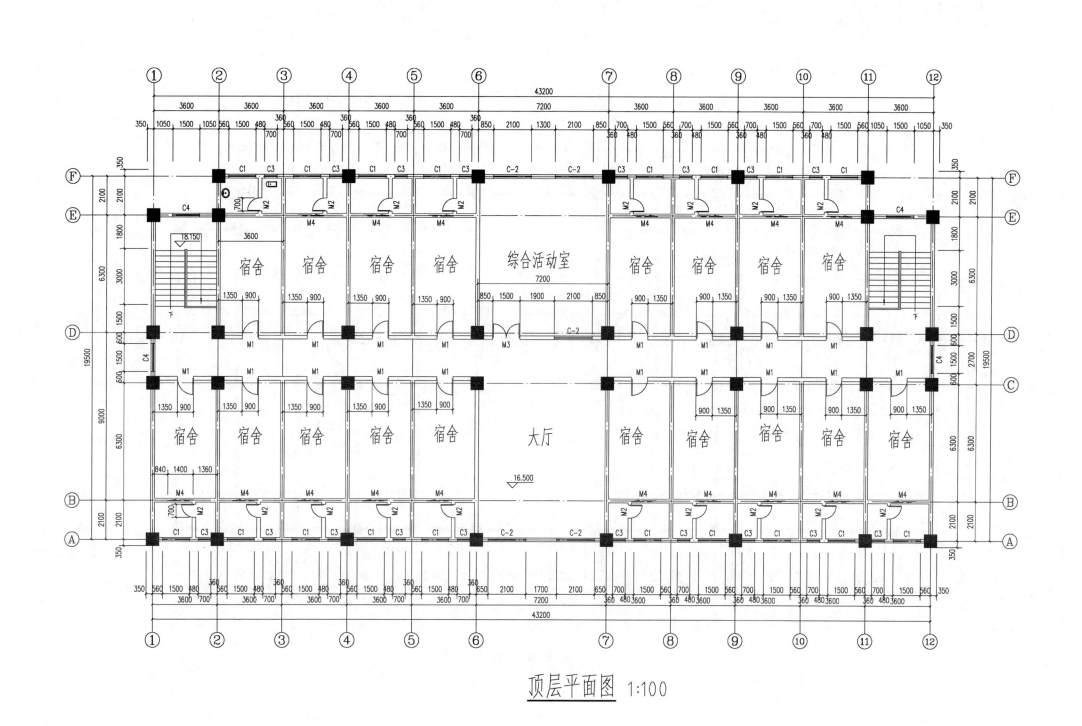

顶层平面图 1:100

	工程 名称				图号	建施-04
姓名	指导 老师		图名	顶层平面图	日期	2018.05.23
班级						
学号	审核				图幅	A1

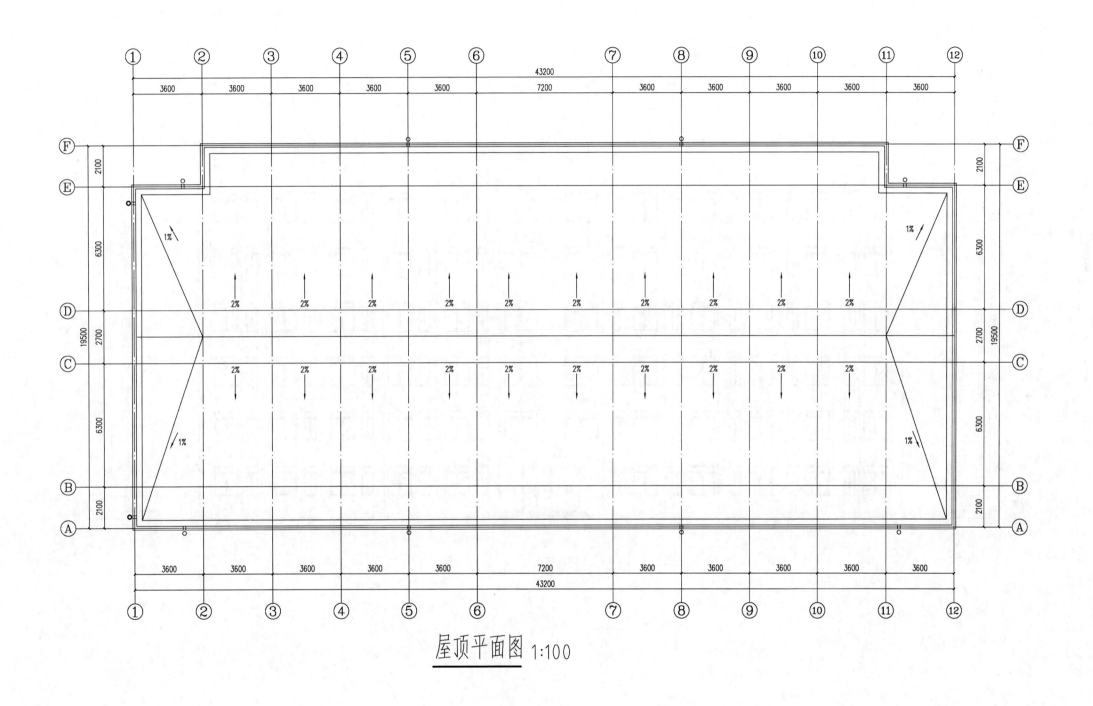

屋顶平面图 1:100

	工程名称				
姓名	指导老师		图名	屋顶平面图	图号 建施-07
班级					日期 2018.05.23
学号	审核				图幅 A1

53

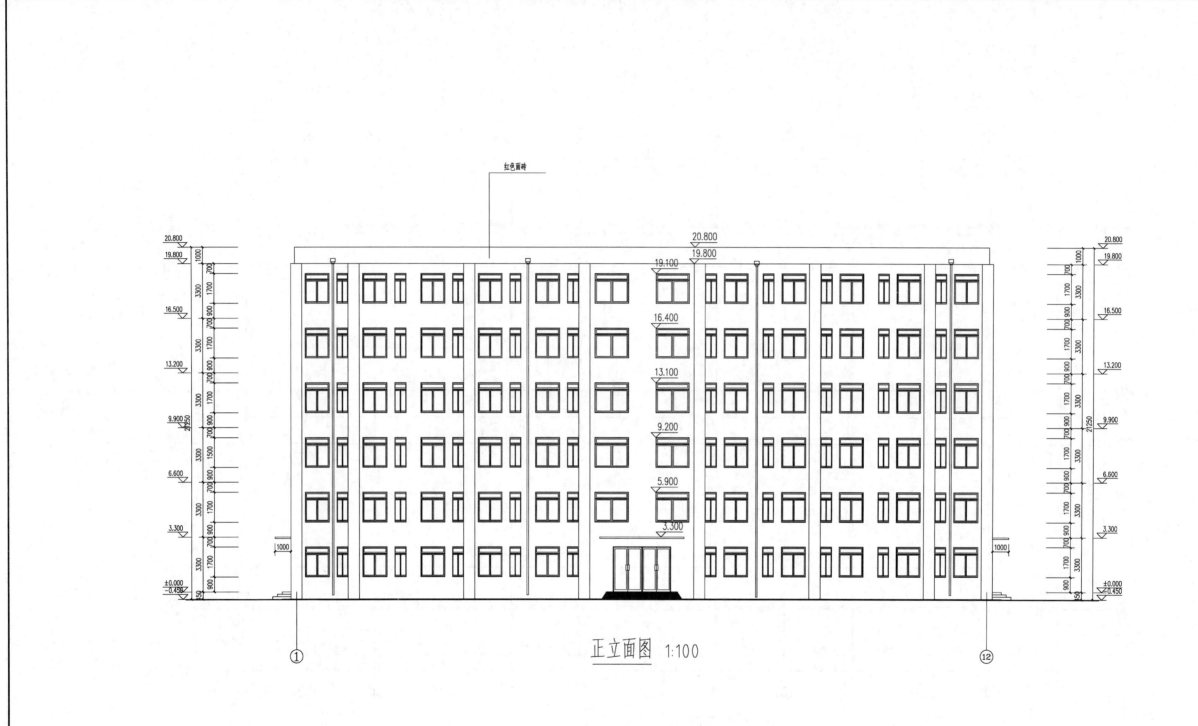

红色面砖

正立面图 1:100

工程名称						
姓名		指导老师		图名	正立面图	图号 建施-07
班级						日期 2018.05.23
学号		审核				图幅 A1

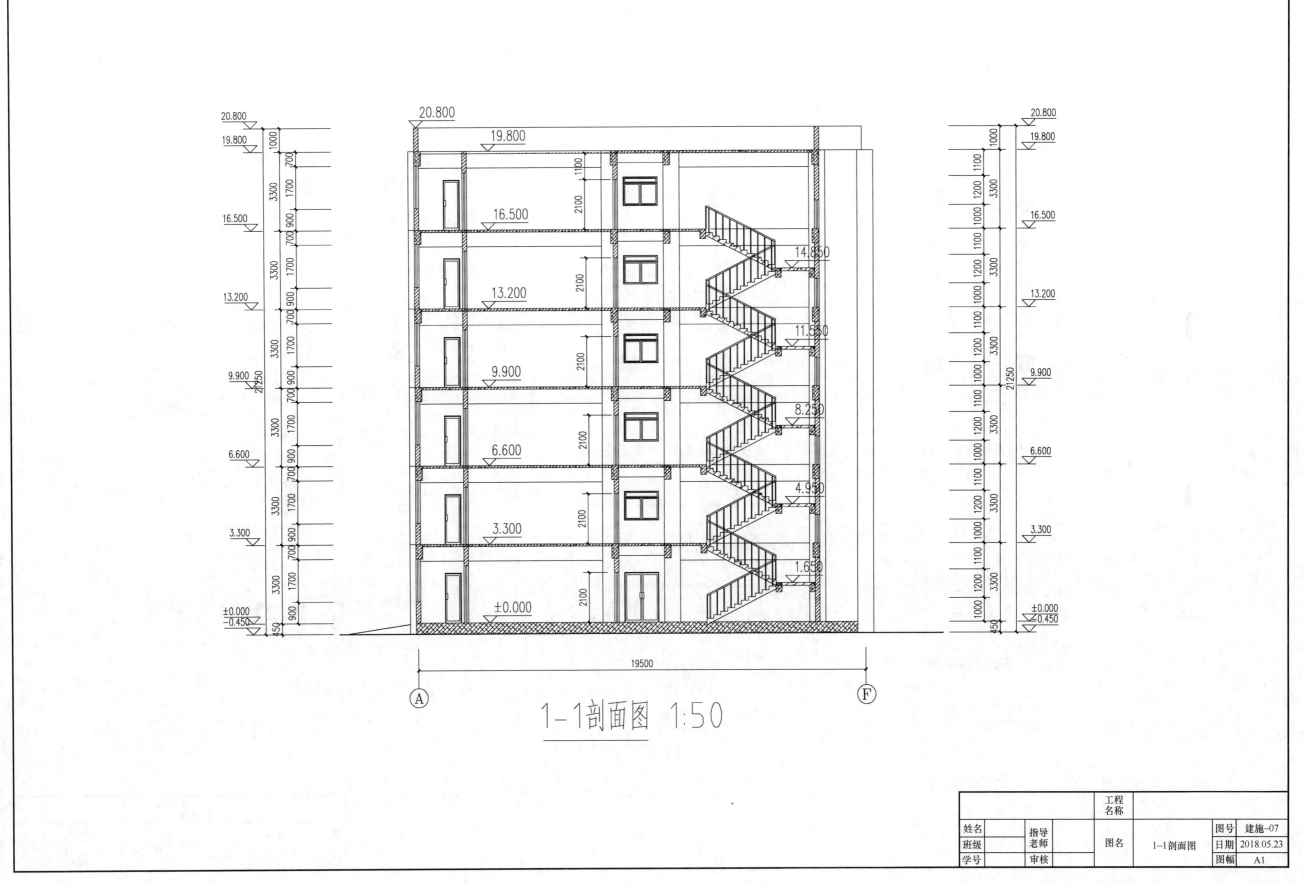

1-1剖面图 1:50

	工程名称					
姓名	指导老师		图名	1-1剖面图	图号	建施-07
班级					日期	2018.05.23
学号	审核				图幅	A1

55

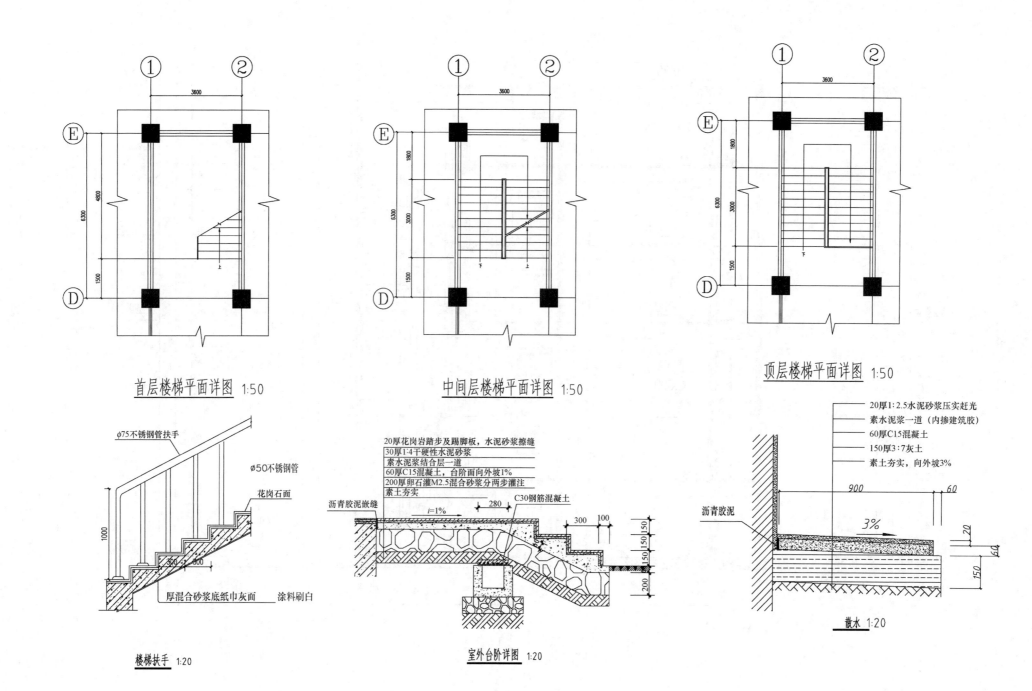

首层楼梯平面详图 1:50

中间层楼梯平面详图 1:50

顶层楼梯平面详图 1:50

ø75不锈钢管扶手

ø50不锈钢管

花岗石面

厚混合砂浆底纸巾灰面   涂料刷白

楼梯扶手 1:20

20厚花岗岩踏步及踢脚板，水泥砂浆擦缝
30厚1:4干硬性水泥砂浆
素水泥浆结合层一道
60厚C15混凝土，台阶面向外坡1%
200厚卵石灌M2.5混合砂浆分两步灌注
素土夯实

沥青胶泥嵌缝

C30钢筋混凝土

室外台阶详图 1:20

20厚1:2.5水泥砂浆压实赶光
素水泥浆一道（内掺建筑胶）
60厚C15混凝土
150厚3:7灰土
素土夯实，向外坡3%

沥青胶泥

散水 1:20

	工程名称				
姓名	指导老师		图名	楼梯及节点详图	图号	建施-08
班级					日期	2018.05.23
学号	审核				图幅	A1

1 设计依据:

1.1 有关部门审批通过的详规建筑方案及规划建筑方案。

1.2 经审查合格的建筑方案图纸

甲方提供的设计委托书及双方签订的设计合同文件。

1.3 国家现行主要的有关建筑规范:

《建筑设计防火规范》GB50016-2014(2018年版)

《建筑抗震设计规范》GB50011-2010(2016年版)

《民用建筑设计统一标准》GB50352-2019

《宿舍建筑设计规范》JGJ36-2016

《无障碍设计规范》GB50763-2012

《屋面工程技术规范》GB50345-2012

《河南省居住建筑节能设计标准(寒冷地区75%)》(DBJ41/T184-2020)

《砌块墙体自保温系统技术规程》DBJ41/T100-2015

《建筑内部装修设计防火规范》GB50222-2017

《绿色建筑评价标准》GB/T50378-2019

《民用建筑工程室内环境污染控制规范》GB50325-2020

《建筑工程设计文件编制深度规定》(2017年版)

1.4 国家及地方标准图集: 12系列建筑标准设计图集。

1.5 《工程建设标准强制性条文(房屋建筑部分)》(2013年版)。

2 工程概况:

2.1 工程项目名称:

2.2 建设单位:

2.3 建设地点:

2.4 结构形式及抗震设防烈度: 框架结构,抗震设防烈度为8度。

2.5 总建筑面积: 4352.92m²。

2.6 建筑基底面积: 715.82m²。

2.7 建筑高度和室内外高差: 建筑高度22.05m(室外地坪至屋面面层),总建筑高度23.55m(室外地坪至女儿墙)室内外高差0.450m。室内设计标高± 0.000所相当于绝对标高65.2。

2.8 建筑层数及建筑使用功能: 地上6层,为学生宿舍。

2.9 建筑分类: 本工程为多层宿舍建筑,工程等级为三级。

2.10 耐火等级: 地上二级。

2.11 防水等级: 屋面防水等级为Ⅱ级。

2.12 建筑设计使用年限: 合理使用50年(正常使用、正常维护)。

2.13 人防工程: 无。

3 设计范围:

3.1 本工程设计范围包括本栋楼建筑、结构、给排水、暖通、电气施工图,不含总图、室外景观、室外道路管线、室内二次装修等。

3.2 本套图纸所附总图仅为平面位置示意图。

4 图纸标注有关事项:

4.1 总平面图尺寸及标高尺寸单位为米,其余图纸尺寸单位为毫米。

4.2 各层标注标高为完成面标高(建筑标高),屋面、雨篷及窗洞口标高为结构标高。

5 墙体工程:

5.1 墙体材料: 地下部分墙体材料及墙厚详见结施图,平面框架柱尺寸及定位详见结施图。标高±0.000以上的外墙采用自保温加气混凝土砌块墙,厚度详平面图;内部墙体无墙为加气混凝土砌块墙,厚度详平面图。阳台、卫生间及有地漏房间墙均设300(从结构板算起,并做防水) C20混凝土,C20混凝土翻边及楼板整体现浇。

5.2 加气混凝土的施工工艺及各相关构造做法参照标准图集12YJ3-3有关节点,两种不同材料墙体交接处布钉300宽钢丝网片再进行抹灰。

5.3 墙体留洞及封堵: 钢筋混凝土墙上的留洞见结构及设备图。封堵详见结施及设备图。砌块墙预留穿管设备安装完毕后,用C20石灰混凝土填实。

5.4 墙身防潮层: 在室内地坪下60处做20厚1:2.5水泥砂浆内加3%~5%防水剂(在此标高为钢筋混凝土构造可不做);当室内地面变化处防潮层应重叠搭接600,并在高低差坦一侧墙身做20厚1:2水泥砂浆防潮层,如坦土侧为室外,还应加2厚聚氨酯防水涂料。

5.5 墙体中嵌有设备箱、柜等时墙面等厚时,嵌墙面箱背面刷5厚钢筋满涂防水涂料(耐火极限同所在墙体),同时在交接处或箱体材料背面钢钉一层钢丝网,周边宽出300,再进行粉刷。

5.6 凡剪力墙、柱加门垛尺寸<200时,采用混凝土与墙、柱整体浇注法,构造配筋详结施。

5.7 女儿墙为钢筋混凝土墙体,墙厚及定位详屋顶平面图及节点详图。

6 屋面工程:

6.1 本工程的屋面防水等级为Ⅱ级,屋面做法详工程做法表。

6.2 屋面各相关细部做法及构造请严格按照现行《屋面工程技术规范》GB50345及标准图集12YJ5-1《平屋面》中有关说明及节点处理办法。

6.3 屋面排水最小坡度详屋面平面图。防水找平层应做分格,其缝纵横间距≤6m,缝宽10并嵌填密封材料。屋面外排雨水口,雨水管等具体做法详见室外工程做法表。

6.4 当雨水管穿过楼板时,应做厚留洞处理,其防水层泛起高度不小于250mm,各管道出屋面防水做法见12YJ5-1页A21。

6.5 高层面排水至低屋面时,雨水管出水口处90度弯头平排,其下部出口处设置混凝土水簟箅。

6.6 卫生间成品排气道出屋面,必须与屋面建筑施工密切配合,且有专业生产厂家安装。

7 门窗工程:

7.1 建筑门窗严格执行现行《建筑玻璃应用技术规程》JGJ113、《铝合金门窗工程技术规程》JGJ214、《塑料门窗工程技术规程》JGJ103和国家及地方主管部门的有关规定。建筑物下列部位采用安全玻璃: ①单块面积大于1.5m²的窗玻璃; ②距可踏面小于0.9m的窗玻璃; ③建筑物的出入口、门等; ④室内隔断、浴室等; ⑤大于0.5m²门玻璃; ⑥室内易受撞击、冲击而造成人体伤害的其他部位。

7.2 外窗采用断桥铝窗框+(6mm高透光LOW-E+12mm空气+6mm透明)中空玻璃窗,窗传热系数为2.5[W/(m²·K)],中空玻璃氩点: -40℃,所有外窗开启部分均设纱扇。

7.3 门窗立面表示洞口尺寸,门窗加工尺寸应按指附装修厚度予以调整,窗框制作安装时应实测实量各门窗洞口尺寸编号及数量,以防止造成误差。(特别应考虑保温层厚度对外窗影响)

7.4 门窗立樘: 如图纸中无特殊要求,外窗均立墙中,内门及防火疏散门立樘居开启方向一侧墙平,特殊情况详见节点详图。

7.5 所有外门窗应由有资质的厂家根据当地风压进行计算后安装施工。

7.6 防火门应选择有相应资质的专业厂家产品。

7.7 建筑普通外门窗抗风压性能、气密性能、水密性能、保温性能、隔声性能等级指标应满足下表要求。

性能类别	等级	指标值	备注	性能类别	等级	指标值	备注
抗风压性能 P (kPa)	4	2.5<P₃<3.0	计算确定	空气隔声性能Rw (dB)	3	≥30	
水密性 ΔP (Pa)	3	250≤ΔP<350		保温性K W/(m²·K)	7	≤1.8	节能标准
气密性 q1 (m³/m·h)	6	1.0<q1<1.5	节能标准				

8 室外及外装修工程:

8.1 室外装修做法详见建筑工程做法表。

8.2 外装修选用的各项材料,其材质、规格、颜色等,均由施工单位提供样板,经建设和设计单位确认后进行封样,并据此验收。

8.3 外墙防水: 外墙保温层外设防水砂浆层,采用20厚1:2.5防水砂浆。

8.4 空调机板上下及侧面均抹20厚防水砂浆。封闭阳台顶板、底板及栏板做保温措施详见节能一栏表。

8.5 所有外墙水平凸出线角及突出构件均做滴水线,未注明时做法见12YJ3-1页A9-A。

8.6 室外窗及其他外墙留洞的洞口由内向外找1%坡,背水面做滴水。做法详见12YJ3-1—页A17-1。

8.7 台阶踏步、挡墙、坡道、散水、无障碍坡道做法详见建筑工程做法表(室外)。

8.8 女儿墙内侧墙面抹保温砂浆,做法参12YJ1页113-外墙2(替换防水砂浆)。

8.9 需专业厂家进行二次设计和装饰的立面造型、装饰物等经建设单位和设计单位确认后,向建筑设计单位提供预件的设置要求,并不得影响主体效果和结构安全。

9 内装修工程:

9.1 室内装修详见建筑工程做法表室内部分。

9.2 楼地面部分执行现行《建筑地面设计规范》GB50037,楼地面构造接处及地坪高度变化处,除图中另有注明者外,均位于齐平门扇开启面处做较低一侧。

9.3 凡有水房间地面均做防水层,地坪沿四周墙面上翻300高,在门口处应水平延展,且向外延展的长度不应小于500mm,向两侧延展的宽度不应小于200mm。地面周围1m半径内1%坡坡向地漏。不得出现倒坡或局部积水。

9.4 管道井内壁面抹20厚1:2.5防水砂浆(内渗3%防水剂)抹面。

9.5 室内墙阳角细部做法参见12YJ7—页62—节点1、2、3。

9.6 卫生间墙面材料花色、洁具甲方自理。

9.7 室内装修应满足现行《建筑内部装修设计防火规范》GB50222要求。

10 建筑设备、设施工程:

10.1 灯具、灯具、排气道等影响美观的器具,须经建设单位与设计单位审样品后,方可选购和批量加工、安装。

10.2 卫生间排气道采用图集16J916-1《住宅排气道(一)》16J916-1-A-W-6型,排气道外形尺寸200X200,楼板预留洞口尺寸300X250。

10.3 电梯型号必须在本土施工前确定,以便确定及校正土建电梯井道、机房有关的尺寸。

其井道、门洞口、机座、机房预留洞、预埋件等构造处均须结合电梯厂家土建要求施工。

10.4 本工程电梯参数如下:

名称	数量(台)	载重(kg)	最小速度(m/s)	基坑深度(mm)	井道净尺寸(mm)	停靠站
普通电梯	2台	800	1.5	1500	2000X2200	1~6F
		1000	1.5	1500	2200X2200	1~6F

11 消防设计:

11.1 本工程应严格遵守现行《建筑设计防火规范》GB50016的有关要求。本工程为多层宿舍建筑,耐火等级地上二级。

11.2 防火间距: 本建筑物之间防火间距满足要求,详见总平面位置示意图。

11.3 消防车道: 详见总平面图,本建筑沿周边南边设消防车道,消防车道宽度不小于4m,坡度小于8%。消防车道与其下面的建筑结构、管道和暗沟,均能承受重型消防车的压力。

11.4 防火分区: 本建筑每层为一个防火分区,每个防火分区均不超过2500m²,设置两部封闭楼梯间,疏散宽度及疏散

会签 COORDINATION	
建筑 ARCH.	结构 STRUCT.
给水排水 PLUMBING	暖通 HVAC
电气 ELEC	总图 PLANNING

附注 DESCRIPTIONS

单位出图专用章 SEAL

个人执业专用章 SEAL

设计单位 DESINGER

建设单位 CLIENT

工程名称 PROJECT

子项名称 SUB-PROJECT: 学生宿舍楼

审定 APPROVED BY	
审核 EXAMINED BY	
所长 DIRECTOR	
项目负责人 CAPTAIN	
专业负责人 CHIEF ENGI.	
校对 CHECKED BY	
设计 DESIGNED BY	

图纸名称 TITLE: 图纸目录 建筑设计总说明

工程编号 PROJECT NO.

设计专业 DISCIPLINE	建筑	图纸张数 DRAWING PAGE	共15张
设计阶段 DESING PERIOD	施工图	图纸编号 DRAWING NO.	01
日期 DATA	2021.07	版别 EDITION NO.	

建 筑 设 计 总 说 明

距离均满足规范要求。

11.5 本建筑每层为一个防火分区,建筑外墙上、下层开口之间实体墙高度均大于1.2m;楼梯间外墙上的窗口与两侧门、窗、洞最近边缘的距离均大于1.0m。

11.6 建筑内的居室门净宽均不应小于0.9m,各层安全出口及首层直通室外疏散门的净宽度不应小于1.4m,疏散楼梯的净宽度不应小于1.8m。

11.7 本建筑设消防栓系统,电井门采用丙级防火门。

11.8 本工程设有2台电梯,电梯层门的耐火极限不应低于1小时,并应符合现行国家标准《电梯层门耐火实验完整性、隔热性和热通量测定法》GB/T27903规定的完整性和隔热性要求;消防电梯应满足《消防电梯制造与安装安全规范》GB26465-2011的规定。

11.9 防火墙:防火墙应从楼地面基层隔断至梁、楼板和屋面板的底面基层;防火墙应直接设置在建筑的基础或框架梁等承重结构上,框架、梁等承重结构的耐火极限不应低于防火墙的耐火极限;防火墙的构造应能在防火墙任一侧的屋架、梁、楼板、等受到火灾的影响而破坏时,不会导致防火墙倒塌。

11.10 凡管道穿防火墙、隔墙、楼板处,待管线安装后,均需用相当于防火墙、隔墙、楼板耐火极限的不燃烧材料填塞密实;设备着、消火栓箱的后面加贴防火板,耐火极限应达到所在墙体的耐火极限要求。

11.11 除通风井外,管井待管线安装完毕后,在每层楼板处用相当于楼板耐火极限的不燃烧材料二次浇注;管井内壁简应随抹光。

11.12 所有竖向、水平通窗与每层楼板、隔墙处的缝隙,均采用不燃烧防火材料(矿棉)密封填实,并采取防水、防潮措施。

11.13 二次装修的材料及做法均应符合国家现行规范《建筑内部装修设计防火规范》GB50222中规定选用和施工。

11.14 保温系统应满足现行规范《建筑设计防火规范》GB50016第6.7节有关条文要求。
①外墙梁柱部分采用岩棉板,材料的燃烧性能为A级。其他墙体采用自保温气块。
②屋面采用挤塑聚苯乙烯泡沫塑料保温板(B1级)。

12 建筑节能设计:详见节能设计专篇。

13 无障碍设计:
所有供疾人使用的部位均按现行规范《无障碍设计规范》GB50763要求设置其中①建筑入口符合第3.3条中要求,②入口坡度应符合第3.4条中要求,③无障碍通道、门应符合第3.5条中要求。

14 室内环境:
14.1 水、暖、电、气管线穿过楼板和墙体时,孔洞周边应采取密封隔声措施。

14.2 宿舍居室内的允许噪声级(A声级),昼间应小于或等于45dB,夜间应小于或等于37dB。

14.3 居室与公共楼梯间、公用盥洗间、公用厕所等有噪声的房间紧邻布置时,应采取隔声减噪措施,其隔声性能评价量应满足:(1)分隔居室的分室墙和分室楼板,空气声隔声性能评价量应大于45dB;(2)分隔居室和非居住使用空间的楼板,空气声隔声性能评价量应大于51dB;(3)居室门空气声隔声性能评价量应大于等于25dB;(4)居室楼板的计权规范化维击声压级不宜大于75dB。

14.4 居室外墙空气声隔声性能评价量应大于或等于45dB,外门窗空气声隔声性能评价量应大于或等于25dB。

14.5 宿舍均有外窗,满足直接天然采光和自然通风要求,且窗地面积比大于1:7,直接通风开口面积不小于该房间地板面积的1/20。

14.6 卫生间门的下方应做进风固定百叶,或留有30mm的进风缝隙。

污染物名称	活度、浓度限值	污染物名称	活度、浓度限值
氡	≤150Bq/m³	氨	≤0.15mg/m³
游离甲醛	≤0.07mg/m³	总挥发性有机化合物(TVOC)	≤0.45mg/m³
苯	≤0.06mg/m³		

14.7 宿舍内空气质量均应符合《宿舍建筑规范》和国家标准《民用建筑工程室内环境污染控制规范》GB50325的要求。

14.8 预埋木砖及所有木构件与混凝土或砌体接触处均应进行防腐处理,所有外露铁件均须防锈处理。

15 安全防护:
15.1 当窗台距楼面、地面的净高低于900mm时,应设防护措施,防护高度见墙身节点;当封闭阳台窗窗台距楼面、地面的净高低于现行规范《民用建筑设计统一标准》GB50352-2019规定时,应设防护措施,防护高度见墙身节点;作为防护措施的护窗栏杆不得设横向支撑或易于攀爬的构造形式,垂直杆件净距不得大于110mm。

15.2 阳台、外廊、室内回廊、内天井、上人屋面及室外楼梯等临空处应设150mm(宽)x100mm(高)安全挡台,上部栏杆高不应低于1100mm(上人屋面上部栏杆净高不应低于1200mm);栏杆不得设横向支撑或易于攀爬的构造形式,垂直杆件净距不得大于110mm排设;栏杆高度应从可踏部位顶面起算。

15.3 楼梯栏杆扶手高度详见楼梯详图;楼梯水平段栏杆长度大于500mm时,其扶手高度不应小于1100mm;楼梯栏杆不应易于攀爬的构造形式, 楼梯栏杆垂直杆件净距不应大于110mm排设;栏杆高度应从可踏部位顶面起算。楼梯井净宽大于110mm时,必须采取防止儿童攀滑的措施。

15.4 公共出入口位于阳台、外廊及开敞楼梯平台的下部时,应采取防止物体坠落伤人的安全措施。

15.5 外窗窗台宽度可放置花盆时,放置花盆处必须采取防坠落措施。

15.6 出入口或门厅采用玻璃门时,应设置安全警示标志。

16 其他:
16.1 卫生间洁具均为成品,宿舍平面布置详见大样图。

16.2 二次装修时,不得随意改变原设计不得拆除破坏原结构构件,如有改动须征得设计单位同意。其装修施工必须严格执行现行《建筑内部装修设计防火规范》GB50222。

17 施工注意事项:
17.1 管道穿过隔墙、楼板时,应采用非燃烧性材料将周围的空隙紧密填实。

17.2 预埋件、预留孔洞图中未注明者,施工时应与结构、水、暖、电专业密切配合确认无误后方可施工,严禁事后剔凿。

17.3 空调管洞做2%的坡,坡向室外。所有管线穿过的隔墙、管井及楼板处均须掺用非燃烧材料将周围缝隙填塞密实。

17.4 本设计未考虑冬季施工,遇冬季须采用冬季施工保护措施。

17.5 本工程所有设备材料成品半成品均需经过建设单位认可后方可施工。

17.6 土建图施工时必须与设备各专业图密切配合。如有变动须及时通知设计人员待变更下达后方可施工。

17.7 本工程使用砂浆应采用预拌砂浆。

17.8 选用建筑材料和建筑产品不应采用建设明令限制和淘汰的产品。

17.9 本施工图做法及做法大样均应注明建筑材料之构造层次,施工单位除按图纸和说明外,同时应按国家颁布的现行建筑安装施工工验收规范施工。

18 本工程须办理完图纸审查、消防审查、规划等相关手续后,方可施工。

19 说明中未尽事宜必须严格执行国家现行规范、规程及标准进行。

20 本工程绿色建筑设计标准按一星级,具体内容详见绿色建筑设计专篇。

建 筑 节 能 设 计 专 篇

一、设计依据:
1.《河南省居住建筑节能设计标准(寒冷地区75%)》(DBJ41/T184-2020)
2.《民用建筑热工设计规范》(GB50176-2016)
3.《建筑外门窗气密,水密,抗风压性能分级及检测方法》(GB/T 7106-2008)
4.《建筑外窗采光性能分级及检测方法》(GB/T11976-2002)
5.《外墙保温技术工程》(JGJ144-2004)
6.《砌块墙体自保温体系技术规程》(DBJ41/T100-2015)
7.《建筑外墙保温性能分级及检测方法》(GB/T8484-2008)
8. 保温系统应满足《建筑设计防火规范》GB50016-2014(2018年版)中第6.7节有关条文规定。

二、设计选用外墙保温体系:
1. 热桥梁柱采用12YJ3-1-A型外贴保温板外墙外保温系统,保温板采用50厚岩棉板(A级)
2. 砌块外墙采用自保温加气混凝土砌块,选用250厚自保温加气混凝土砌块B05级

三、建筑概况:
1. 建筑物性质:多层宿舍建筑。
2. 建筑物名称:
3. 建筑面积:4352.92m²。
4. 建筑层数:地上6层。
5. 建筑总高度:23.55m。
6. 建筑地点及气候分区:河南省安阳市,寒冷B区。

四、计算软件及版本
清华斯维尔建筑节能计算分析软件BECS20170808。

五、节能做法
1. 气候分区为寒冷B区。
2. 节能设计各项指标及节能措施详见节能设计专篇节能表。
3. 保温系统应满足《建筑设计防火规范》GB50016-2014(2018版)第6.7节有关条文要求。
4. 外保温系统应采用不燃材料作防护层,防护层应将保温材料完全包覆。防护层首层的厚度不应小于15mm,其他层不应小于5mm。
5. 外墙:填充墙部分采用250自保温加气块(A级),热桥梁柱部位采用50厚岩棉板(A级)。
6. 屋面:100厚挤塑聚苯板(B1级)。
7. 分隔采暖与非采暖空间隔墙:20厚无机轻集料保温浆料I型(A级)。
8. 外窗采用断桥铝窗框+(6mm高透光Low-E+12mm空气+6mm透明)中空玻璃窗,传热系数为2.5 W/(m²·K);外门采用金属三防门,门传热系数为1.80 W/(m²·K)。宿舍室内采用金属三防门,传热系数K 1.80 W/(m²·K)。

六、建筑节能设计中的其他要求
1. 外墙热桥部位混凝土梁、柱、剪力墙、女儿墙、混凝土构件(空调板、飘窗台板、雨篷等)必须按设计要求做好保温。

会签 COORDINATION	
建筑 ARCHI	结构 STRUCT
给排水 PLUMBING	暖通 HVAC
电气 ELEC	总图 PLANNING

附注 DESCRIPTIONS

单位出图专用章 SEAL

个人执业专用章 SEAL

设计单位 DESINGER

建设单位 CLIENT

工程名称 PROJECT

子项名称 SUB-PROJECT
学生宿舍楼

审定 APPROVED BY
审核 EXAMINED BY
所长 DIRECTOR
项目负责人 CAPTAIN
专业负责人 CHIEF ENGI
校对 CHECKED BY
设计 DESIGNED BY

图纸名称 TITLE
建筑设计总说明
建筑节能设计专篇

工程编号 PROJECT NO.

设计专业 DISCIPLINE 建筑 | 图纸张数 DRAWING PAGE 共15张
设计阶段 DESING PERIOD 施工图 | 图纸编号 DRAWING NO.
日期 DATA 2021.07 | 版别 EDITION NO.

建 筑 节 能 设 计 专 篇

2.建筑的外门、外窗(含阳台门)的气密性能等级应符合国家标准《建筑外门窗气密、水密、抗风压性能分级及检测方法》 (GB/T 7106-2008)中第4.1.2条的规定,并满足:

建筑外窗的气密性不应低于6级,其气密性能分级指标值:

单位缝长空气渗透量为:1.0<q₁≤1.5[m³/m·h]

单位面积空气渗透量为:3.0<q₂≤4.5[m³/m²·h]

3.建筑外门窗抗风压性能分级为4级(抗风压值为2.5≤P₃<3.0 kPa),外门的气密性不应低于6级,水密性能分级为3级。

4.外门窗框与门窗洞口之间的缝隙,应采用聚氨酯等高效保温材料填实,并用密封膏密封嵌缝,不得采用水泥砂浆填塞。

5.建筑外围护结构各部位做法及节能计算参数详见节能设计表。

七、结论

本建筑按《河南省居住建筑节能设计标准(寒冷地区75%)》(DBJ41/T184-2020)之规定进行强制性条文和必须满足条款的规定性指标检查,结果未能达标,按标准规定进行热工性能权衡,经综合权衡满足要求。

八、注意事项

建设及施工单位应选用正规厂家的合格产品,严格按节能设计的要求施工,确保工程施工符合节能标准和节能施工验收的要求。

绿 色 建 筑 设 计 专 篇

一、设计依据:

1.依据标准

《河南省居住建筑节能设计标准(寒冷地区75%)》(DBJ41/T184-2020)

《民用建筑热工设计规范》GB50176-2016

《河南省绿色建筑评价标准》DBJ41/T109-2020

《民用建筑隔声设计规范》GB50118-2010

《建筑采光设计标准》GB/T50033-2013

《建筑照明设计标准》GB50034-2013

《电力工程电缆设计规范》GB50217-2007

其他现行的国家有关建筑设计规范、规程和规定

2.评价标准依据 《河南省绿色建筑评价标准》DBJ41/T109-2020

3.建筑项目主要特征表

名称	建筑类别	耐火等级	抗震设防烈度	结构型式	建筑层数	建筑高度	总建筑面积
学生宿舍楼	多层民用建筑	地上:二级	8度	框架	地上6层	23.55m	4352.92m²

4.本工程满足《河南省绿色建筑评价标准》DBJ41/T109-2020中对建筑全寿命期内的安全耐久、健康舒适、生活便利、资源节约、环境宜居、提高与创新5类指标中控制项的全部要求。

5.本工程绿色建筑目标为:基本级绿色建筑。

二、安全耐久

1.采用基于性能的抗震设计并合理提高建筑的抗震性能。

2.采取保障人员安全的防护措施。

3.采用具有安全防护功能的产品或配件。

4.室内外地面或路面设置防滑措施。

5.采取人车分流措施,且步行和自行车交通系统有充足照明。

6.采取提升建筑适变性的措施。

7.采取提升建筑部品部件耐久性的措施。

8.提高建筑结构材料的耐久性。

9.合理采用耐久性好、易维护的装饰装修建筑材料。

三、舒适健康

1.控制室内主要空气污染物的浓度。

2.选用的装饰装修材料满足国家现行绿色产品评价标准中对有害物限量的要求;选用满足要求的装饰装修材料达到3类及以上。

3.直饮水、集中生活热水、游泳池水、采暖空调系统用水、景观水体等的水质满足国家现行有关标准的要求。

4.生活饮用水水池、水箱等储水设施采取措施满足卫生要求。

5.所有给水排水管道、设备、设施设置明确、清晰的永久性标识。

6.采取措施优化主要功能房间的室内声环境;噪声级达到现行国家标准《民用建筑隔声设计规范》GB 50118的低限标准限值和高要求标准。

7.主要功能房间的隔声性能良好。

8.充分利用天然光。

9.具有良好的室内热湿环境。

10.优化建筑空间和平面布局,改善自然通风效果。

11.设置可调节遮阳设施,改善室内热舒适。

四、生活便利

1.场地与公共交通站点联系便捷。

2.建筑室内外公共区域满足全龄化设计要求。

3.提供便利的公共服务。

4.城市绿地、广场及公共运动场地等开敞空间,步行可达。

5.合理设置健身场地和空间。

6.设置分类、分级用能自动远传计量系统,且设置能源管理系统实现对建筑能耗的监测、数据分析和管理。

7.设置PM10、PM2.5、CO2浓度的空气质量监测系统,且具有存储至少一年的监测数据和实时显示等功能。

8.设置用水远传计量系统,水质在线监测系统。

9.具有智能化服务系统。

五、资源节约

1.节约集约利用土地。

2.合理开发利用地下空间。

3.采用机械式停车设施、地下停车库或地面停车楼等方式。

4.优化建筑围护结构的热工性能。

5.采用有效措施降低供暖空调系统的末端系统及输配系统的能耗。

6.采用节能型电气设备及节能控制措施。

7.采取措施降低建筑能耗。

8.结合当地气候和自然资源条件合理利用可再生能源。

9.使用较高用水效率等级的卫生器具。

10.绿化灌溉及空调冷却水系统采用节水设备或技术。

11.结合雨水综合利用设施营造室外景观水体。室外景观水体利用雨水的补水量大于水体蒸发量的60%,且采用保障水体水质的生态水处理技术。

12.使用非传统水源。

13.建筑所有区域实施土建工程与装修工程一体化设计及施工。

14.合理选用建筑结构材料与构件。

15.建筑装修选用工业化内装部品。

16.选用可循环材料、可再利用材料及利废建材。

17.选用绿色建材。

六、环境宜居

1.充分保护或修复场地生态环境,合理布局建筑及景观。

2.规划场地地表和屋面雨水径流,对场地雨水实施外排总量控制。

3.充分利用场地空间设置绿化用地。

4.室外吸烟区位置布局合理。

5.利用场地空间设置绿色雨水基础设施。

6.场地内的环境噪声优于现行国家标准《声环境质量标准》GB 3096的要求。

7.建筑及照明设计避免产生光污染。

8.场地内风环境有利于室外行走、活动舒适和建筑的自然通风。

9.采取措施降低热岛强度。

七、提高与创新

1.绿色建筑评价时,按本章规定对提高与创新进行评价。

2.提高与创新项得分为加分项得分之和,当得分大于100分时,应取为100分。

3.采取措施进一步降低建筑供暖空调系统的能耗。

4.采用适宜地区特色的建筑风貌设计,因地制宜传承地域文化。

5.采用符合工业化建造要求的结构体系与建筑构件。

6.进行建筑碳排放计算分析,采取措施降低单位建筑面积碳排放强度。

7.按照绿色施工的要求进行施工和管理。

会签 COORDINATION	
建筑 ARCHI.	结构 STRUCT.
给排水 PLUMBING	暖通 HVAC
电气 ELEC	总图 PLANNING

附 注 DESCRIPTIONS

单位出图专用章 SEAL

个人执业专用章 SEAL

设计单位 DESINGER

建设单位 CLIENT

工程名称 PROJECT

子项名称 SUB-PROJECT　学生宿舍楼

审 定 APPROVED BY	
审 核 EXAMINED BY	
所 长 DIRECTOR	
项目负责人 CAPTAIN	
专业负责人 CHIEF ENGI.	
校 对 CHECKED BY	
设 计 DESIGNED BY	

图纸名称 TITLE

建筑节能设计专篇
绿色建筑设计专篇

工程编号 PROJECT NO.			
设计专业 DISCIPLINE	建筑	图纸张数 DRAWING PAGE	共15张
设计阶段 DESING PERIOD	施工图	图纸编号 DRAWING NO.	03
日 期 DATA	2021.07	版别 EDITION NO.	

居 住 建 筑 节 能 设 计 表

工 程 材 料 做 法 表

河南省寒冷地区居住建筑建筑专业节能设计表（≥4层的建筑）

建筑体型系数	限值	0.57		建筑层数（地上/地下）		6F/-		外墙墙体材料及适用的外墙保温系统	梁柱部分：外贴岩棉板 50厚 A级 填充墙部分：250厚自保温加气混凝土砌块
	设计值	0.40	4.4.2						
窗墙面积比	限值	东 0.35 南 0.50 西 0.35 北 0.30		室内计算温度ti(℃)		18		室内空气露点温度td(℃)	10.12
	设计值	— 0.24 — 0.31	4.2.15	冬季室外热工计算温度te(℃)		1.3		最不利热桥部位内表面温度(℃)	14.49

围护结构部位		限值	设计值	保温层材料、厚度材料燃烧性能等级	保温层材料导热系数及修正系数
屋面		0.30	0.28	挤塑聚苯板，100mm，B1级	0.030 1.10
外墙		0.35	0.42	梁柱部位：岩棉板，50mm，A级 填充墙部分：250厚自保温加气混凝土砌块	0.040 1.20 / 0.100 1.25
凸窗不透明的	顶板	0.35			
	底板				
	侧板	0.35			
架空或外挑楼板		0.35			
非供暖地下室顶板（上部为供暖房间时）		0.50			
分隔供暖与非供暖空间的	隔墙		0.48	无机轻集料砂浆、30厚、A级	0.070 1.25
	楼板				
分隔供暖设计温度差大于5K的	隔墙	1.5			
	楼板				
分隔供暖与非供暖空间的户门		2.0	1.80	金属三防门	— —
阳台门下部门芯板		1.7	—		
周边地面		1.50	1.52	挤塑聚苯板，50mm厚，B1级	0.030 1.00
地下室外墙（与土壤接触的外墙）		1.60			

外窗	朝向	窗墙面积比（简称CW）	传热系数K值 W/(m²·K) 普窗	凸窗	夏季 SHGC（东西向）	传热系数K值 W/(m²·K) 普窗	凸窗	夏季 SHGC（东西向）	窗框材料及窗玻璃品种、规格、中空玻璃露点
	东、南、西、北	CW≤0.30	2.2	1.9		2.50			断桥铝窗框（6mm高透光Low-E+12mm空气+6mm透明）中空玻璃 −40℃
		0.30<CW≤0.40	2.0	1.7	0.55	2.50		0.41	
		0.30<CW≤0.50			0.50			0.41	
天窗（K*）			1.8		0.45				

天窗与该房间屋面面积的比值	0.15	—
采光窗的透光折减系数Tr	0.45	
采光装置	有采光功能的主要功能房间，室内各表面的加权平均反射比	限值 设计值
		0.4
导光管采光系统在漫射光条件下的系统效率	0.50	

外窗及开式阳台门气密性（GB/T31433）			≥6级	6	透明幕墙的气密性（GB/T 21086）		≥3级	

封闭式阳台	当阳台和直接连通的房间之间设置隔墙和门、窗，且所设隔墙、门、窗的传热系数不大于本标准4.2.1条中所列限值时，与室外空气接触的阳台	部位	限值	设计值	保温层材料、厚度材料燃烧性能等级	保温层材料导热系数及修正系数
		栏板	0.72	0.456	自保温加气混凝土砌块 250mm	0.100 1.25
		顶板		0.279	挤塑聚苯板 100mm	0.030 1.10
		底板		0.91	挤塑聚苯板 30mm	0.030 1.10
		阳台窗	3.1	2.5	窗框材料及窗玻璃品种、规格、中空玻璃露点	

是否符合标准规定性指标要求	是 □ 否 ☑

围护结构热工性能的权衡判断

权衡判断时，建筑及围护结构的热工性能不得低于以下要求	窗墙面积比和围护结构部位	窗墙面积比				外窗	天窗	屋面	地面	地下室外墙
		东	南	西	北	传热系数K值 W/(m²·K)				保温材料层热阻R [(m²·K)/W]
	限值	0.45	0.60	0.45	0.40	0.60 0.60	2.5	2.5	0.30	1.50 1.60
	设计值	—	0.24	—	0.31	0.46	2.5		0.28	1.52 —
建筑的供暖能耗	参照建筑[kW·h/(m²·a)] 16.91				设计建筑[kW·h/(m²·a)] 14.42					

建筑工程做法表（室内）

部位	名称	工程做法	适用范围	备注
内墙	内墙1	12YJ1-页78-内墙3C （面层：白色乳胶漆）	其他房间	
	内墙2	12YJ1-页85-内墙12（面层：白色乳胶漆）（无机轻集料保温浆料Ⅰ型20mm）	走道、楼梯间	
	内墙3	12YJ1-页81-内墙7-CF-F1	卫生间	
顶棚	顶棚1	12YJ1-页92-顶5 （面层：白色乳胶漆）	其他	
	顶棚2	12YJ1-页92-顶6 （面层：白色乳胶漆）	卫生间	
	顶棚3	12YJ1-页96-棚5	走廊、候梯厅、大厅、公共空间	
地面	地面1	12YJ1-页32-地201B 保温层：30mm厚挤塑聚苯板	其他	
	地面2	12YJ1-33页-楼201-F1（防滑地砖楼面）保温层：30mm厚挤塑聚苯板	卫生间	保温层做法参见12YJ1-页32-地201B
楼面	楼面1	12YJ1-页32-楼201	楼楼休息平台、楼梯踏步	防滑地砖
	楼面2	12YJ1-33页-楼201-F1（防滑地砖楼面）	卫生间	防滑地砖
	楼面3	8～10厚地砖铺实拍平、稀水泥浆擦缝 20厚1:3的干硬性水泥砂浆 40厚C20细石混凝土 钢筋混凝土楼板	其他	
	楼面4	12YJ1-页24-101-FC	电井	电井地面做法同此做法
护窗栏杆		做法详节点详图	阳台栏板低于1100者	栏杆顶端最小水平荷载值不小于1.5kN/m
踢脚	踢脚1	12YJ1-页61-踢3		踢脚120高
护角	护角1	1:2.5水泥砂浆护角2000高，面层同所在墙面	所有门窗洞口、墙阳角	
油漆	油漆1	12YJ1-页103-涂101（调和漆）	木基层	
	油漆2	12YJ1-页106-涂202（调和漆）	金属基层	
排气道		16J916-1-页9-A-W-6	卫生间	

建筑工程做法表（室外）

部位	名称	工程做法	适用范围	备注
屋面	屋面1	12YJ1-页140-屋105-2F1-100B1	不上人屋面	SBS改性沥青防水卷材Ⅱ型（−25℃）
	屋面2	12YJ1-页138-屋103-2F1-100B1	上人屋面	SBS改性沥青防水卷材Ⅱ型（−25℃）
外墙	外墙1	参见DBJ41/T100-2015附录A编号2.15外墙构造 自保温加气块外墙 涂料面层做法：参见12YJ1-117-外墙6C	自保温加气块外墙（厚度详平面）	涂料颜色详立面图
	外墙2	12YJ3-1-A型 岩棉板厚度50mm 涂料面层做法：参见12YJ1-117-外墙6C	外墙梁柱	涂料颜色详立面图
滴水线	滴水线1	12YJ3-1-A9-A	无保温层挑出构件	
	滴水线2	12YJ3-1-A17-1	有保温层挑出构件	
散水		混凝土散水 12YJ9-1页95-3		散水宽1000mm
坡道		无障碍坡道 12YJ12-页26-4（垫层为B）	详平面	
	栏杆	12YJ12-页22-7（上层栏杆高900mm）		栏杆高度均从可踏面起算
出入口台阶		花岗岩台阶 12YJ9-1页102-6	详平面	
		台阶挡墙 12YJ9-1页105-4		
雨水管		12YJ5-1-E2-6、12YJ5-1-E3-D、12YJ5-1-E6-2		

附注：1. 外墙自保温加气混凝土砌块做法参见《砌块墙体自保温系统技术规程》DBJ41/T100-2015有关说明施工。
2. 外墙梁柱部位保温应由专业的墙外保温承包商施工，外墙梁柱保温做法选12YJ3-1-A型《外贴岩棉板薄抹灰外墙外保温系统》，其中外墙外保温构造中的节点和做法，应严格按12YJ3-1-A外墙构造中有关说明施工。
3. 卫生间、走廊、室内局部吊顶由二次装修设计。
4. 外墙涂料颜色见立面图所示，其材质、规格、颜色等，均由施工单位提供样板，经建设单位及设计单位确认后进行封样，并据此验收。

会签 COORDINATION		
建筑 ARCHI.		结构 STRUCT.
给排水 PLUMBING		暖通 HVAC
电气 ELEC		总图 PLANNING

附注 DESCRIPTIONS

单位出图专用章 SEAL

个人执业专用章 SEAL

设计单位 DESINGER

建设单位 CLIENT

工程名称 PROJECT

子项名称 SUB-PROJECT 学生宿舍楼

审 定 APPROVED BY
审 核 EXAMINED BY
所 长 DIRECTOR
项目负责人 CAPTAIN
专业负责人 CHIEF ENGI.
校 对 CHECKED BY
设 计 DESIGNED BY

图纸名称 TITLE 居住建筑节能设计表 工程材料做法表

工程编号 PROJECT NO.
设计专业 DISCIPLINE 建筑
图纸张数 DRAWING PAGE 共15张
设计阶段 DESING PERIOD 施工图
图纸编号 DRAWING NO. 04
日 期 DATA 2021.07
版 别 EDITION NO.

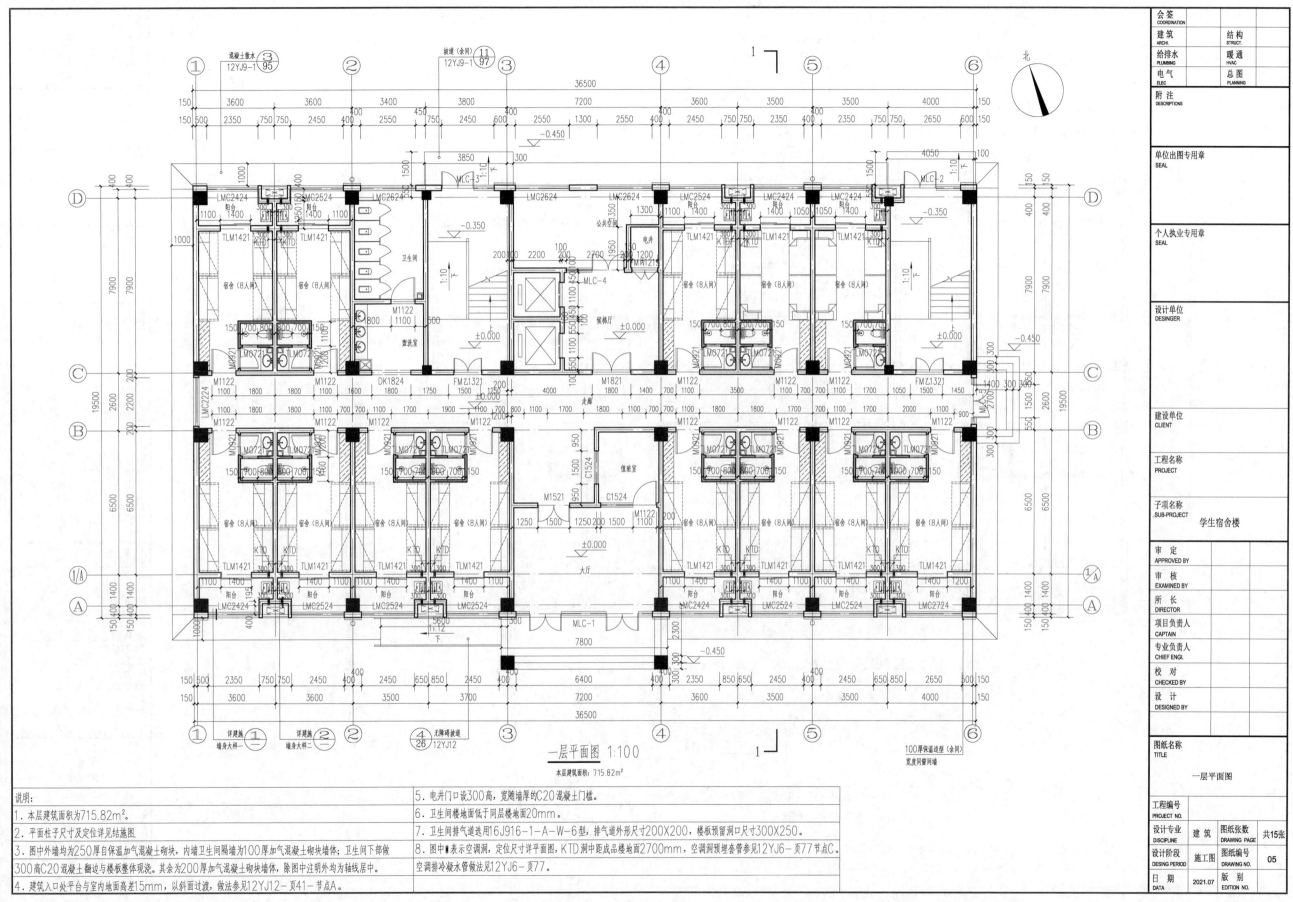

一层平面图 1:100

本层建筑面积: 715.82m²

说明:
1. 本层建筑面积为715.82m²。
2. 平面柱子尺寸及定位详见结施图。
3. 图中外墙均为250厚自保温加气混凝土砌块,内墙卫生间隔墙为100厚加气混凝土砌块墙体;卫生间下部做300高C20混凝土翻边与楼板整体现浇。其余为200厚加气混凝土砌块墙体,除图中注明外均为轴线居中。
4. 建筑入口处平台与室内地面高差15mm,以斜面过渡,做法参见12YJ12-页41-节点A。

5. 电井门口设300高,宽随墙厚的C20混凝土门槛。
6. 卫生间楼地面低于同层楼地面20mm。
7. 卫生间排气道选用16J916-1-A-W-6型,排气道外形尺寸200X200,楼板预留洞口尺寸300X250。
8. 图中■表示空调洞,定位尺寸详平面图,KTD洞中距成品楼地面2700mm,空调洞预埋套管参见12YJ6-页77节点C。空调排冷凝水管做法见12YJ6-页77。

会签 COORDINATION
建筑 ARCHI. / 结构 STRUCT.
给排水 PLUMBING / 暖通 HVAC
电气 ELEC / 总图 PLANNING
附注 DESCRIPTIONS

单位出图专用章 SEAL
个人执业专用章 SEAL
设计单位 DESINGER
建设单位 CLIENT
工程名称 PROJECT
子项名称 SUB-PROJECT   学生宿舍楼
审定 APPROVED BY
审核 EXAMINED BY
所长 DIRECTOR
项目负责人 CAPTAIN
专业负责人 CHIEF ENGI.
校对 CHECKED BY
设计 DESIGNED BY

图纸名称 TITLE
一层平面图

工程编号 PROJECT NO.
设计专业 DISCIPLINE 建筑 / 图纸张数 DRAWING PAGE 共15张
设计阶段 DESING PERIOD 施工图 / 图纸编号 DRAWING NO. 05
日期 DATA 2021.07 / 版别 EDITION NO.

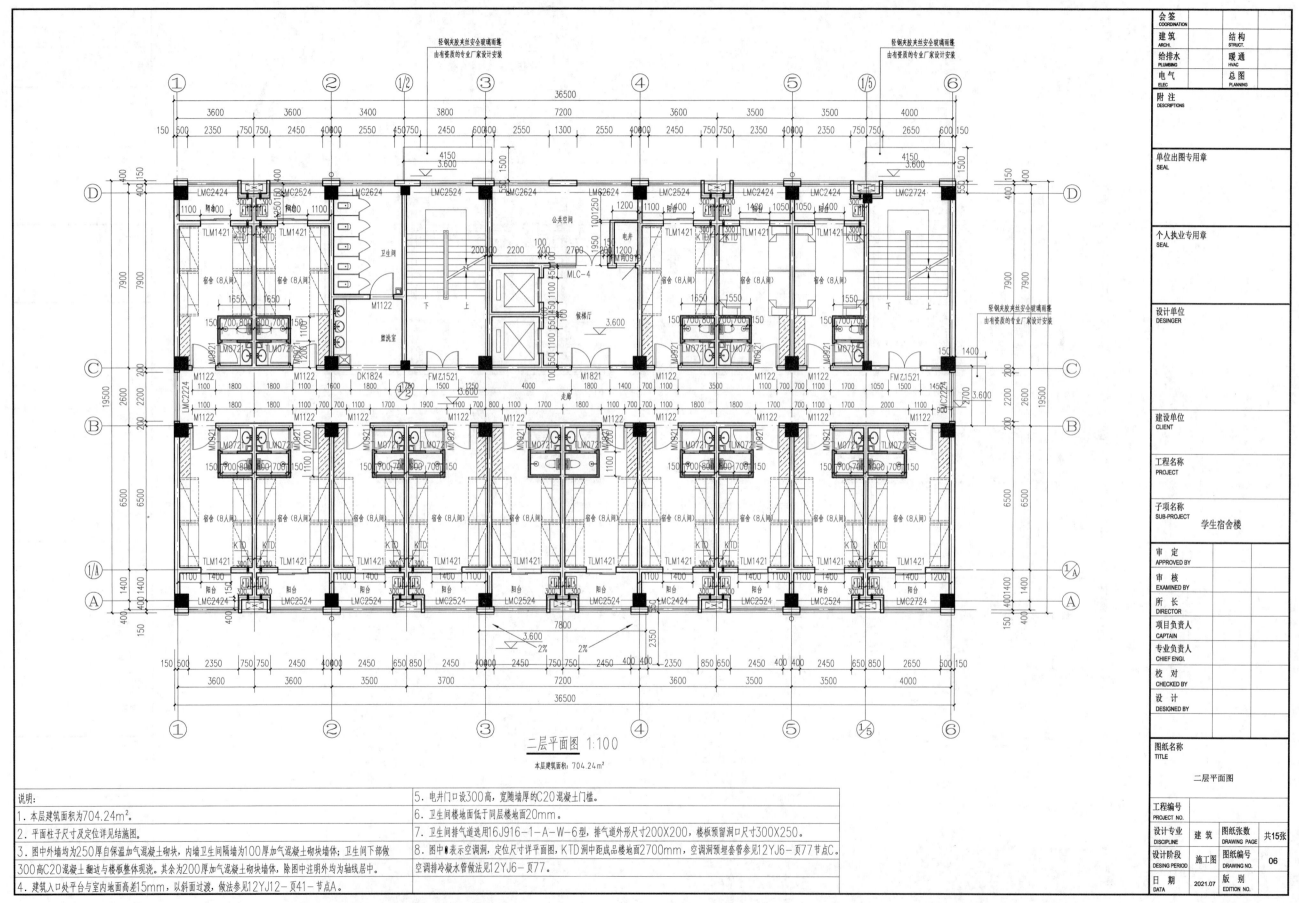

二层平面图 1:100

本层建筑面积: 704.24m²

说明:
1. 本层建筑面积为704.24m²。
2. 平面柱子尺寸及定位详见结施图。
3. 图中外墙均为250厚自保温加气混凝土砌块,内墙卫生间隔墙为100厚加气混凝土砌块墙体;卫生间下部做300高C20混凝土翻边与楼板整体现浇。其余为200厚加气混凝土砌块墙体,除图中注明外均为轴线居中。
4. 建筑入口处平台与室内地面高差15mm,以斜面过渡,做法参见12YJ12-页41-节点A。

5. 电井门口设300高,宽随墙厚的C20混凝土门槛。
6. 卫生间楼地面低于同层楼地面20mm。
7. 卫生间排气道选用16J916-1-A-W-6型,排气道外形尺寸200X200,楼板预留洞口尺寸300X250。
8. 图中 表示空调洞,定位尺寸详平面图,KTD洞中距成品楼地面2700mm,空调洞预埋套管参见12YJ6-页77节点C。空调排冷凝水管做法见12YJ6-页77。

会签 COORDINATION
建筑 ARCHI. / 结构 STRUCT.
给排水 PLUMBING / 暖通 HVAC
电气 ELEC / 总图 PLANNING
附注 DESCRIPTIONS

单位出图专用章 SEAL
个人执业专用章 SEAL
设计单位 DESINGER
建设单位 CLIENT
工程名称 PROJECT
子项名称 SUB-PROJECT 学生宿舍楼

审定 APPROVED BY
审核 EXAMINED BY
所长 DIRECTOR
项目负责人 CAPTAIN
专业负责人 CHIEF ENGI.
校对 CHECKED BY
设计 DESIGNED BY

图纸名称 TITLE 二层平面图

工程编号 PROJECT NO.
设计专业 DISCIPLINE 建筑 / 图纸张数 DRAWING PAGE 共15张
设计阶段 DESING PERIOD 施工图 / 图纸编号 DRAWING NO. 06
日期 DATA 2021.07 / 版别 EDITION NO.

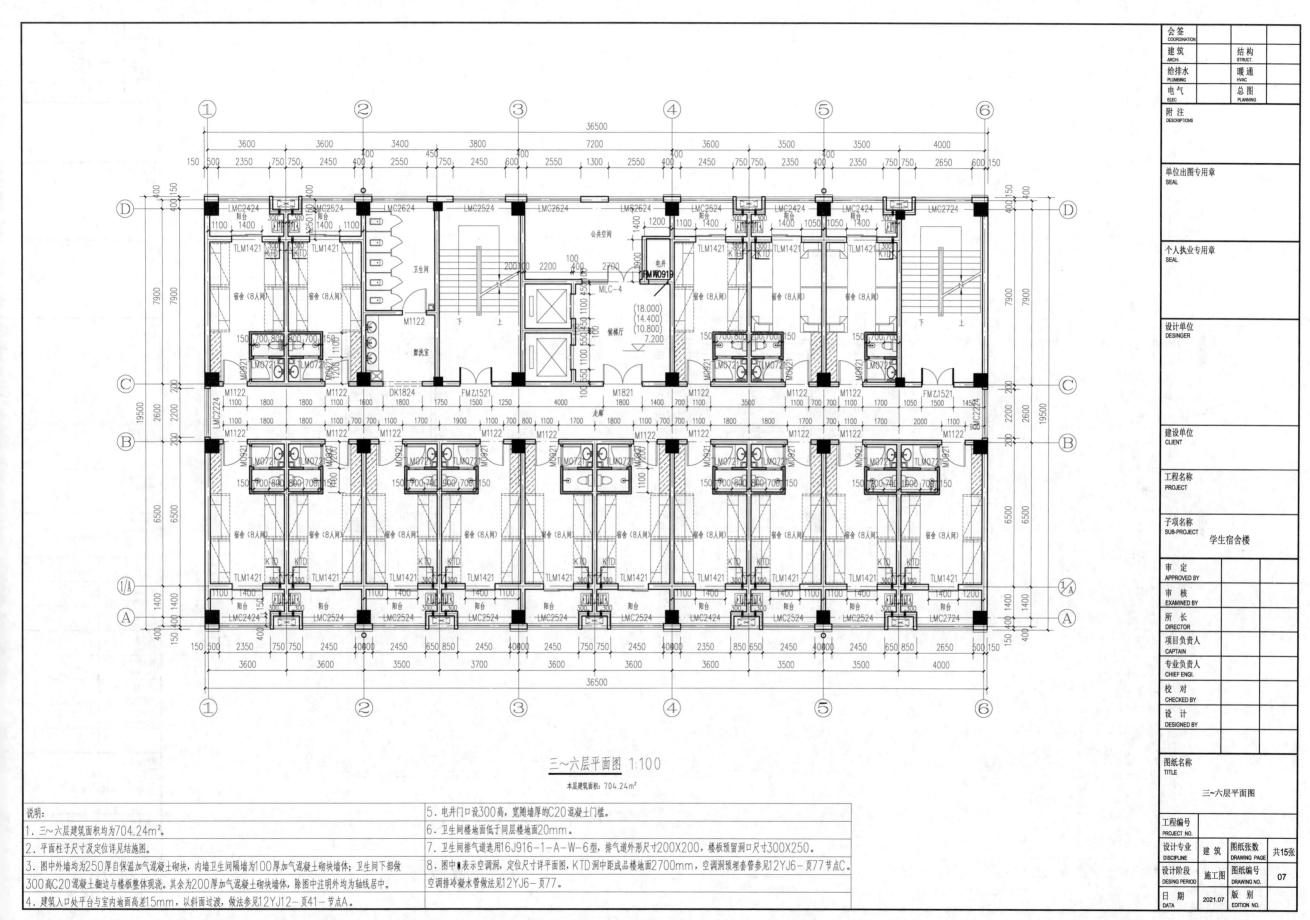

三~六层平面图 1:100

本层建筑面积为:704.24m²

说明:	5. 电井门口设300高,宽随墙厚的C20混凝土门槛。
1. 三~六层建筑面积均为704.24m²。	6. 卫生间楼地面低于同层楼地面20mm。
2. 平面柱子尺寸及定位详见结施图。	7. 卫生间排气道选用16J916-1-A-W-6型,排气道外形尺寸200X200,楼板预留洞口尺寸300X250。
3. 图中外墙均为250厚自保温加气混凝土砌块,内墙卫生间隔墙为100厚加气混凝土砌块墙体;卫生间下部做	8. 图中●表示空调洞,定位尺寸详平面图,KTD洞中距成品楼地面2700mm,空调洞预埋套管参见12YJ6-页77节点C。
300高C20混凝土翻边与楼板整体现浇。其余为200厚加气混凝土砌块墙体,除图中注明外均为轴线居中。	空调排冷凝水管做法见12YJ6-页77。
4. 建筑入口处平台与室内地面高差为15mm,以斜面过渡,做法参见12YJ12-页41-节点A。	

会签 COORDINATION			
建筑 ARCH.		结构 STRUCT.	
给排水 PLUMBING		暖通 HVAC	
电气 ELEC		总图 PLANNING	
附注 DESCRIPTIONS			

单位出图专用章 SEAL

个人执业专用章 SEAL

设计单位 DESINGER

建设单位 CLIENT

工程名称 PROJECT

子项名称 SUB-PROJECT　学生宿舍楼

审定 APPROVED BY	
审核 EXAMINED BY	
所长 DIRECTOR	
项目负责人 CAPTAIN	
专业负责人 CHIEF ENGI.	
校对 CHECKED BY	
设计 DESIGNED BY	

图纸名称 TITLE

三~六层平面图

工程编号 PROJECT NO.			
设计专业 DISCIPLINE	建筑	图纸张数 DRAWING PAGE	共15张
设计阶段 DESING PERIOD	施工图	图纸编号 DRAWING NO.	07
日期 DATA	2021.07	版别 EDITION NO.	

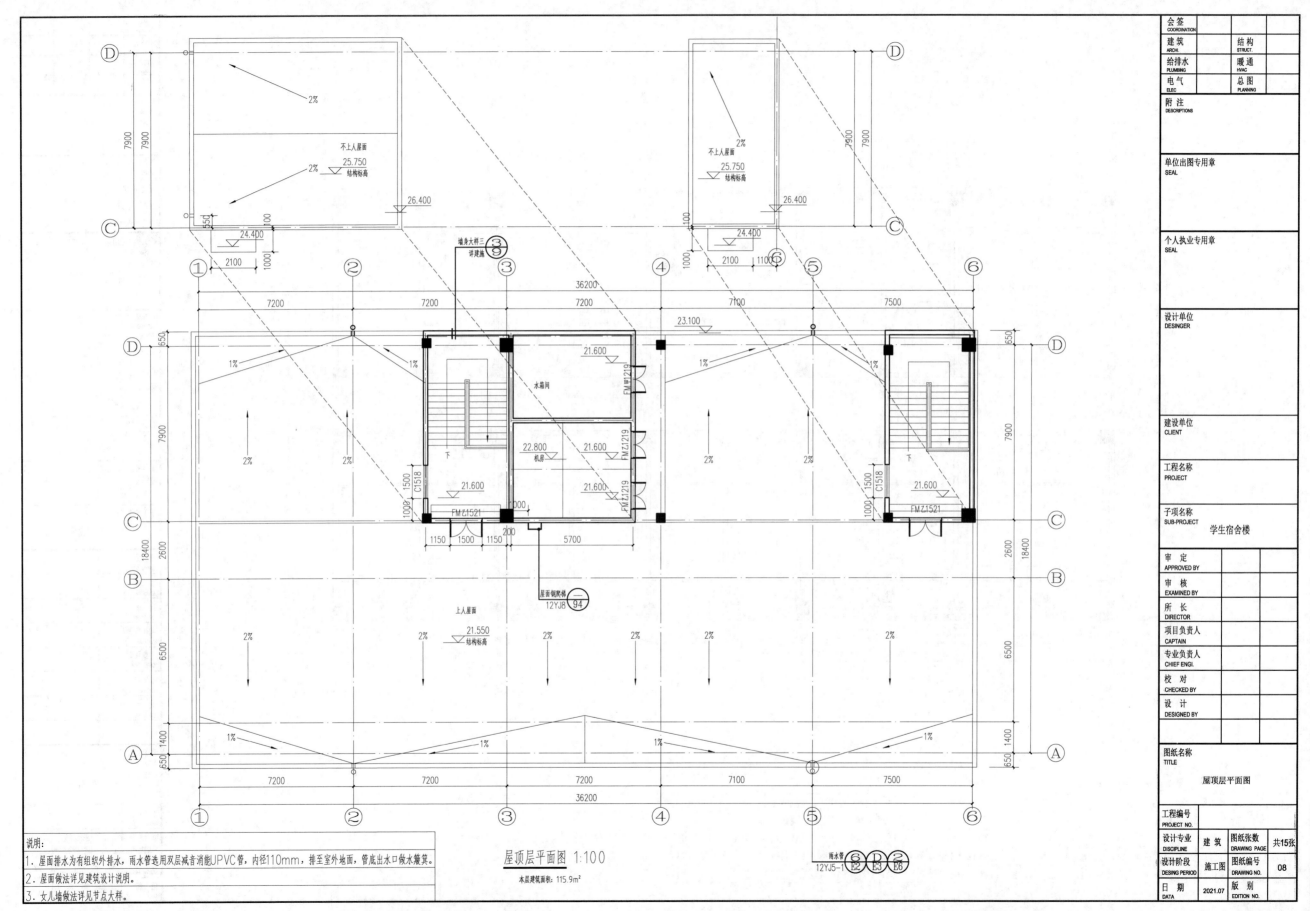

屋顶层平面图 1:100

本层建筑面积: 115.9m²

说明:
1. 屋面排水为有组织外排水, 雨水管选用双层减音消能UPVC管, 内径110mm, 排至室外地面, 管底出水口做水簸箕。
2. 屋面做法详见建筑设计说明。
3. 女儿墙做法详见节点大样。

会签 COORDINATION
建筑 ARCHI.　结构 STRUCT.
给排水 PLUMBING　暖通 HVAC
电气 ELEC　总图 PLANNING
附 注 DESCRIPTIONS

单位出图专用章 SEAL

个人执业专用章 SEAL

设计单位 DESINGER

建设单位 CLIENT

工程名称 PROJECT

子项名称 SUB-PROJECT　学生宿舍楼

审 定 APPROVED BY
审 核 EXAMINED BY
所 长 DIRECTOR
项目负责人 CAPTAIN
专业负责人 CHIEF ENGI.
校 对 CHECKED BY
设 计 DESIGNED BY

图纸名称 TITLE　屋顶层平面图

工程编号 PROJECT NO.
设计专业 DISCIPLINE　建筑
图纸张数 DRAWING PAGE　共15张
设计阶段 DESING PERIOD　施工图
图纸编号 DRAWING NO.　08
日 期 DATA　2021.07
版 别 EDITION NO.

不上人屋面
25.750 结构标高
26.400
24.400

不上人屋面
25.750 结构标高
26.400
24.400

墙身大样三
详建施

水箱间
机房 22.800
上人屋面 21.550 结构标高

屋面钢爬梯 12YJ8

雨水管 12YJ5-1

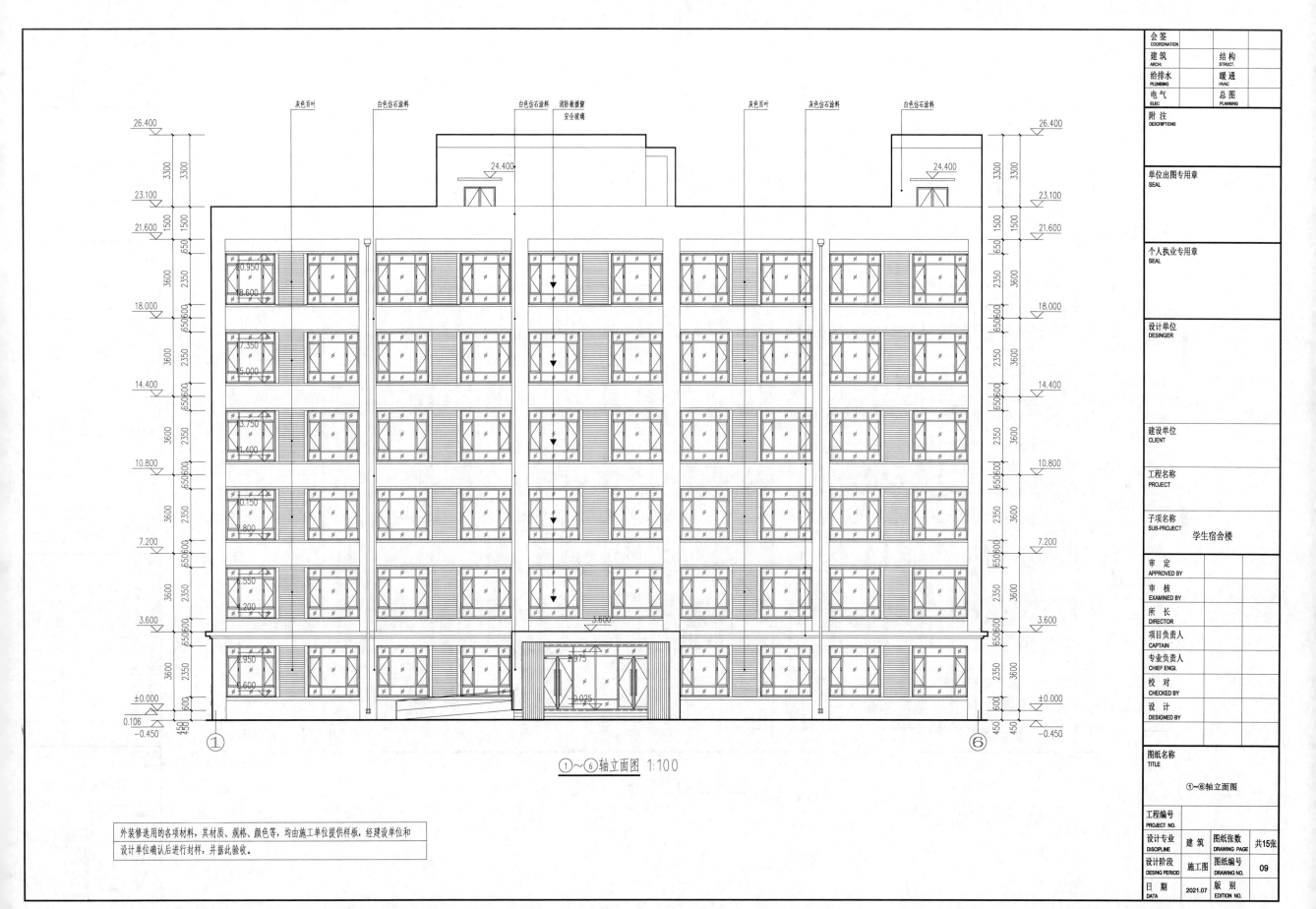

灰色百叶　　　白色仿石涂料　　　白色仿石涂料　消防救援窗　　　　　　　　　　　　灰色百叶　　　灰色仿石涂料　　　白色仿石涂料
安全玻璃

26.400

24.400

23.100

21.600

20.950
18.600

18.000

17.350
15.000

14.400

13.750
11.400

10.800

10.150
7.800

7.200

6.550
4.200

3.600

2.950
0.600

±0.000

0.106
−0.450

26.400

24.400

23.100

21.600

18.000

14.400

10.800

7.200

3.600

±0.000

−0.450

① ⑥

①～⑥轴立面图 1:100

外装修选用的各项材料，其材质、规格、颜色等，均由施工单位提供样板，经建设单位和
设计单位确认后进行封样，并据此验收。

会签 COORDINATION			
建筑 ARCHI		结构 STRUCT.	
给排水 PLUMBING		暖通 HVAC	
电气 ELEC		总图 PLANNING	

附注
DESCRIPTIONS

单位出图专用章
SEAL

个人执业专用章
SEAL

设计单位
DESINGER

建设单位
CLIENT

工程名称
PROJECT

子项名称
SUB-PROJECT　学生宿舍楼

审定 APPROVED BY	
审核 EXAMINED BY	
所长 DIRECTOR	
项目负责人 CAPTAIN	
专业负责人 CHIEF ENGI.	
校对 CHECKED BY	
设计 DESIGNED BY	

图纸名称
TITLE

①～⑥轴立面图

工程编号
PROJECT NO.

设计专业 DISCIPLINE	建筑	图纸张数 DRAWING PAGE	共15张
设计阶段 DESING PERIOD	施工图	图纸编号 DRAWING NO.	09
日期 DATA	2021.07	版别 EDITION NO.	

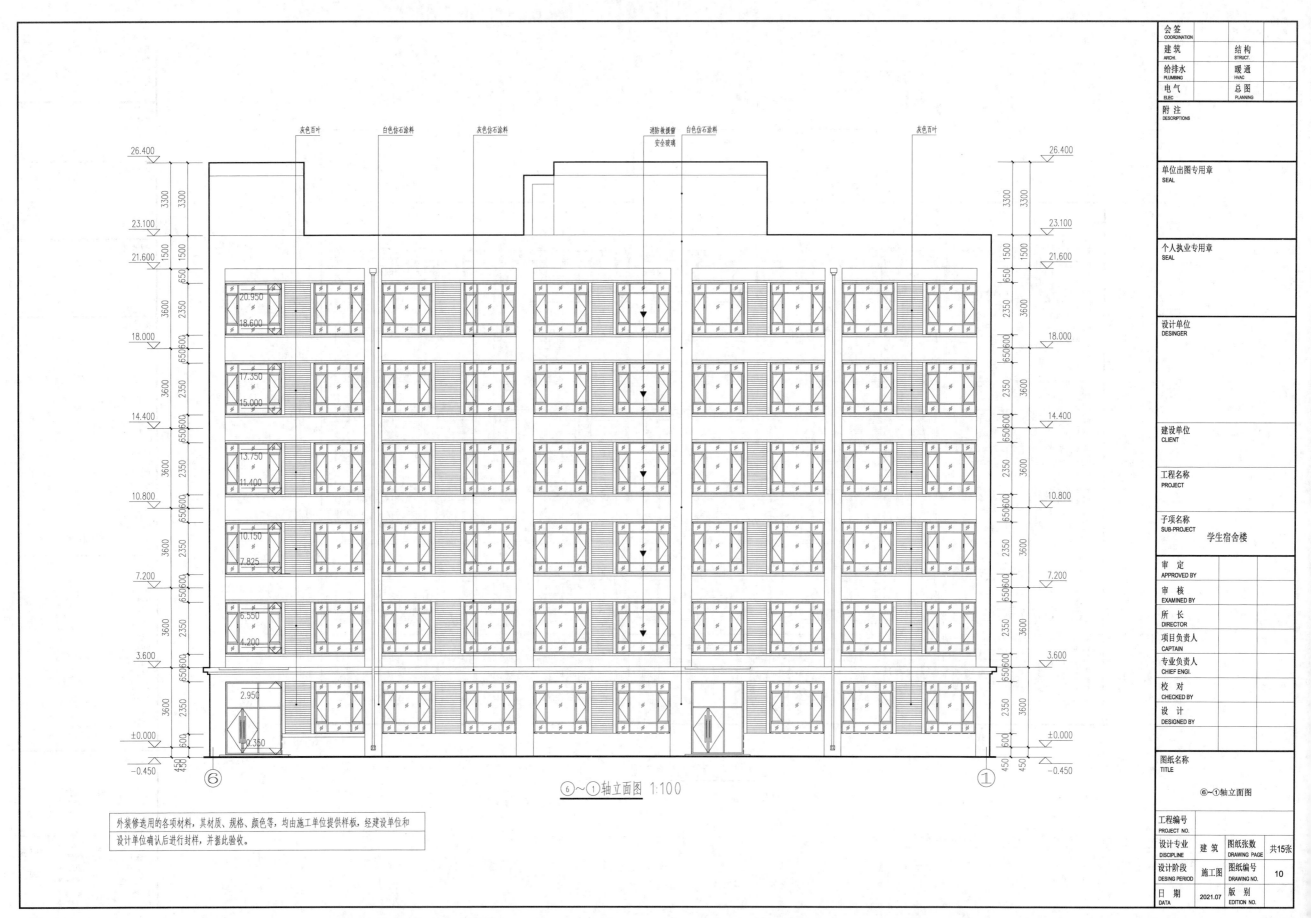

⑥～①轴立面图 1:100

外装修选用的各项材料，其材质、规格、颜色等，均由施工单位提供样板，经建设单位和
设计单位确认后进行封样，并据此验收。

灰色百叶　　白色仿石涂料　　灰色仿石涂料　　消防救援窗　白色仿石涂料　　　　灰色百叶
安全玻璃

会签 COORDINATION		
建筑 ARCHI	结构 STRUCT.	
给排水 PLUMBING	暖通 HVAC	
电气 ELEC	总图 PLANNING	

附注 DESCRIPTIONS

单位出图专用章 SEAL

个人执业专用章 SEAL

设计单位 DESINGER

建设单位 CLIENT

工程名称 PROJECT

子项名称 SUB-PROJECT　学生宿舍楼

审定 APPROVED BY	
审核 EXAMINED BY	
所长 DIRECTOR	
项目负责人 CAPTAIN	
专业负责人 CHIEF ENGI.	
校对 CHECKED BY	
设计 DESIGNED BY	

图纸名称 TITLE

⑥～①轴立面图

工程编号 PROJECT NO.		
设计专业 DISCIPLINE	建筑	图纸张数 DRAWING PAGE　共15张
设计阶段 DESING PERIOD	施工图	图纸编号 DRAWING NO.　10
日期 DATA	2021.07	版别 EDITION NO.

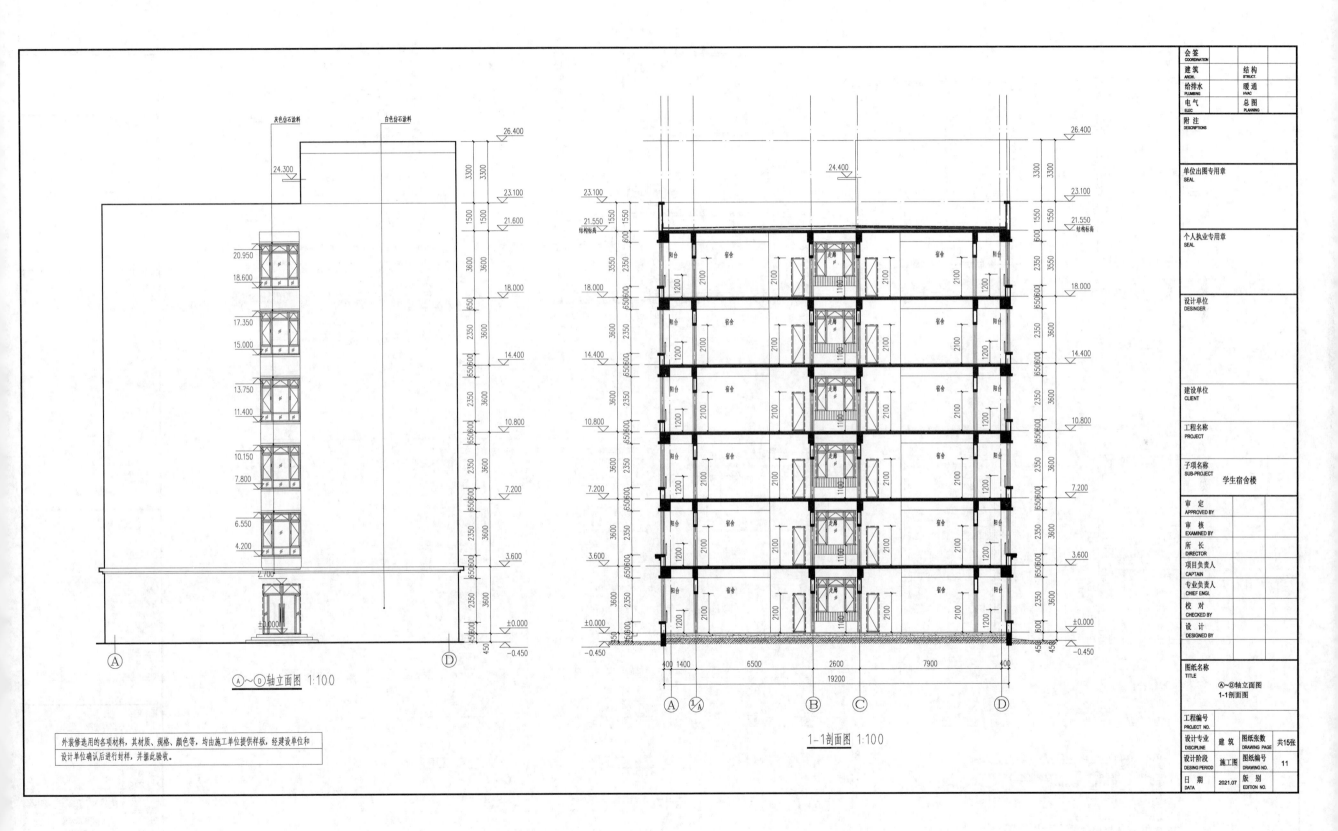

灰色仿石涂料
白色仿石涂料

Ⓐ~Ⓓ轴立面图 1:100

外装修选用的各项材料,其材质、规格、颜色等,均由施工单位提供样板,经建设单位和
设计单位确认后进行封样,并据此验收。

1-1剖面图 1:100

阳台　宿舍　楼梯间　宿舍　阳台

会 签 COORDINATION	
建 筑 ARCHI.	结 构 STRUCT.
给排水 PLUMBING	暖 通 HVAC
电 气 ELEC	总 图 PLANNING
附 注 DESCRIPTIONS	

单位出图专用章
SEAL

个人执业专用章
SEAL

设计单位
DESINGER

建设单位
CLIENT

工程名称
PROJECT

子项名称
SUB-PROJECT　学生宿舍楼

审 定 APPROVED BY	
审 核 EXAMINED BY	
所 长 DIRECTOR	
项目负责人 CAPTAIN	
专业负责人 CHIEF ENGI.	
校 对 CHECKED BY	
设 计 DESIGNED BY	

图纸名称
TITLE
Ⓐ~Ⓓ轴立面图
1-1剖面图

工程编号
PROJECT NO.

设计专业 DISCIPLINE	建 筑	图纸张数 DRAWING PAGE	共15张
设计阶段 DESING PERIOD	施工图	图纸编号 DRAWING NO.	11
日 期 DATA	2021.07	版 别 EDITION NO.	

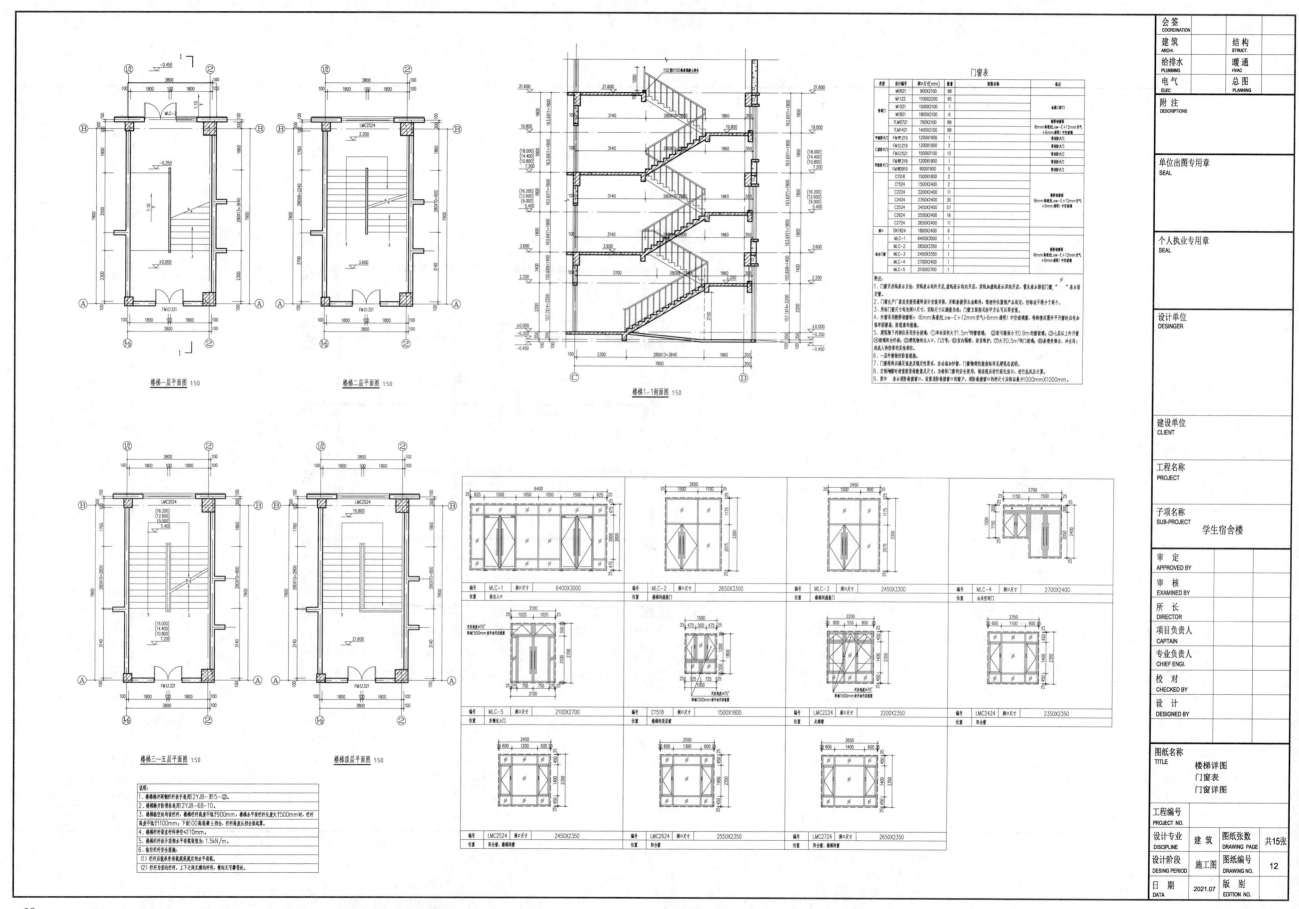

楼梯一层平面图 1:50

楼梯二层平面图 1:50

楼梯1-1剖面图 1:50

楼梯三~五层平面图 1:50

楼梯顶层平面图 1:50

说明:
1. 楼梯休息平台栏杆扶手选用2YJ8-8页15-②。
2. 楼梯踏步防滑条选用2YJ8-68-10。
3. 楼梯栏杆空处与窗台间应不低于900mm，楼梯栏杆水平段长度大于500mm时，栏杆高度不低于1100mm；下部100距离踏步面，栏杆高度从踏步面起算。
4. 楼梯栏杆竖杆净空≤110mm。
5. 楼梯栏杆扶手顶面水平荷载值为:1.5kN/m。
6. 临空栏杆安全玻璃。
  (1) 栏杆顶面承受竖向荷载载面规定水平荷载值。
  (2) 栏杆方向向，上下之间无楼面构件，横向无可靠墙块。

门窗表

类型	设计编号	洞口尺寸(mm)	数量	图集选用	备注
普通门	M0921	900X2100	88		
	M1122	1100X2200	95		
	M1521	1500X2100	1		参见详图门
	M1821	1800X2100	6		
	TLM0721	700X2100	88		6mm高透光Low-E+12mm空气+6mm透明 中空玻璃
	TLM1421	1400X2100	88		
甲级防火门	FM甲1219	1200X1900	6		参见详图门
	FM甲1219	1200X1900	2		参见详图门
乙级防火门	FM乙1521	1500X2100	10		楼梯间防火门
丙级防火门	FM丙1219	1200X1900	2		参见详图门
	FM丙0919	900X1900	7		参见详图门
窗	C1518	1500X1800	2		
	C1524	1500X2400	2		
	C2224	2200X2400	11		
	C2424	2400X2400	30		6mm高透光Low-E+12mm空气+6mm透明 中空玻璃
	C2524	2450X2400	57		
	C2624	2650X2400	18		
	C2724	2650X2400	11		
洞口	DK1824	1800X2400	6		
推拉门窗	MLC-1	6400X3000	1		
	MLC-2	2650X3350	1		
	MLC-3	2450X3350	1		6mm高透光Low-E+12mm空气+6mm透明 中空玻璃
	MLC-4	2700X2400	1		
	MLC-5	2100X2700	1		

附:
1. 门窗开启情况表示方法: 实线表示向外开启，虚线表示向内开启，实线加虚线表示向外开启，图示表示楼梯间门窗，" " 表示示固定窗。
2. 门窗由生产厂家负责按图索骥设计安装连接，并配套提供五金配件，预留砌体位置应按产品而定，洞口尺寸不得小于图示。
3. 所有门窗尺寸均为洞口尺寸，实际以以洞口尺寸为准；门窗立面型式按甲方认可后实际安装确定。
4. 外窗采用断桥铝合金+6mm高透光Low-E+12mm空气+6mm透明 中空玻璃制窗，特殊情况需要开启部分可在安全范围内加强框架配重、框固定的措施。
5. 建筑须用下列部位采用安全玻璃: ①单块面积大于1.5m²的窗玻璃 ②距可踏面小于0.9m的窗玻璃 ③七层以上开窗 ④玻璃幕栏板; ⑤玻璃栏板设置: 门厅等; ⑥室内隔断、淋浴间等; ⑦大于0.5m²的玻璃; ⑧玻璃受撞击后，冲击破碎造成人体伤害部位等其他情况。
6. 一层外门窗均加装防盗设施。
7. 门窗玻璃应加深底隔度及强度防水涂料，门窗物应超范围范围后质量弯曲并及密封。
8. 室外消防连接管要根据要求设置及门，为确保门窗的安全使用，消防连接应的室内外，消防连接窗口均不小于点保证窗口尺寸为1000mmX1000mm。
9. 图中 表示消防救援窗口，设置消防救援连接窗的窗户，消防救援窗口均不小于点保证窗口尺寸为1000mmX1000mm。

编号 MLC-1	洞口尺寸	6400X3000
位置 南出入口		

编号 MLC-2	洞口尺寸	2650X3300
位置 楼梯间疏散门		

编号 MLC-3	洞口尺寸	2450X3300
位置 楼梯间疏散门		

编号 MLC-4	洞口尺寸	2700X2400
位置 公共疏散门		

编号 MLC-5	洞口尺寸	2100X2700
位置 东侧出入门		

编号 C1518	洞口尺寸	1500X1800
位置 楼梯间高窗		

编号 LMC2224	洞口尺寸	2200X2350
位置 走廊窗		

编号 LMC2424	洞口尺寸	2350X2350
位置 阳台窗		

编号 LMC2524	洞口尺寸	2450X2350
位置 阳台窗、楼梯间窗		

编号 LMC2624	洞口尺寸	2550X2350
位置 阳台窗		

编号 LMC2724	洞口尺寸	2650X2350
位置 阳台窗、楼梯间窗		

会签 COORDINATION			
建筑 ARCHI.		结构 STRUCT.	
给排水 PLUMBING		暖通 HVAC	
电气 ELEC		总图 PLANNING	
附注 DESCRIPTIONS			

单位出图专用章 SEAL

个人执业专用章 SEAL

设计单位 DESINGER

建设单位 CLIENT

工程名称 PROJECT

子项名称 SUB-PROJECT 学生宿舍楼

审定 APPROVED BY	
审核 EXAMINED BY	
所长 DIRECTOR	
项目负责人 CAPTAIN	
专业负责人 CHIEF ENGI.	
校对 CHECKED BY	
设计 DESIGNED BY	

图纸名称 TITLE 楼梯详图 门窗表 门窗详图

工程编号 PROJECT NO.

设计专业 DISCIPLINE	建筑	图纸张数 DRAWING PAGE	共15张
设计阶段 DESING PERIOD	施工图	图纸编号 DRAWING NO.	12
日期 DATA	2021.07	版别 EDITION NO.	

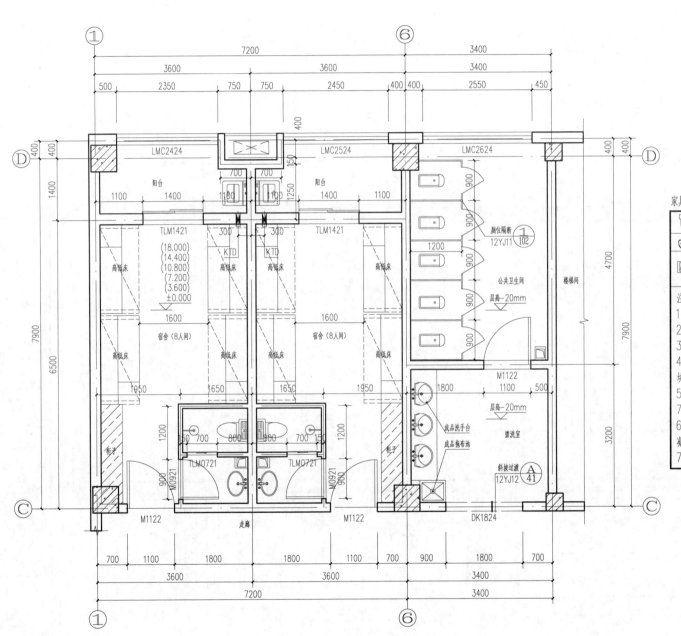

宿舍布置大样图及公共卫生间详图 1:50

家具布置图例及说明:

	马桶		淋浴器		洗衣机		热水器
	洗脸盆		成品拖布池				
	成品排气道						

卫生间排气道选用16J916-1-A-W-6型,排气道外形尺寸200X200,楼板预留洞口尺寸300X250。

注:(本说明适用于所有套型)
1. 卫生间洁具选用成品。
2. 卫生间器具定位以水施图为准,地面向地漏方向找坡0.5%。
3. 卫生间、阳台地面比相应楼面低20mm,楼面做法详见室内工程做法表。
4. 外墙采用自保温加气混凝土砌块墙,墙厚250,内墙除注明外均为200(100)厚加气混凝土砌块墙,轴线居中。
5. 图中▼表示空调洞,KTD洞中距成品楼地面2700mm高,空调洞预埋套管参见12YJ6-页77节点C。空调排冷凝水管做法见12YJ6-页77。未标注空调板挑出外墙面600mm。
6. 卫生间排气道施工时注意高梁、柱的影响,成品排气施工完毕后与墙、柱间的缝隙用C20细石混凝土封填密实。
7. 图中未标注详尽尺寸见相同部位。

单位出图专用章 SEAL	
个人执业专用章 SEAL	
设计单位 DESINGER	
建设单位 CLIENT	
工程名称 PROJECT	
子项名称 SUB-PROJECT	学生宿舍楼
审 定 APPROVED BY	
审 核 EXAMINED BY	
所 长 DIRECTOR	
项目负责人 CAPTAIN	
专业负责人 CHIEF ENGI.	
校 对 CHECKED BY	
设 计 DESIGNED BY	
图纸名称 TITLE	宿舍布置大样图 公共卫生间详图
工程编号 PROJECT NO.	

设计专业 DISCIPLINE	建 筑	图纸张数 DRAWING PAGE	共15张
设计阶段 DESING PERIOD	施工图	图纸编号 DRAWING NO.	13
日 期 DATA	2021.07	版 别 EDITION NO.	

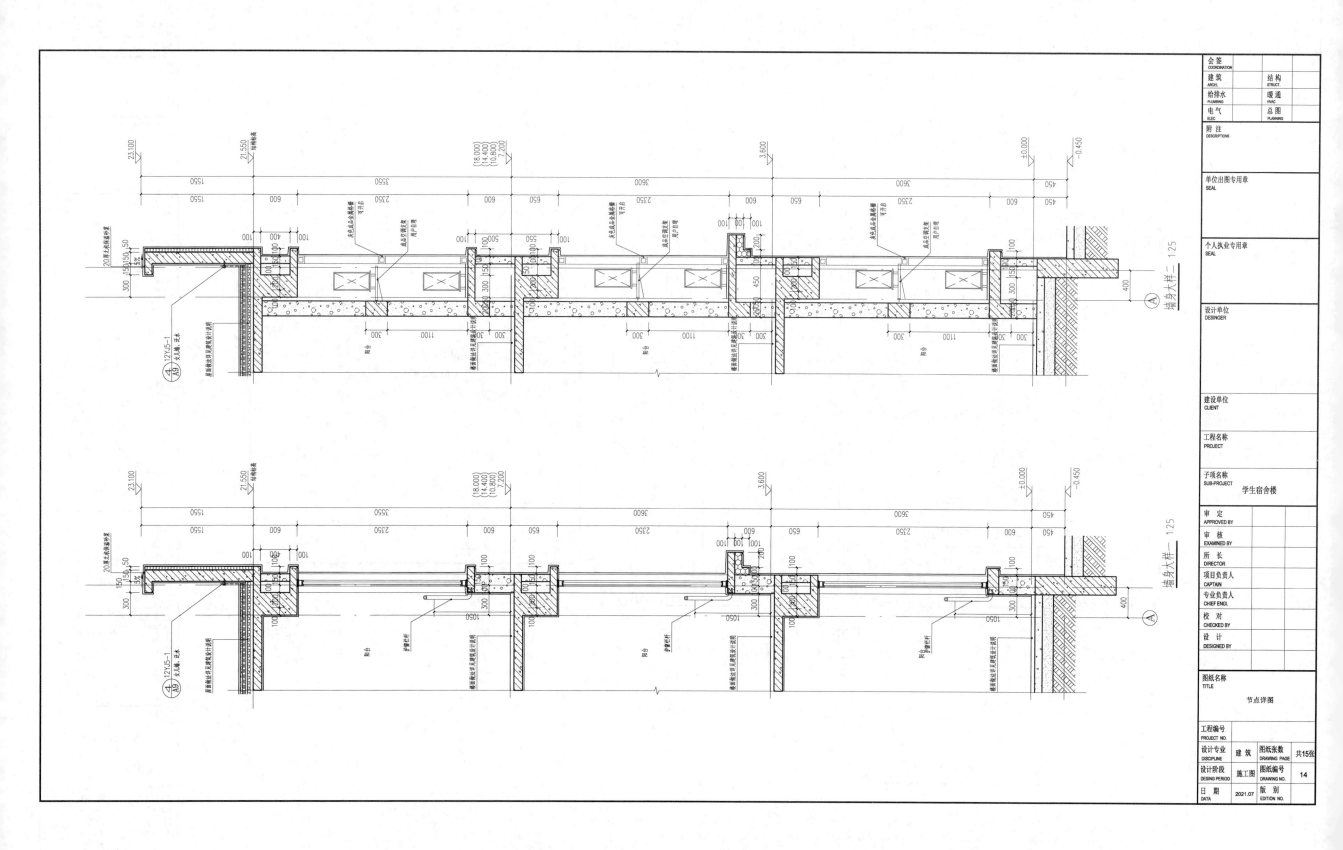

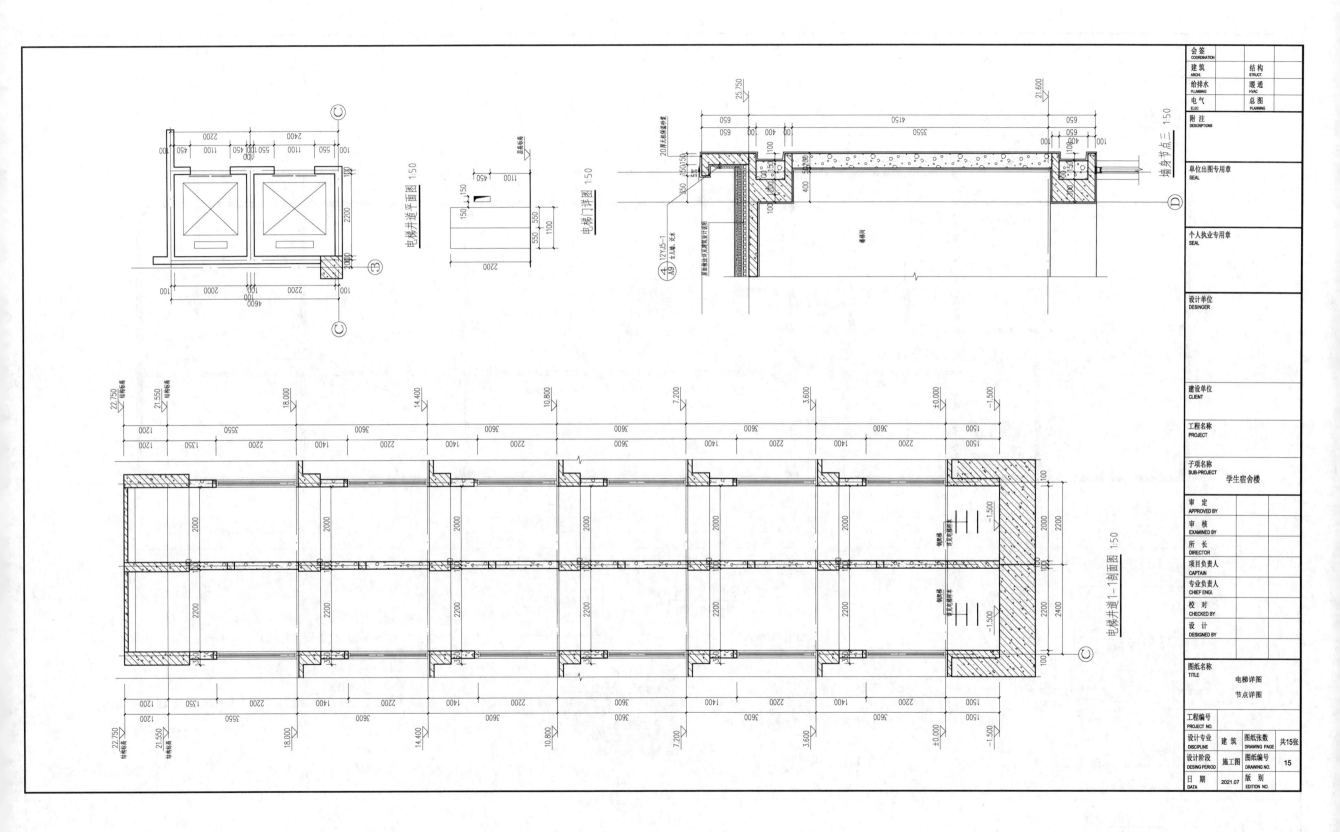

电梯井道平面图 1:50

电梯门详图 1:50

墙身节点三 1:50

电梯井道1-1剖面图 1:50

71

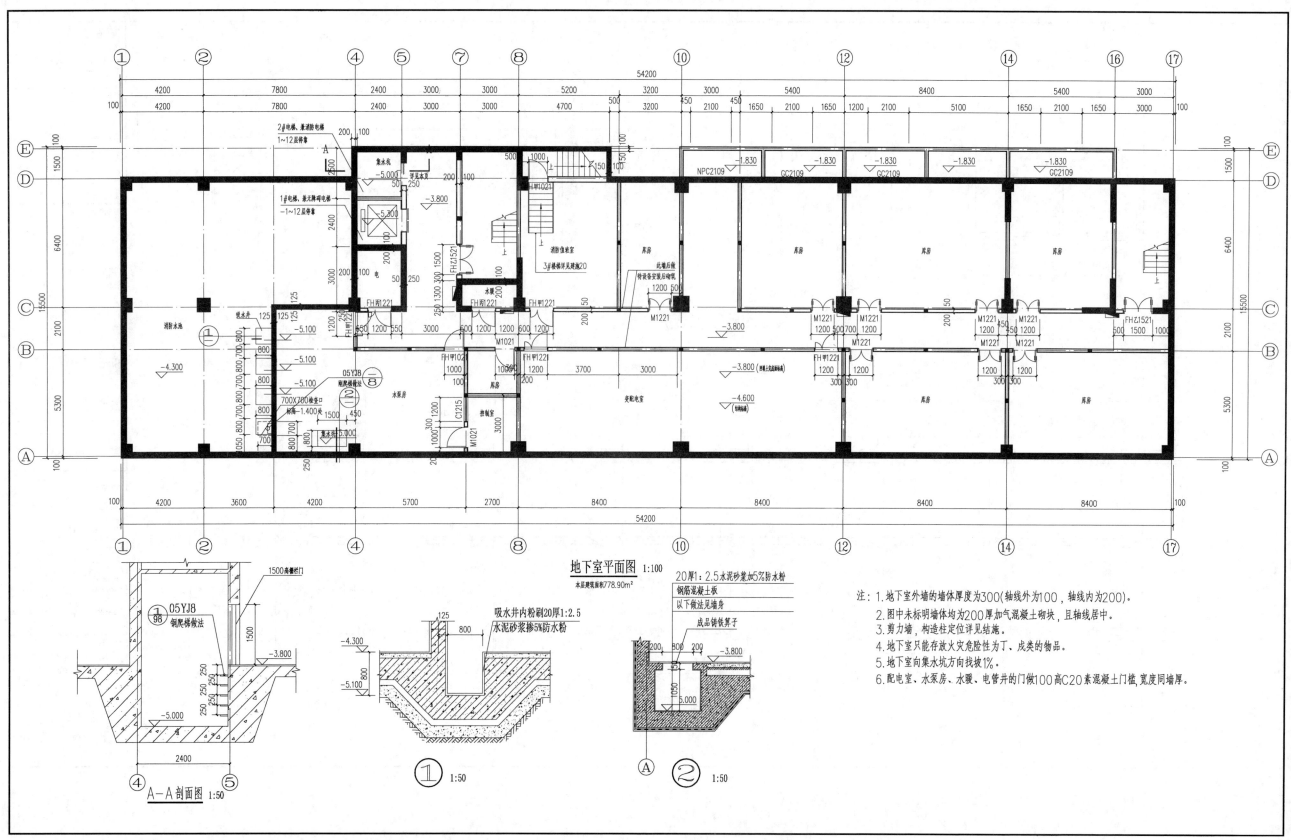

地下室平面图 1:100
本层建筑面积778.90m²

A—A 剖面图 1:50

① 1:50

② 1:50

注：1. 地下室外墙的墙体厚度为300（轴线外为100，轴线内为200）。
2. 图中未标明墙体均为200厚加气混凝土砌块，且轴线居中。
3. 剪力墙、构造柱定位详见结施。
4. 地下室只能存放火灾危险性为丁、戊类的物品。
5. 地下室向集水坑方向找坡1%。
6. 配电室、水泵房、水暖、电管井的门做100高C20素混凝土门槛，宽度同墙厚。

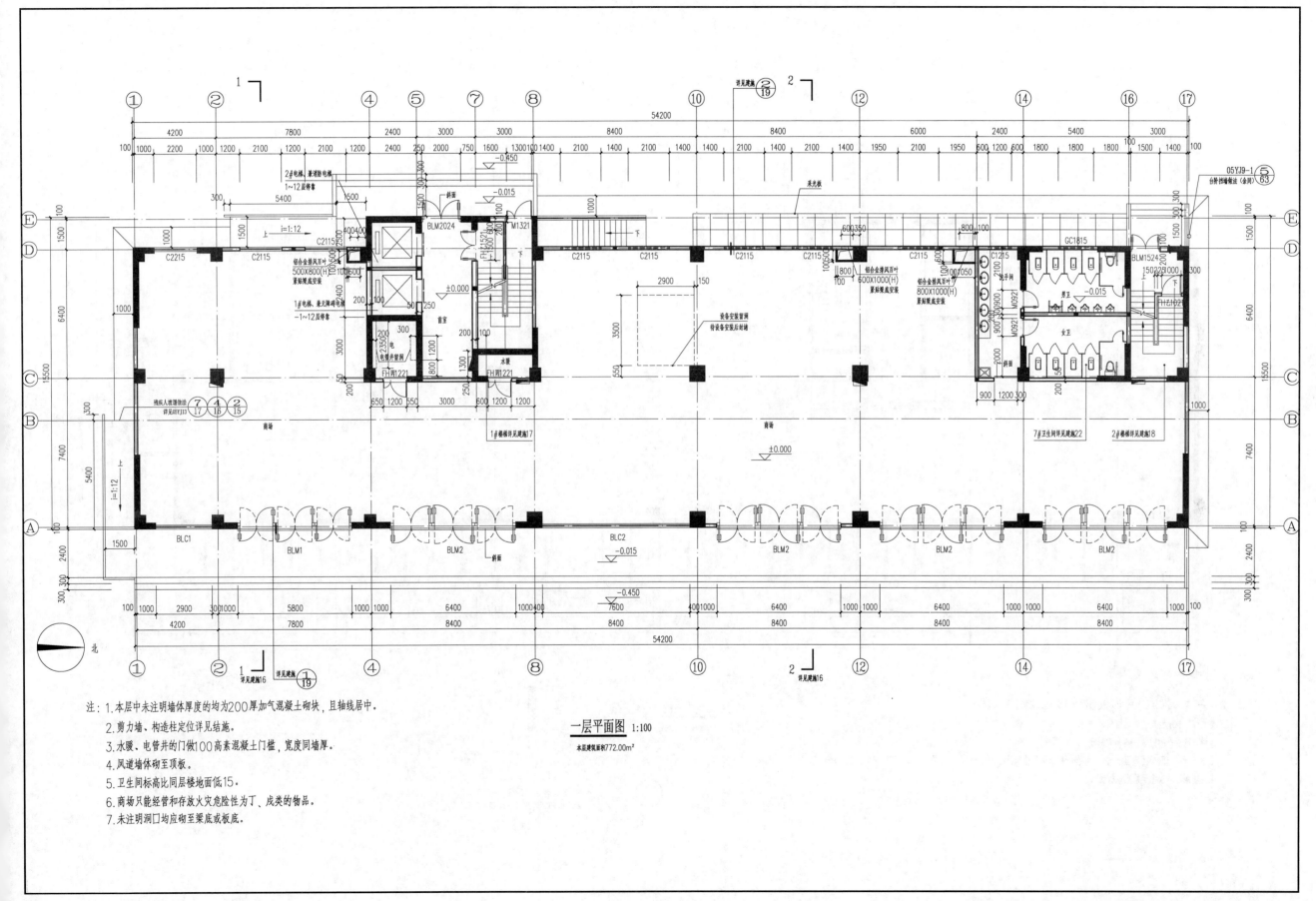

一层平面图 1:100

本层建筑面积772.00m²

注：1.本层中未注明墙体厚度的均为200厚加气混凝土砌块，且轴线居中。

2.剪力墙、构造柱定位详见结施。

3.水暖、电管井的门做100高素混凝土门槛，宽度同墙厚。

4.风道墙体砌至顶板。

5.卫生间标高比同层楼地面低15。

6.商场只能经营和存放火灾危险性为丁、戊类的物品。

7.未注明洞口均应砌至梁底或板底。

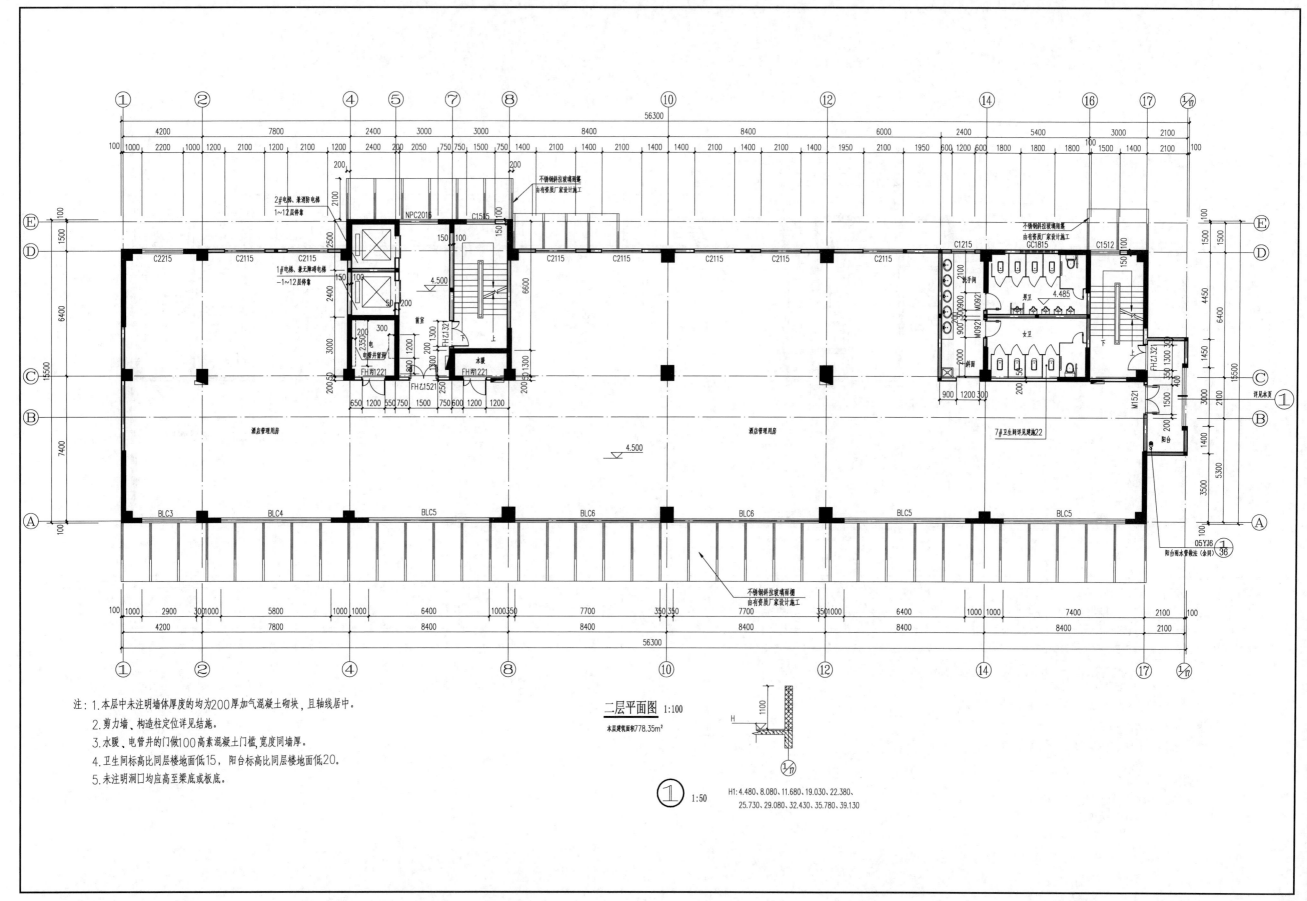

二层平面图 1:100

本层建筑面积778.35m²

注：1.本层中未注明墙体厚度的均为200厚加气混凝土砌块，且轴线居中。

2.剪力墙、构造柱定位详见结施。

3.水暖、电管井的门做100高素混凝土门槛，宽度同墙厚。

4.卫生间标高比同层楼地面低15，阳台标高比同层楼地面低20。

5.未注明洞口均应高至梁底或板底。

H1:4.480、8.080、11.680、19.030、22.380、
25.730、29.080、32.430、35.780、39.130

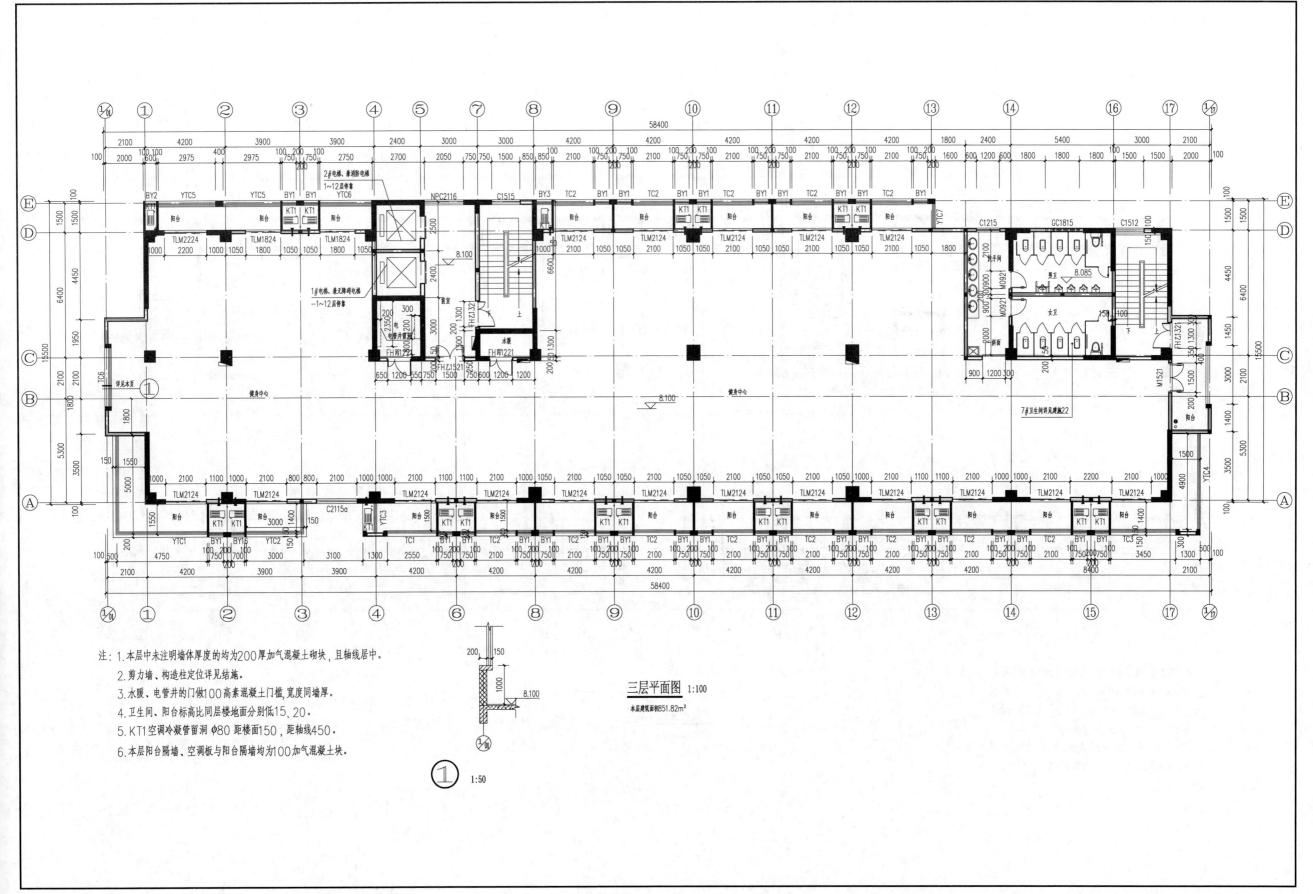

注：1. 本层中未注明墙体厚度的均为200厚加气混凝土砌块，且轴线居中。

2. 剪力墙、构造柱定位详见结施。

3. 水暖、电管井的门做100高素混凝土门槛，宽度同墙厚。

4. 卫生间、阳台标高比同层楼地面分别低15、20。

5. KT1空调冷凝管留洞 φ80 距楼面150，距轴线450。

6. 本层阳台隔墙、空调板与阳台隔墙均为100加气混凝土块。

三层平面图 1:100

本层建筑面积851.82m²

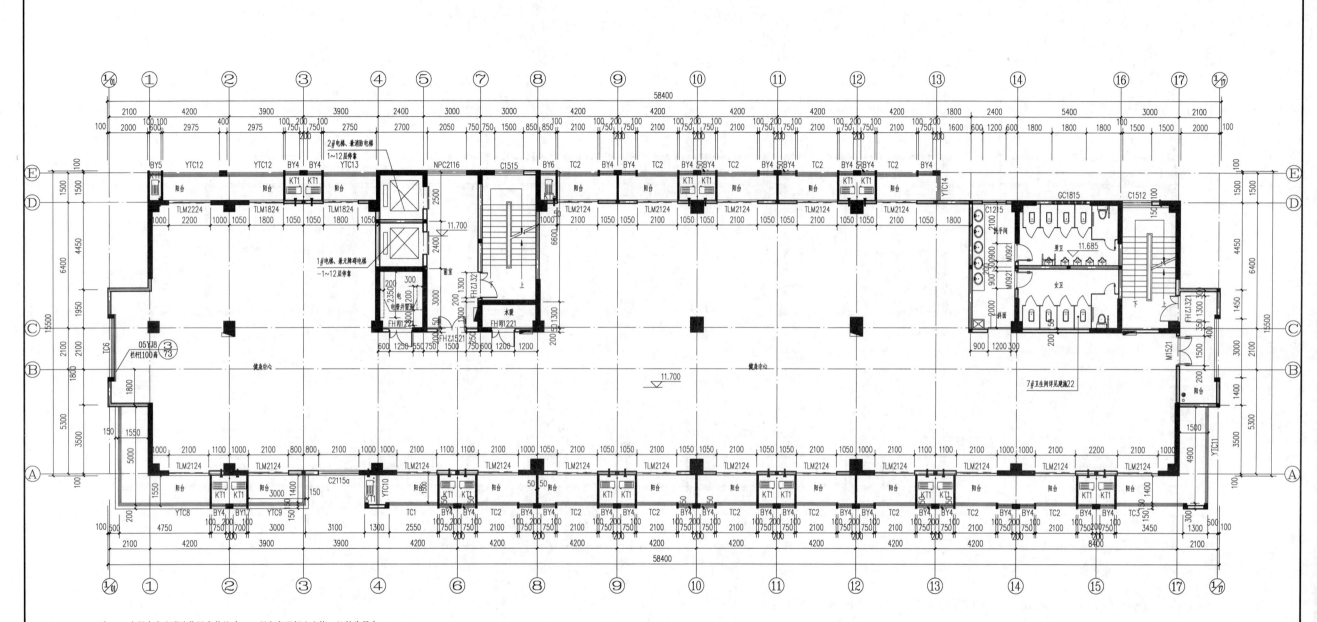

注：1. 本层中未注明墙体厚度的均为200厚加气混凝土砌块，且轴线居中。

2. 剪力墙、构造柱定位详见结施。

3. 水暖、电管井的门做100高素混凝土门槛，宽度同墙厚。

4. 卫生间、阳台标高比同层楼地面分别低15、20。

5. KT1空调冷凝管留洞φ80距楼面150，距轴线450。

6. 本层阳台隔墙、空调板与阳台隔墙均为100加气混凝土块。

四层平面图 1:100

本层建筑面积851.82m²

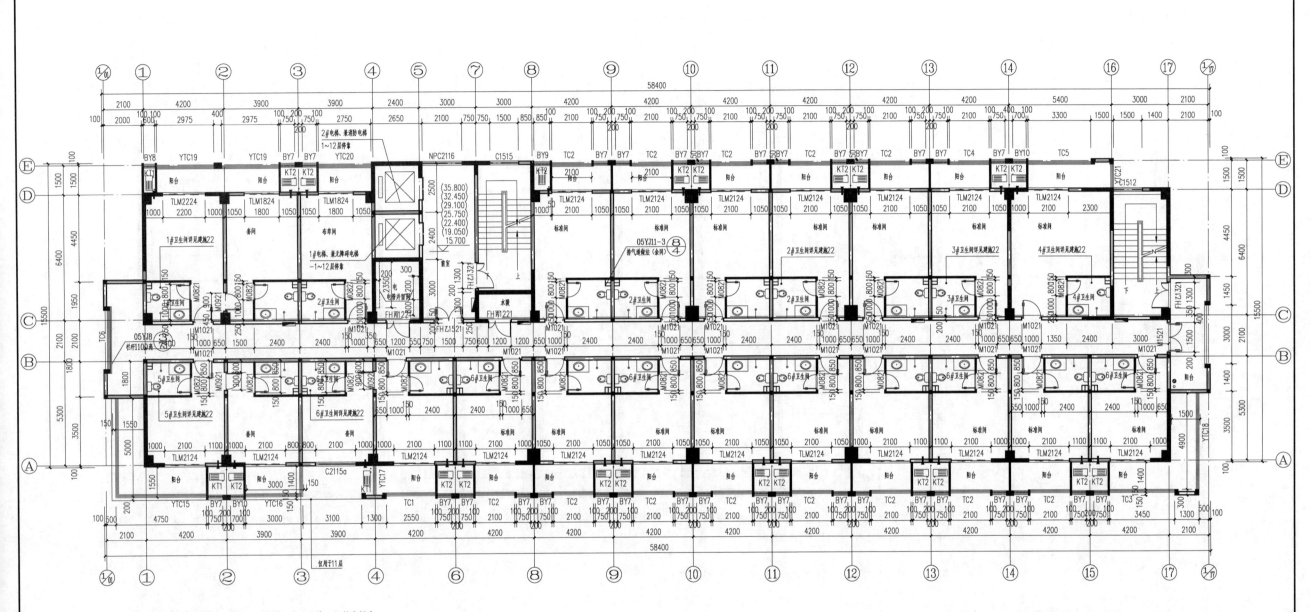

注：1. 本层中未注明墙体厚度的均为200厚加气混凝土砌块，且轴线居中。

2. 剪力墙、构造柱定位详见结施。

3. 水暖、电管井的门做100高素混凝土门槛，宽度同墙厚。

4. 卫生间、阳台标高比同层楼地面分别低15、20。

5. KT1空调冷凝管留洞 φ80距楼面150；KT2空调冷凝管留洞 φ80距楼面2000，距轴线450。

五~十一层平面图 1:100

本层建筑面积855.56m²

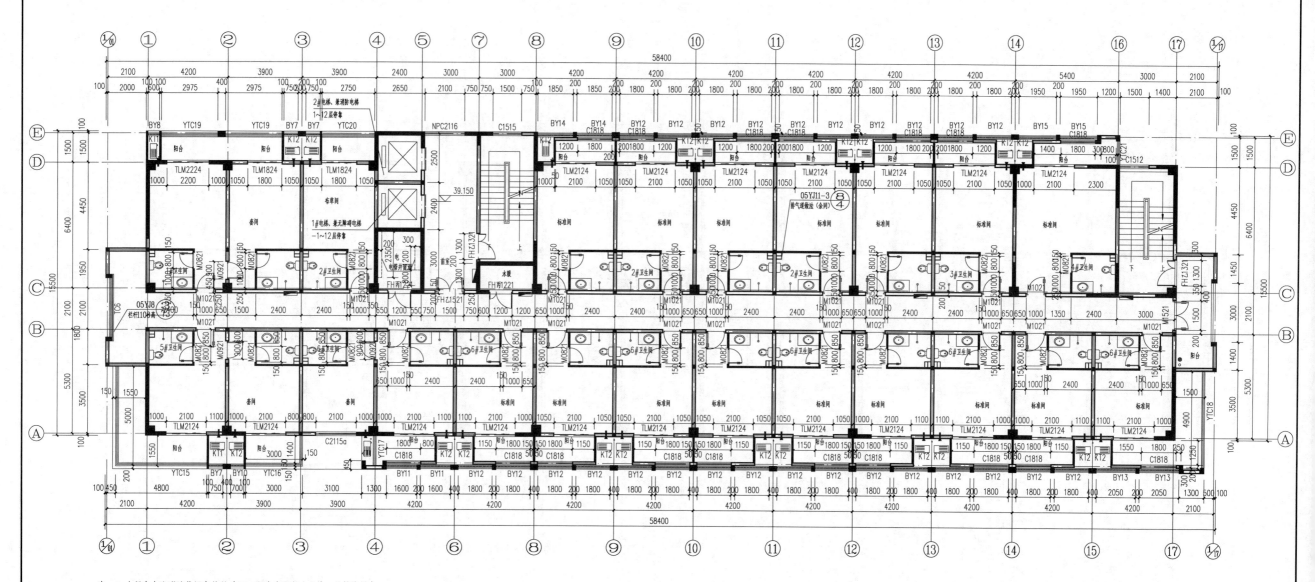

十二层平面图 1:100

本层建筑面积855.56m²

注：1.本层中未注明墙体厚度的均为200厚加气混凝土砌块，且轴线居中。

2.剪力墙、构造柱定位详见结施。

3.水暖、电管井的门做100高素混凝土门槛，宽度同墙厚。

4.卫生间、阳台标高比同层楼地面分别低15、20。

5.KT1空调冷凝管留洞 φ80距楼面150；KT2空调冷凝管留洞 φ80距楼面2000，距轴线450。

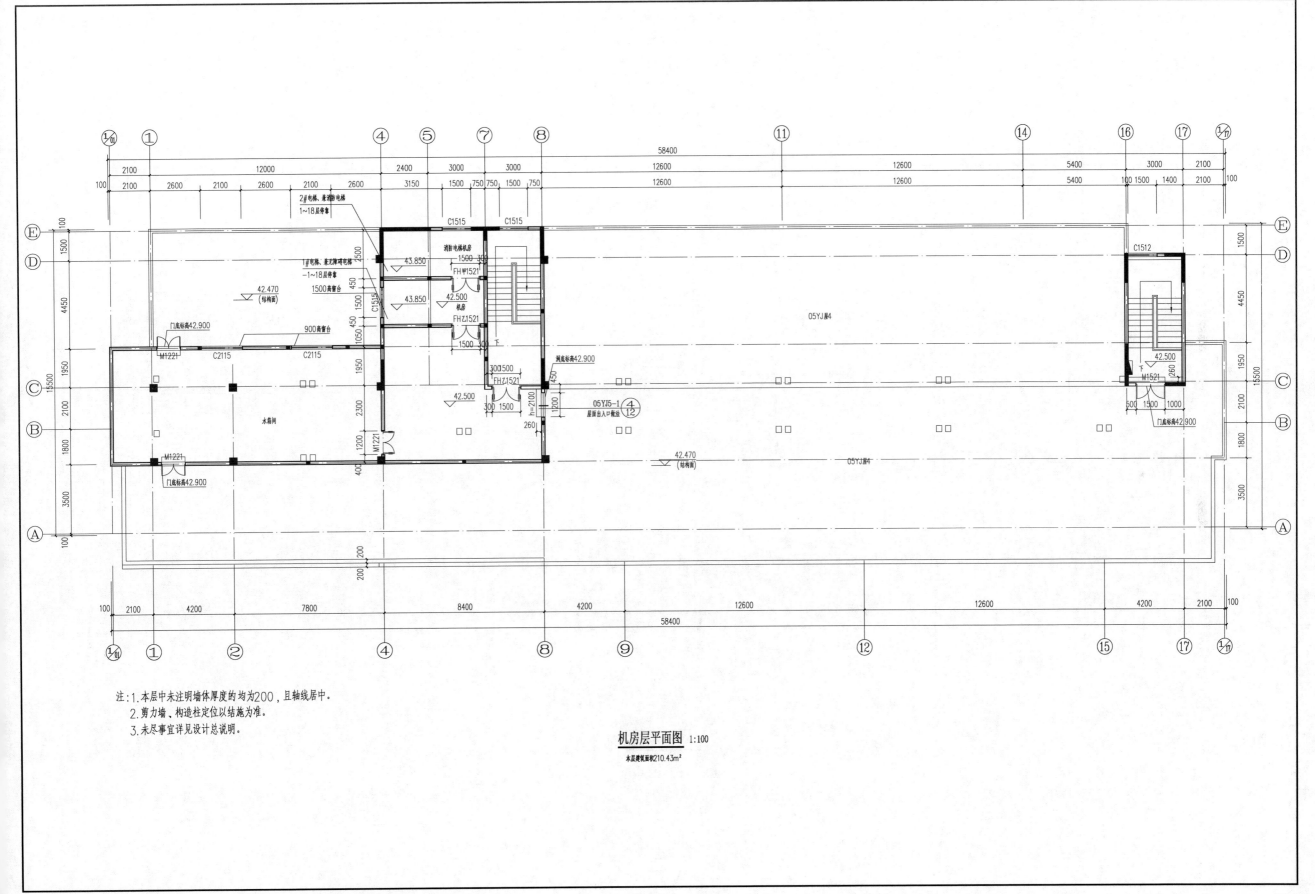

注:1.本层中未注明墙体厚度的均为200，且轴线居中。
2.剪力墙、构造柱定位以结施为准。
3.未尽事宜详见设计总说明。

机房层平面图 1:100

本层建筑面积210.43m²

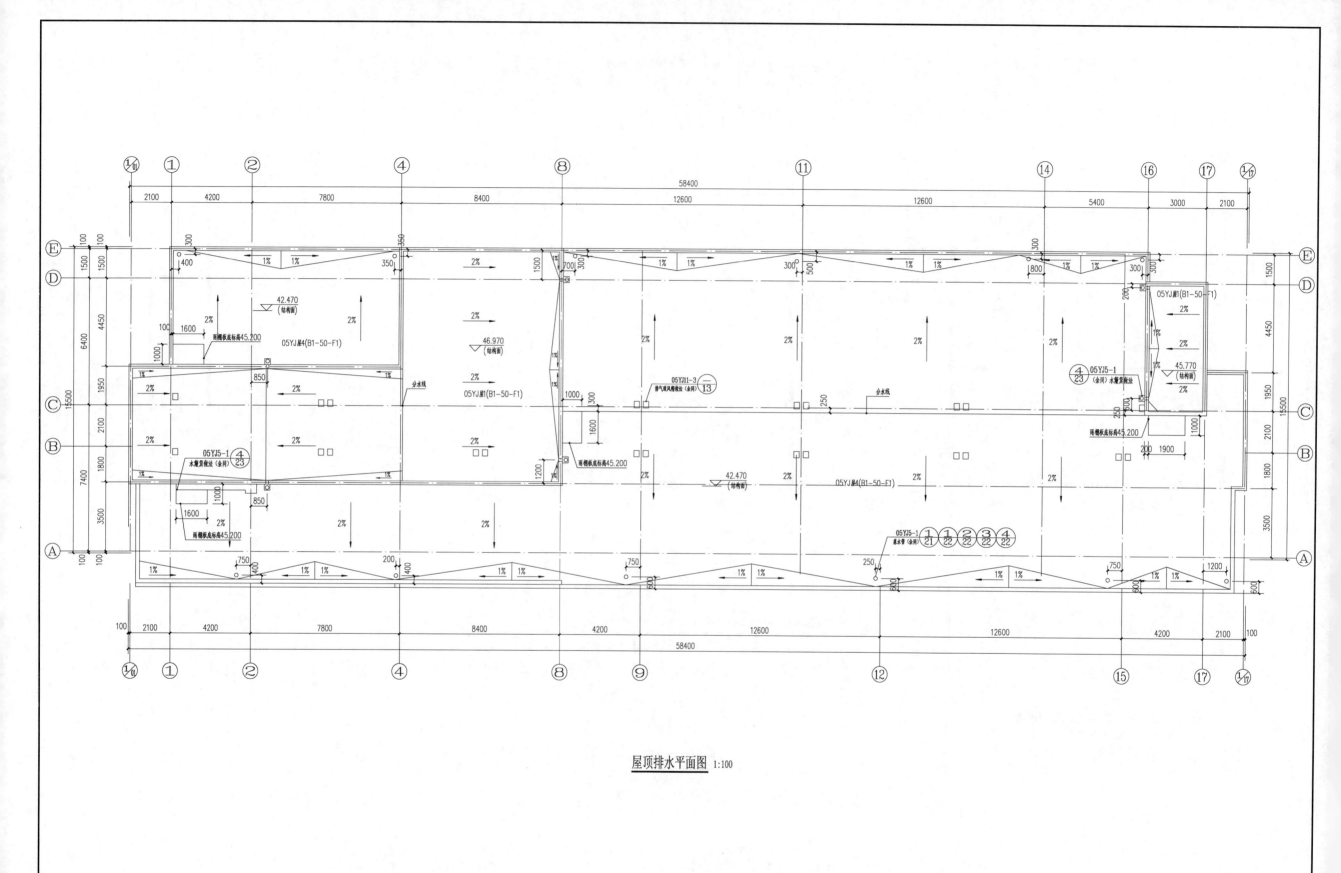

屋顶排水平面图 1:100

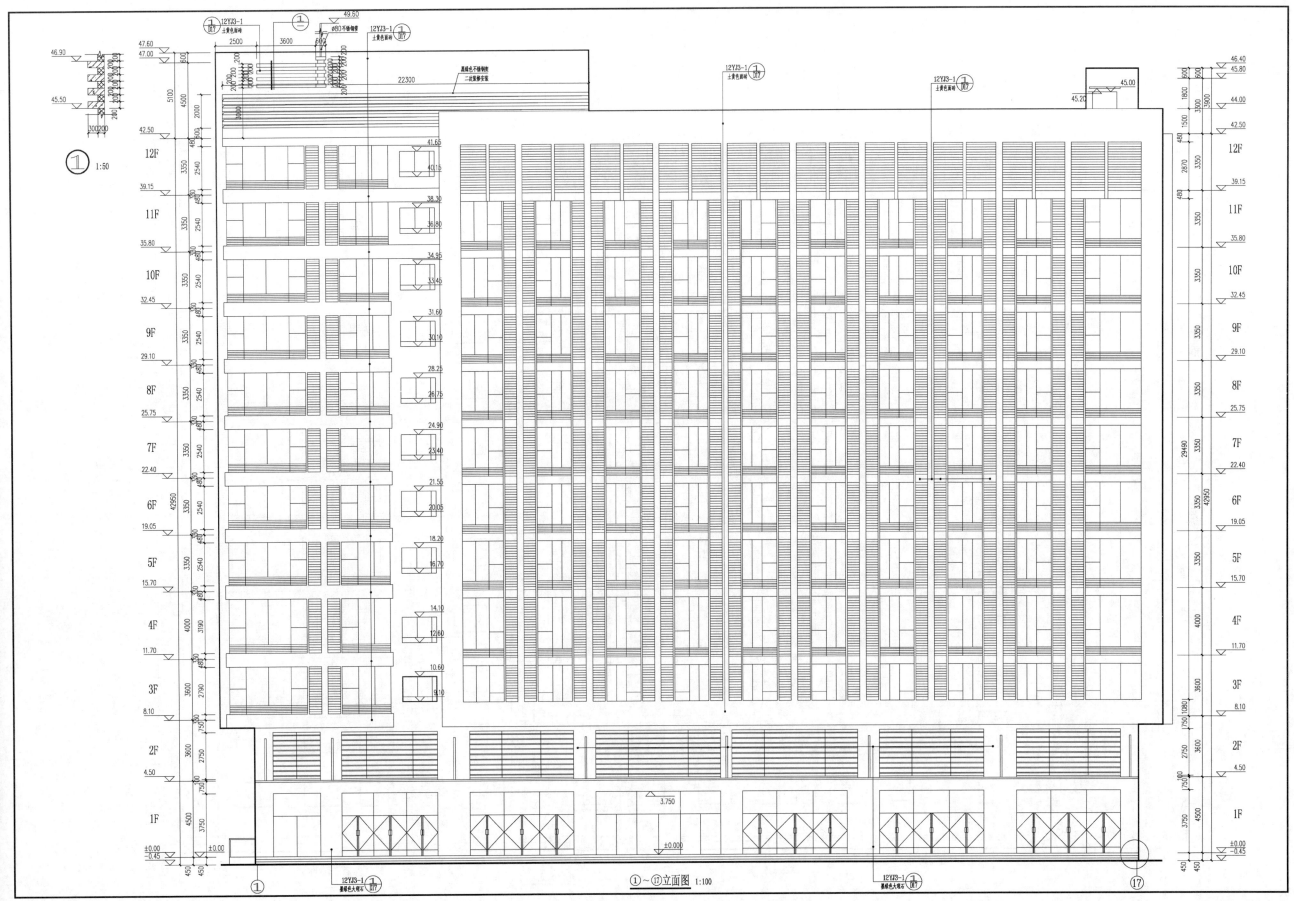

①~⑰立面图 1:100

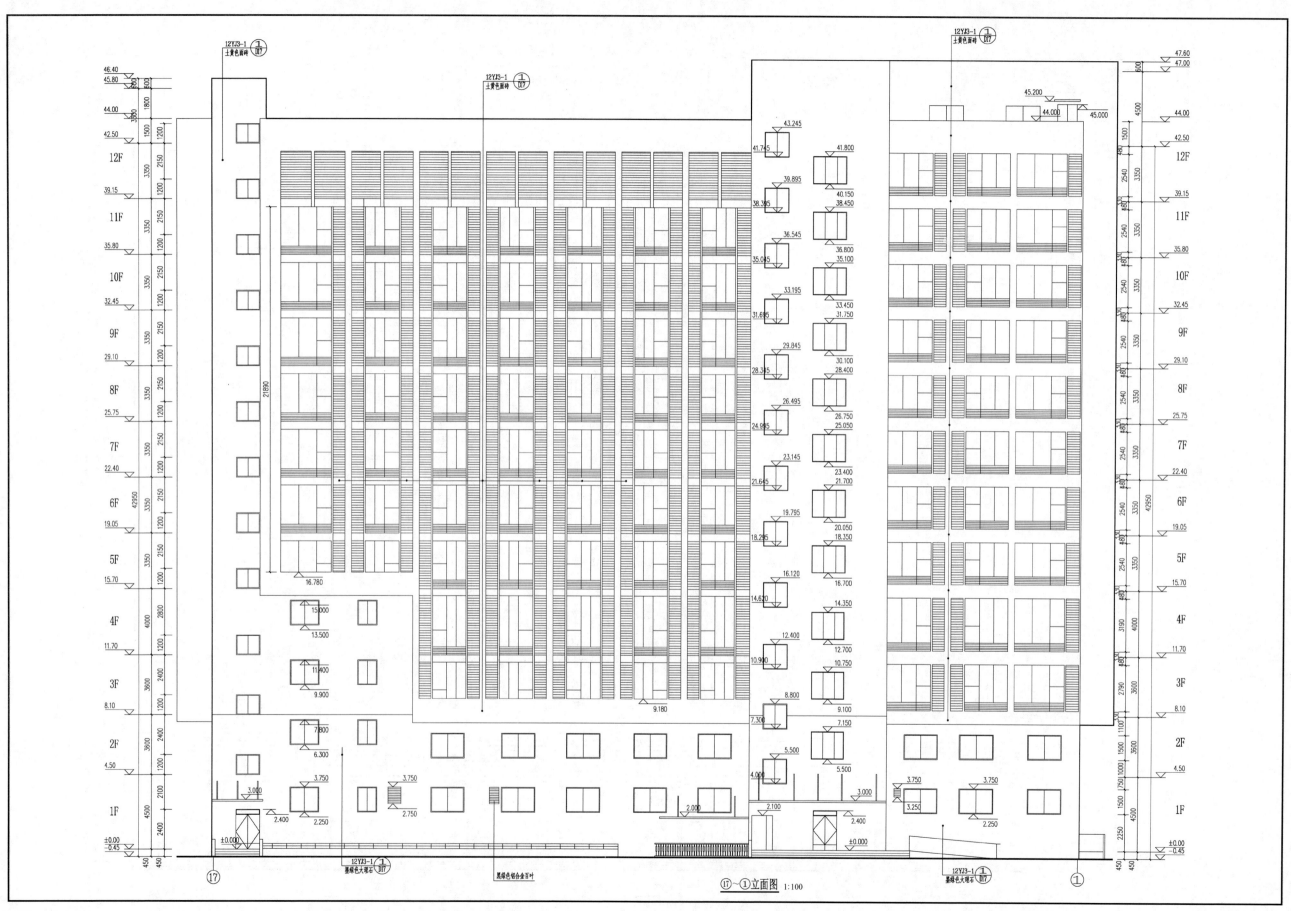

⑰～①立面图 1:100

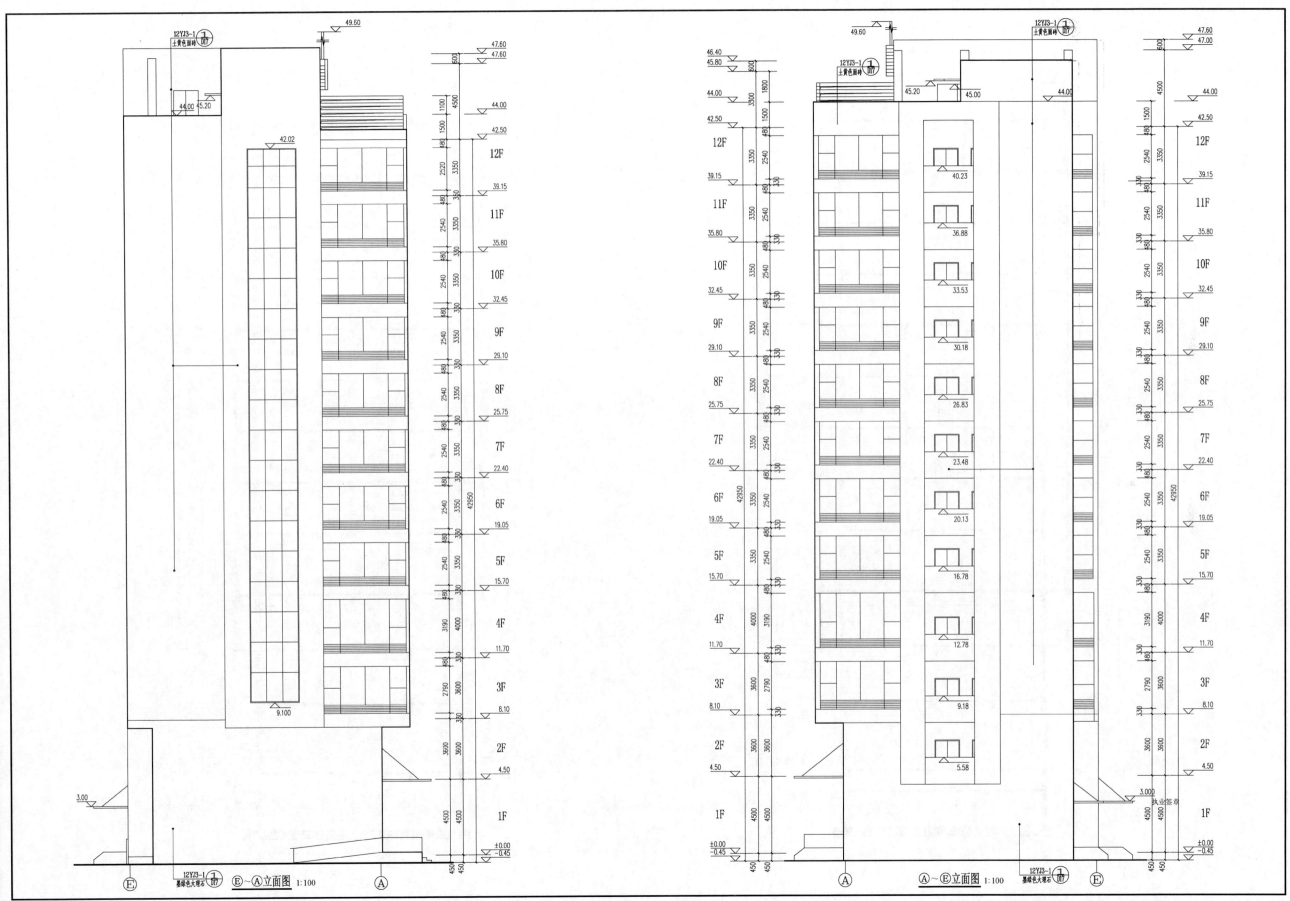

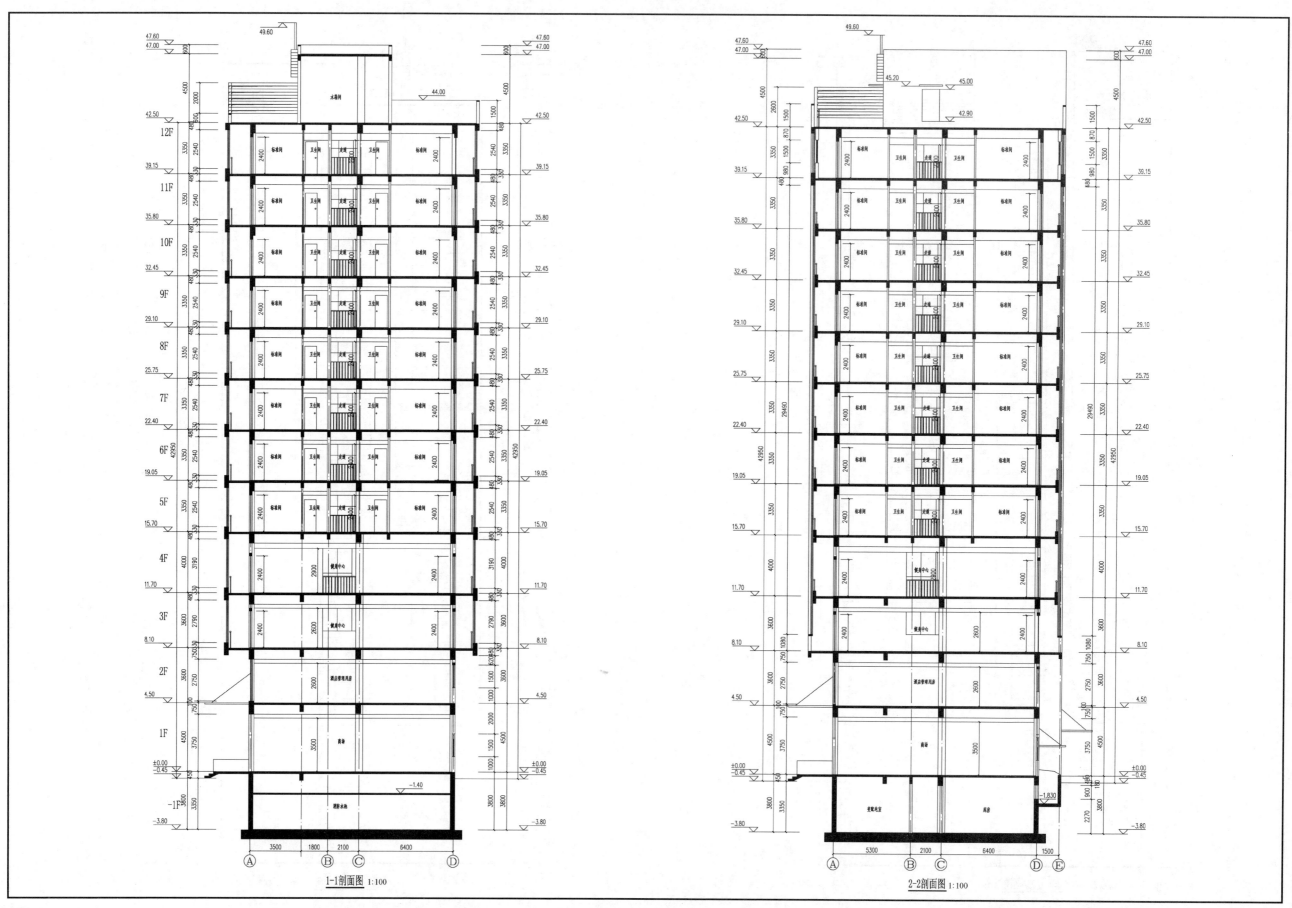

1-1剖面图 1:100

2-2剖面图 1:100

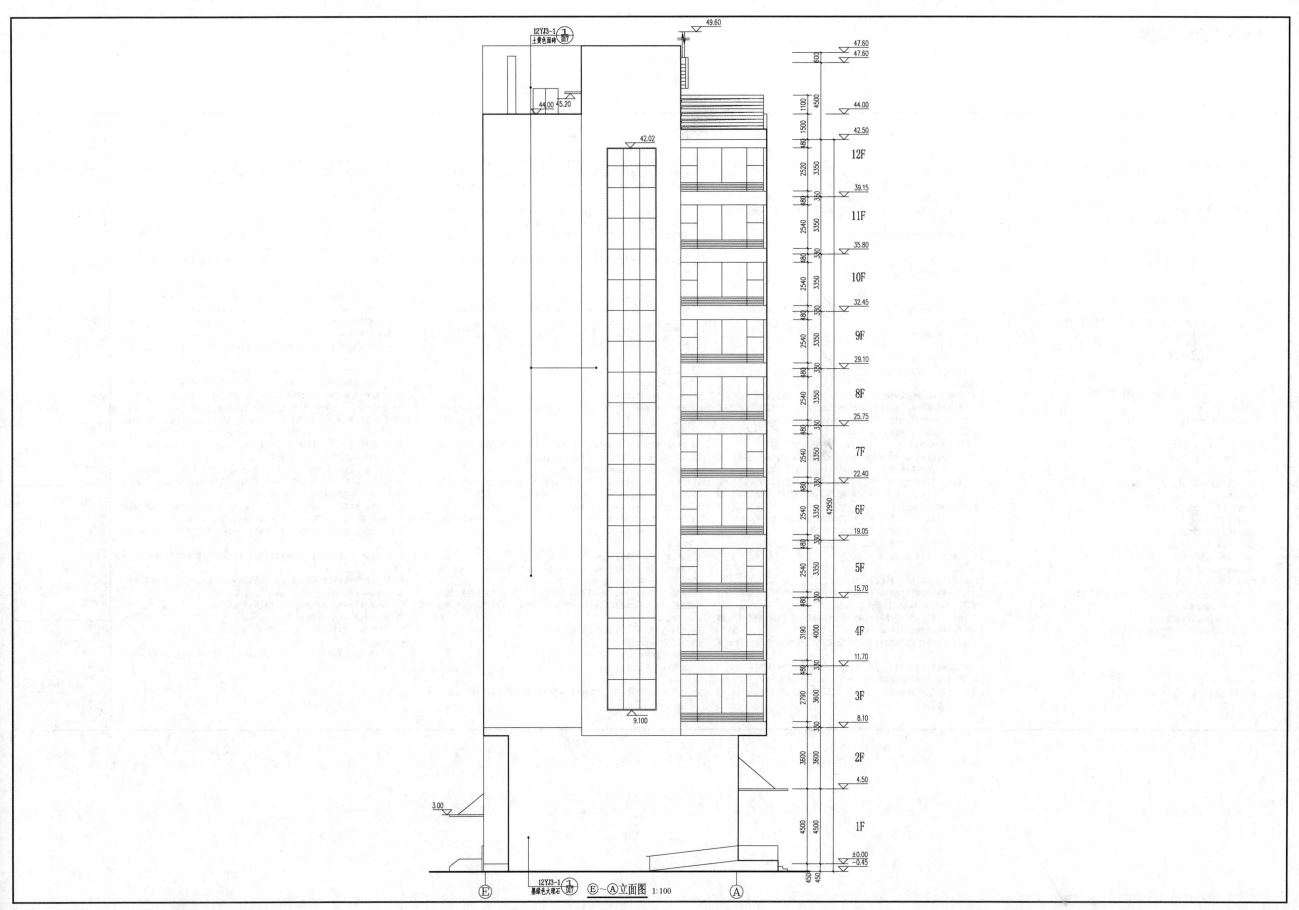

ⓔ～Ⓐ立面图 1:100

12.3 设计实例

建筑设计总说明 （一）

1 设计依据：
1.1 有关部门审批通过的详细规划及规划建筑方案。
1.2 经甲方认可的建筑设计方案
　　甲方提供的设计委托书及双方签订的设计合同文件。
1.3 国家现行主要的有关建筑规范：
《建筑设计防火规范》GB50016-2014(2018年版)
《建筑抗震设计规范》GB50011-2010(2016年版)
《民用建筑设计统一标准》GB50352-2019
《中小学校设计规范》GB50099-2011
《无障碍设计规范》GB50763-2012
《屋面工程技术规范》GB50345-2012
《河南省公共建筑节能设计标准》DBJ41/075-2016
《砌块墙体自保温系统技术规程》DBJ41/T100-2015
《建筑内部装修设计防火规范》GB50222-2017
《绿色建筑评价标准》GB/T50378-2019
《民用建筑工程室内环境污染控制规范》GB50325-2010 (2013年版)
《建筑工程设计文件编制深度规定》(2017年版)
1.4 国家及地方有关标准图集：12系列建筑标准设计图集
1.5 《工程建设标准强制性条文(房屋建筑部分)》(2013年版)
2 工程概况：
2.1 工程项目名称：
2.2 建设单位：
2.3 建设地点：
2.4 结构形式及抗震设防烈度：框架结构，抗震设防烈度为7度。
2.5 建筑面积：5063.25m²。
2.6 建筑基底面积：998.89m²。
2.7 建筑高度和室内外标高：建筑高度 19.95m(室外地坪至屋面面层)，总建筑高度21.55m(室外地坪至女儿墙)。室内外高差0.450m。室内设计标高±0.000所相当于绝对标高由甲方结合规划部门确定。
2.8 建筑层数及建筑使用功能：地上五层，层高均为3.9m，为教学用房及教学辅助用房；局部突出屋面楼梯间、消防水箱间，层高4.2m。
2.9 建筑分类：本工程为多层公共建筑，工程等级为为三级。
2.10 耐火等级：地上二级。
2.11 防水等级：屋面防水等级为Ⅱ级。
2.12 建筑设计使用年限：合理使用50年（正常使用、正常维护）。
2.13 人防工程：无。
3 设计范围：
3.1 本工程设计范围包括本楼楼建筑、结构、给水、电气施工图，不含总图、室外景观、室外道路管线、室内二次装饰等。
3.2 本套图纸所附总图仅为平面位置示意图。
4 图纸注有关事项：
4.1 总平面图尺寸单位及标高尺寸单位为米，其余图纸尺寸单位为毫米。
4.2 各层标高均为完成面标高（建筑标高），屋面、雨篷及窗口标高为结构标高。
5 墙体工程：
5.1 墙体材料：地下部分墙体材料及墙厚详见结施图，平面框架柱尺寸及定位详见结施图。标高±0.000以上的外墙均用自保温加气混凝土砌块墙，厚度详平面图；内墙均采用加气混凝土砌块墙，厚度详平面图。楼梯间、卫生间墙厚均为240高，并做防水，C20砼或C20混凝土墙均做整体性处理。
5.2 加气混凝土墙体的施工工艺及相关构造做法详见标准图集12YJ3-3有关节点，两种不同材料墙体交接处应自300宽钢丝网片再进行抹灰。
5.3 墙体留洞及封堵：钢筋混凝土墙的留洞见结施及设备图，封堵见结施和设备图。砌体墙顶部圆梁等设备安装完毕后，充填时用C20细石混凝土填实。
5.4 墙身防潮层：在室内地坪下60处做20厚1:2.5水泥砂浆加水3%~5%防水剂(在此高度与钢筋混凝土构造相平时不做)；当室内地坪变化处基础室墙重叠时600，并在高低差土墙一侧墙身表面20厚1:2水泥砂浆防潮层，如埋土墙与室外，还应做2厚聚氨酯防水涂料。
5.5 墙体中预留管道、柜套同墙体表面平齐，并在洞口处外侧外300宽，与墙体满涂防火涂料(耐火极限同所在墙体)，同时在交接及衬底墙砖面铺一层钢丝网，网边宽度300，再进行抹灰。
5.6 凡为力墙、柱面门窗尺寸<200时，采用混凝土浇捣，构造配筋详施。
5.7 女儿墙为钢筋混凝土，墙身及定位详屋顶平面图及节点详图。
6 屋面工程：
6.1 本工程的屋面防水等级为Ⅱ级，屋面做法详见工程做法。
6.2 屋面工程的相关细部做法及构造要点应严格按现行《屋面工程技术规范》GB50345及标准图集12YJ5-1《平屋面》有关说明及节点进行处理。
6.3 屋面刚性防水分格缝：防水刚层应分格，其缝纵横间距≤6m，缝宽10并填嵌密封材料。屋面外排水坡、雨水管等具体构造详见室外工程做法。
6.4 当雨水管穿过楼板时，应做严密防水处理，其防水层泛起高度为250mm，各种管道出屋面做法见12YJ5-1~A页A21。
6.5 屋面路排水至最低屋面，用雨水管由水口接90度弯头至平屋，上下部出中央设置溢流孔滴水檐。
6.6 卫生间及成品管穿出屋面时，必须与屋面工程施工相配合，且有专业厂家配合安装。
7.1 建筑门窗应严格执行现行《建筑玻璃应用技术规程》JGJ113、《铝合金门窗工程技术规范》JGJ214、《塑料门窗工程技术规程》JGJ103和国家及地方主管部门的有关规定。建筑物下列部位采用安全玻璃：①单块面积大于1.5m²的窗玻璃；②距离地面小于0.9m的窗玻璃；③七层以上外窗；④玻璃阳台栏板；⑤建筑物出入口、门厅等；⑥室内隔断、浴室等护；⑦大于0.5m²的窗玻璃；⑧易遭撞击、冲击而造成人体伤害的其他部位。
7.2 外窗采用塑料框框+（6mm高透光LOW-E+12mm氩气+6mm透明）中空玻璃窗，窗传热系数为1.8[W/(m²·K)]。中空玻璃幕：-40℃，所有外窗开启窗均设钞设。
7.3 门窗立面均表示洞口尺寸，门窗加工时应按装修详图尺寸于实测各门窗洞口尺寸、或编号数量，以防止造成误差。（特别应考虑保温层厚度对外窗影响）
7.4 门窗立樘：如图纸中无特殊要求，外窗均立中，内门及防火墙上门立樘应开启方向一侧墙平，特殊情况见节点详图。
7.5 所有有外窗应由有资质的厂家据当地风压进行计算后安装施工。
7.6 门窗应选择有相应资质的专业厂家产品。
7.7 建筑外窗的抗风压性能、气密性能、水密性能、保温性能、隔声性能等指标应满足以下表要求：

性能类别	等级	指标值	备注	性能类别	等级	指标值	备注
抗风压性能 P (kPa)	4	2.5≤P<3.0	计算确定	空气声隔声性能Rw (dB)	3	≥30	
水密性能 ΔP (Pa)	3	250≤ΔP<350		保温性能K W/(m²·K)	7	≤1.8	节能标准
气密性能 q1 (m³/(m·h))	6	1.0≤q1<1.5	节能标准				

8 室外及外装修工程
8.1 室内装修详见详见建筑工程做法注。
8.2 外装修涉及的各种材料，其颜色、规格、颜色等，均应由施工单位提供样板，经建设及设计单位确认后封样，并据此施工。
8.3 外墙外保温：外墙保温外设防水层，做法20厚1:2防水砂浆。
8.4 雨篷及面板剖顶做法：水泥砂浆黑白灰涂料，最薄处20厚1:2.5水泥砂浆（内掺5%防水剂）抹匀，找坡5%坡向女儿墙出水口处，空调机上下及侧面抹20厚保温砂浆。
8.5 室外台阶及坡平台占位线有及坡坡坡处设伸缩缝，未注明时则见12YJ3-1页A9-A。
8.6 室外墙及其他外墙需留的洞口由内侧向外侧5%，均水面流水。做法见12YJ3-1-1页A17-1。
8.7 台阶踏步多、挡墙、坡道、散水、无障碍设施做法详见其他建筑做法表（室外）。
8.8 女儿墙内墙面做法保温砂浆，做法见12YJ1页113-外-墙2（薄换水泥砂浆）。
8.9 需有安全装置的二次设计和装修的立面造型、装饰物等经建设单位确认后，向建筑设计单位提供埋件的设置要求，并不得影响主体效果和结构安全。
9 内装修工程：
9.1 室内装修详见建筑工程做法注表定内部分。
9.2 楼地面细部应执行现行《建筑地面设计规范》GB50037，楼地面凸凹交接处和地坪高度变化处，除图中另有注明者外，均位于齐平门扇开启面的装饰地面的一侧。
9.3 卫生间、盥洗间内有有效向地面应做防水，防水层沿四周墙上翻300mm，在门口处水平起翻，且向外翻墙的长度不应小于500mm，向高翻起的宽度不应小于200mm。地面周围应1%坡度坡向地漏，不得出现明积水，防水层做法见工程做法。
9.4 管道井内壁面20厚1:2.5防水砂浆（内掺3%防水剂）抹面。
9.5 室内墙体阴阳角处用角线见12YJ7-页62-节点1、2、3。
9.6 卫生间、盥洗间内部材料花色、贴面甲方自理。
9.7 室内装修材料及做法应符合现行《建筑内部装修设计防火规范》GB50222要求。
10 建筑设备、设施工程：
10.1 灯具、送、排风等影响美观的器具，须经建设单位与设计单位确认样品后，方可选购和加工、安装。
10.2 卫生间排气通道采用建筑标准设计图集16J916-1《住宅排气道（一）》，卫生间排气道采用16J916-A-W-6型。排气道外形尺寸200X200，楼板预留管洞尺寸300X250。
11 消防设计：
11.1 本工程应严格遵守现行《建筑设计防火规范》GB50016的有关要求。本工程为多层公共建筑，耐火等级地上二级。
11.2 防火间距：建筑物之间防火间距应满足要求，详见总平面位置示意图。
11.3 消防车道：详见总平面图。消防车道净宽及净高不小于4m，坡度小于8%，转弯半径9m，消防车道及其下面的建筑结构、管道和暗沟，应能承受重型消防车的压力。
11.4 消防救援窗：消防救援窗详立面图。消防救援窗口需粘贴消防救援窗标识，玻璃采用安全玻璃（应易于破碎）。
11.5 防火分区：本建筑每层为一个防火分区，每个防火分区均不超过2500m²，每个防火分区均设置2个安全出口。
11.6 本建筑每层为小于防火分区，建筑面积、与下层之间实体墙高度不小于1.2m；楼梯间外墙上的窗口与两侧门、窗、洞口最近边缘的水平距离不应小于1.0m。
11.7 建筑内的疏散门和安全出口的净宽度应不应小于0.9m，疏散走道的净宽不小于1.8m。教学用房的疏散门均不少于2个。
11.8 楼梯间为非开敞楼梯间，一部楼梯通至屋顶供消防水箱间及屋面检修时使用。
11.9 本建筑每层设有室内消火栓，电梯采用双级防火门，除图中注明有需开防火门外，其他防火门均采用常闭防火门。
11.10 本工程采用的防火门窗均应为在当地消防部门注册的产品，其防火门按国家规范中的有关规定。①常开防火门应能在火灾时自行关闭，并具有信号反馈功能；②需常闭防火门应有明显位置设置"保持防火门关闭"等提示标识；③疏散通道上的防火门，应能具有自行关闭和信号反馈的功能；④防火门关闭后应具有防烟功能；⑤设置在防火墙、防火隔墙上的防火门，应用于开不可用的窗或具有火灾可时能自行关闭的功能；⑥防火门应符合国家标准《防火门》GB12955的规定。⑦防火窗应符合国家标准《防火窗》GB16809的规定。
11.11 防火墙：防火墙应从建筑地面或隔基至楼板顶面隔至顶板或房顶板或屋面板底面，稳定承重结构，在框架、梁与楼等结构的耐火极限不应低于防火墙的耐火极限。防火墙的构造应能在防火墙任一侧的屋架、梁、楼板等受火灾的破坏时，不会导致墙体倒塌。
11.12 凡管道穿防火墙、隔墙、楼板时，待管线安装后，均用相当于楼墙、隔墙、楼板耐火极限的不燃烧材料将缝密实；设备、防火栓处的管道穿防火墙、楼板处应采取防火措施。
11.13 除通风井外，凡穿管待管线安装完毕后，在每层楼板处应用相当于楼板耐火极限的不燃烧材料二次浇注；管井内壁面砌筑固实抹灰。
11.14 凡有室内、水平通有每层楼板、隔墙处的连接，均采用不燃烧材料（矿棉）密实填充，不采取防火措施。
11.15 二次装修的材料及做法均应符合现行《建筑内部装修设计防火规范》GB50222中规定选用和施工。
11.16 防烟系统应满足现行国家《建筑设计防火规范》GB50016第6.7有关条文要求。
①外墙梁柱部分采用岩棉料，材料的燃烧性能为A级。②其他墙体采用自保温加气块。
12 建筑节能设计：详见建筑节能设计说明。
13 无障碍设计：
13.1 所有供残疾人使用的部位均按现行规范《无障碍设计规范》GB50076.3要求设置，其中①建筑入口应符合第3.4节要求；②无障碍通道、门应符合第3.5级要求。
3.3条文要求：①入口坡度应应符合第3.4级要求；

会签 COORDINATION

建筑 ARCH. / 结构 STRUCT.
给水排水 PLUMBING / 暖通 HVAC
电气 ELEC / 总图 PLANNING

附注 DESCRIPTION

单位出图专用章 SEAL

个人执业专用章 SEAL

设计单位 DESIGNER

建设单位 CLIENT

工程名称 PROJECT

子项名称 SUB-PROJECT

审定 APPROVED BY
审核 EXAMINED BY
所长 DIRECTOR
项目负责人 CAPTAIN
专业负责人 CHIEF ENGI.
校对 CHECKED BY
设计 DESIGNED BY

图纸名称 TITLE
图纸目录
建筑设计总说明（一）

工程编号 PROJECT NO. 20xx-xxx
设计专业 DISCIPLINE 建筑 / 图纸张数 DRAWING PAGE 共15张
设计阶段 DESING PERIOD 施工图 / 图纸编号 DRAWING NO. 01
日期 DATA 20xx.11 / 版别 EDITION NO.

建筑设计总说明 （二）

14 室内环境

14.1 水、暖、电、气管线穿过楼板和墙体时，孔洞周边应采取密封隔声措施。

14.2 教学用房的环境噪声控制值应符合现行国家标准《民用建筑隔声设计规范》GB50118的有关规定。

14.3 主要教学用房的隔声标准应符合：（1）语言教室、阅览室：空气声隔声标准应不小于50dB，顶部楼板撞击声隔声单值评价量不大于65dB；（2）普通教室、实验室等与产生噪声的房间之间：空气声隔声标准应不小于45dB，顶部楼板撞击声隔声单值评价量不大于75dB；（3）普通教室、实验室等与产生噪声的房间之间：空气声隔声标准应不小于50dB，顶部楼板撞击声隔声单值评价量不大于65dB；（4）音乐教室等与噪声大的房间之间：空气声隔声标准应不小于45dB，顶部楼板撞击声隔声单值评价量不大于65dB。

14.4 教学用房、教师办公室等允许噪声不大于45db，阅览室、走廊噪声允许值不大于50dB。

14.5 空气声计权隔声量，楼板不小于45db，外窗不小于30db，外门不小于25db。

14.6 各房间均有外窗，满足直接天然采光和自然通风要求，教学用房及教学辅助用房的窗地面积比不小于1:5，直接通风开口面积不小于该房间地面面积的1/20。

14.7 中小学校建筑的室内空气质量应符合现行国家标准《室内空气质量标准》GB/T18883及《民用建筑工程室内环境污染控制规范》GB50325的有关规定。

室内空气污染限值

污染物名称	活度、浓度限值	污染物名称	活度、浓度限值
氡	≤200Bq/m³	氨	≤0.2mg/m³
游离甲醛	≤0.08mg/m³	总挥发性有机化合物（TVOC）	≤0.5mg/m³
苯	≤0.09mg/m³		

14.8 预理木砖及所有木构件与混凝土或砌体接触处均应进行防腐处理，所有铁件等均应防锈处理。

15 安全防护

15.1 当窗台台面距楼面、地面的净高低于900mm时，应设防护措施，防护措施以墙身为节点。作为防护措施的护栏杆不得设置横向支撑或易于攀爬的构造形式，垂直栏杆净距不得大于110mm。

15.2 外廊、上人屋面及室内回廊等临空处栏杆100mm（宽）x100mm（高）作防护挡台，上部栏杆净高不应低于1100mm，（上人屋面栏杆栏杆高度不应低于1200mm）栏杆不得设置横向支撑或易于攀爬的构造形式，垂直杆件净距不得大于110mm排列；栏杆底部应从可踏部位面积算。

15.3 楼梯栏杆扶手高度详见楼梯详图；楼梯水平段栏杆长度大于500mm时，其扶手高度不应小于1250mm；楼梯栏杆垂直杆件净距不应大于110mm排列，栏杆应从可踏部位顶面起算。楼梯井净宽大于110mm时，应采取防止儿童攀滑的措施。

15.4 公共出入口位于外廊及开敞楼梯平台的下部时，应采取防止物体坠落伤害人的安全措施。

15.5 外窗窗台台面宽度设置放置花盆时，放置花盆处必须采取防坠落措施。

15.6 出入口门厅采用玻璃门时，应设置安全警示标志。

16 其他：

16.1 入口设置安全防护门，防护门应保证在任何时候能从内部徒手开启。

16.2 盥洗间、卫生间器具等为成品，卫生间、盥洗间部分布置详见大样图。

16.3 二次装修不得随意改变房屋结构及不得拆除承重结构构件，如有变动须征得设计单位同意。其装修内施工必须严格执行现行《建筑内部装修设计防火规范》GB50222。

17 施工注意事项

17.1 管线穿过隔墙、楼板时，应采用非燃烧材料将间围的空隙紧密填实。

17.2 预埋件、预留孔洞图中未注明者，施工时应与结构、水、暖、电专业密切配合确认无误后方可施工，严禁事后剔凿。

17.3 空调管洞控制2%的坡，拔向室外。所有管线穿过墙、管井及楼板处均应参用非燃烧材料将间围隙堵填密实。

17.4 本设计未考虑冬季施工，遇冬季时必须采取冬季施工保护措施。

17.5 本工程所有设备材料成品半成品均需经过建设单位认可后方可施工。

17.6 土建施工时必须与设备各专业图密切配合。如有变动应及时通知设计人员作更变后下达方可施工。

17.7 本工程使用砂浆采用预拌砂浆。

17.8 选用建筑材料和建筑构件不应采用建设部明令限制和淘汰的产品。

17.9 本施工图做法及做法大样仅注明建筑构件之构造层次，施工单位参照图纸及说明外，同时应按国家现行的现行建筑安装施工工程验收规范施工。

18 本工程须经过理图审查，消防审查及建设单位验收等相关手续方可使用。

19 说明中未尽事宜必须严格执行国家现行规范、规程及标准进行。

20 本工程绿色建筑设计标准为一星级，具体内容详见绿色建筑专篇。

建筑节能设计专篇

一、设计依据：

1.《河南省公共建筑节能设计标准》（DBJ41/075-2016）

2.《民用建筑节能施工质量规范》（GB50176-2016）

3.《建筑外门窗气密性，水密性，抗风压性能分级及检测方法》（GB/T 7106-2008）

4.《建筑外窗采光性能分级及检测方法》GB/T11976-2002）

5.《外墙保温工程技术规程》（JGJ144-2004）

6.《砌块墙体自保温技术规程》（DBJ41/T100-2015）

7.《建筑用硬泡聚氨酯保温板技术规范》GB/T8484-2008）

8.保温板应满足《建筑设计防火规范》GB50016-2014（2018年版）中第6.7节有关条文的规定。

二、设计选用的外墙保温体系：

1.热桥梁柱采用12YJ3-1-A型外贴保温板材料外保温系统，保温板采用50厚岩棉板（A级）。

2.砌块墙外墙采用自保温蒸气混凝土砌块，选用250厚自保温加气混凝土砌块（B05级）。

三、建筑概况：

1.建筑性质：多层公共建筑。

2.建筑物名称：

位于xxxxxxx，详见总平面规划图。

3.建筑面积：5063.25m²。

4.建筑层数：地上5层。

5.建筑高度：19.95m。

6.建筑站点及气候分区：河南省安阳市，寒冷B区。

四、计算软件及版本

清华斯维尔建筑节能计算分析软件BECS20170808。

五、节能做法

1.气候分区寒冷B区。

2.节能设计各项指标及节能措施详见建筑节能设计专篇节能表。

3.保温系统应满足《建筑设计防火规范》GB50016-2014（2018版）第6.7节有关条文要求。

4.外保温系统应采用不燃材料作防护层，防护层将保温材料完全包覆。防护层首层的厚度不应小于15mm，其他层不应小于5mm。

5.外墙：填充墙部分采用250厚保温砌块（A级），热桥梁柱部分采用50厚岩棉板（A级）。

6.屋面：100厚挤塑聚苯板（B1级）。

7.分隔采暖与非采暖空间隔墙：20厚无机轻集料保温浆料I型（A级）。

8.外窗采用塑料型材框+（6mm高透光OW-E+12mm氧气+6mm透明）中空玻璃，窗传热系数为1.8[W/(m²·K)]；外门及门窗采用金属框普通保温措施中空安全玻璃门窗，门窗传热系数为2.2[W/(m²·K)]。

六、建筑节能设计中的其他要求

1.外墙热桥部位--混凝土梁、柱、剪力墙、女儿墙、混凝土构件（空调板、飘窗台板、雨蓬等）必须按设计要求涂刷保温层。

2.建筑的外门、外窗（含阳台门）的气密性能应符合国家《建筑外门窗气密、水密、抗风压性能分级及检测方法》（GB/T 7106-2008）中第4.1.2条的规定，并确定：建筑外窗的气密性不应低于6级，其气密性能分级指标值：

单位缝长空气渗透量为：1.0<q₁≤1.5[m³/m·h]

单位面积空气渗透量为：3.0<q₂≤4.5[m³/m²·h]

3.建筑外门窗抗风压性能为4级（抗风压值为2.5<P₃<3.0 kPa），外门气密性不应低于4级，水密性能分级为3级。

4.外门窗框与门窗洞口之间的缝隙，应采用聚氨酯或其他高效保温材料填实，并用密封膏嵌缝，不得采用水泥砂浆堵填。

5.建筑外构围护结构各部位做法及节能计算参数详见节能表。

七、结论

本建筑按《河南省公共建筑节能设计标准》（DBJ41/075-2016）之规定进行强制性条文和必须满足各条款的规定性指标相符，结果未能达标，按标准规定进行性能性权衡，经综合权衡能满足要求。

八、注意事项

建设及施工单位应选用正规厂家的合格产品，严格按节能设计的要求施工，确保施工符合节能标准和节能施工验收的要求。

绿色建筑设计专篇

一、设计依据：

1.依据标准：

《河南省公共建筑节能设计标准》（DBJ41/075-2016）

《砌块墙体自保温技术规程》DBJ41/T100-2015

《民用建筑施工设计规范》GB50176-2016

《绿色建筑评价标准》GB/T50378-2019

《民用建筑隔声设计规范》GB50118-2010

《建筑采光设计标准》GB/T50033-2013

《建筑照明设计标准》GB50034-2013

《电力工程电缆设计规范》GB50217-2007

其他现行的国家有关建筑设计规范、规程和规定。

2.评价标准依据《绿色建筑评价标准》GB/T50378-2019

3.建筑项目主要特征表

建筑项目主要特征表

名称	建筑类别	耐火等级	抗震设防烈度	结构类型	建筑层数	建筑高度	总建筑面积
实验中学教学用房 实验中学综合楼	多层公共建筑	二级	7度	框架结构	5	19.95m	5063.25m²

4.本工程满足《绿色建筑评价标准》GB/T50378-2019对对建筑全寿命周期内的安全耐久、健康 舒适、生活便利、资源节约、环境宜居、提高与创新5类指标体制制的全部要求。

本项目绿色建筑为：一星级绿色建筑。

二、安全耐久

1.采用基于性能的抗震设计并合理提高建筑的抗震性能。

2.采取保障人员安全的防护措施。

3.采用具有安全防护功能的产品及配件。

4.室内外地面或路面设置防滑措施。

5.采用人车分流措施，且步行和自行车交通系统有充足照明。

6.采取提升建筑适变性的措施。

7.采取提升建筑部件耐久性的措施。

8.提高建筑结构材料的耐久性。

9.合理采用耐久性好、易维护的装饰装修建筑材料。

三、健康舒适

1.控制室内主要空气污染物的浓度。

2.选用的装饰装修材料满足国家现行绿色产品评价标准中对有害物质限量的要求；选用满足要求的装饰装修材料3类以上。

3.直饮水、集中生活热水、游泳池水、采暖空调系统用水、景观水体等的水质应满足国家现行有标准的要求。

4.生活饮用水水池、水箱等储水设施应采取措施满足卫生要求。

5.所有给排水管道、设备、设施设置明确、清晰的永久性标识。

6.采取措施优化主要功能房间的室内声环境，噪声级达到现行国家标准《民用建筑隔声设计规范》GB 50118中的低限标准限值和高要求标准的平均值。

7.主要功能房间的隔声性能良好。

8.充分利用天然光。

9.具有良好的室内热湿环境。

10.优化建筑空间和平面布局，改善自然通风效果。

四、生活便利

1.场地与公共交通站点联系便捷。

2.建筑室内外公共区域满足全龄化设计要求。

3.提供便利的公共服务。

4.城市绿地、广场及公共运动场地等开敞空间，步行可达。

5.合理设置健身场地和空间。

6.设置分类、分级用能自动远传计量系统，且设置能源管理系统实现对建筑能耗的监测、数据分析和管理。

7.设置PM10、PM2.5、CO2浓度的空气质量监测系统，且具有存储至少一年的监测数据和实时显示等功能。

8.设置用水远传计量系统，水质在线监测系统。

9.具有智能化服务系统。

五、资源节约

1.节约集约利用土地。

2.合理开发利用地下空间。

3.采用机械式停车设施，地下停车库和地面停车楼方式。

4.优化围护结构的热工性能。

5.采取有效措施降低供暖空调系统的末端系统及输配系统的能耗。

6.使用较高用水效率等级的卫生器具。

7.结合雨水综合利用设施营造室外景观水体。

8.使用较高用水效率等级的卫生器具。

12.结合雨水综合利用设施营造室外景观水体。

13.使用传统水泵。

14.合理选用建筑结构材料与构件。

15.选用可循环材料、可再利用材料及利废建材。

会签 CO-SIGNATURE			
建筑 AREN.		结构 STRUCT.	
给排水 PLUMBING		暖通 HVAC	
电气 ELEC.		总图 PLANNING	

附注 DESCRIPTIONS

单位出图专用章 SEAL

个人执业专用章 SEAL

设计单位 DESIGNER

建设单位 CLIENT

工程名称 PROJECT

子项名称 SUB-PROJECT

审定 APPROVED BY	
审核 EXAMINED BY	
所长 DIRECTOR	
项目负责人 IN CHARGE	
专业负责人 CHIEF ENGI.	
校对 CHECKED BY	
设计 DESIGNED BY	

图纸名称 TITLE：建筑设计总说明（二） 建筑节能设计专篇 绿色建筑设计专篇

工程编号 PROJECT NO.	20xx-xxx	
设计专业 DISCIPLINE	建筑	图纸张数 共15张 DRAWING PAGE
设计阶段 DESIGN PERIOD	施工图	图纸编号 02 DRAWING NO.
日期 DATE	20xx.11	版别 EDITION NO.

建筑工程做法表（室内）

16.选用绿色建材。

六、环境宜居
1.充分保护修复场地生态环境，合理布局建筑及景观。
2.规划场地地面和屋面雨水径流，对场地雨水实施外排总量控制。
3.充分利用场地空间设置绿化用地。
4.室外吸烟区位置布局合理。
5.利用场地空间设置绿色雨水基础设施。
6.场地内的环境噪声应符合现行国家标准《声环境质量标准》GB 3096的要求。
7.建筑及照明设计避免产生光污染。
8.场地内风环境有利于室外行走、活动舒适和建筑的自然通风。
9.采取措施降低热岛强度。

七、提高与创新
1.绿色建筑评价时，应按本章规定对提高与创新项进行评价。
2.提高与创新项得分为加分项得分之和，当得分大于100分时，应取为100分。
3.采取措施进一步降低建筑供暖空调系统的能耗。
4.采用适宜地区特色的建筑风貌设计，因地制宜传承地域建筑文化。
5.按照绿色施工的要求进行施工与管理。

建筑工程做法表（室内）

部位	名称	工程做法	适用范围	备注
内墙	内墙1	12YJ1-页78-内墙3C（混合砂浆墙面）（面层：乳胶漆）	教室、办公室、走道、楼梯间	
	内墙2	12YJ1-页77-内墙1C（水泥砂浆墙面）（面层：乳胶漆）	卫生间、盥洗室、水箱间	
顶棚	顶棚1	12YJ1-页92-顶5（混合砂浆顶棚）（面层：乳胶漆）	教室、办公室、走道、楼梯间	
	顶棚2	12YJ1-页92-顶6（水泥砂浆顶棚）（面层：乳胶漆）	卫生间、盥洗室、水箱间	
地面	地1	12YJ1-页32-地201B（陶瓷地砖地面）（其中60厚C15混凝土垫层改为150厚C20混凝土垫层）	教室、办公室、走道、楼梯间	防滑地砖
	地2	12YJ1-页33-地201F(F1)（防滑陶瓷地砖地面）（其中60厚C15混凝土垫层改为150厚C20混凝土垫层）	卫生间、盥洗室	防滑地砖
楼面	楼面1	12YJ1-页32-楼201（40厚1:3干硬性水泥砂浆）	教室、办公室、走道、楼梯间、楼梯踏步	防滑地砖
	楼面2	12YJ1-页33-楼201F(F1)（防滑陶瓷地砖地面）	卫生间、盥洗室	防滑地砖
墙裙	墙裙1	12YJ1-页72-裙3CF（釉面墙裙1500高）	教室、办公室、走道、楼梯间	
护角	护角1	1:2.5水泥砂浆护角2000高，面层同所在墙面	所有门窗洞口角、阳角	
油漆	油漆1	12YJ1-页103-涂101（调和漆）	木基层	
	油漆2	12YJ1-页106-涂202（调和漆）	金属基层	

建筑工程做法表（室外）

部位	名称	工程做法	适用范围	备注
屋面	屋面1	不上人屋面1，做法12YJ1屋105-2F1-80B1	结构标高23.650处屋面	SBS改性沥青防水卷材Ⅱ型（-25℃）
	屋面2	上人屋面1，做法12YJ1屋101-2F1-80B1	结构标高19.450处屋面	SBS改性沥青防水卷材Ⅱ型（-25℃）
	变形缝	12YJ14-26页-1		
外墙	外墙1	DBJ41/T100-2015附录A编号2.15外墙构造 真石漆面层做法：参见12YJ1-119-外墙9C	自保温加气块外墙	真石漆颜色详立面图
	外墙2	12YJ3-1-A型 岩棉板厚度50mm 真石漆面层做法：参见12YJ1-119-外墙9C	外墙梁柱	真石漆颜色详立面图
	变形缝	12YJ14-21页-1	见平面注注	
滴水线	滴水线1	12YJ3-1-A9-A	有保温层挑出构件	
	滴水线2	12YJ3-1-A17-1	无保温层挑出构件	
散水	散水	混凝土散水 12YJ9-1页95-3		散水宽1000mm
坡道	无障碍坡道	12YJ12-页25-5（垫层为B）	详平面	
	栏杆	12YJ12-页22-7（上层栏杆高900mm）	详平面	
台阶	花岗岩台阶	12YJ9-1页102-6	详平面	

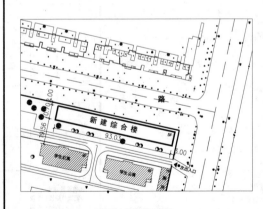

新建综合楼位置示意图

河南省寒冷地区甲类公共建筑建筑专业节能设计表（体形系数≤0.3的建筑）

条文号	维护结构部位	限值（标准指标）	设计值	建筑层数（地上/地下）	5F/-
3.2.1	体形系数	300<A≤800: ≤0.50 A>800: ≤0.4	0.26	建筑面积（m²地上/地下）	5063.25/-
3.2.4	单一立面外窗（含透光幕墙）通光材料的可见光透光比	窗墙面积比<0.4: ≥0.6 窗墙面积比≥0.4: ≥0.4	东 n:1.00 南 n:0.72 西 n:1.00 北 n:0.72	外墙构造见：DBJ41/T100-2015附录A 编号2.15外墙构造 楼面：12YJ3-1-A型	
3.2.7	屋顶透光部分面积与屋顶总面积之比M	20%	0%	(50厚A级岩棉板)	
3.2.8	单一立面外窗（含透光幕墙）可开启扇有效通风换气面积	不宜小于房间外窗所在外墙面积的10%	0.03	冬季室内计算温度（℃）	18
				冬季室外计算温度（℃）	0.3
3.3.5	外门、外窗气密性等级（GB/T 7106-2008）	外门 ≥4级 外窗 ≥10层 ≥7级 <10层 ≥6级	6级 6级	室内空气露点温度（℃）	10.12
3.3.6	建筑幕墙的气密性等级（GB/T 21086-2007）	≥3级		3.3.4 维护结构各部位中各最不利热桥内表面温度（℃）	屋面 17.46
3.3.7	建筑入口大堂采用全玻璃幕墙时，非中空玻璃的面积占同一立面透光面积（门窗和玻璃幕墙）的比例	≤15%			外墙 16.62 地下室 其他
3.3.1	围护结构部位	限值（标准指标）	设计值	保温层材料、厚度、燃烧性能等级	保温材料导热系数及修正系数
	屋面	≤0.45	0.28	挤塑聚苯板，100mm，B1级	0.030/1.10
	外墙（含非透光幕墙）	≤0.50	0.55	外墙保温：自保温加气块(B05级)(ρ=500~550)，250mm，A级 热桥梁柱：岩棉板，50mm，A级	0.100/1.25 0.040/1.20
	底面接触室外空气的架空或外挑楼板 传热系数K[W/(m²·K)]	≤0.50	—		
	地下车库与供暖房间之间的楼板	≤1.0	—		
	非供暖房间与供暖房间之间的隔墙或楼板	≤1.5	0.73	无机轻集料保温砂浆，I型20mm，A级	0.070/1.25
	周边地面 R[(m²·K)/W]	≥0.60	0.91	挤塑聚苯板(XPS板)，30厚，B1级	0.030/1.10
	供暖、空调地下室外墙（与土壤接触的外墙）	≥0.60	—		
	变形缝（两侧墙内保温时）	≥0.90	2.00	自保温加气块(B05级)(ρ=500~550)，250mm，A级	0.100/1.25

单一立面外窗（含透光幕墙）	立面	窗墙面积比（简称CW）	传热系数K [W/(m²·K)]	太阳得热系数SHGC（东、南、西向/北向）	传热系数K [W/(m²·K)]	太阳得热系数SHGC	窗框材料及窗玻璃品种、规格、中空玻璃露点
东:0.28 西:0.04 北:0.33	东	（比值）CW<0.20	≤3.0	—	1.8		塑料型材框+中空玻璃（6mm高透光LOW-E+12mm氩气+6mm透明）中空玻璃露点：-40℃
	南	（比值）0.20<CW≤0.30	≤2.7	≤0.52/—	1.8		
		（比值）0.30<CW≤0.40	≤2.4	≤0.48/—	1.8	0.47	
		（比值）0.40<CW≤0.50	≤2.2	≤0.43/—			
	西	（比值）0.50<CW≤0.60	≤2.0	≤0.40/—			
		（比值）0.60<CW≤0.70	≤1.9	≤0.35/0.60			
	北	（比值）0.70<CW≤0.80	≤1.6	≤0.35/0.52			
		（比值）CW>0.80	≤1.5	≤0.30/0.52			
	屋顶透光部分（透光部分面积比例<20）		≤2.4	≤0.44			

是否符合标准规定性指标要求： 是□ 否□✓ （如果不符合，需填写以下内容； 如果符合，以下内容可不填写）

3.4.1	围护结构部位	限值（标准指标）	设计值	3.4.2	全年供暖和空调总耗电量
权衡判断基本要求	屋面	≤0.55	0.28	权衡计算结果	参照建筑（k·Wh/m²） 23.91 / 设计建筑（k·Wh/m²） 23.35
	外窗（含非透光幕墙）	≤0.60	0.55		
	外窗（含透光幕墙） 0.40<CW≤0.70	≤2.7			
	CW>0.7	≤2.4		权衡判断结果	设计建筑的围护结构施工性能合格

会签 / 节能设计表 / 新建综合楼位置示意图

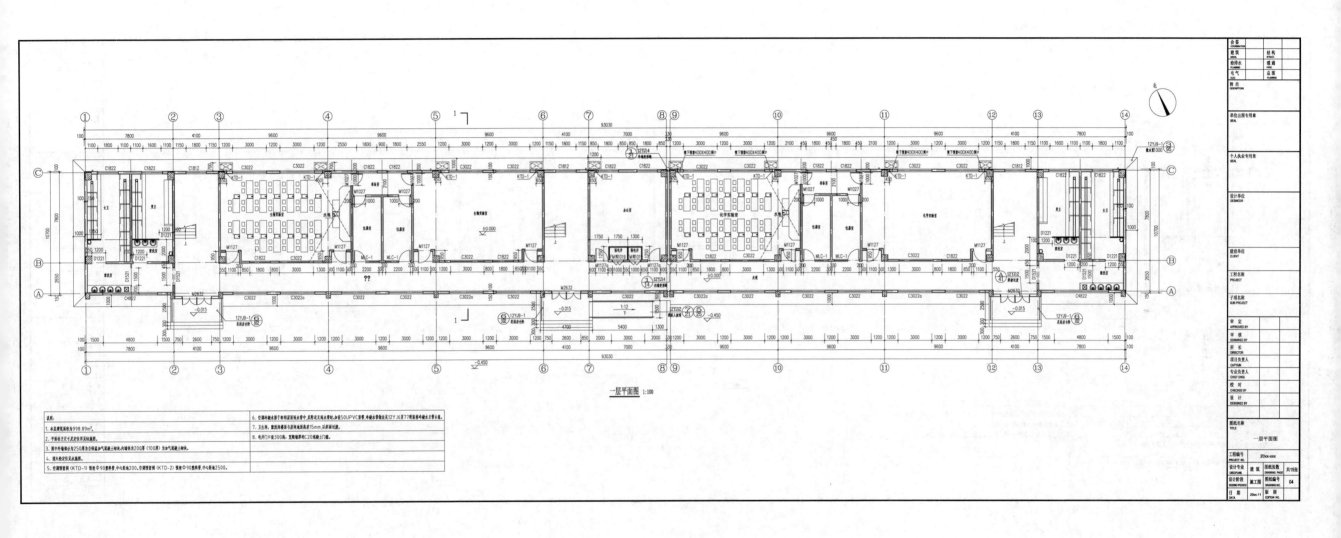

一层平面图 1:100

89

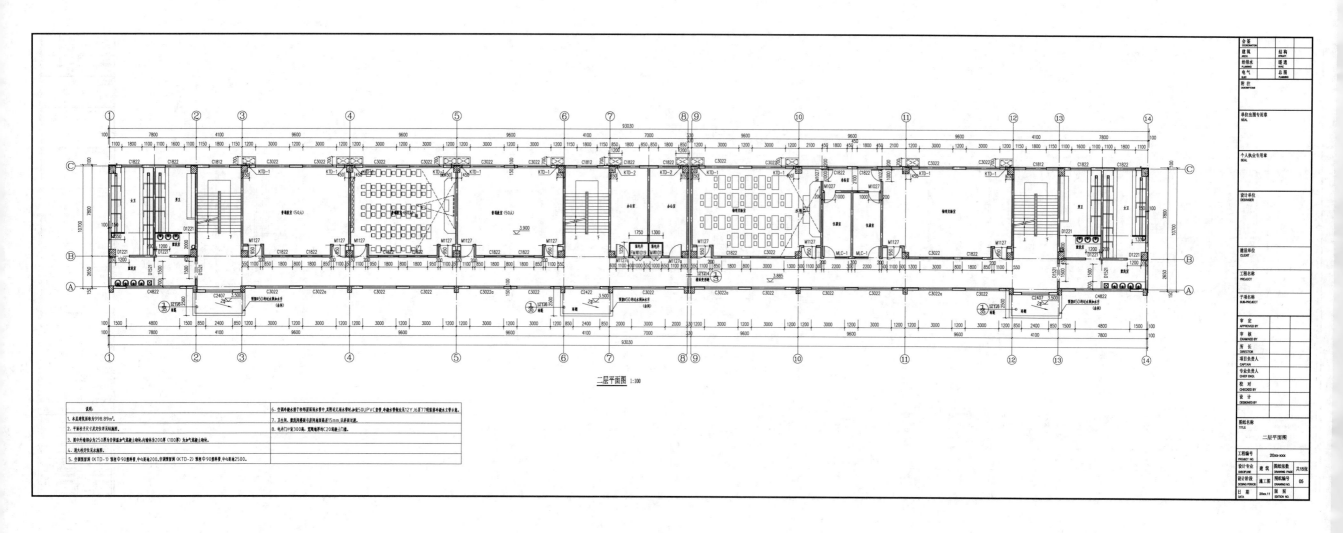

二层平面图 1:100

说明：
1. 本层建筑面积为998.89m²。
2. 平面给水定位尺寸均按净距尺寸标注。
3. 图中外墙部分为250厚加气砼混凝土砌块，内墙为200厚（100厚）发加气混凝土砌块。
4. 图末详注处见总说明。
5. 空调预留洞（KTD-1）预埋φ90塑料管，中心标高200，空调预留洞（KTD-2）预埋φ90塑料管，中心标高2500。

6. 空调冷凝水接于检修屋面落水管中，其余近无组织水管接上加密50UPVC立管，冷凝水管做法见12YJ6下77明装非冷凝水立管示意。
7. 卫生间、盥洗间镶面与地面做法见15mm，卫生间地坪。
8. 电井门口宽300高，宽架地坪做C20混凝土门槛。

20xx-xxx
建 筑
施工图
05
20xx.11
共16张

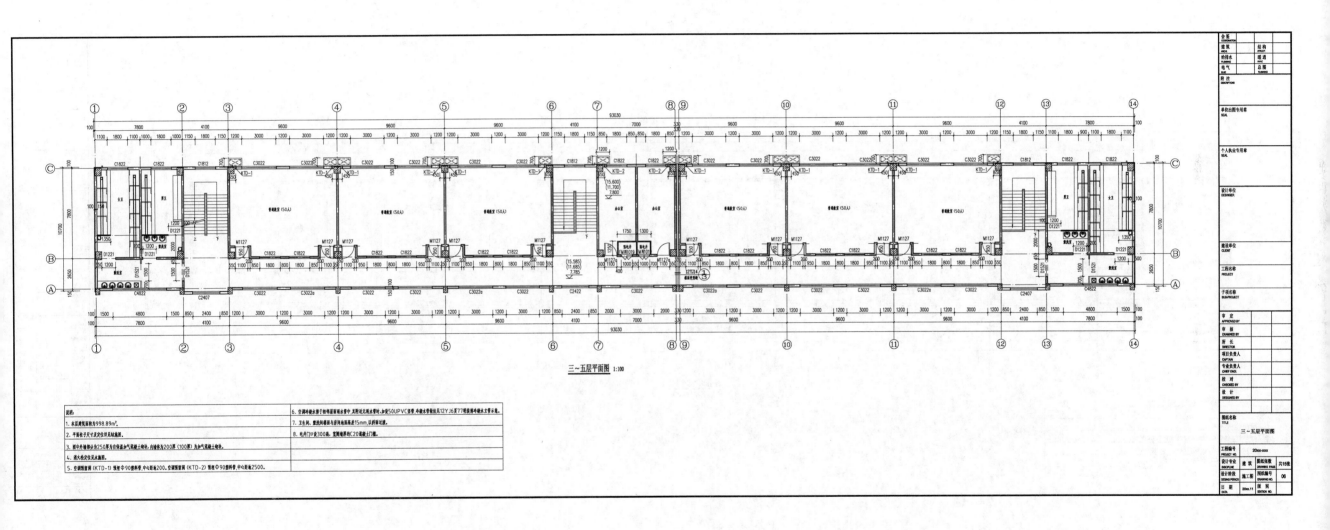

三~五层平面图 1:100

说明：
1. 本层建筑面积为998.89m²。
2. 平面柱子尺寸定位详见结施图。
3. 图中外墙部分为250厚为保温加气混凝土砌块，内墙设为200厚（100厚）为加气混凝土砌块。
4. 消火栓安装详见水施图。
5. 空调隔断屏（KTD-1）预埋Φ90塑料管，中心距为200，空调隔断屏（KTD-2）预埋Φ90塑料管，中心距离为2500。

6. 空调冷凝水排于白铁屋面明水管中，其附近无雨水管时，加管50UPVC套管，冷凝水管接出总12YJ6页77明装排冷凝水立管示意。
7. 卫生间、盥洗间楼面与楼面高差为15mm，坡排沟过渡。
8. 电井门口设300高，宽网墙厚均C20混凝土门槛。

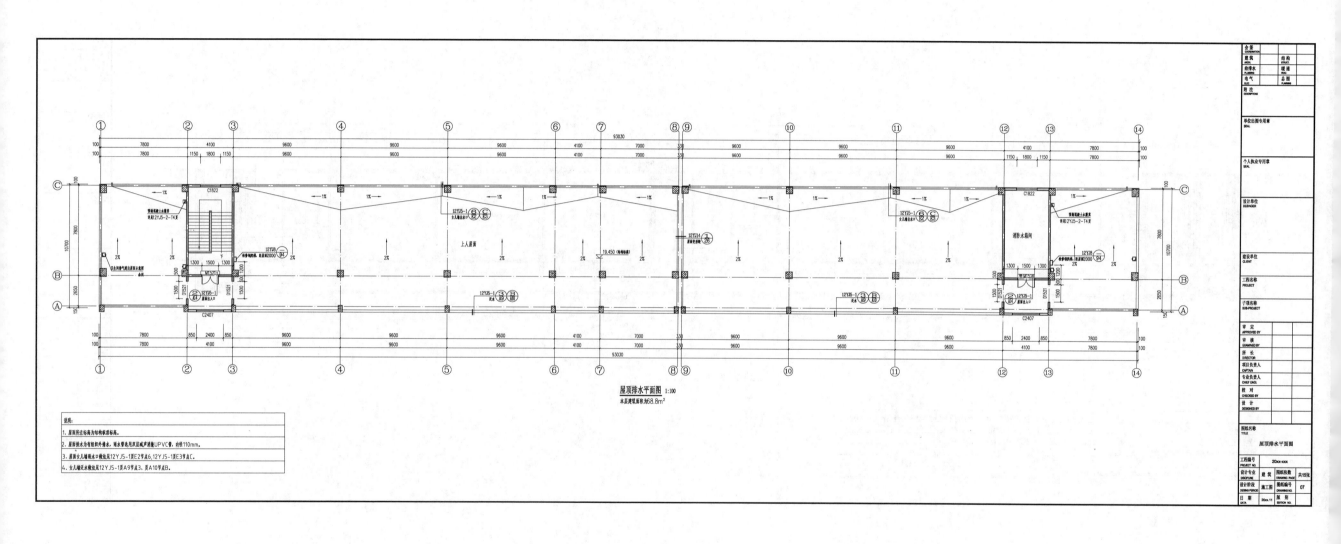

屋顶排水平面图 1:100
本层建筑面积为68.8m²

说明:
1. 屋面所注标高为为轴线外板顶标高。
2. 屋面排水为有组织外排水,雨水管选用双层减声消能UPVC管,内径110mm。
3. 屋面女儿墙雨水口做法见12YJ5-1页E2节点6,12YJ5-1页E3节点C。
4. 女儿墙泛水做法见12YJ5-1页A9节点3,页A10节点B。

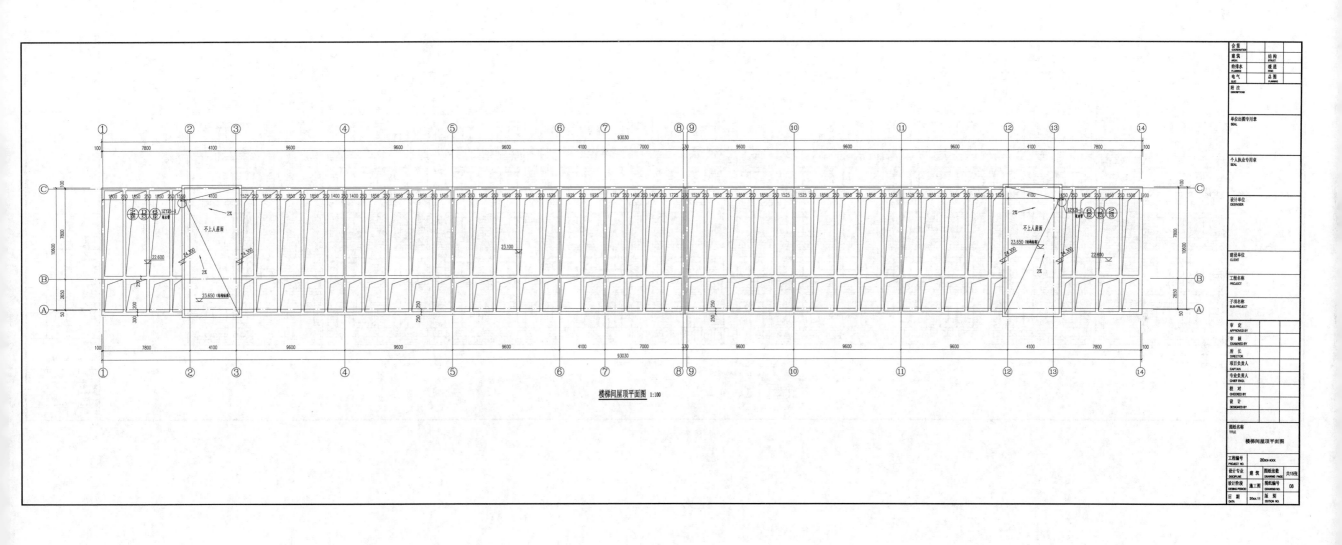

楼梯间屋顶平面图 1:100

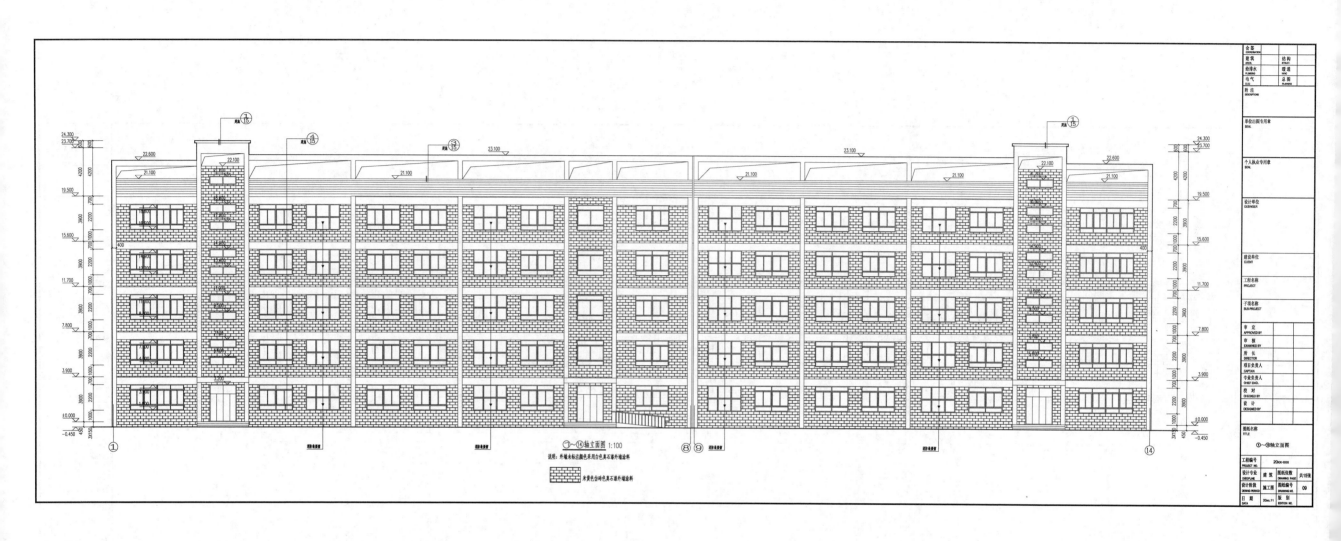

①~⑭轴立面图 1:100

说明：外墙未标注颜色采用白色真石漆外墙涂料

米黄色仿砖色真石漆外墙涂料

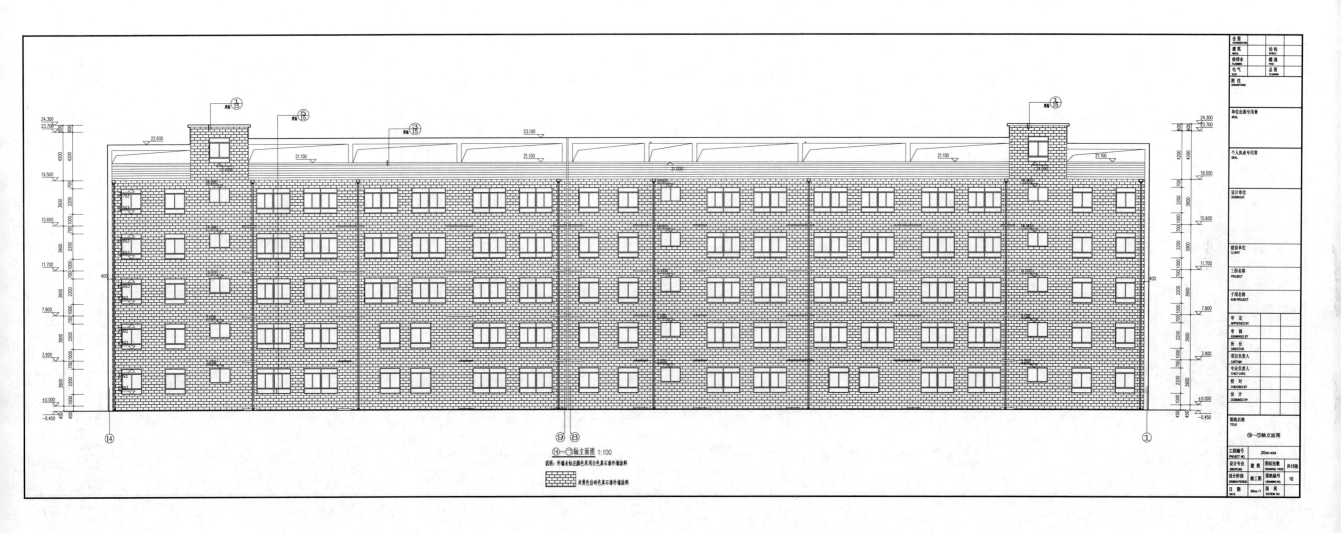

⑭～①轴立面图 1:100

说明：外墙未标注颜色采用白色真石漆外墙涂料

水黄色仿砖色真石漆外墙涂料

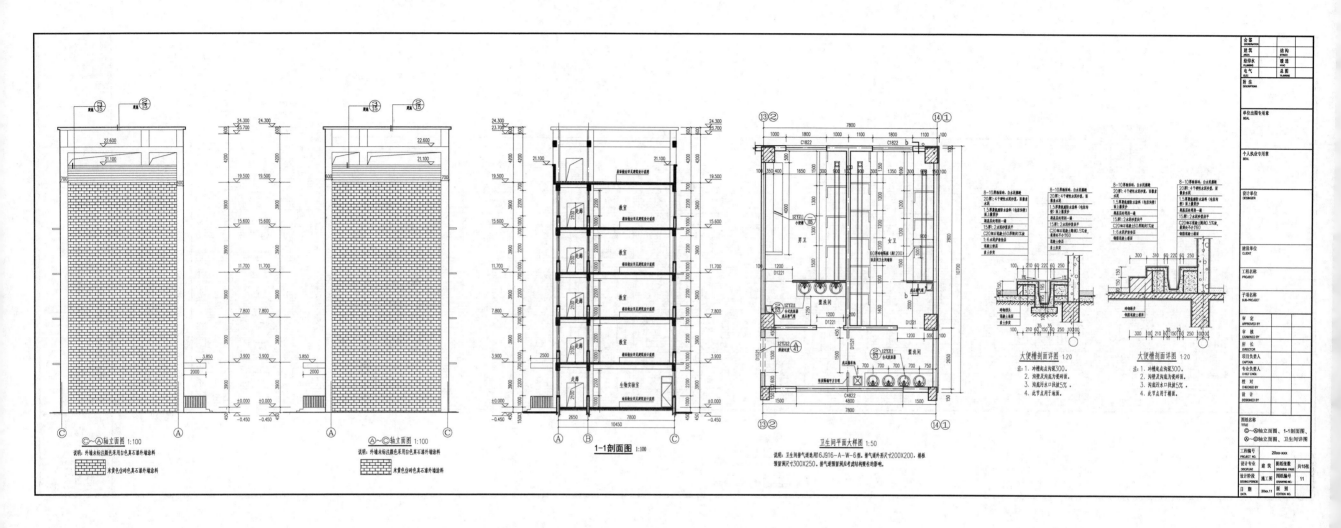

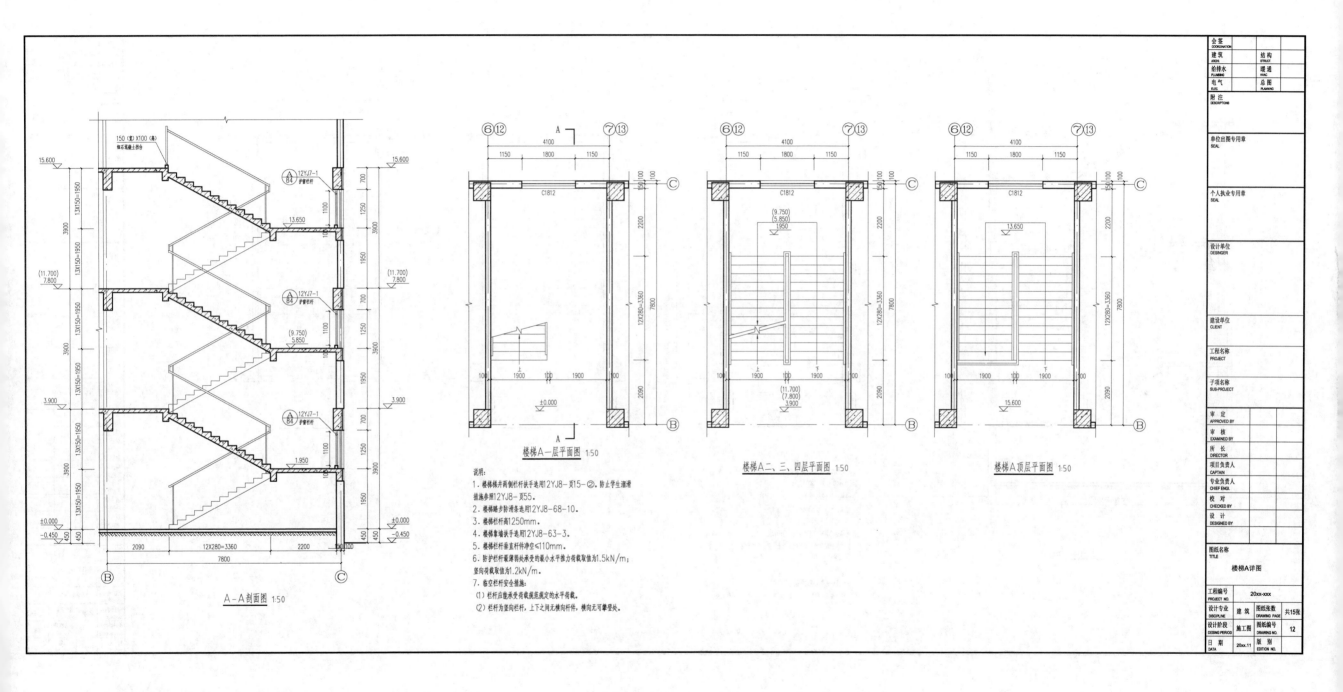

说明：
1. 楼梯梯井两侧栏杆扶手选用12YJ8-页15-②。防止学生溜滑措施参照12YJ8-页55。
2. 楼梯踏步防滑条选用12YJ8-68-10。
3. 楼梯栏杆高1250mm。
4. 楼梯靠墙扶手选用12YJ8-63-3。
5. 楼梯栏杆垂直杆件净空≤110mm。
6. 防护栏杆最薄弱处承受的最小水平推力荷载取值为1.5kN/m；竖向荷载取值为1.2kN/m。
7. 临空栏杆安全措施：
   ⑴. 栏杆应能承受荷载规范规定的水平荷载。
   ⑵. 栏杆为竖向栏杆，上下之间无横向杆件，横向无可攀登处。

A—A 剖面图 1:50

楼梯A一层平面图 1:50

楼梯A二、三、四层平面图 1:50

楼梯A顶层平面图 1:50

会签 COORDINATION
建筑 ARCH.　　结构 STRUCT
给排水 PLUMBING　　暖通 HVAC
电气 ELEC　　总图 PLANNING
附注 DESCRIPTIONS

单位出图专用章 SEAL

个人执业专用章 SEAL

设计单位 DESINGER

建设单位 CLIENT

工程名称 PROJECT

子项名称 SUB-PROJECT

审定 APPROVED BY
审核 EXAMINED BY
所长 DIRECTOR
项目负责人 CAPTAIN
专业负责人 CHIEF ENGL.
校对 CHECKED BY
设计 DESIGNED BY

图纸名称 TITLE
楼梯A详图

工程编号 PROJECT NO.　　20xx-xxx
设计专业 DISCIPLINE　　建筑　　图纸张数 DRAWING PAGE　　共15张
设计阶段 DESING PERIOD　　施工图　　图纸编号 DRAWING NO.　　12
日期 DATA　　20xx.11　　版别 EDITION NO.

97

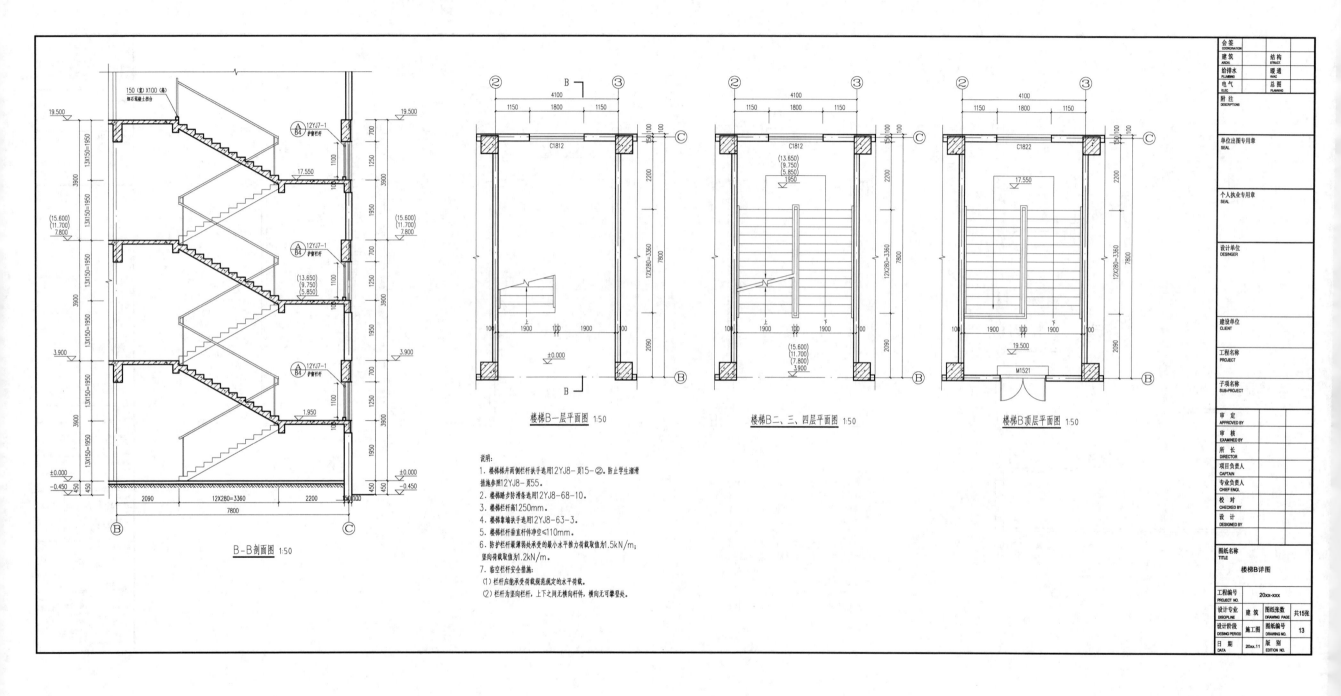

说明：
1. 楼梯梯井两侧栏杆扶手选用12YJ8-页15-②。防止学生溜滑措施参照12YJ8-页55。
2. 楼梯踏步防滑条选用12YJ8-68-10。
3. 楼梯栏杆高1250mm。
4. 楼梯靠墙扶手选用12YJ8-63-3。
5. 楼梯栏杆垂直杆件净空≤110mm。
6. 防护栏杆最薄弱处承受的最小水平推力荷载取值为1.5kN/m；竖向荷载取值为1.2kN/m。
7. 临空栏杆安全措施：
   (1) 栏杆应能承受荷载规范规定的水平荷载。
   (2) 栏杆为竖向栏杆，上下之间无横向杆件，横向无可攀登处。

B-B剖面图 1:50

楼梯B一层平面图 1:50

楼梯B二、三、四层平面图 1:50

楼梯B顶层平面图 1:50

会 签 COORDINATION			
建 筑 ARCH.		结 构 STRUCT.	
给排水 PLUMBING		暖 通 HVAC	
电 气 ELEC.		总 图 PLANNING	
附 注 DESCRIPTIONS			

单位出图专用章 SEAL

个人执业专用章 SEAL

设计单位 DESIGNER

建设单位 CLIENT

工程名称 PROJECT

子项名称 SUB-PROJECT

审 定 APPROVED BY	
审 核 EXAMINED BY	
所 长 DIRECTOR	
项目负责人 CAPTAIN	
专业负责人 CHIEF ENGI.	
校 对 CHECKED BY	
设 计 DESIGNED BY	

图纸名称 TITLE
楼梯B详图

工程编号 PROJECT NO.	20xx-xxx		
设计专业 DISCIPLINE	建 筑	图纸张数 DRAWING PAGE	共15张
设计阶段 DESING PERIOD	施 工	图纸编号 DRAWING NO.	13
日 期 DATA	20xx.11	版 别 EDITION NO.	

门窗表

类型	设计编号	洞口尺寸(mm) 宽	洞口尺寸(mm) 高	数量	图集名称	页次	选用型号	备注
普通门	M1027	1800	2700	12				成品金属门
	M1127	1100	2700	54				成品金属门
	M1521	1500	2100	1				成品金属门
	M2632	2300	3200	3				成品金属门
	M1127a	1100	2700	10				成品金属门
普通窗	C1812	1800	1200	15	详见门窗详图			塑料型材料6mm高透光Low-E+12mm氩气+6mm透明中空玻璃推拉窗
	C1822	1800	2200	86	详见门窗详图			塑料型材料6mm高透光Low-E+12mm氩气+6mm透明中空玻璃推拉窗
	C2407	2400	700	18	详见门窗详图			塑料型材料6mm高透光Low-E+12mm氩气+6mm透明中空玻璃定窗
	C2422	2400	2200	4	详见门窗详图			塑料型材料6mm高透光Low-E+12mm氩气+6mm透明中空玻璃推拉窗
	C3022	3000	2200	105	详见门窗详图			塑料型材料6mm高透光Low-E+12mm氩气+6mm透明中空玻璃推拉窗
	C4822	4800	2200	10	详见门窗详图			塑料型材料6mm高透光Low-E+12mm氩气+6mm透明中空玻璃推拉窗
	C3022a	3000	2200	20	详见门窗详图			塑料型材料6mm高透光Low-E+12mm氩气+6mm透明中空玻璃固定窗
	MLC-1	2200	2700	6	详见门窗详图			
洞口	D1221	1200	2100	30				
	D1521	1500	2100	24				
防火门	FM甲1521	1500	2100		12YJ4-2	13	GFM01-1521	常闭平级防火门
	FM丙1019	1000	1900	10	12YJ4-2	13	GFM07-1019	普通开门、常闭两级防火门，门槛高300mm

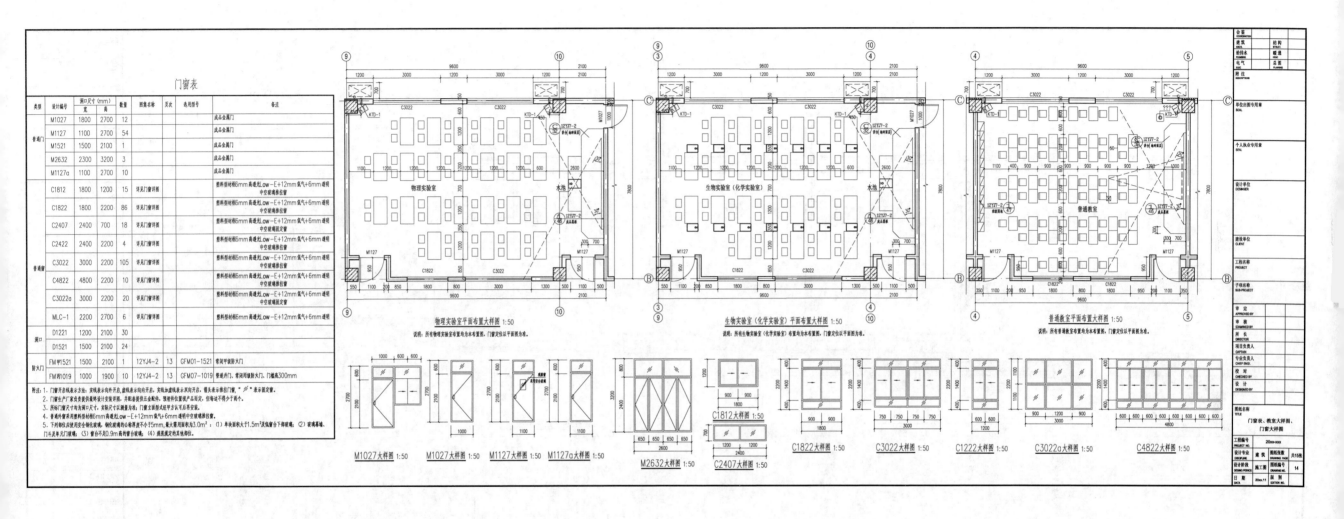

物理实验室平面布置大样图 1:50
说明：所有物理实验室布置均为本布置图，门窗定位以平面图为准。

生物实验室（化学实验室）平面布置大样图 1:50
说明：所有生物实验室（化学实验室）布置均为本布置图，门窗定位以平面图为准。

普通教室平面布置大样图 1:50
说明：所有普通教室布置均为本布置图，门窗定位以平面图为准。

M1027大样图 1:50　M1027大样图 1:50　M1127大样图 1:50　M1127a大样图 1:50

M2632大样图 1:50

C2407大样图 1:50

C1812大样图 1:50

C1822大样图 1:50　C3022大样图 1:50　C1222大样图 1:50　C3022a大样图 1:50　C4822大样图 1:50

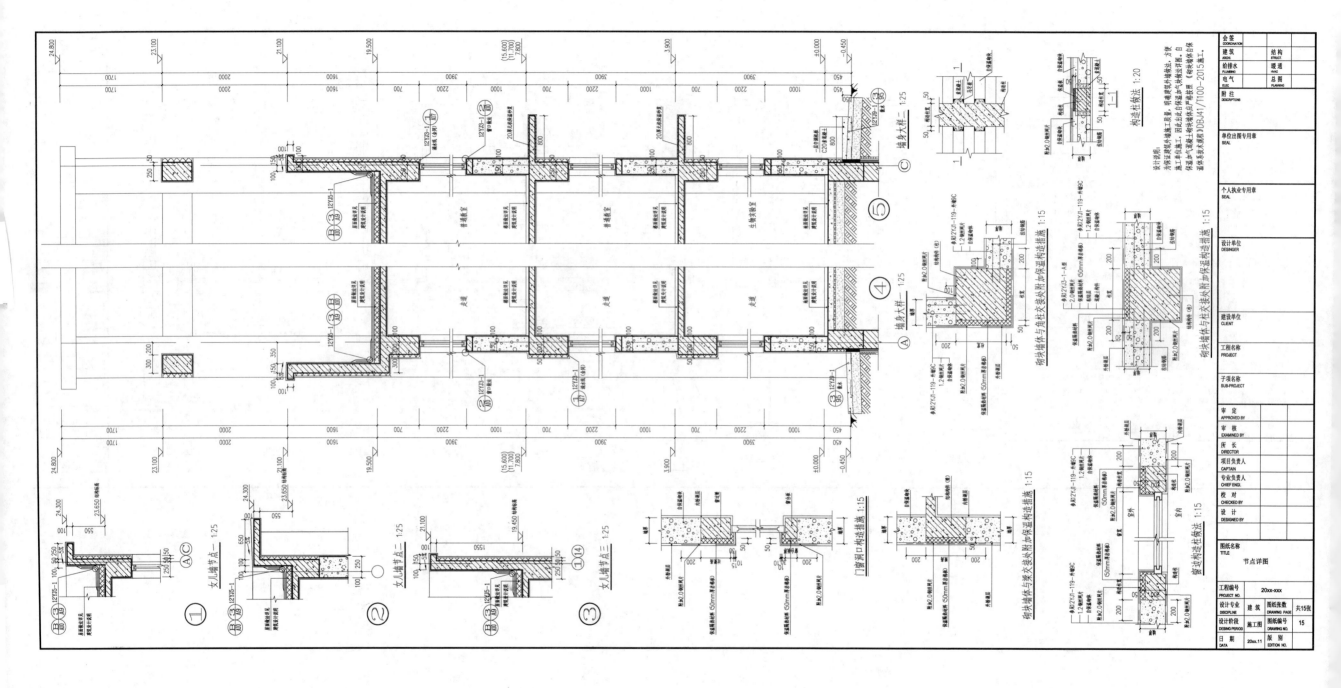